普通高等教育智能建筑规划教材

建筑电气工程识图与施工

第2版

主　编　侯志伟
参　编　赵宏家　李培蓉　侯　诚

机械工业出版社

本书从工程应用实践入手,以贯彻国家现行标准、规范为指导思想,将建筑电气工程的"识图"与"施工"结合起来,以工程图为主进行分析。全书共分六章,内容包括变配电、照明与动力、防雷接地工程,以及火灾自动报警及联动控制、有线电视、综合布线、停车场管理系统等。为了方便教学,各章配有多种类型的练习题,并附有答案。本书参考学时为50学时左右。

本书可作为建筑电气工程、楼宇智能技术、建筑设备工程、建筑管理工程等专业本、专科及高职的教学用书,也可作为其他相关专业的培训教材和参考用书。

图书在版编目(CIP)数据

建筑电气工程识图与施工/侯志伟主编. —2版. —北京:机械工业出版社,2011.5(2025.7重印)
普通高等教育智能建筑规划教材
ISBN 978-7-111-33925-0

Ⅰ.①建… Ⅱ.①侯… Ⅲ.①房屋建筑设备:电气设备—建筑安装—工程施工—识图—高等学校—教材 Ⅳ.①TU85

中国版本图书馆 CIP 数据核字(2011)第 052840 号

机械工业出版社(北京市百万庄大街22号 邮政编码100037)
策划编辑:贡克勤 责任编辑:贡克勤 版式设计:霍永明
责任校对:陈延翔 封面设计:张 静 责任印制:张 博
北京建宏印刷有限公司印刷
2025年7月第2版第14次印刷
184mm×260mm・18 印张・441 千字
标准书号:ISBN 978-7-111-33925-0
定价:49.80元

凡购本书,如有缺页、倒页、脱页,由本社发行部调换

电话服务　　　　　　　网络服务
客服电话:010-88361066　机 工 官 网:www.cmpbook.com
　　　　　010-88379833　机 工 官 博:weibo.com/cmp1952
　　　　　010-68326294　金 书 网:www.golden-book.com
封底无防伪标均为盗版　机工教育服务网:www.cmpedu.com

智能建筑规划教材编委会

主　任　吴启迪
副主任　徐德淦　温伯银　陈瑞藻
委　员　程大章　张公忠　王元恺
　　　　　　龙惟定　王　忱　张振昭

序

20世纪，电子技术、计算机网络技术、自动控制技术和系统工程技术获得了空前的高速发展，并渗透到各个领域，深刻地影响着人类的生产方式和生活方式，给人类带来了前所未有的方便和利益。建筑领域也未能例外，智能化建筑便是在这一背景下走进了人们的生活。智能化建筑充分应用各种电子技术、计算机网络技术、自动控制技术和系统工程技术，并加以研发和整合成智能装备，为人们提供安全、便捷、舒适的工作条件和生活环境，并日益成为主导现代建筑的主流。近年来，人们不难发现，凡是按现代化、信息化运作的机构与行业，如政府、金融、商业、医疗、文教、体育、交通枢纽、法院、工厂等，他们所建造的新建筑物，都已具有不同程度的智能化。

智能化建筑市场的拓展为建筑电气工程的发展提供了宽广的天地。特别是建筑电气工程中的弱电系统，更是借助电子技术、计算机网络技术、自动控制技术和系统工程技术在智能建筑中的综合利用，使其获得了日新月异的发展。智能化建筑也为其设备制造、工程设计、工程施工、物业管理等行业创造了巨大的市场，促进了社会对智能建筑技术专业人才需求的急速增加。令人高兴的是众多院校顺应时代发展的要求，调整教学计划、更新课程内容，致力于培养建筑电气与智能建筑应用方向的人才，以适应国民经济高速发展需要。这正是这套建筑电气与智能建筑系列教材的出版背景。

我欣喜地发现，参加这套建筑电气与智能建筑系列教材编撰工作的有近20个姐妹学校，不论是主编者或是主审者，均是这个领域有突出成就的专家。因此，我深信这套系列教材将会反映各姐妹学校在为国民经济服务方面的最新研究成果。系列教材的出版还说明一个问题，即时代需要协作精神，时代需要集体智慧。我借此机会感谢所有作者，是你们的辛劳为读者提供了一套好的教材。

写于同济园
2002年9月28日

前　言

本书是普通高等教育智能建筑规划教材之一，是由智能建筑规划教材编委会组织编写的。

本书以贯彻国家标准、规范为指导思想，突出教材的实用性和针对性，内容力求精练，注重图文结合，尽可能使书中各章节更全面地反映当前建筑电气工程领域中所涉及的内容。随着教学改革的不断深化，各个学校的理论课学时大幅度减少，根据读者意见，对第1版的内容进行调整和精减，以适应教学改革的需要。为了便于理解和掌握教材内容，各章都配有判断题、选择题、简答题，供学习者复习之用，书后附有练习答案。

本书由重庆大学侯志伟任主编（编写第二、五、六章），负责统稿和定稿。本书第一、四章由李培蓉编写，第三章由赵宏家、侯诚编写。

在编写过程中，编者参阅了大量公开或内部发行的技术书刊、资料，吸取了许多有益的知识，借用了大量的图表及内容。在此向原作者致以衷心的感谢。

目前电气工程各个领域发展迅速，学科的综合性越来越强，虽然在编写时力求做到内容全面，通俗易懂，但限于编者自身水平，书中难免存在一些缺点和错误，敬请各位专家和广大读者批评指正。

编　者

目　录

序
前言

第一章　建筑电气工程识图基础 ………… 1
　第一节　建筑电气工程识图的
　　　　　基本概念 ………………… 1
　第二节　电气识图的基本知识 …… 4
　第三节　阅读建筑电气工程图的
　　　　　一般程序 ………………… 16
　本章小结 ………………………… 17
　习题一 …………………………… 18

第二章　变配电工程 ………………… 20
　第一节　建筑供配电系统概述 …… 20
　第二节　变配电所主接线图 ……… 24
　第三节　变配电系统二次回路接线图 … 34
　第四节　电气竖井内配线 ………… 46
　第五节　变配电所工程实例 ……… 58
　本章小结 ………………………… 83
　习题二 …………………………… 83

第三章　照明与动力工程 ………… 87
　第一节　照明与动力平面图的
　　　　　文字标注 ………………… 87
　第二节　办公科研楼照明工程图 … 97
　第三节　住宅照明平面图 ………… 109
　第四节　动力工程平面图 ………… 115
　本章小结 ………………………… 124
　习题三 …………………………… 125

第四章　建筑防雷接地工程 ……… 128
　第一节　雷击的类型及建筑防雷
　　　　　等级的划分 ……………… 128
　第二节　建筑物的防雷措施 ……… 130
　第三节　建筑物的接地系统 ……… 134
　第四节　建筑物中的雷击电磁
　　　　　脉冲防护 ………………… 138
　第五节　建筑防雷接地工程实例 … 143
　本章小结 ………………………… 156
　习题四 …………………………… 156

**第五章　火灾自动报警及联动
　　　　　控制系统** ……………… 159
　第一节　火灾探测器的选用与安装 … 160
　第二节　火灾自动报警系统的
　　　　　配套设备 ………………… 165
　第三节　消防联动设备控制 ……… 183
　第四节　消防系统线路的敷设 …… 200
　第五节　火灾自动报警及联动控制
　　　　　工程实例 ………………… 203
　本章小结 ………………………… 215
　习题五 …………………………… 216

**第六章　通信网络与停车场
　　　　　管理系统** ……………… 219
　第一节　有线电视系统 …………… 219
　第二节　电话系统 ………………… 228
　第三节　广播音响系统 …………… 233
　第四节　综合布线系统 …………… 249
　第五节　停车场(库)管理系统 …… 259
　本章小结 ………………………… 274
　习题六 …………………………… 274

部分习题答案 ……………………… 277

参考文献 …………………………… 279

第一章　建筑电气工程识图基础

图样是工程师的语言，而图例符号是这种语言的基本组成元素。设计部门用图样表达设计思想和设计意图；生产部门用图样指导加工与制造；使用部门用图样作为编制招标标书的依据，或用以指导使用和维护；施工部门用图样作为编制施工组织计划、编制投标报价及准备材料、组织施工等的依据。建筑工程领域，任何工程技术人员和管理人员都要求具有一定的绘图能力和读图能力，读不懂图样就和文盲一样，不可能胜任工作。

图样的种类很多，常见的工程图样分为两类：建筑工程图和机械工程图。建筑中使用的图样是建筑工程图。它按专业可划分为建筑图、结构图、采暖通风图、给排水图、电气图、工艺流程图等。

各种图样都有各自的特点及各自的表达方式。在不同的设计单位，尤其是各大设计院，往往有着不同的规定画法和习惯做法。但是也有许多基本规定和格式是各种图样统一遵守的，比如国家标准的图例符号。下面介绍与电气工程识图有关的一些基础知识。

第一节　建筑电气工程识图的基本概念

建筑电气工程图是阐述建筑电气系统的工作原理，描述建筑电气产品的构成和功能，用来指导各种电气设备、电气线路的安装、运行、维护和管理的图样，是编制建筑电气工程预算和施工方案，并用于指导施工的重要依据。它是沟通电气设计人员、安装人员、操作人员的工程语言，是进行技术交流不可缺少的重要手段。所以，建筑电气专业技术人员必须熟悉识读建筑电气工程图。阅读建筑电气工程图，不但要掌握有关电气工程图的基本知识，了解各种电气图形符号，了解电气工程图的构造、种类、特点以及在建筑工程中的作用，还要了解电气工程图的基本规定和常用术语，而且还要掌握建筑电气工程图的特点及阅读的一般程序。这是识读建筑电气工程图的基础。

一、图纸的格式与幅面大小

一个完整的图面由纸边界线，图框线、标题栏、会签栏、周边等组成，如图 1-1 所示。

由边框线所围成的图面，称为图纸的幅面。幅面的尺寸共分 5 类：A0～A4，尺寸见表 1-1。A0、A1、A2 号图纸一般不得加长，A3、A4 号图纸可根据需要加长，加长幅面尺寸见表 1-2。

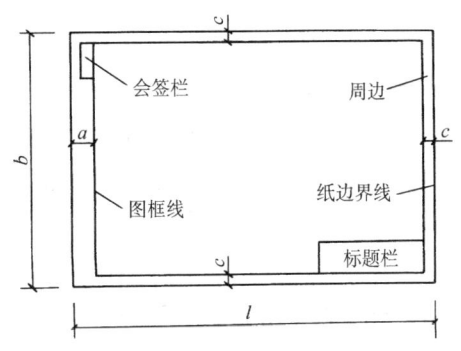

图 1-1　图面的组成

表 1-1　幅面代号及尺寸　　　　　　　　　　　　　　　（单位：mm）

幅面代号	A0	A1	A2	A3	A4
宽×长($b \times l$)	841×1189	594×841	420×594	297×420	210×297
边宽(c)	10			5	
装订边宽(a)	25				

表 1-2　加长幅面尺寸　　　　　　　　　　　　　　　（单位：mm）

代 号	尺 寸	代 号	尺 寸
A3×3	420×891	A4×4	297×841
A3×4	420×1189	A4×5	297×1051
A4×3	297×630		

二、标题栏、会签栏

标题栏又名图标，是用以确定图的名称、图号、张次、更改和有关人员签署等内容的栏目。标题栏的方位一般在图纸的下方或右下方，也可放在其他位置。但标题栏中的文字方向为看图方向，即图中的说明、符号均应以标题栏的文字方向为准。

标题栏的格式，我国还没有统一的规定，各设计单位的标题栏格式都不一样。常见的格式应有以下内容：设计单位、工程名称、项目名称、图名、图号等，如图 1-2 所示。

会签名册要供相关的给排水、采暖通风、建筑、工艺等相关专业设计人员会审图样时签名用。

设计单位			工程名称		设计号	
					图号	
审定			设计		项目名称	
审核			制图			
总负责人			校对		图名	
专业负责人			复核			

图 1-2　标题栏格式

三、图幅分区

图幅分区的方法是将图纸相互垂直的两边各自加以等分，分区的数目视图的复杂程度而定，但每边必须为偶数。每一分区的长度为 25～75mm，分区代号，竖边方向用大写拉丁字母从上到下标注。横边方向用阿拉伯数字从左往右编号。如图 1-3 所示，分区代号用字母和数字表示，字母在前，数字在后。如图中线圈 K1 的位置代号为 B5，按钮 SB2 的位置代号为 A3。

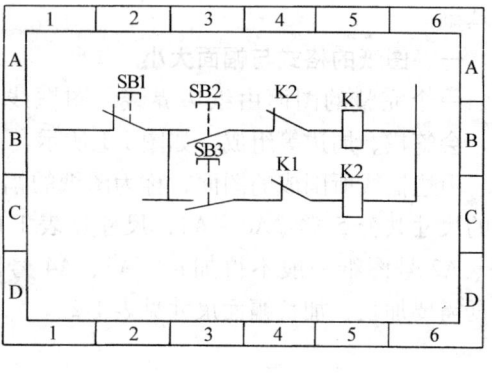

图 1-3　图幅分区示例

四、图线

绘制电气工程图所用的线条称为图线,线条在机械工程图中和电气工程图中有不同的用途,常用图线的形式及应用见表1-3。

表1-3 图线的形式及应用

序号	图线名称	图线形式	机械工程图中	电气工程图中
1	粗实线	———	可见轮廓线	电气线路,一次线路
2	细实线	———	尺寸线,尺寸界线,剖面线	二次线路,一般线路
3	虚线	- - - - -	不可见轮廓线	屏蔽线,机械连线
4	点画线	—·—·—	轴心线,对称中心线	控制线,信号线,围框线
5	双点画线	—··—··—	假想的投影轮廓线	辅助围框线,36V以下线路

五、字体

图面上的汉字、字母和数字是图的重要组成部分,图中的字体书写必须端正,笔划清楚,排列整齐,间距均匀,符合标准。一般汉字用长仿宋体,字母、数字用直体。图面上字体的大小,应视图幅大小而定,字体的最小高度见表1-4。

表1-4 字体的最小高度 (单位:mm)

基本图纸幅面	A0	A1	A2	A3	A4
字体最小高度	5	3.5	2.5		

六、比例

图样上所画图形的大小与物体实际大小的比值称为比例。电气设备布置图、平面图和电气构件详图通常按比例绘制。比例的第一个数字表示图形尺寸,第二个数字表示实物为图形的倍数。例如1:10表示图形大小只有实物的1/10。比例的大小是由实物大小与图幅号数相比较而确定的,一般在平面图中可选取1:10、1:20、1:50、1:100、1:200、1:500。施工时,如需确定电气设备安装位置的尺寸或用尺量取时应乘以比例的倍数,例如图样比例是1:100,量得某段线路为15cm,则实际长度为 $15 \times 100 \mathrm{cm} = 1500 \mathrm{cm} = 15 \mathrm{m}$。

七、方位

电气平面图一般按上北下南、左西右东来表示建筑物和设备的位置和朝向。但在外电总电气平面图中都用方位标记(指北针方向)来表示朝向。方位标记如图1-4所示,其箭头指向表示正北方向。

图1-4 方位标记

八、安装标高

在电气平面图中,电气设备和线路的安装高度是用标高来表示的。标高有绝对标高和相对标高两种表示法。

绝对标高是我国的一种高度表示方法,是以我国青岛外黄海平面作为零点而确定的高度尺寸,所以又可称为海拔。如海拔1000m,表示该地高出海平面1000m。

相对标高是选定某一参考面为零点而确定的高度尺寸。建筑工程图上采用的相对标高,一般是选定建筑物室外地坪面为±0.00m,标注方法为 $\frac{\pm 0.00}{\triangledown}$,例如某建筑面、设备对室外地坪安装高度为5m,可标注为 $\frac{\pm 5.00}{\triangledown}$。

在电气平面图中，还可选择每一层地坪或楼面为参考面，电气设备和线路安装，敷设位置高度以该层地坪为基准，一般称为敷设标高。例如某开关箱的敷设标高为 $\overset{\pm 1.40}{\blacktriangledown}$，则表示开关箱底边距地坪为 1.40m。室外总平面图上的标高可用 $\overset{\pm 0.00}{\blacktriangledown}$ 表示。

九、定位轴线

在建筑平面图中，建筑物都标有定位轴线，一般是在剪力墙、梁框等主要承重构件的位置画出轴线，并编上轴线号。定位轴线编号的原则是：在水平方向采用阿拉伯数字，由左向右注写；在垂直方向采用拉丁字母（其中 I、O、Z 不用），由下向上注写，数字和字母分别用点划线引出。定位轴线标注方法示例如图 1-5 所示。通过定位轴线可以帮助人们了解电气设备和其他设备的具体安装位置，部分图样的修改、设计变更用定位轴线可很容易找到位置。

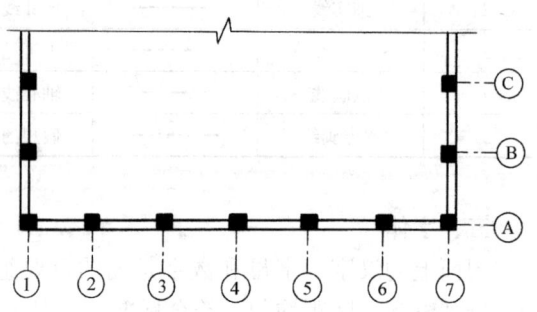

图 1-5 定位轴线标注方法示例

十、详图

电气设备中的某些零部件、接点等结构、做法、安装工艺需要详细表明时，可将这部分单独放大，详细表示，这种图称为详图。

电气设备的某一部分详图可画在同一张图样上，也可画在另外一张图样上，这就需要用一个统一的标记将它们联系起来。标注在总图某位置上的标记称为详图索引标志，如图 1-6a 所示，其中"$\frac{3}{-}$"表示 3 号详图在本张图样上，"$\frac{5}{12}$"表示 5 号详图在 12 号图样上。标注在详图旁的标记称为详图标记，如图 1-6b 所示，其中"③"表示 3 号详图，详图所索引的内容就在本张图上；"$\frac{5}{3}$"表示 5 号详图，详图中所索引的内容在 3 号图上。

图 1-6 详图标注方法

第二节 电气识图的基本知识

一、电气工程图的种类

电气工程图是阐述电气工程的构成和功能，描述电气装置的工作原理，提供安装接线和维护使用信息的施工图。由于一项电气工程的规模不同，反映该项工程的电气图的种类和数量也是不同的。一项工程的电气施工工程图，通常由以下几部分组成。

1. 首页

首页内容包括电气工程图的目录、图例、设备明细表、设计说明等。图例一般是列出本套图样涉及的一些特殊图例。设备明细表只列出该项电气工程一些主要电气设备的名称、型号、规格和数量等。设计说明主要阐述该电气工程设计的依据、基本指导思想与原则，补充图中未能表明的工程特点、安装方法、工艺要求、特殊设备的使用方法及其他使用与维护注意事项等。图样首页的阅读，虽然不存在更多的方法问题，但首页的内容是需要认真读的。

2. 电气系统图

电气系统图主要表示整个工程或其中某一项目的供电方式和电能输送之间的关系，有时也用来表示一装置和主要组成部分的电气关系。

3. 电气平面图

电气平面图是表示各种电气设备与线路平面布置位置的，是进行建筑电气设备安装的重要依据。电气平面图包括外电总电气平面图和各专业电气平面图。外电总电气平面图是以建筑总平面图为基础，绘出变电所、架空线路、地下电力电缆等的具体位置并注明有关施工方法的图样。在有些外电总电气平面图中还注明了建筑物的面积、电气负荷分类、电气设备容量等。专业电气平面图有动力电气平面图、照明电气平面图、变电所电气平面图、防雷与接地平面图等。专业电气平面图在建筑平面图的基础上绘制。由于电气平面图缩小的比例较大，因此不能表现电气设备的具体位置，只能反映电气设备之间的相对位置关系。

4. 设备布置图

设备布置图是表示各种电气设备平面与空间的位置、安装方式及其相互关系的。通过由平面图、立面图、断面图、剖面图及各种构件详图等组成。设备布置一般都是按三面视图的原理绘制，与一般机械工程图没有原则性的区别。

5. 电路图

电路图是表示某一具体设备或系统电气工作原理的，用来指导某一设备与系统的安装、接线、调试、使用与维护。

6. 安装接线图

安装接线图是表示某一设备内部各种电气元器件之间位置关系及接线关系的，用来指导电气安装、接线、查线。它是与电路图相对应的一种图。

7. 大样图

大样图是表示电气工程中某一部分或某一部件的具体安装要求和做法的，其中有一部分选用的是国家标准图。

上述各种图将在后面各章节中做详细说明。

二、电气工程图中的图形符号和文字符号

电气工程中使用的元器件、设备、装置、连接线很多，结构类型千差万别，安装方法多种多样。因此，在电气工程图中，元器件、设备、装置、线路及安装方法等，都要用图形符号和文字符号来表示。阅读电气工程图，首先要了解和熟悉这些符号的形式、内容、含义以及它们之间的相互关系。

电气工程图中的文字和图形符号均按国家标准规定绘制。我国在 20 世纪 60 年代初制定了一套符号标准，为了与国际标准一致，在 20 世纪 80 年代又颁布了一套新的符号标准。现行的电气工程图全部使用新符号。

1. 图形符号

电气图形符号是电气技术领域的重要信息语言，常用电气图形符号见表 1-5。

表 1-5 图形符号

序号	符号	说明	序号	符号	说明
1		直流示例：2/M 220/110V	25	形式2	形式2仅在设计认为需要时使用
2	~	交流	26		阴接触件（连接器的）、插座
3	3/N~400/230V50Hz	交流，三相带中性线，400V（相线和中性线间的电压为230V），50Hz	27		阳接触件（连接器的）、插头
			28		插头和插座
			29		接通的连接片
4	3/N~50Hz/TN-S	交流，三相，50Hz，具有一个直接接地点且中性线与保护导体全部分开的系统	30		断开的连接片
			31		电阻器一般符号
5	+	正极	32		电容器一般符号
6	-	负极			
7	N	中性导体（中性线）	33		半导体二极管一般符号
8	M	中间导体（中间线）			
9		接地、地，一般符号	34		三角形—星形联结三相变压器
10		连线、连接、连线组（导线、电缆、电线、传输通路）			
11		三根导线			
12		三根导线	35	M	电动机
13		柔性连接	36	G	发电机
14		屏蔽导体	37		电压互感器
15		绞合导线 示出两根			
16		电缆中的导线 示出三根	38		三绕组电压互感器
17		示例：5根导线，其中箭头所指的两根导线在同一根电缆内	39		电流互感器
			40	L1、L3	两个电流互感器（第1、3相各有一个；三根二次引线）
18		同轴对			
19		屏蔽同轴对			
20		电缆密封终端，表示带有一根三芯电缆	41		三个电流互感器（四根二次引线）
21	●	连接 连接点			
22	○	端子	42		具有两个铁心，每个铁心有一个一次绕组的电流互感器
23		端子板 可加端子标志			
24	形式1	导线的双重连接			

(续)

序号	符号	说明	序号	符号	说明
43	L1, L2	具有两个铁心,每个铁心有一个一次绕组的两个电流互感器	56		熔断器式负荷开关(熔断器式隔离开关)
44		具有两个铁心,每个铁心有一个一次绕组的三个电流互感器	57		接触器的主动合触点
			58		静态开关一般符号
45		具有三条穿线一次导体的脉冲变压器或电流互感器	59		熔断器一般符号
			60		火花间隙
46		整流器	61		避雷器
47		逆变器	62		动合(常开)触点开关的一般符号
48		原电池或蓄电池组			
49	G	光电发生器	63		动断(常闭)触点
50		隔离开关	64		先断后合的转换触点
51		具有中间断开位置的双向隔离开关	65		中间断开的双向转换触点
52		负荷开关(负荷隔离开关)	66		(多触点组中)比其他触点提前吸合的动合触点
53		断路器			
54		熔断器式开关(熔断器式刀开关)	67		当操作器件被吸合时延时闭合的动合触点
55		熔断器式隔离开关(熔断器式隔离器)	68		当操作器件被释放时延时断开的动合触点

（续）

序号	符号	说明	序号	符号	说明
69		当操作器件被吸合时延时断开的动断触点	83		缓慢释放继电器的线圈
70		当操作器件被吸合时延时闭合的动断触点	84		缓慢吸合继电器的线圈
71	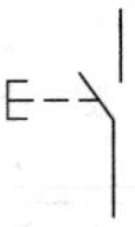	具有动合触点但无自动复位的按钮	85		热继电器的驱动器件
72		具有动合触点但无自动复位的旋转开关	86	(A)	电流表
			87	(V)	电压表
			88	(cosφ)	功率因数表
73		位置开关，动合触点（限位开关、终端开关、接近开关）	89	W·h	电能表（电度表）（瓦时计）
74		位置开关，动断触点（限位开关、终端开关、接近开关）	90	W·h	复费率电能表，示出二费率
			91	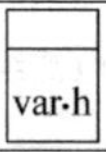 var·h	无功电能表
75		手动操作开关一般符号	92	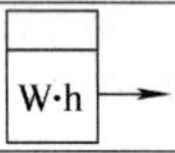 W·h →	带发送器电能表
76		一个手动三极开关	93		电铃
77		三个手动单极开关	94	 ⊗	灯一般符号 信号灯一般符号 如果要求指示颜色，则在靠近符号处标出下列代码： 　　RD—红；YE—黄；GN—绿；BU—蓝；WH—白 如果要求指示灯类型，则在靠近符号处标出下列代码： 　　Xe—氙；Na—钠气；Hg—汞；I—碘；IN—白炽；FL—荧光；UV—紫外线；ARC—弧光 如果需要指出灯具种类，则在靠近符号处标出下列字母： 　　W—壁灯；C—吸顶灯；R—筒灯；EN—密闭灯；EX—防爆灯；G—圆球灯；P—吊灯；L—花灯；LL—局部照明灯；SA—安全照明；ST—备用照明
78		热继电器，动断触点			
79		液位控制开关，动合触点			
80		液位控制开关，动断触点			
81		位置图示例　多位置开关			
82		操作器件一般符号 继电器线圈一般符号			

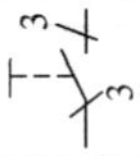

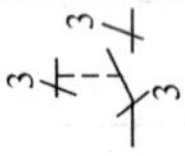

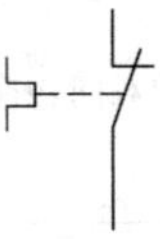

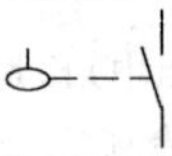

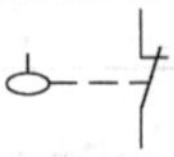

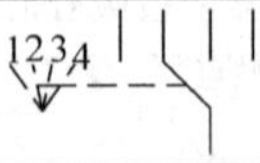

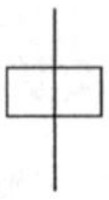

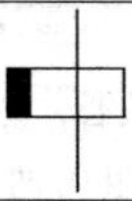

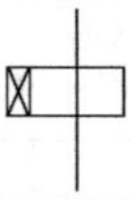

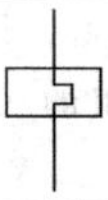

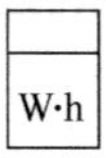

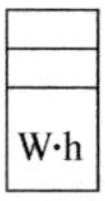

（续）

序号	符号	说明	序号	符号	说明
95		地下线路	116		星—三角起动器
96	E	接地极			
97	E	接地线	117		自耦变压器式起动器
98		架空线路			
99		管道线路	118		带可控整流器的调节—起动器
100	6	附加信息可标注在管道线路的上方，如管孔的数量			
101		电缆桥架线路 注：本符号用电缆桥架轮廓和连线组组合而成	119		（电源）插座一般符号
			120	3	（电源）多个插座，示出三个
102		电缆沟线路 注：本符号用电缆沟轮廓和连线组组合而成	121		带保护接点（电源）插座
103		过孔线路	122	★	根据需要可在"★"处用下述文字区别不同插座： 1P—单相（电源）插座；1EX—单相防爆（电源）插座；3P—三相（电源）插座；3EX—三相防爆（电源）插座；1EN—单相密闭（电源）插座；3C—三相暗敷（电源）插座；3EN—三相密闭（电源）插座
104		中性线			
105		保护线			
106	PE	保护接地线			
107		保护线和中性线共用线			
108		示例：具有中性线和保护线的三相配线	123	★	
109		向上配线	124		带单极开关的（电源）插座
110		向下配线	125		带隔离变压器的插座，示例：电动剃刀用插座
111		垂直通过配线	126		开关一般符号
112	LP	避雷线、避雷带、避雷网	127	★	根据需要用下述文字标注在图形符号旁边区别不同类型开关： C—暗装开关；EX—防爆开关；EN—密闭开关
113	●	避雷针			
114		电气箱、柜、屏			
115		电动机起动器一般符号	128		带指示灯的开关

(续)

序号	符号	说明	序号	符号	说明
129		单极限时开关	146		气体放电灯的辅助设备 注：仅用于辅助设备与光源不在一起时
130		多拉单极开关（如用于不同照度）	147		在专用电路上的事故照明灯
131		双控单极开关	148		自带电源的事故照明灯
132		调光器	149		障碍灯、危险灯、红色闪烁、全向光束
133		单极拉线开关	150		热水器示出引线
134		按钮 根据需要以下述文字标注在图形符号旁边区别不同类型开关： 2—两个按钮单元组成的按钮盒；FX—防爆型按钮； 3—三个按钮单元组成的按钮盒；EN—密闭型按钮	151		风扇示出引线
			152		时钟 时间记录器
			153		电锁
			154		安全隔离变压器
135		带有指示灯的按钮	155		电动阀
136		限时装置 定时器	156		电磁阀
137		荧光灯，一般符号 发光体，一般符号	157		风机盘管
138		示例：三管荧光灯	158		带有设备箱的固定式分支器的直通区域 星号应以所用设备符号代替或省略 例：在例线槽上经插接开关分支的回路
139		示例：五管荧光灯	159		
140		两管荧光灯			
141		如需指出灯具分类，则在"★"位置标出下列字母 EN—密闭灯 EX—防爆灯	160		固定式分支带有保护触点的插座的直通段
142			161		综合布线配线架（用于概略图）
143		投光灯一般符号	162	HUB	集线器
144		聚光灯	163	MDF	总配线架
145		泛光灯	164	DDF	数字配线架
			165	ODF	光纤配线架

(续)

序号	符号	说明	序号	符号	说明
166	IDF	中间配线架	176	★	需区分火灾报警装置"★"用下述字母代替： C—集中型火灾报警控制器； G—通用火灾报警控制器；Z—区域型火灾报警控制器；S—可燃气体报警控制器
167	FD	楼层配线架			
168 169	简化形	分线盒的一般符号 可加注：$\frac{N-B}{C} \mid \frac{d}{D}$ 式中：N—编号；B—容量；C—线序；d—现有用户数；D—设计用户数	177	★	需区分火灾控制、指示设备"★"用下述字母代替： RS—防火卷帘门控制器；RD—防火门磁释放器。 I/O—输入/输出模块；O—输出模块；I—输入模块；P—电源模块；T—电信模块；M—模块箱；SB—安全栅；SI—短路隔离器；MT—对讲电话主机；FPA—火警广播系统；FI—楼层显示盘；D—火灾显示盘；CRT—火灾计算机图形显示系统
170 171	简化形	分线箱的一般符号 示例：分线箱（简化形加标注） 加注同序号			
172	○TP	电话出线座			
173		电信插座一般符号 可用以下的文字或符号区别不同插座 TP—电话；M—传声器；FM—调频；FX—传真；扬声器；TV—电视	178		缆式线型定温探测器
174 175	形式1： nTO 形式2： ○nTO	信息插座 n为信息孔数量，例： TO—单孔信息插座； 2TO—双孔信息插座； 4TO—四孔信息插座； 6TO—六孔信息插座； nTO—n孔信息插座；	179		感温探测器
			180	N	感温探测器（非地址码型）
			181		感烟探测器
			182	N	感烟探测器（非地址码型）
			183	Ex	感烟探测器（防爆型）

2. 文字符号

图形符号提供了一类设备及元器件的共同符号，为了更明确地区分不同的设备、元器件，尤其是区分同类设备或元器件中不同功能的设备或元器件，还必须在图形符号旁标注相应的文字符号。

文字符号通常由基本符号、辅助符号和数字序号组成。文字符号中的字母为英文字母。

（1）基本文字符号

基本文字符号用来表示电气设备、装置和元器件以及线路的基本名称、特性。分为单字母符号和双字母符号。

1）单字母符号。单字母符号用来表示按国家标准划分的 23 大类电气设备、装置和元器件，见表 1-6。

表 1-6 单字母符号

字母代码	项目种类	举例
A	组件 部件	分离元器件放大器、磁放大器、激光器、微波激发器、印制电路板 本表其他地方未提及的组件、部件
B	变换器（从非电量到电量或相反）	热电传感器、热电池、光电池、测功计、晶体换能器、送话器、拾音器、扬声器、耳机、自整角机、旋转变压器
C	电容器	—
D	二进制单元 延迟器件 存储器件	数字集成电路和器件、延迟线、双稳态元件、单稳态元件、磁心存储器、寄存器、磁带记录机、盘式记录机
E	杂项	光器件、热器件 本表其他地方未提及的元器件
F	保护器件	熔断器、过电压放电器件、避雷器
G	发电机、电源	旋转发电机、旋转变频机、电池、振荡器、石英晶体振荡器
H	信号器件	光指示器、声指示器
J	—	
K	继电器、接触器	
L	电感器 电抗器	感应线圈、线路陷波器 电抗器（并联和串联）
M	电动机	
N	模拟集成电路	运算放大器、模拟/数字混合器件
P	测量设备 试验设备	指示、记录、测量设备、信号发生器、时钟
Q	电力电路的开关	断路器、隔离开关
R	电阻器	可变电阻器、电位器、变阻器、分流器，热敏电阻
S	控制电路的开关选择器	控制开关、按钮、限制开关、选择开关、选择器、拨号接触器、连接器
T	变压器	电压互感器、电流互感器
U	调制器 变换器	鉴频器、解调器、变频器、编码器、逆变器、交流器、电报译码器
V	电真空器件 半导体器件	电子管、气体放电管、晶体管、晶闸管、二极管

(续)

字母代码	项目种类	举 例
W	传输通道 波导、天线	导线、电缆、母线、波导、波导定向耦合器、偶极天线、抛物面天线
X	端子 插头 插座	插头和插座、测试塞孔、端子板、焊接端子片、连接片、电缆封端和接头
Y	电气操作的机械装置	制动器、离合器、气阀
Z	终端设备 混合变压器 滤波器、均衡器 限幅器	电缆平衡网络 压缩扩展器 晶体滤波器 网络

2) 双字母符号。双字母符号由表1-6中的单字母符号后面另加一个字母组成，目的是更详细和更具体地表示电气设备、装置和元器件的名称。

常用双字母符号见表1-7。

表1-7 常用双字母符号

序号	名称	单字母	双字母	序号	名称	单字母	双字母	序号	名称	单字母	双字母
1	发电机	G		4	变压器	T		7	控制开关	S	SA
	直流发电机	G	GD		电力变压器	T	TM		行程开关	S	ST
	交流发电机	G	GA		控制变压器	T	T		限位开关	S	SL
	同步发电机	G	GS		升压变压器	T	TU		终点开关	S	SE
	异步发电机	G	GA		降压变压器	T	TD		微动开关	S	SS
	永磁发电机	G	GM		自耦变压器	T	TA		脚踏开关	S	SF
	水轮发电机	G	GH		整流变压器	T	TR		按钮	S	SB
	汽轮发电机	G	GT		电炉变压器	T	TF		接近开关	S	SP
	励磁机	G	GE		稳压器	T	TS				
2	电动机	M			互感器	T		8	继电器	K	
	直流电动机	M	MD		电流互感器	T	TA		中间继电器	K	KM
	交流电动机	M	MA		电压互感器	T	TV		电压继电器	K	KV
	同步电动机	M	MS	5	整流器	U	U		电流继电器	K	KA
	异步电动机	M	MA		变流器	U	U		时间继电器	K	KT
	笼型电动机	M	MC		逆变器	U	U		频率继电器	K	KF
3	绕组	W			变频器	U	U		压力继电器	K	KP
	电枢绕组	W	WA	6	断路器	Q	QF		控制继电器	K	KC
	定子绕组	W	WS		隔离开关	Q	QS		信号继电器	K	KS
	转子绕组	W	WR		转换开关	Q	QC		接地继电器	K	KE
	励磁绕组	W	WE		刀开关	Q	QK		接触器	K	KM
	控制绕组	W	WC								

(续)

序号	名称	单字母	双字母	序号	名称	单字母	双字母	序号	名称	单字母	双字母
9	电磁铁	Y	YA	13	电线	W			变换器	B	
	制动电磁铁	Y	YB		电缆	W			压力变换器	B	BP
	牵引电磁铁	Y	YT		母线	W			位置变换器	B	BQ
	起重电磁铁	Y	YL	14	避雷器	F			温度变换器	B	BT
	电磁离合器	Y	YC		熔断器	F	FU		速度变换器	B	BV
10	电阻器	R		15	照明灯	E	EL	19	自整角机	B	
	变阻器	R			指示灯	H	HL		测速发电机	B	BR
	电位器	R	RP						送话器	B	
	起动电阻器	R	RS	16	蓄电池	G	GB		受话器	B	
	制动电阻器	R	RB		光电池	B			拾音器	B	
	频敏电阻器	R	RF						扬声器	B	
	附加电阻器	R	RA	17	晶体管	V			耳机	B	
					电子管	V	VE	20	天线	W	
11	电容器	C		18	调节器	A		21	接线性	X	
					放大器	A			连接片	X	XB
12	电感器	L			晶体管放大器	A	AD		插头	X	XP
	电抗器	L			电子管放大器	A	AV		插座	X	XS
	起动电抗器	L	LS		磁放大器	A	AM				
	感应线圈	L						22	测量仪表	P	

（2）辅助文字符号

辅助文字符号用来表示电气设备装置和元器件，也用来表示线路的功能、状态和特征。常用辅助文字符号见表1-8。

表1-8 常用辅助文字符号

序号	名称	符号	序号	名称	符号	序号	名称	符号	序号	名称	符号
1	高	H	9	反	R	17	电压	V	25	自动	A, AUT
2	低	L	10	红	RD	18	电流	A	26	手动	M, MAN
3	升	U	11	绿	GN	19	时间	T	27	起动	ST
4	降	D	12	黄	YE	20	闭合	ON	28	停止	STP
5	主	M	13	白	WH	21	断开	OFF	29	控制	C
6	辅	AUX	14	蓝	BL	22	附加	ADD	30	信号	S
7	中	M	15	直流	DC	23	异步	ASY			
8	正	FW	16	交流	AC	24	同步	SYN			

3. 文字符号的组合

文字符号组合形式一般为

基本符号 + 辅助符号 + 数字序号

例如，FU2 表示第二组熔断器。

在读文字符号时，同一个字母在组合中的位置不同，可能有不同的含义。即文字符号只有明确了它在组合中的具体位置才有意义。如 F 表示保护器件，U 表示调制器，这两个意思组合起来是无意义的，只有熔断器 FU 是有意义的。

4. 特殊文字符号

在电气工程图中，一些特殊用途的接线端子、导线等，常采用一些专用文字符号标注。常用的一些特殊用途文字符号见表1-9。

表1-9 特殊用途文字符号

序号	名 称	文字符号	序号	名 称	文字符号
1	交流系统电源第1线	L1	11	接地	E
2	交流系统电源第2线	L2	12	保护导体	PE
3	交流系统电源第3线	L3	13	不接地保护	PU
4	中性导体	N	14	PEN 导体（保护接地导体和中性导体共用）	PEN
5	交流系统设备第1线	U	15	低噪声接地导体	TE
6	交流系统设备第2线	V	16	机壳和机架	MM
7	交流系统设备第3线	W	17	等电位	CC
8	直流系统电源正极	L_+	18	交流电	AC
9	直流系统电源负极	L_-	19	直流电	DC
10	直流系统电源中间导体	M			

5. 设备、元器件的型号

电气工程图的设备、元器件，除了标注文字符号外，有些还标注了设备、元器件的型号。型号中的字母为汉语拼音字母。国家标准产品的型号与进口产品、合资企业生产的产品型号往往不同，型号含义需要阅厂家产品说明书。

6. 线路敷设方式的标注字母

线路敷设方式的标注字母见表1-10。

表1-10 线路敷设方式的标注字母

序 号	名 称	标注字母	备 注
1	穿焊接钢管敷设	SC	含其他厚壁管
2	穿电线管敷设	MT	含其他薄壁管
3	穿硬塑料管敷设	PC	
4	穿阻燃半硬塑料管敷设	FPC	
5	在电缆桥架内敷设	CT	
6	在金属线槽内敷设	MR	
7	在塑料线槽内敷设	PR	
8	穿塑料波纹电线管敷设	KPC	
9	穿金属软管敷设	CP	

(续)

序 号	名 称	标注字母	备 注
10	地下直埋敷设	DB	
11	在电缆沟内敷设	TC	
12	在混凝土排管内敷设	CE	
13	用钢索敷设	M	

7. 导线敷设部位的标注字母

导线敷设部位的标注字母见表1-11。

表1-11 导线敷设部位的标注字母

序 号	名 称	标注字母	备 注
1	沿或跨梁(屋架)敷设	AB	
2	暗敷在梁内	BC	
3	沿或跨柱敷设	AC	
4	暗敷在柱内	CLC	
5	沿墙面敷设	WS	
6	暗敷设在墙内	WC	
7	沿天棚或顶板面敷设	CE	
8	暗敷设在屋面或顶板内	CC	
9	吊顶内敷设	SCE	
10	地板或地面下敷设	FC	

第三节 阅读建筑电气工程图的一般程序

阅读建筑电气工程图必须熟悉电气工程图基本知识(表达形式、通用画法、图形符号、文字符号)和建筑电气工程图的特点,同时掌握一定的阅读方法,才能比较迅速全面地读懂图样,以完全实现读图的意图和目的。

阅读建筑电气工程图的方法没有统一规定。但当我们拿到一套建筑电气工程图时,面对一大摞图样,究竟如何下手?根据作者经验,通常可按下面方法去做,即了解概况先浏览,重点内容反复看;安装方法找大样,技术要求查规范。

具体针对一套图样,一般多按以下顺序阅读(浏览),而后再重点阅读。

1. 看标题栏及图样目录

了解工程名称、项目内容、设计日期及图样数量和内容等。

2. 看总说明

了解工程总体概况及设计依据,了解图样中未能表达清楚的各有关事项。如供电电源的来源、电压等级、线路敷设方法、设备安装高度及安装方式、补充使用的非国标图形符号、施工时应注意的事项等。有些分项局部问题是分项工程的图样上说明的,看分项工程图时,也要先看设计说明。

3. 看系统图

各分项工程的图样中都包含有系统图。如变配电工程的供电系统图、电力工程的电力系统图、照明工程的照明系统图以及电缆电视系统图等。看系统图的目的是了解系统的基本组成，主要电气设备、元器件等连接关系及它们的规格、型号、参数等，掌握该系统的组成概况。

4. 看平面布置图

平面布置图是建筑电气工程图中的重要图样之一，例如变配电所电气设备安装平面图（还应有剖面图）、电力平面图、照明平面图、防雷接地平面图等，都是用来表示设备安装位置、线路敷设部位、敷设方法及所用导线型号、规格、数量、管径大小的。在通过阅读系统图，了解了系统组成概况之后，就可依据平面图编制工程预算和施工方案，具体组织施工了。所以，对平面图必须熟读。阅读平面图时，一般可按此顺序：进线→总配电箱→干线→支干线→分配电箱→用电设备。

5. 看电路图

了解各系统中用电设备的电气自动控制原理，用来指导设备的安装和控制系统的调试工作。因电路图多是采用功能布局法绘制的，看图时应依据功能关系从上至下或从左至右一个回路一个回路地阅读。熟悉电路中各电器的性能和特点，对读懂图样将是一个极大的帮助。

6. 看安装接线图

了解设备或电器的布置与接线。与电路图对应阅读，进行控制系统的配线和调校工作。

7. 看安装大样图

安装大样图是用来详细表示设备安装方法的图样，是依据施工平面图，进行安装施工和编制工程材料计划时的重要参考图样。特别是对于初学安装者更显重要，甚至可以说是不可缺少的。安装大样图多采用《全国通用电气装置标准图集》。

8. 看设备材料表

设备材料表提供了该工程的使用的设备、材料的型号、规格和数量，是编制购置设备、材料计划的重要依据之一。

阅读图样的顺序没有统一的规定，可以根据需要，自己灵活掌握，并应有所侧重。为更好地利用图样指导施工，使安装施工质量符合要求，还应阅读有关施工及验收规范、质量检验评定标准。以详细了解安装技术要求，保证施工质量。

本 章 小 结

本章较详细介绍了建筑电气工程图的绘制规则及识图的基本方法。电气工程图是按电气简图形式绘制的，图中的装置、设备、元器件、线路及安装方法是用图形符号、文字符号来表达的。在建筑电气工程图中，常用的是系统图、平面图、电路原理图、设备接线图、设备材料表等。阅读电气施工图，不但要有一些识图的基本知识，还应掌握合理的识图方法，并熟悉和掌握一些常用电气工程的施工技术、安装验收标准和规范，才能较快地看懂电气工程图。

习 题 一

一、判断题(对的画"√",错的画"×")

1. 简图就是简单的工程图。(　　)
2. 电气工程图是表示信息的一种技术文件,没有固定的格式和规定。(　　)
3. 在电气平面图中,点画线—·—·—可表示控制线或信号线。(　　)
4. 电路图是表示电气装置、设备、元器件的连接关系,是进行配线、接线、调试和维护不可缺少的图样。(　　)
5. 电气系统图主要表示电气元器件的具体情况、具体安装位置和具体接接方法。(　　)
6. 设备布置图主要表现各种电气设备和元器件的平面与空间的位置、安装方式及其相互关系的图样。(　　)
7. 在电气平面图上电气设备和线路的安装高度是用绝对标高来表示的。(　　)
8. 安装接线图是用以分析电路的工作原理,它是调试和维修不可缺少的图样。(　　)
9. 施工记录检查表填写应在全部工程完成之后。(　　)
10. 电气工程施工要与土建工程及其他(给排水、采暖通风等)配合进行。(　　)
11. 电气原理图是为了便于阅读与分析控制线路,将电气中各个元器件以展开的形式绘制而成,图中元器件所处的位置并不按实际位置布置。(　　)
12. 电气设备、装置、元器件的种类代号,可用字母和数字组成,其中字母代号选用 26 个英文字母。(　　)
13. 编制施工方案是为了满足业主和监理的需要。(　　)
14. 电气工程概算是根据施工图编制的。(　　)
15. 隐蔽工程是指在墙体、楼板、地坪、基础及吊顶内的配电电气管路及接地装置,土建及装饰工程完工后不能检查到的施工内容。(　　)
16. 建筑设计单位对设计文件选用的建筑材料、建筑构配件和设备,不宜指定生产厂、供应商。(　　)
17. 所有民用建筑工程均分为方案设计、初步设计和施工图设计三个阶段。(　　)
18. 在设计中应因地制宜,正确选用国家、行业和地方建筑标准设计,并在设计文件的图样目录或施工图设计说明中注明被应用图集的名称。(　　)
19. 建筑电气方案设计文件中,防雷系统、接地系统一般不出图样,特殊工程只出顶视平面图,接地平面图。(　　)
20. 施工单位必须按照工程设计图样和施工技术标准施工,不得擅自修改工程设计,不得偷工减料。(　　)

二、单项选择题

1. 选定建筑物一层地坪为 ±0.00 而确定的高度尺寸称为(　　)。
   A. 绝对标高　　　　B. 相对标高　　　　C. 敷设标高
2. (　　)表示了电气回路中各元器件的连接关系,用来说明电能的输送、控制和分配关系。
   A. 电路图　　　　B. 电气接线图　　　　C. 电气系统图
3. (　　)是表现电气工程中设备的某一部分的具体安装要求和做法的图样。
   A. 详图　　　　B. 电气平面图　　　　C. 设备布置图
4. 低压电器设备和器材在安装前的保管期限,应为(　　)以及下。
   A. 半年　　　　B. 一年　　　　C. 二年
5. 在施工过程中发现设计图样有问题,要做变更洽谈时,应该在(　　)完成。
   A. 施工中　　　　B. 施工后　　　　C. 施工前

6. 在检查工程质量好坏是否符合要求时，应依据的标准是( )。
   A. 国家质量评定标准　　B. 国家设计规程　　C. 国家施工验收规定
7. 可以将建筑工程( )的一项或者多项发包给一个工程总承包单位；但是，不得将应当由一个承包单位完成的建筑工程肢解成若干部分发包给几个承包单位。
   A. 勘察设计　　　　　　　　　　　　B. 施工
   C. 设计、施工、设备采购　　　　　　D. 勘察、设计、施工、设备采购
8. 工程监理人员发现工程设计不符合建筑工程质量标准或者合同约定的质量要求的，应当报告( )要求设计单位改正。
   A. 建设单位　　　　　　　　　　　　B. 设计单位
   C. 建设单位和设计单位　　　　　　　D. 工程管理单位
9. 初步设计文件，应满足编制( )设计文件的需要。
   A. 方案　　　　B. 初步　　　　C. 施工图　　　　D. 工程验收
10. 建筑电气初步设计文件中，防雷系统、接地系统( )。
    A. 一般不出图样　　　　　　　　　　B. 不出图样
    C. 出系统图　　　　　　　　　　　　D. 出系统图和平面图样
11. 初步设计主要由( )组织审批。
    A. 政府行政管理部门　　B. 项目法人　　C. 投资方　　D. 县级以上行政部门
12. 初步设计概算是控制投资的( )限额。
    A. 最高　　　　B. 最低　　　　C. 参考　　　　D. 中间
13. 编制施工图设计文件，应当满足( )的需要，并注明建设工程使用年限。
    A. 设备材料采购和工程施工　　　　　B. 设备标准采购、非标准设备制作和施工
    C. 工程材料采购、非标设备的加工和施工　　D. 工程材料采购、非标准设备制作和施工
14. 建设工程合同应当采用( )。
    A. 口头形式　　B. 传真形式　　C. 文字形式　　D. 书面形式
15. 从事建设工程勘察、设计活动，应当坚持( )原则。
    A. 先勘察，后设计，再施工　　　　　B. 先策划，后设计，再施工
    C. 先勘察，边设计，边施工　　　　　D. 先设计，后审图，再施工

三、简答题

1. 在建筑平面图中，定位轴线的原则是什么？定位轴线有什么作用？
2. 什么叫比例？如果图样的比例是1∶150，图中某段电气线路用尺量得为24mm，则此电气线路的实际长度是多少？
3. 在地下一层电气平面图中，某母槽相对标高如图1-7所示，试说明母线槽的安装高度。

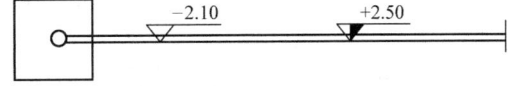

图1-7　简答题3图

4. 建筑电气安装工程施工前的准备工作有哪些主要内容？
5. 电气安装工程中电气设备和材料是怎样划分的？
6. 电气工程施工前应如何做好施工技术交底？
7. 建筑电气安装工程竣工验收时，一般应提交哪些技术资料？

第二章 变配电工程

第一节 建筑供配电系统概述

建筑供配电系统就是解决建筑物所需电能的供应和分配的系统,是电力系统的组成部分。随着现代化建筑的出现,建筑的供电不再是一台变压器供几幢建筑物,而是一幢建筑物往往用一台乃至十几台变压器供电;供电变压器容量也有增加;另外,在同一幢建筑物中常有一、二、三级负荷同时存在。这虽然增加了供电系统的复杂性,但供电系统的基本组成却基本一样。通常,对大型建筑或建筑小区,电源进线电压多采用10kV,电能先经过高压配电所,再由高压配电所将电能分送给各终端变电所,经配电变压器将10kV高压降为一般用电设备所需的电压AC380V/AC220V),然后由低压配电线路将电能分送给各用电设备使用。有些小型建筑,因用电量较小,可采用低压进线,此时只需设置一个低压配电室,甚至只需设置一台配电箱就可以了。

一、电力系统简介

所谓电力系统就是由各种电压等级的电力线路将发电厂、变电所和电力用户联系起来的一个发电、输电、变电、配电和用电的整体。发电厂送变电过程示意图如图2-1所示。

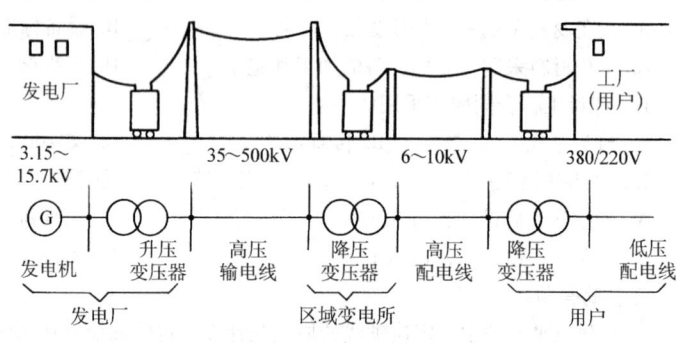

图2-1 发电厂送变电过程示意图

1. 变电所

变电所是接收电能改变电能电压并分配电能的场所,主要由电力变压器与开关设备组成,是电力系统的重要组成部分。装有升压变压器的变电所叫升压变电所,装有降压变压器的变电所叫降压变电所。接受电能,不改变电压,并进行电能分配的场所叫配电所。

2. 电力线路

电力线路是输送电能的通道。电力线路的任务是把发电厂生产的电能输送并分配到用户,把发电厂、变配电所和电能用户联系起来。它由不同电压等级和不同类型的线路构成。建筑供配电线路的额定电压等级多为10kV线路和380V线路,并有架空线路和电缆线路之分。

3. 低压配电系统

低压配电系统由配电装置(配电盘)及配电线路组成。配电方式分类有放射式、树干式及混合式等,如图2-2所示。

放射式的优点是各个负荷独立受电,因而故障范围一般仅限于本回路,线路发生故障需要检修时，也只切断本回路而不影响其他回路；同时回路中电动机起动引起电压的波动，对其他回路的影响也较小。其缺点是所需开关设备和有色金属消耗量较多，因此，放射式配电一般多用于对供电可靠性要求高的负荷或大容量设备。

树干式配电的特点正好与放射式相反。一般情况下，树干式采用的开关设备较少，有色金属消耗量也较少，但干线发生故障时，影响范围大，因此供电可靠性较低。树干式配电在机加工车间，高层建筑中使用较多，可采用封闭式母线，灵活方便，也比较安全。

在很多情况下往往采用放射式和树干式相结合的配电方式，也称混合式配电。

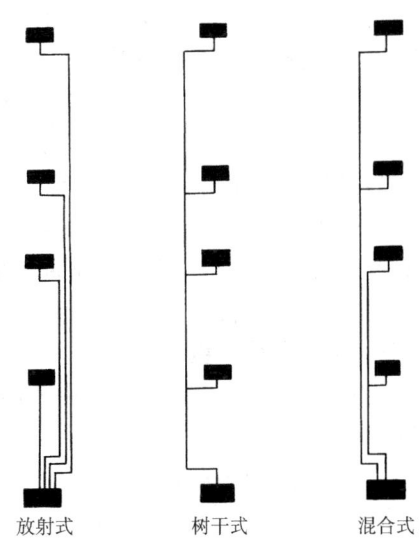

图 2-2　配电方式分类

二、供电电压等级

在电力系统中的电力设备都规定有一定的工作电压和工作频率，这样既可以安全有效的工作，又便于批量生产及使用中互换，所以电力系统中规定有统一额定电压等级和频率。

我国的交流电网和电力设备额定电压等级见表 2-1。

表 2-1　我国交流电网和电力设备额定电压等级（GB 156—2003）

分　类	电网和用电设备 额定电压/kV	发电机额定电压 /kV	电力变压器额定电压/kV	
			一次绕组	二次绕组
低压	0.38 0.66	0.40 0.69	0.38 0.66	0.40 0.69
高压	3 6 10 — 35 66 110 220 330 500	3.15 6.3 10.5 13.8，15.75，18， 20，22，24，26	3 及 3.15 6 及 6.3 10 及 10.5 13.8，15.75，18， 20，22，24，26 35 66 110 220 330 500	3.15 及 3.3 6.3 及 6.6 10.5 及 11 38.5 72.6 121 242 363 550

电能在导线传输时会产生电压降，因此，为了保持线路首端与末端的平均电压在额定值上，线路首端电压应较电网额定电压高 5%，变压器二次绕组的额定电压高出受电设备额定电压的百分数归纳起来有两种情况：一种情况高出 10%，另一种情况高出 5%。这是因为：高出 10% 的情况是，电力变压器二次绕组的额定电压均指空载电压而言，当变压器满载供电时，其本身绕组的阻抗将引起一个电压降，从而使变压器满载时，其二次绕组实际端电压

较空载时约低5%，但比用电设备的额定电压尚高出5%，利用这个5%补偿线路上的电压损失，可使受电设备上维持其额定电压，这种电压组合情况，多用于变压器供电距离较远时。另一种情况是，变压器二次绕组额定电压比受电设备额定电压高出5%，只适用于变压器靠近用户，供电范围较小，线路较短，其电压损失可忽略不计，所高出的5%电压，基本上用以补偿变压器满载时其本身绕组的阻抗压降。习惯上把1kV及以上的电压称为高压，1kV以下的电压称为低压。6~10kV电压用于送电距离为10km左右的工业与民用建筑供电，380V电压用于建筑物内部供电或向工业生产设备供电，220V电压多用于向生活设备、小型生产设备及照明设备供电。380V和220V电压采用三相四线制供电方式。

三、电力负荷分级

电力负荷应根据其重要性和中断供电在政治上、经济上所造成的损失或影响的程度分为下面三级。

1. 一级负荷及其供电要求

中断供电将造成人身伤亡者。

中断供电将在政治上、经济上造成重大损失者。如：重大设备损坏，重大产品报废，用重要原料生产的产品大量报废，国民经济中重点企业的连续生产过程被打乱需要长时间才能恢复等。

中断供电将影响有重大政治、经济意义的用电部门的正常工作者。如：重要铁路枢纽、重要通信枢纽、重要宾馆、经常用于国际活动的大量人员集中的公共场所等用电单位中的重要电力负荷。

一级负荷应由两个电源供电，且两个电源应符合下列条件之一：

对于仅允许很短时间中断供电的一级负荷，应能在发生任何一种故障且保护装置（包括断路器，下同）失灵时，仍有一个电源不中断供电。对于允许稍长时间（手动切换时间）中断供电的一级负荷，应能在发生任何一种故障且保护装置动作正常时，有一个电源不中断供电；并且在发生任何一种故障且主保护装置失灵以致两个电源均中断供电后，应能在有人值班的处所完成各种必要的操作，迅速恢复一个电源的供电。

如一级负荷容量不大时，应优先采用从电力系统或临近单位取得低压第二电源，可采用柴油发电机组或蓄电池组作为备用电源；当一级电源负荷容量较大时，应采用两路高压电源。

对于特等建筑应考虑一电源系统检修或故障时，另一电源系统又发生故障的严重情况，此时应从电力系统取得第三电源或自备电源。应根据一级负荷允许中断供电的时间，确定备用电源手动或自动方式投入。

对于采用备用电源自动投入或自动切换仍不能满足供电要求的一级负荷，例如银行、气象台、计算中心等建筑中的主要业务用电子计算机和旅游旅馆等管理用电子计算机，应由不间断电源装置供电。

2. 二级负荷及供电要求

中断供电将在政治上、经济上造成较大损失者。如：主要设备损坏，大量产品报废，连续生产过程被打乱需较长时间才能恢复，重点企业大量减产等。

中断供电将影响重要用电单位的正常工作者。如：铁路枢纽、通信枢纽等用电单位中的重要电力负荷，以及中断供电将造成大型影剧院、大型商场等大量人员集中的重要的公共场所秩序混乱者。

当地区供电条件允许且投资不高时,二级负荷宜由两个电源供电。当地区供电条件困难或负荷较小时,二级负荷可由一条6~10kV以上的专用线路供电。如采用电缆时,应敷设备用电缆并经常处于运行状态。

3. 三级负荷及其供电要求

不属于一级和二级负荷者。三级负荷对供电系统无特殊要求。

民用建筑中常用重要设备及部位的负荷级别见表2-2。

表2-2 常用重要设备及部位的负荷级别

序号	建筑类别	建筑物名称	用电设备及部位名称	负荷级别	备注
1	住宅建筑	高层普通住宅	客梯电力、楼梯照明	二级	
2	宿舍建筑	高层宿舍	客梯电力、主要通道照明	二级	
3	旅馆建筑	一、二级旅游旅馆	经营管理用电子计算机及其外部设备电源、宴会厅电声、新闻摄影、录像电源、宴会厅、餐厅、娱乐厅、高级客房、厨房、主要通道照明、部分客梯电力,厨房部分电力	一级	
		高层普通旅馆	客梯电力、主要通道照明	二级	
4	办公建筑	省、市、自治区及高级办公楼	客梯电力,主要办公室、会议室、总值班室、档案室及主要通道照明	二级	
		银行	主要业务用电子计算机及其外部设备电源,防盗信号电源	一级	
			客梯电力	二级	
5	教学建筑	高等学校教学楼	客梯电力,主要通道照明	二级	
		高等学校的重要实验室		一级	
6	科研建筑	科研院所的重要实验室			
		市(地区)级及以上气象台	主要业务用电子计算机及其外部设备电源、气象雷达、电报及传真收发设备、卫星云图接收机、语言广播电源,天气绘图及预报照明	二级	
			客梯电力	二级	
		计算中心	主要业务用电子计算机及外部设备电源	一级	
			客梯电力	二级	
7	文娱建筑	大型剧院	舞台、贵宾室、演员化妆室照明,电声,广播及电视转播,新闻摄影电源	一级	
8	博览建筑	省、市、自治区级及以上的博物馆、展览馆	珍贵展品展室的照明,防盗信号电源	一级	
			商品展览用电	二级	
9	体育建筑	省、市、自治区级及以上的体育馆、体育场	比赛厅(场)主席台、贵宾室、接待室、广场照明、计时记分、电声、广播及电视转播、新闻摄影电源	一级	
10	医疗建筑	县(区)级及以上的医院	手术室、分娩室、婴儿室、急诊室、监护病房、高压氧仓、病理切片分析、区域性中心血库的电力及照明	一级	

第二节 变配电所主接线图

一、变配电所常用配电装置

在变配电所中常常采用高压开关柜、低压配电柜(屏)等装置。

1. 高压开关柜

高压开关柜(High-voltage Switchboard)是按一定的线路方案来组装有关的一、二次设备的一种高压成套配电装置。高压开关柜中安装有高压开关设备、保护设备、测量仪表、母线和绝缘子等，常用于电厂和变配电所中，用于对发电机、变压器和高压线路的控制、保护、测量等，也可作为高压电动机的起动和保护开关设备。按照高压断路器接入主电路的工艺过程的不同，它可分为固定式和移动式(手车式)两大类，其全型号的表示和含义如图 2-3 所示。

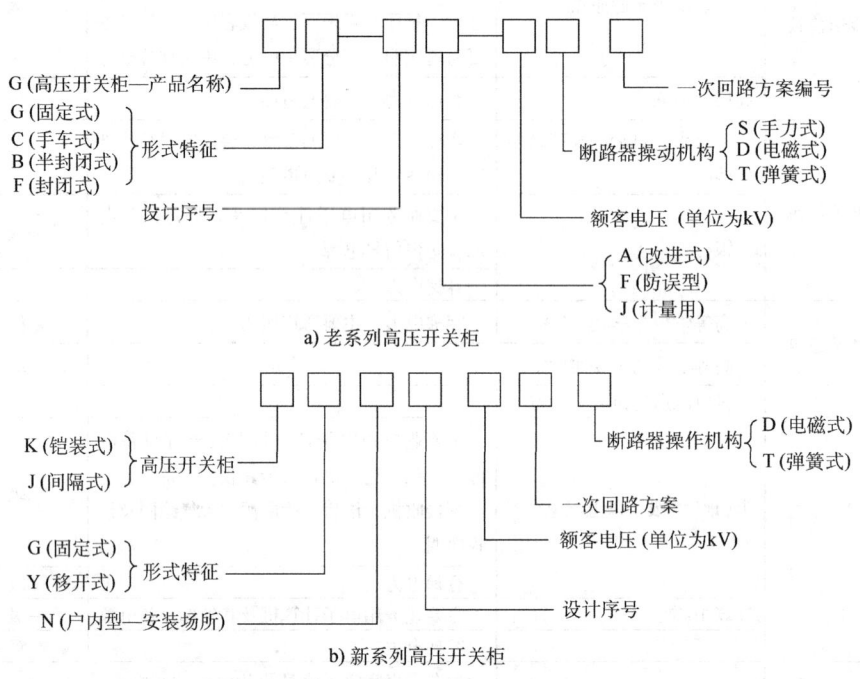

图 2-3 高压开关柜全型号的表示和含义

图 2-4a 所示为 GG—1A(F)型固定式高压开关柜的结构，这种防误型开关柜装有防止电气误操作和保障人身安全的闭锁装置，即所谓"五防"——防止误跳、误合断路器，防止带负荷拉、合隔离开关，防止带电挂接地线，防止带地线误合隔离开关，防止人员误入带电区。

图 2-5 所示为 GC—10(F)型移开式(手车式)高压开关柜的结构，其高压断路器等主要电气设备是装在可以拉出和推入开关柜的手车上的。当断路器发生故障时，可方便拉出、推入备用装置，很快恢复供电，不会因检修开关柜而延误送电。它具有检修方便、安全、供电有效性高等特点，但加工工艺困难，价格较贵。

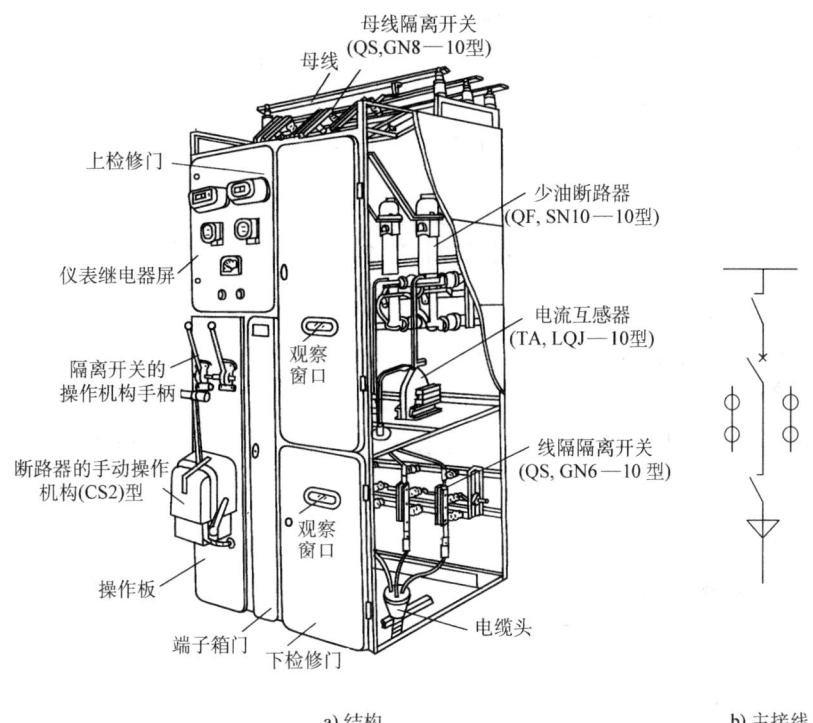

图 2-4 GG—1A(F)—07S 型固定式高压开关柜(断路器柜)

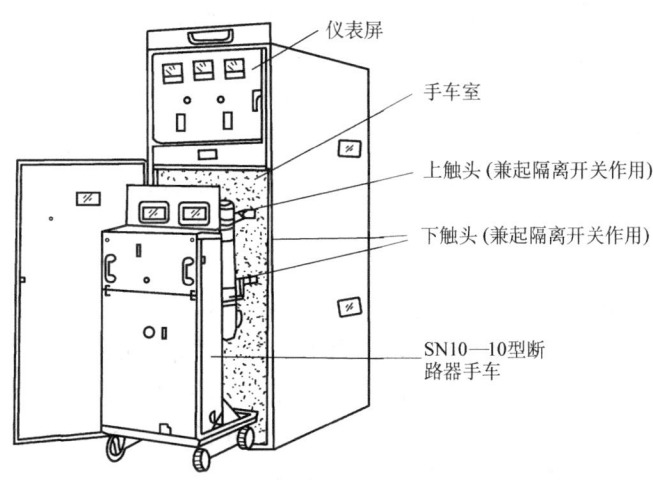

图 2-5 GC—10(F)型移开式高压开关柜

2. 低压配电柜

低压配电室内的低压配电器装在低压配电柜中。与变压器低压侧连接的是主配电柜，柜中装有 DW 型断路器。低压配电分支线路的多少，决定了配电柜的数量，一面配电柜上只能装 2、3 条线路的开关设备。此外，还有专用的补偿电容器柜，可以根据负荷的情况自动迅速提高系统的功率因数。每面柜上都装有监测仪表。

低压配电柜的型号主要由三部分组成：第一部分用 2～4 个（一般用 3 个）汉语拼音字母来代表设备名称、结构特点和用途；第二部分用数字代表系列设计的序号，一般最先设计出的系列，其序号为 1，以后则 2，3，⋯陆续出现，所以序号越大，则是设计越新的产品；第三部分是该配电装置的一次回路（主回路）的方案代号。具体示意如下：

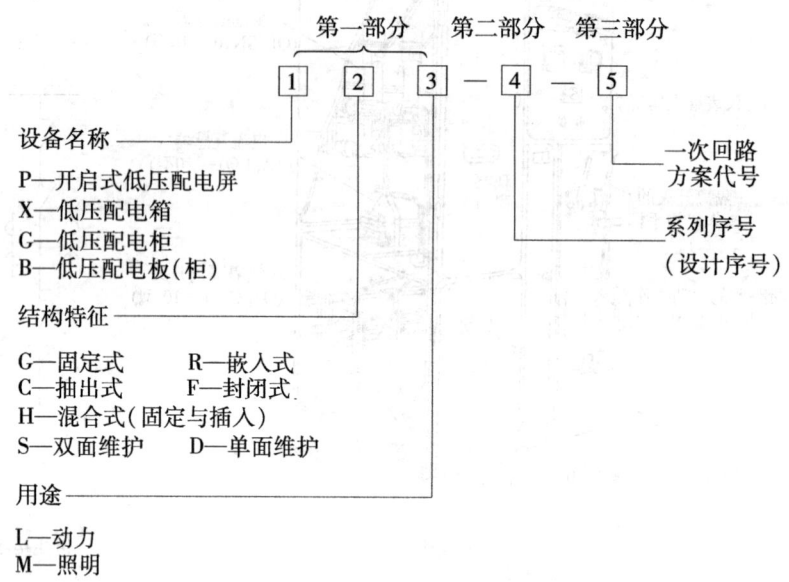

（1）PGL 型

PGL 型低压配电屏是 BSL 型的换代产品，为双面操作，维护型。其基本结构是采用薄钢板及角钢焊接组合而成。屏前有门，屏面上方有仪表板，它是可开启的小门，维修方便。主母线安装于屏后骨架上方的绝缘框上，并装有母线防护罩，以防止上方坠落金属物而造成主母线短路。中性母线装置在屏下方的绝缘子上。主接地点焊接在骨架下方，仪表门也有接地点与壳体相连。组合并列拼装的屏，屏与屏之间加装隔板，从而减少了事故从一个屏扩大到另一个屏的可能性。PGL 型低压配电屏结构如图 2-6 所示。

（2）BFC 型

BFC 型低压配电柜是封闭型抽出式配电柜，分为手车式和抽屉式，可以通过手车式和抽屉式方便地更换和维修柜内设备。这种柜的 A 型是手车式的。全柜分成三个间隔（见图 2-7）：间隔一为母线室，安装进、出线母排；间隔二为继电器室，安装各种保护继电器（如过电流继电压、欠电压继电器、时间继电器等），其门上可安装计量、指示仪表（如电能表、电压表、电流表等）及信号元件（如指示灯等）、按钮等；间隔三为主开关室，安装手车式开关，并与门有机械联锁，主开关处于插入位置时，门打不开。主开关的拔、插靠摇杆机构操作。主开关设有试验位置和工作位置；在试验位置，主开关没有插入，这时可以试验二次回路的工作是否正常，或进行继电器保护定值的调整；在工作位置时主开关处于插入位置，这时主开关才真正投入运行。摇杆机构带有机械联锁，可以防止开关带负荷操作（开关带负荷从工作位置拔出或开关在合闸状态下插入）。

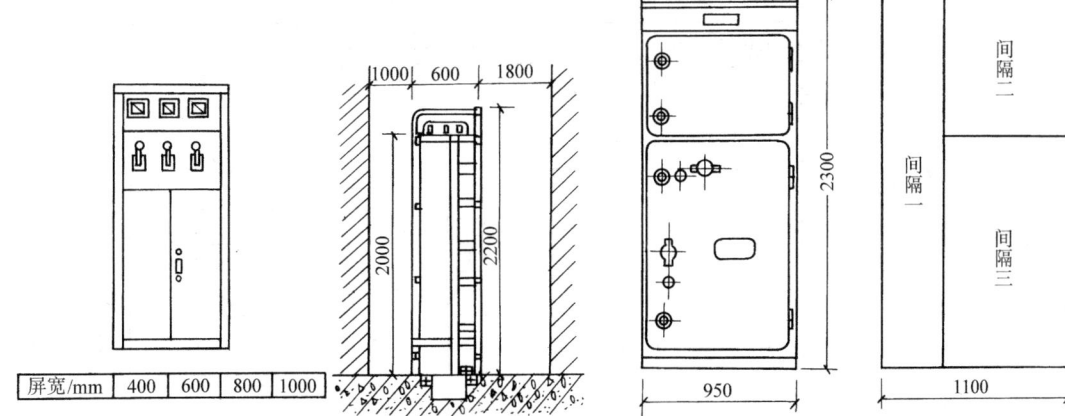

图 2-6 PGL 型低压配电屏结构　　图 2-7 BFC 型低压配电柜外形

这种柜的 B 型是抽屉式的。柜体分成前、后两个部分。后部分装有主母线、分支线及进、出线端子,它们都采用高强绝缘夹支持并固定于柜体上。主母线装于顶部,分支母线由上至下垂直敷设,装于柜体右侧(后视),而柜外进、出线则装于左侧(后视)此前部分用隔板分为若干小室,使各抽屉的主电路隔开。抽屉分为大、一中、小三种。各单元电路的主要电器安装在抽屉中,抽屉内部采用条架式结构,以满足各种不同的使用要求。抽屉后板装有主电路隔离触头,抽屉隔板上装有二次回路插接件。抽屉的前面装有相应大小的摇门,门上可安装控制与测量仪表、控制按钮、信号灯,以及塑壳式断路器的操作机构等。门与操作机构有机械联锁装置,保证抽屉单元不能带负荷抽出。反之,当门打开时,断路器也不能合闸。另外,抽屉上加装了自动锁扣,当抽屉进入定位时能自动锁住,以防发生短路故障而导致抽屉被弹出。

断路器均为插接式连接,它能省略过去固定式配电柜所必需的隔离开关。

这种配电柜底部装有可封闭的活络底板,并按需要装有专供引入电缆用的宝塔形阻燃橡胶衬圈(它可根据引入电缆的大小切割合适的直径)起到封堵密封作用,这样既可防止小动物进入而造成短路,又能在柜内发生电气火灾时防止火情扩大。

(3) GCD64 型低压抽出式开关柜

GCD64(GCK)系列低压抽出式配电柜为防护式金属外壳,用 SMF 特种型材以螺栓联接,整体度好,精度高。门由电镀钢板弯制而成,后门冲有微孔,散热防护性好。柜底设金属底板,电缆出线孔处设有阻燃绝缘板,由用户调整孔径。

柜体结构分为顶母线室、功能单元室和电缆室。抽出式功能单元高度主要有 200mm、400mm 两种。各室独立分隔,可免作相互影响,防止事故扩大。电柜后部的垂直分支母线设有透明罩,以便监视,确保安全。柜宽按功能和容量设有 600mm、800mm、1000mm 三种。需板前维修的柜,另设有 300~400mm 出线电缆。柜深有 800mm、1000mm 两种,原则上主开关电流大于 2000A 时,或馈电需用铜排引出柜顶时,建议采用 1000mm 柜深。柜高统一为 2200mm 尺寸标准,各功能单元小室组合高度为 1800mm;200mm 屉高最多可装 9 个小于等于 63A 回路可用地边抽屉,则 200mm 高双屉可装 18 个。组合形式与外形尺寸分别如图 2-8 和图 2-9 所示。

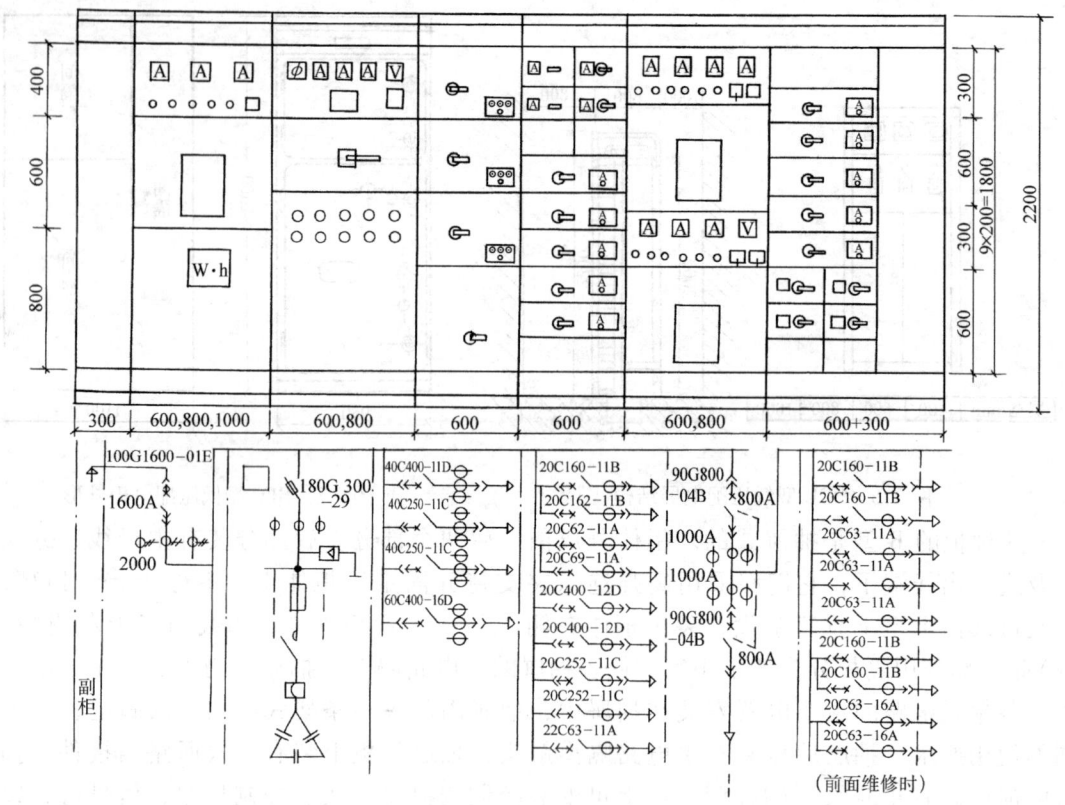

图 2-8 组合形式

柜型号含义如下:

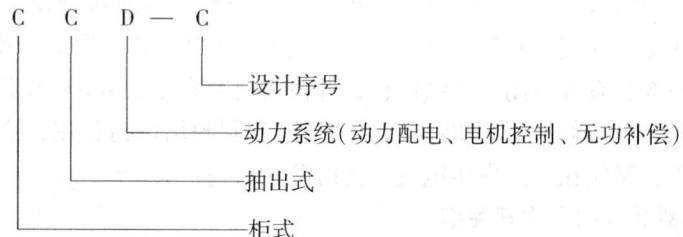

二、配电所主接线图

配电所(Distribution Substation)的功能是接收电能和分配电能,所以其主接线比较简单,只有电源进线、母线和出线三大部分。

1. 电源进线

电源进线可分为单进线和双进线。单进线一般适用于三级负荷,而对于少数二级负荷应有自备电源或邻近单位的低压联络线。双进线可适用于一、二级负荷,对于一级负荷,一般要求双进线分别来自不同的电源(电网)。

国家标准 GBJ63—1990《电力装置的电测量仪表装置设计规范》规定,"电力用户处的电能计量装置,宜采用全国统一标准的电能计量柜","装置在 66kV 以下的电力用户处电能计量点的计费电能表,应设置专用的互感器"。因此,在配电所的进线端装有高压计量柜和高压开关柜,便于控制、计量和保护。

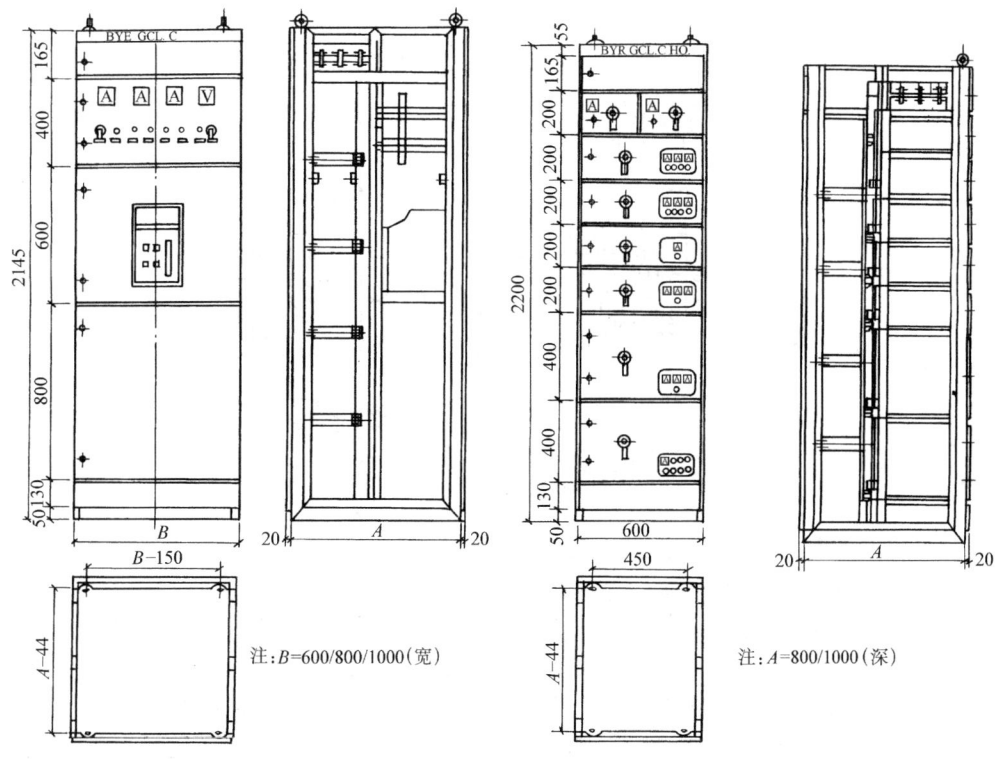

图 2-9 外形尺寸

功能单元型号含义：

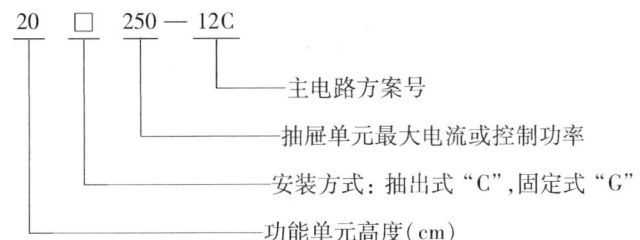

2. 母线

母线(Bus 或 Bar,文字符号为 W 或 WB)又称汇流排,一般由铝排或铜排构成。它可分为单母线、单母线分段式和双母线。一般对单进线的配电所都采用单母线；对于双进线的,采用单母线分段式或双母线式。因为采用单母线分段式时,双进线就分别接在两段母线上,当有一路进线出现故障或检修时,通过隔离开关的闭合,就可使另一段母线有电,以保证供电的连续性。但当另一段母线出现故障或检修时,与其相连接的配电支路就要停电,为了进一步提高供电可靠性(对于一级负荷而言),就必须采用双母线。当然,采用双母线会使开关设备的用量增加一倍左右,投资增加很大。

3. 出线

出线起到分配电能的作用,并把母线的电能通过出线的高压开关柜和输电线送到车间变电所。

图 2-10 所示为某中型工厂的高压配电所及其附设 2 号车间变电所的主电路图。在高压

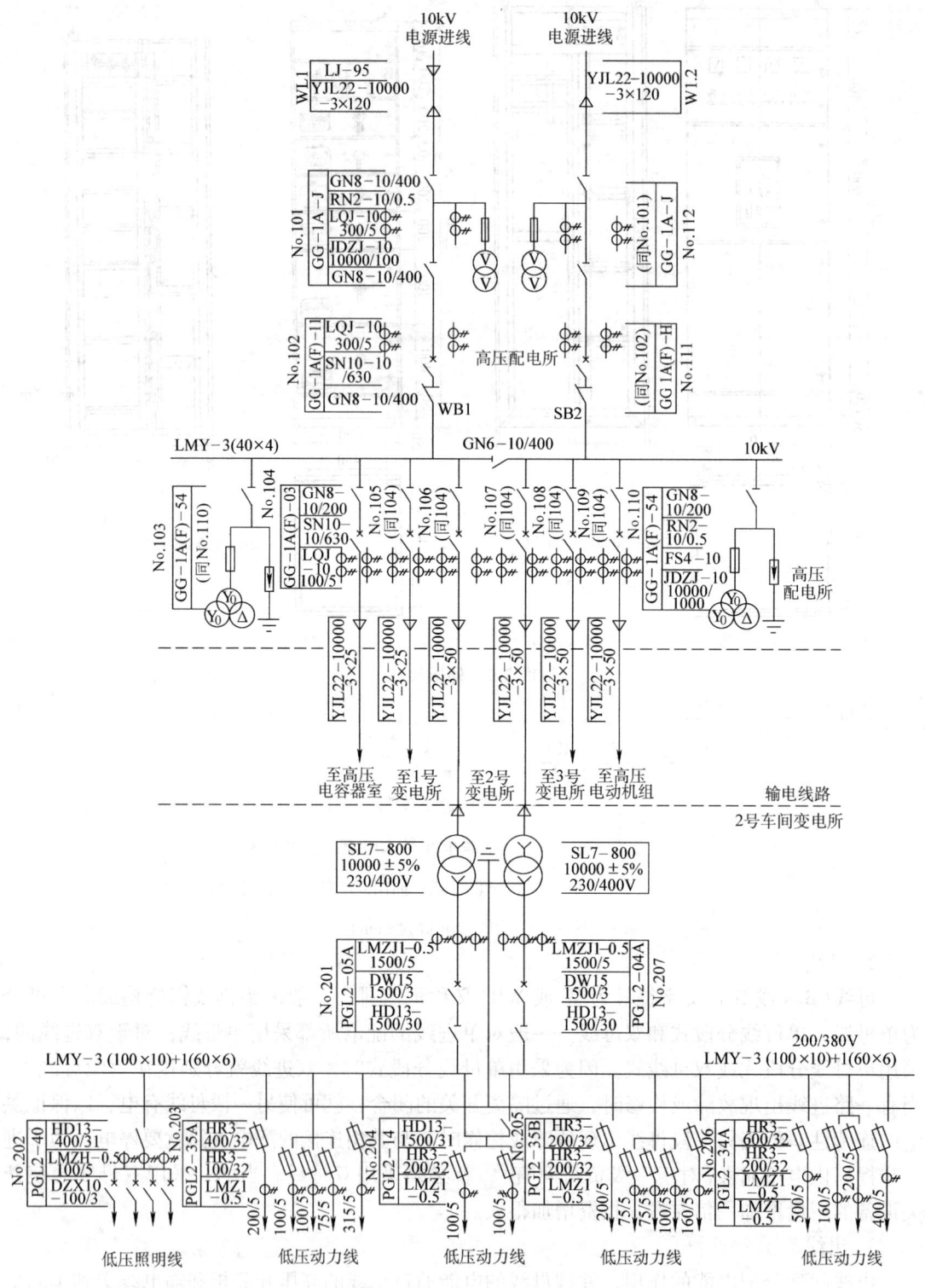

图 2-10 高压配电所及变电所主电路图

配电所部分，采用双进线，其中一路 WL1 采用架空线，进配电所用电缆线；另一路采用电缆线。在进线端分别装有高压计量柜（GG-1A-J 型）和高压开关柜（GG-1A(F)-11 型）。采用分段单母线式，在每段上都装有避雷器和三相五芯柱电压互感器，以防止雷电波袭击，电压互感器可进行电压测量和绝缘监视。出线端装有高压开关柜，每个高压开关柜上都装有两个二次绕组的电流互感器，其中一个绕组接测量仪表，另一个接继电保护装置。

三、变电所主接线图

1. 变电所的组成

变电所（Transfomr Substation）的功能是变换电压和分配电能，由电源进线、电力变压器、母线和出线 4 大部分组成，与配电所相比，它多了一个变换电压等级的部分。

（1）电源进线

电源进线起到接收电能的作用，根据上级变配电所传输到本所线路的长短和上级变配电所的出线端是否安装高压开关柜来决定在本所进线处是否需安装开关设备及其类型。一般而言，若上级变配电所装有高压开关柜，对输电线路和主变压器进行保护，那么本所可以不装或只装简单的开关设备后与主变压器连接。如图 2-10 中的附属 2 号车间变电所，由于高压配电所的出线端装有开关柜，所以输电线直接接入 2 号车间变电所的主变压器。

对于远距离的输电线路或上级变配电所没有把主变压器的各种保护考虑在内，那么本所一般都装有高压开关柜。

（2）主变压器

主变压器把进线的电压等级变换为另一个电压等级，如车间变电所就得把 6~10kV 的电压变换为 0.38kV 的负载设备额定电压。

（3）母线

与配电所一样，变电所的母线也分为单母线、双母线和分段单母线。后两种适用于双主变压器的变电所。

（4）出线

出线也起到分配电能的作用，它通过高压开关柜（高压变电所适用）或低压配电柜（低压变电所适用）把电能分配到各个干线上。

2. 例图分析

图 2-11 所示为某小型工厂变电所的主电路图，图中元器件材料参数见表 2-3。它采用单线图表示，元器件技术数据表示方法采用两种基本形式：一种是标注在图形符号的旁边（如变压器、发电机等）；另一种以表格形式给出（如开关设备等）。

当你拿到一张图样时，若看到有母线，就知道它是配电所的主电路图。然后再看看是否有电力变压器，若有电力变压器就是变电所的主电路图，若无则是配电所的主电路图。但是不管是变电所的还是配电所的主电路图，它们的分析（看图）方法是一样，都是从电源进线开始，按照电能流动的方向进行。

（1）电源进线

在图 2-11 中，电源进线是采用 LJ-3×25mm^2 的三根 25mm^2 的铝胶线架空敷设引入的，经过负荷开关 QL（FN3—10/30—50R）、熔断器 FU（RW4—10—50/30A）送入主变压器（SL7—315kVA,10/0.4kV），把 10kV 的电压变换为 0.4kV 的电压，由铝排送到 3 号配电屏，然后进到母线上。

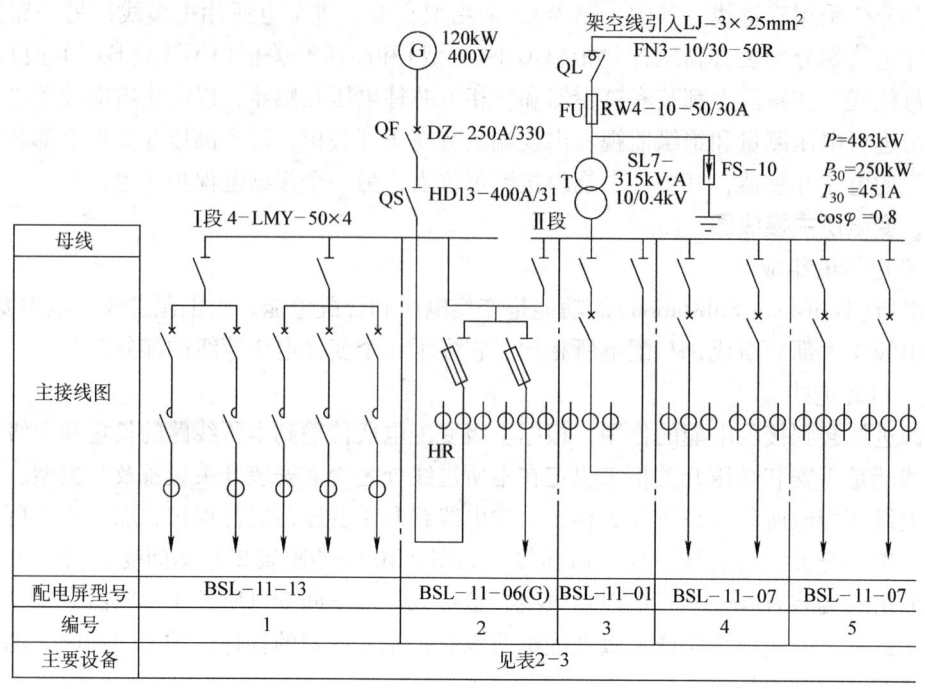

图 2-11　某小型工厂变电所的主电路图

3 号配电屏的型号是 BSL—11—01，是一双面维护的低压配电屏，主要用于电源进线。由图和元器件表可见，该屏有两个刀开关和一个万能型自动空气断路器。自动空气断路器为 DW10 型，额定电流为 600A。电磁脱扣器的动作整定电流为 800A，能对变压器进行过电流保护，它的失压线圈能进行欠电压保护。屏中的两个刀开关起到隔离作用，一个隔离变压器供电，另一个隔离母线，防止备用发电机供电，便于检修自动空气断路器。配电屏的操作顺序是：断电时，先断开断路器，后断开隔离刀开关；送电时，先合刀开关，后合断路器。为了保护变压器，防止雷电波袭击，在变压器高压侧进线端安装了一组（共三个）FS—10 型避雷器。

（2）母线

该电路图采用单母线分段式，配电方式为放射式，以 4 根 LMY 型、截面积均为 50mm × 4mm 的硬铝母线作为主母线，两段母线通过隔离刀开关联络。当电源进线正常供电而备用发电机不供电时，联络开关闭合，两段母线都由主变压器供电。当电源进线、变压器等发生故障或检修时，变压器的出线开关断开，停止供电，联络开关断开，备用发电机供电。这时只有 I 段母线带电，供给职工医院、水泵房、试验室、办公室、宿舍等，可见这些场所的电力负荷是该系统的重要负荷。但这不是绝对的，只要备用发电机不发生过载，也可通过联络开关使 II 段母线有电，送给 II 段母线的负荷。

（3）出线

出线是从母线经配电屏、馈线向电力负荷供电。因此在电路图中都标注有配电屏的型号，馈线的编号，馈线的型号、截面、长度、敷设方式，馈线的安装容量（或功率 P），计算功率 P_{30}，计算电流 I_{30}、线路供电负荷的地点等。

图 2-11 的元器件材料参数见表 2-3。

表 2-3 图 2-11 的元器件材料参数

主接线图	图 2-8												
配电屏型号	BSL—11—13					BSL—11—06（G）		BSL—11—01		BSL—11—07		BSL—11—07	
配电屏编号	1					2		3		4		5	
馈线编号	1	2	3	4	5	6				7	8	9	10
安装功率/kW	78	38.9		15	12.6	120	43.2	315		53.5	182		64.8
计算功率/kW	52	26		10	10	120	38.2	250		40	93		26.5
计算电流/A	75	43.8		15	15	217	68	451		61.8	177		50.3
电压损失（%）	3.2	4.1		1.88	0.8		3.9			3.78	4.6		3.9
HD 型开关额定电流/A	100	100	100	100	100	400	100	600	600	200	400	200	200
GJ 型接触器额定电流/A	100	100	100	60	60								
DW 型开关额定电流/A								600/800		400/100			400/100
DZ 型开关额定电流/A	100/75	100/50		100	100/25	100/25		250/330	250/150				
电流互感器电流比（A/A）	150/5	150/5	150/5	150/5	50/5	250/5	100/15	500/5		75/5	300/5	100/15	75/5
电线电缆 型号	BLX	BLV		BLV	BLV	VLV2	LJ	LMY		BLV	LGJ		BLV
电线电缆 导线根数×截面积/mm²	3×50+1×16	4×16		4×10	4×10	3×95+1×50	4×16	50×4		4×16	3×95+1×50		4×16
敷设方式	架空线	架空线		架空线	架空线	电缆沟	架空线	母线穿墙		架空线	架空线		架空线
负荷或电源名称	职工医院	试验室	备用	水泵房	宿舍	发电机	办公楼	变压器		礼堂	附属工厂	备用	路灯

该变电所共有 10 个馈电回路，其中 3、9 回路为备用。下面以第 6 回路为例进行论述。第 6 回路由 2 号屏输出，供给办公楼，安装功率 $P_e = 43.2\text{kW}$，计算功率 $P_{30} = 38.2\text{kW}$，可见需要系数为

$$k_d = \frac{P_{30}}{P_e} = \frac{38.2}{43.2} = 0.88$$

若平均功率因数为 0.85，则该回路的计算电流 I_{30} 为

$$I_{30} = \frac{P_{30}}{\sqrt{3}U_N \cos\varphi} = \frac{38.2}{\sqrt{3}\times 0.38\times 0.85}\text{A} = 68\text{A}$$

这个计算电流值是设计时选用开关设备及导线的主要依据，也是维修时更换设备、元器件的论证依据。

该回路采用了 HR3—100/32 型熔断器式刀开关，回路中装有三个电流比为 100/5 的电

流互感器供测量用。馈线采用4根铝绞线($LJ-4\times16mm^2$)进行架空线敷设,全线电压损失为3.9%,符合供电规范要求(即小于5%)。

(4) 备用电源

该变电所采用柴油发电机组作为备用电源。发电机的额定功率为120kW,额定电压为400/230V,功率因数为0.8,那么额定电流为

$$I_{30} = \frac{P_N}{\sqrt{3}U_N\cos\varphi} = \frac{120}{\sqrt{3}\times0.4\times0.8}A = 216.5A$$

因此,选用发电机出线断路器的型号为DZ系列,额定电流为250A。

备用电源供电过程:备用发电机电源经自动空气断路器QF和刀开关QS送到2号配电屏,然后引至Ⅰ段母线。自动空气断路器的电磁脱扣的整定电流为330A,对发电机进行过电流保护。刀开关起到隔离带电母线的作用,便于检修发电机出线的自动空气断路器。从发电机房至配电室采用型号为VLV2—500V的三根截面积为$95mm^2$(作为相线)和一根截面积为$50mm^2$(作为中性线)的电缆沿电缆沟敷设。

2号配电屏的型号为BSL—11—06(G)("G"表示在标准进线的基础上略有改动),这是一个受电、馈电兼联络用配电屏,有一路进线,一路馈线。进线用于备用发电机,它经三个电流比为250/5的电流互感器和一组熔断器式开关(HR),然后又分成两路,左边一路接Ⅰ段母线,右边一路经联络开关送到Ⅱ段母线。其馈线用于第6回路,供电给办公楼。

第三节 变配电系统二次回路接线图

一、二次回路接线图的基本概念

在供电系统中,凡是对一次设备进行操作控制、指示、检测以及保护的设备,以及各种信号装置,统称为二次设备。二次设备按照一定顺序连接起来的电路图称为二次回路接线图,也称为辅助接线图,主要包括控制系统、信号系统、检测系统及继电保护等。二次回路接线图是电气工程图的重要部分,是保证一次设备能够正常、可靠、安全运行所必备的图样。与其他电气工程图相比,二次回路接线图显得更复杂一些,其复杂性主要表现在以下几个方面:

1) 二次设备数量多。对一次设备进行监视、测量、控制、保护的二次设备和元器件多达数十种。一次电压的等级越高、设备容量越大,对自动化控制和保护的系统的要求越严格,二次设备的种类与数量也就越多。据统计,为一台高压油断路器服务的二次设备可多达百余件;一座中等容量的35kV厂用变电所中,一次设备约有50多台(件),而二次设备可达400多件,二者数量之比约为1:8。

2) 连接导线多。由于二次设备数量多,连接二次设备之间的导线必然也很多,而且二次设备之间的连线不像一次回路那么简单。通常情况下,一次设备只在相邻设备之间连接,而且连接导线的数量仅限于单相两根线、三相三根线,最多也只是三相四根线。二次设备之间的连线不限于相邻设备之间,而是可以跨越较远的距离,相互之间往往交错相连。另外,某些二次设备连线端子很多,例如,一个中间继电器除线圈外,触头有的多达十多对,这意味着从这个中间继电器引入引出的导线可达十余根。

3) 二次设备动作程序多,工作原理复杂。大多数一次设备动作过程是通或断,带电或

不带电等,而大多数二次设备的动作过程程序多,工作原理复杂。以一般保护电路为例,通常应有感应元件感受被测物理量,再将被测物理量送到执行元件。执行元件或立即执行,或延时执行,或同时作用于几个元件动作,或按一定次序先后作用于几个元件分别动作,动作之后还要发出动作信号,如声响、灯光显示、数字和文字指示等。这样,二次设备系统图必然要复杂得多。

4)二次设备工作电源种类多。在某一确定的系统中,一次设备的电压等级是很少的,如10kV配电变电所,一次设备的电压等级只有10kV和380/220V,但二次设备的工作电压等级和电源种类却可能有多种,有直流"(DC)",有交流"(AC)",有380V以下的各种电压等级,如AC380V、AC220V、AC100V、AC36V、AC24V、AC12V、AC6.3V、AC1.5V等。而交流回流又分为交流电流回路和交流电压回路两种,其中交流电流回路由电流互感器供电,而交流电压回路由电压互感器供电。二次回路按其用途可分为断路器控制回路、信号回路、测量回路、继电保护回路以及自动装置回路等。

二次回路接线图分成二大类:一类是阐述电气工作原理的二次回路原理接线图;另一类是描述连接关系的二次回路安装接线图。理解、读懂二次回路原理接线图、安装接线图对于配电系统的操作、控制、保护以及日常维护都有十分重要的意义。

二次设备与一次设备的关系框图如图2-12所示。

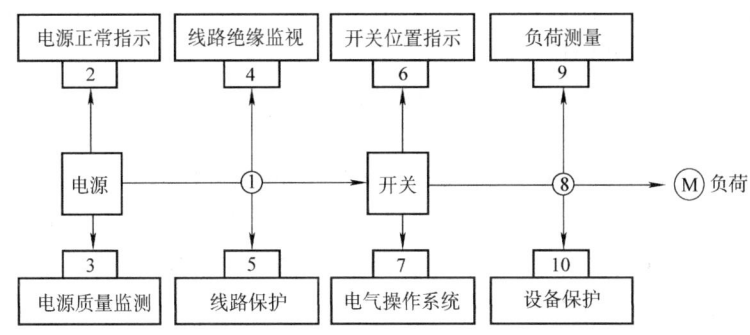

图2-12 二次设备与一次设备的关系框图

二、常用的二次回路接线设备

为了更好地理解二次回路接线图,必须对主要的二次设备的结构、功能、工作性质以及特点有所了解。常用的二次设备有继电器、熔断器、切换开关、接线端子、声响灯光等。

1. 继电器

继电器是一种自动控制电器,它根据输入的一种特定的信号达到某一预定值时而自动动作、接通或断开所控制的回路。这种特定信号可以是电流、电压、温度、压力和时间等。

继电器的结构可以分为三个部分:一是测量元件,反映继电器所控制的物理量(即电流、电压、温度、压力和时间等)变化情况;二是比较元件,将测量元件所反映的物理量与人工设定的预定量(或整定值)进行比较,以决定继电器是否动作;三是执行元件,根据比较元件传送过来的指令完成该继电器所担负的任务,即闭合或断开。

常用继电器分为以下几种:

1)电流继电器。电流继电器常与负载串联,反映负载的电流变化。继电器在回路中电流达到一定值时开始动作,它的线圈匝数较少,导线较粗,这样电流通过时产生的压降较小,不会影响负载电路电流,而粗导线通过的电流较大,可以获得足够的磁通量。

2) 电压继电器。电压继电器的线圈与负载并联,反映回路的电压变化。继电器在回路电压低于某一定值时开始动作,又称为低电压继电器或欠电压继电器,继电器在回路电压高于某一定值时开始动作,称为过电压继电器。电压继电器的线圈匝数较多而其导线较细。

3) 中间继电器。在被控设备之间作为中间传递作用的继电器称为中间继电器,其作用是增加触点数量,扩大触点容量。

4) 时间继电器。在线圈获得信号后,要延迟一段时间后才能动作,这样的继电器称为时间继电器,其特点是通过一定的延迟时间来实现各个电器元件之间的时限配合。

5) 信号继电器。信号继电器是专用于发出某种装置动作信号的继电器,当某一装置动作后,接通信号继电器线圈,信号继电器开始动作,自身具有机械指示(如掉牌)或灯光指示,同时,它的触点接通信号回路。

在二次回路接线图中,继电器的文字表示方式由基本符号和辅助符号组成,其中 K 表明是继电器,而其后缀辅助符号用来表示继电器的功能。常用的继电器符号见第一章相关内容。

2. 转换开关

转换开关又称为控制开关,最常用的型号为 LW 型。转换开关是由多对触点通过旋转接触接通每对触头,多用在二次回路中断路器的操作、不同控制回路的切换、电压表的换相测量以及小型三相电动机起动切换变速。

在二次回路接线图中,通常的表述方法有两种:第一种为接点图表法,如图 2-13 所示,转换开关在不同的位置对应不同的触点接通,一般附在图样的某一位置上,其中"×"表示接通,空格表示断开;第二种为采用图形符号法,如图 2-14 所示。图 2-14a 为旧的图形符号,每对触点与相关回路相连接,图上标注手柄的转动角度或各个位置控制操作状态的文字符号,如"自动"、"手动"、"1 号"设备、"2 号"设备、"起动"及"停止"等。虚线表示手柄操作时开闭位置线,虚线上的实心圆点"·"表示手柄在此位置时接通;没有实心圆点则表示断开。图 2-14b 为新的图形符号,右侧的注释说明开关触点在某位置上为合的状态。

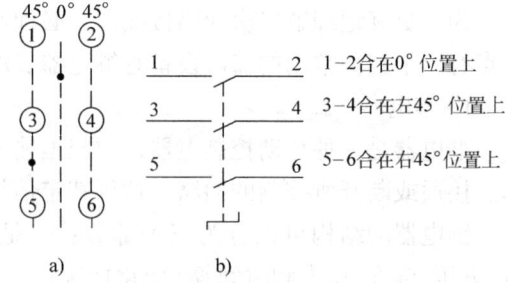

图 2-13 转换开关接点图表法　　　图 2-14 转换开关图形符号法

3. 按钮和辅助开关

按钮在二次回路中起到指令输入的作用,具有复位功能。按钮按下后回路接通;放开表示回路断开。

辅助开关在主开关带动下同步动作,并能够表示出主开关的状态。辅助开关的容量一般都很小，往往在二次回路中作为联锁、自锁及信号控制等。其标准的文字符号与主控开关相同。

4. 信号设备

信号设备分为灯光信号和声响信号。灯光信号有信号灯、光字牌等，一般用在系统正常工作时表示开关的通断状态、电源指示等场合。

声响信号包括电铃以及蜂鸣器等，用在系统设备故障或生产工艺发生异常情况下接通，目的是提醒值班人员和操作人员注意，并和事故指示等配合，立即判断发生故障的设备及故障的性质。

指挥信号主要用于不同工作地点之间指挥和联络，通常采用灯光显示的光字牌和声响设备等。

5. 互感器

在电压高、电流大的主回路中，测量仪表和继电器不能直接进行测量和检测，必须有中间的专用设备，将主回路中电压和电流按照线性比例降至二次回路中可以使用的较小的电压和电流。电压互感器二次额定电压为100V，而电流互感器二次额定电流为5A或1A。

实际上，互感器就是一种小型特殊的变压器，其一次绕组接在主回路中，而二次绕组与电气设备及继电器相连接。电压互感器的二次绕组与高阻抗仪表、继电器线圈相并联；电流互感器的二次绕组与低阻抗仪表、继电器线圈相串联。其一次绕组属于一次设备、二次绕组属于二次设备，分别布置在电气系统图中和二次回路接线图中。

电压互感器（一般用TV表示）的基本联结方式主要有以下几种：

1）YN/YN星形联结。由三个单相电压互感器或一个三相电压互感器组成，由此可检测到三个线电压和三个相电压。

2）V/V联结。由两个单相电压互感器组成，互感器高压侧中性点不能接地，由此可以检测到三个线电压，这是最常用的基本联结方式。

3）Y/YN—D开口三角形联结。通常由三相五线式电压互感器组成，一次绕组接成星形，二次侧的其中三个绕组接成星形，另外三个绕组互相串联，引出两个接线端子，形成开口三角形联结。这种联结方式广泛用于3~10kV中性点不接地系统中，通过检测到的电压信号反映高压线路是否有接地故障。

电压互感器的基本联结方式如图2-15所示。

电流互感器（一般用TA表示）的基本联结方式主要有以下几种：

1）单相接线。在负荷比较对称的情况下，采用一个电流互感器检测到的一个相电流值，能够反映出三相电流情况。

2）三相星形联结。这种联结方式能够检测出三个相电流，主要应用于不对称负荷在三相电流有差异的情况下测量三相电流，在继电器保护下，能够检测到各种短路故障电流。

3）不完全星形联结。在A、C两相装设有电流互感器，由于A、C相电流之和等于B相电流，所以也能够检测出三相电流，但在继电器保护下，如果B相发生单相短路故障时，却不能够完全反映出来。

4）两相差式联结。两个互感器引出的是两相电流之差，这种联结方式仅用于某些继电保护接线方式中。

电流互感器的基本联结方式如图2-16所示。

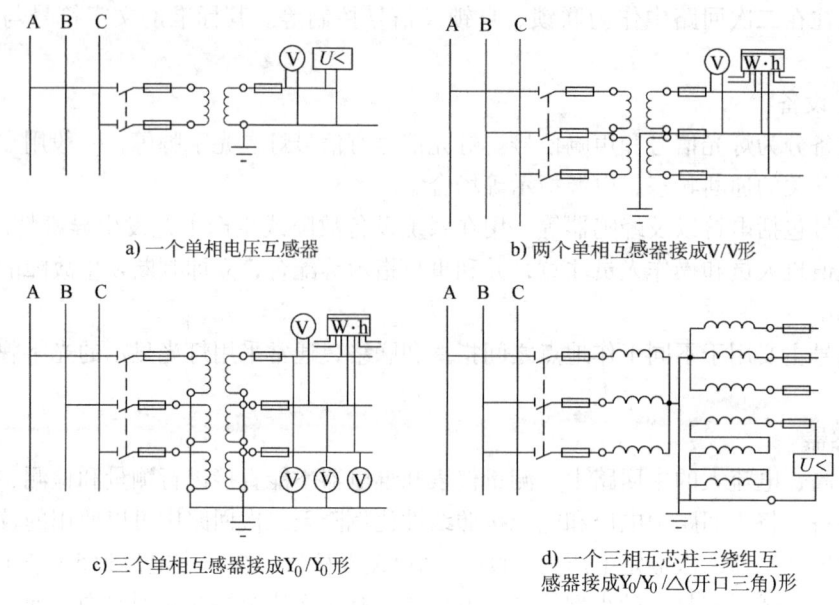

图 2-15 电压互感器的基本联结方式

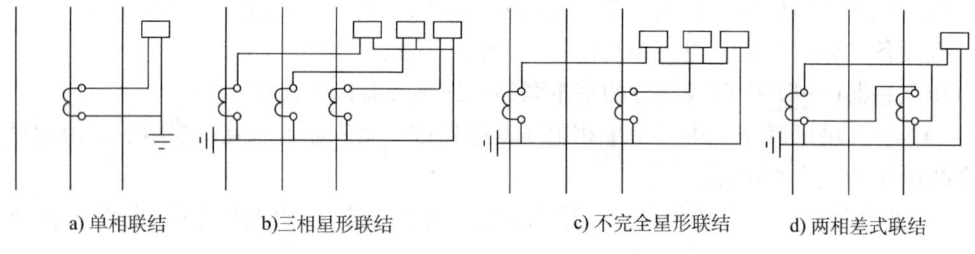

图 2-16 电流互感器的基本联结方式

6. 电工仪表

电工仪表种类很多,有电流表、电压表、功率表、频率表、有功电能表、有功功率表以及相位表等。在二次回路中,通常将仪表的用途表述在圆圈内或方框内,并在旁边标定相应的量程。

7. 熔断器

用于二次回路切除短路故障,并作为二次回路检修和调试时切断交、直流电源。

8. 接线端子

接线端子的作用是作为配电屏、控制屏等屏内设备之间和屏外设备之间连接的中转点。许多接线端子组合在一起形成端子排。

三、二次回路原理接线图

二次回路原理接线图主要用来表示继电保护、控制、监视、信号、计量以及自动装置工作原理等,是变配电站工程图的重要组成部分,也是变配电站二次设备安装接线、调试以及运行维护的重要工具。因为组成二次回路的二次设备多、连接导线多、二次设备的工作电源种类多,所以二次回路原理接线图与系统图相比要复杂得多。按照二次回路的绘制方式二次回路原理接线图可以分为整体式原理图和展开式原理图。

1. 整体式原理图

整体式原理图采用集中表示法,在电路图中只画出主接线的有关部分仪表、继电器、开关等电气设备,采用集中表示法将其整体画出,并将其相互联系的电流回路、电压回路、信号回路等所有的回路综合绘制在一张图上,使读者对整个装置的构成有一个整体的概念。整体式原理图中图形符号的各个组成部分都是集中绘制的,如图2-17所示。

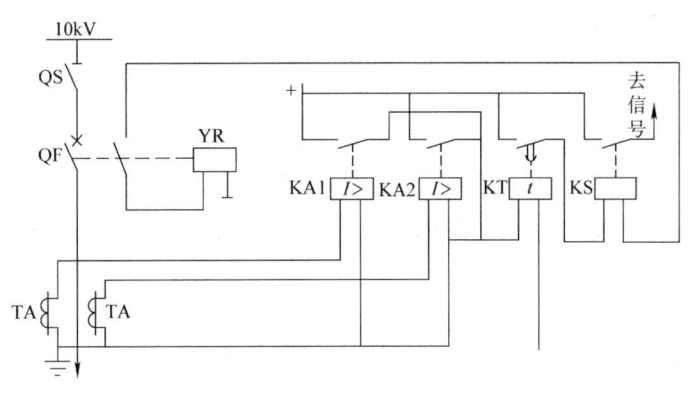

图2-17 变压器定时限过电流保护整体式原理图

整体式原理图的特点主要有:

1)图中的各种电气设备都采用图形符号,并用集中表示法绘制。例如,继电器的线圈和触点是画在一起的,电工仪表的电压线圈和电流线圈也是画在一起的,这样,就使得二次设备之间的相互连接关系表现的比较直观,使读者对二次系统有整体的认识。

2)对于图画的布置,习惯上一次回路采用垂直布置,二次回路采用水平布置。

3)图中,各个电气设备图形符号按照GB/T 7159—1987《电气技术中的文字符号制定通则》等的规定标注相应的项目代号。

由于整体式原理图主要用于表示二次回路装置的工作原理和构成整套装置所需要的设备,而且各设备之间的联系也是以设备的整体连接来描述,并没有给出设备的内部接线、设备引出端的编号和导线的编号,没有给出与本图有关的电源、信号等具体接线,因而,并不具备完整的使用价值,不能用于现场安装接线与查找故障等。特别是对于某些复杂的装置,由于二次设备较多,接线复杂,若对每个元件都用整体形式表述,将会对图样设计和阅读带来较大的困难,因此,对于比较复杂的装置或系统,其二次回路原理图的绘制应采用展开式原理图方式。

2. 展开式原理图

展开式原理图是按照各个回路的功能布置,将每套装置的交流电流回路、交流电压回路和直流回路等分开表示、独立绘制,同时也将仪表、继电器等的线圈、触点分别绘制在所属的回路中。与整体式原理图相比较,其特点是线路清晰、易于理解整套装置的动作程序和工作原理,特别是当接线装置二次设备较多时,其优点更加突出。图2-18所示为展开式原理图。

展开式原理图的绘制一般遵循以下几个原则:

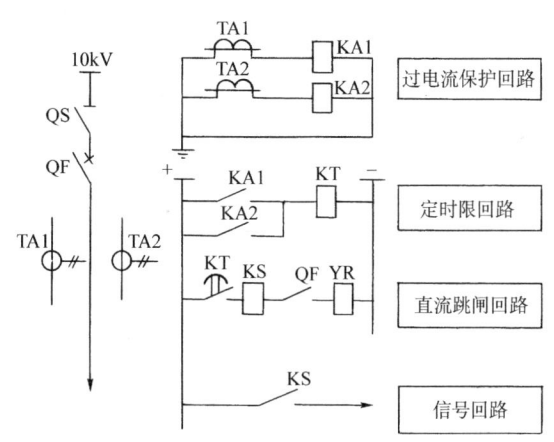

图2-18 变压器过电流保护展开式原理图

1）主回路采用粗实线，控制回路采用细实线绘制。
2）主回路垂直布置在图的左方或上方，控制回路水平布置在图的右方或下方。
3）控制回路采用水平绘制，并且尽量减少交叉，尽可能按照动作的顺序排列，这样便于阅读。
4）全部电器触点是在开关不动作时的位置绘制。
5）同一电气设备元器件的不同位置，线圈和触点均采用同一文字符号标明。
6）每一接线回路的右侧一般应有简单文字说明，并分别说明各个电气设备元器件的作用。
7）在变配电站的高压侧，控制回路采用直流操作或交流操作电源，一般采用小母线供电方式，并采用固定的文字符号区分各个小母线的种类和用途，二次回路原理图中常用的小母线的文字符号见表2-4。

表2-4 常用小母线文字符号

名 称	符 号	名 称	符 号
控制电路电源小母线	KM	闪光信号小母线	SM
信号电路电源小母线	XM	"掉牌未复归"光字牌小母线	PM
事故声响信号小母线	SYM	电压互感器二次电压小母线	YM（YM_a、YM_b、YM_c）
预告信号小母线	YBM	交流220V电源小母线	A、O 或 A、N

8）为了安装接线及维护检修方便，在展开式原理图中，将每一回路及电气设备元器件之间的连接相应标号，并按用途分组。常用直流回路分组及数字标号见表2-5，常用交流回路分组及数字标号见表2-6。

表2-5 常用直流回路分组及数字标号

回 路 名 称	数字标号组			
	Ⅰ	Ⅱ	Ⅲ	Ⅳ
正电源回路	1	101	201	301
负电源回路	2	102	202	302
合闸回路	3~31	103~131	203~231	303~331
跳闸回路	33~49	133~149	233~249	333~349
保护回路	01~099（或 J1~J99）			
信号及其他回路	701~999			

表2-6 常用交流回路分组及数字标号

回 路 名 称	互感器符号	数字标号组			
		A 相	B 相	C 相	N
电流回路	LH	A401~A409	B401~B409	C401~A409	N401~N409
	1LH	A411~A419	B411~B419	C411~A419	N411~N419
	2LH	A421~A429	B421~B429	C421~A429	N421~N429

(续)

回路名称	互感器符号	数字标号组			
		A相	B相	C相	N
电压回路	YH	A601~A609	B601~B609	C601~A609	N601~N609
	1YH	A611~A619	B611~B619	C611~A619	N611~N619
	2YH	A621~A629	B621~B629	C621~A629	N621~N629
控制、保护、信号回路		A1~A399	B1~B399	C1~A399	N1~N399

四、二次回路安装接线图

配电屏(开关柜)的安装接线图包括屏面布置图、端子排图、二次线缆敷设图、小母线布置图和屏背面接线图等。这类图样比较形象简单，但有许多特点及特殊表示手法，读者识图时应加以注意。

1. 屏面布置图

屏面布置图主要是二次设备在屏面上具体位置的详细安装尺寸，是用来装配屏面设备的依据。

二次设备屏主要有两种类型：一种是在一次设备开关柜屏面上方设计一个继电器小室，屏侧面有端子排室，屏正面安装有信号灯、开关、操作手柄及控制按钮等二次设备；另一种是专门用来放置二次设备的控制屏，这类控制屏主要用于较大型变配电站的控制室。

屏面布置图一般都是按照一定比例绘制而成的，并标出与原理图一致的文字符号和数字符号。屏面布置的一般原则是屏顶安装控制信号电源及母线，屏后两侧安装端子排和熔断器，屏上方安装少量的电阻、信号灯、光字牌、按钮、控制开关和有关的模拟电路，如图2-19所示。

2. 端子排图

端子排是屏内与屏外各个安装设备之间连接的转换回路。屏内二次设备正电源的引线和电流回路的定期检修等，都需要端子来实现，许多端子组成在一起称为端子排。表示端子排内各端子与外部设备之间导线连接的图称为端子排接线图。也称为端子排图。

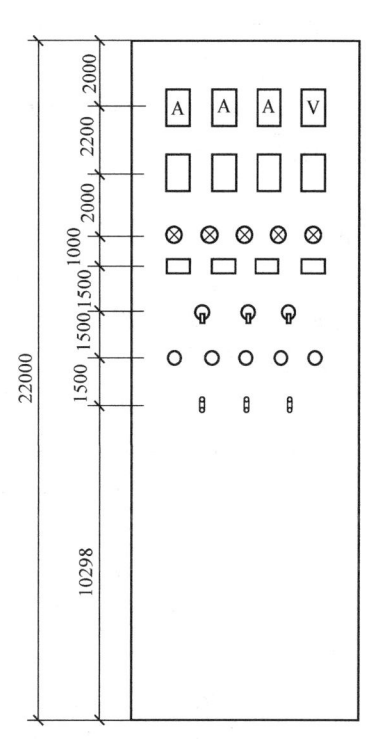

图2-19 屏面布置图(单位:mm)

一般将为某一主设备服务的所有二次设备称为一个安装单位，它是二次接线图上的专用名词，如"××变压器"、"××线路"等。对于共用装置设备，如信号装置与测量装置，可单独用一个安装单位来表示。

在二次接线图中，安装单位都采用一个代号表示，一般用罗马数字编号，即Ⅰ、Ⅱ、Ⅲ等。这一编号是这一安装单位用的端子排编号，也是这一单位中各种二次设备总的代号。如第Ⅱ安装单位中第5号设备，可以表示为Ⅱ5。

端子按用途可以分为以下几种：

普通型端子：用于连接屏内外导线；

连接型端子：用于端子之间的连接，从一根导线引入，很多根导线引出；

实验端子：在系统不断电时，可以通过这种端子对屏上仪表和继电器进行测试；

标记型端子：用于端子排两端或中间，以区分不同安装单位的端子；

特殊型端子：用于需要很方便断开的回路中；

标准型端子：用来连接屏内外不同部分的导线。

端子的排列方法一般遵循以下原则：

1）屏内设备与屏外设备的连接必须经过端子排，其中，交流回路经过实验端子，声响信号回路为便于断开实验，应经过特殊端子或实验端子。

2）屏内设备与直接接至小母线设备一般应经过端子排。

3）各个安装单位的控制电源的正极或交流电的相线均由端子排引接，负极或中性线应与屏内设备连接，连线的两端应经过端子排。

4）同一屏上各个安装单位之间的连接应经过端子排。

端子上的编号方法为：端子的左侧一般为与屏内设备相连接设备的编号或符号；中左侧为端子顺序编号；中右侧为控制回路相应编号；右侧一般为与屏外设备或小母线相连接的设备编号或符号；正负电源之间一般编写一个空端子号，以免造成短路，在最后预留2~5个备用端子号，向外引出电缆按其去向分别编号，并用一根线条集中表示。其具体表示方法如图2-20所示。

3. 屏背面接线图

屏背面接线图又称为盘后接线图，是根据展开式原理图、屏面布置图与端子排图而绘制的，作为屏内配线、接线和查线的主要参考图，也是安装图中的主要图样。

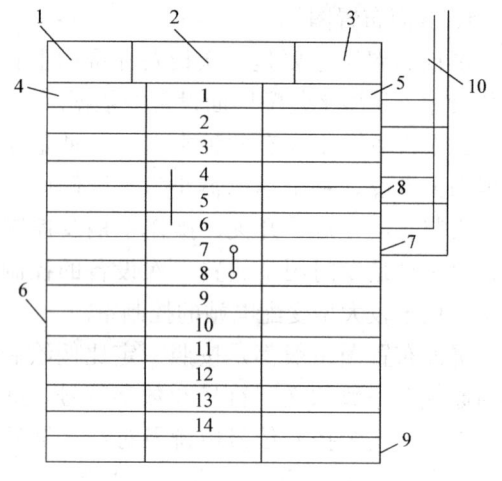

图2-20 端子排图

1—端子排代号 2—安装项目（设备）名称
3—安装项目（设备）代号 4—左连设备端子编号
5—右连设备端子编号 6—普通型端子 7—连接端子
8—试验端子 9—终端端子 10—引向屏外连接导线

屏背面接线图上设备的排列是与屏面布置图相对应的，因为读者相当于站在屏后，所以看到的二次设备正好与屏面布置图左右相反。屏背面接线图主要表示屏内设备的连线，但因为有的设备尺寸相当小，引出接点也较多，所以不能完全按比例绘制。

屏内设备一般较多，必须用一定的符号、数字、设备的名称、型号和用途加以区别。一般在设备图上方画一个圆圈来进行标注，上面写出安装单位编号，旁边标注该安装单位内的设备顺序号，下面标注设备的文字符号和设备型号，如图2-21所示。

4. 二次线缆敷设图

在复杂系统二次接线图中，有许多二次设备分布在不同地方，如对于控制屏和开关柜，因其控制和保护的要求，它们之间往往需要用导线互相连接，对于复杂的系统，需要绘制出二次电缆敷设图，表示实际安装敷设的方式。

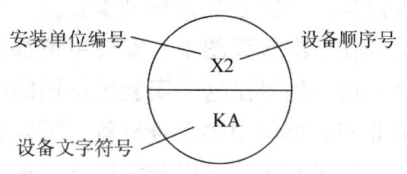

图2-21 屏内设备标注图

二次电缆敷设时一般要求使用控制电缆,电缆应选用多芯电缆,当电缆芯截面积不超过 $1.5 mm^2$ 时,电缆芯数不宜超过30芯;当电缆芯截面积为 $2.5 mm^2$ 时,电缆芯数不宜超过24芯;当电缆芯截面积为 $4 \sim 6 mm^2$ 时,电缆芯数不宜超过10芯;对于大于7芯以上的控制电缆,应考虑留有必要的备用芯;对于接入同一安装屏内两侧端子的电缆,芯数超过6芯以上时应采用单独电缆;对于较长的电缆,应尽量减少电缆根数,并避免中间多次转接。

一般计量表回路的电缆截面积应不小于 $2.5 mm^2$;电流回路保护装置和电压回路保护装置的电缆截面积需要计算后确定;控制信号回路用控制电缆截面积应不小于 $1.5 mm^2$。

二次电缆敷设图指在一次设备布置图上绘制出电缆沟、预埋管线、电缆线槽、直接埋地的实际走向,以及在二次电缆沟内电缆支架上排列的图样。在二次电缆敷设图中,需要标出电缆编号和电缆型号。有时候在图中列出表格,详细标出每根电缆的起始点、终止点、电缆型号、长度以及敷设方式等。

二次电缆标号的表述方式如下:

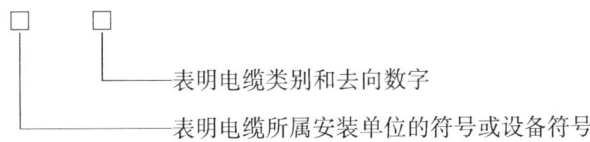

数字部分表述的含义如下:

01~99:电力电缆;

100~129:各个设备接至控制室的电缆;

103~149:控制室各个屏间连接电缆;

150~199:其他各种设备间连接电缆。

二次电缆敷设示意图如图2-22所示。

五、电力系统二次回路接线图实例

1. 分析二次回路时一般可参照的原则

1)首先了解该原理图的作用,掌握图样的主体思想,从而尽快理解各种电器的动作原理。

2)熟悉各图形符号及文字符号所代表的意义,弄清其名称、型号、规格、性能和特点。

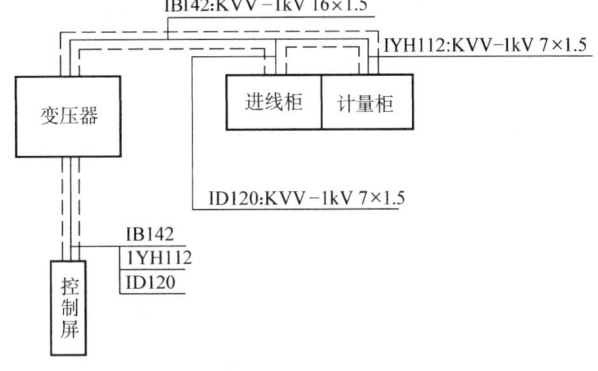

图2-22 二次电缆敷设示意图

3)原理图中的各个触点都是按原始状态(线圈未通电、手柄置零位、开关未合闸、按钮未按下)绘出,识图时要选择某一状态进行分析。

4)识图时可将一个复杂电路分解成若干个基本电路和环节,从环节入手进行分析,最后结合各个环节的作用综合分析该系统,即积零化整。

5)电器的各个元件在电路中是按动作顺序从上到下,从左到右布置的,分析时可按这一顺序来进行。

2. 实例分析

图2-23所示为某10kV变电站变压器柜二次回路接线图。该变压器柜二次回路主要设备

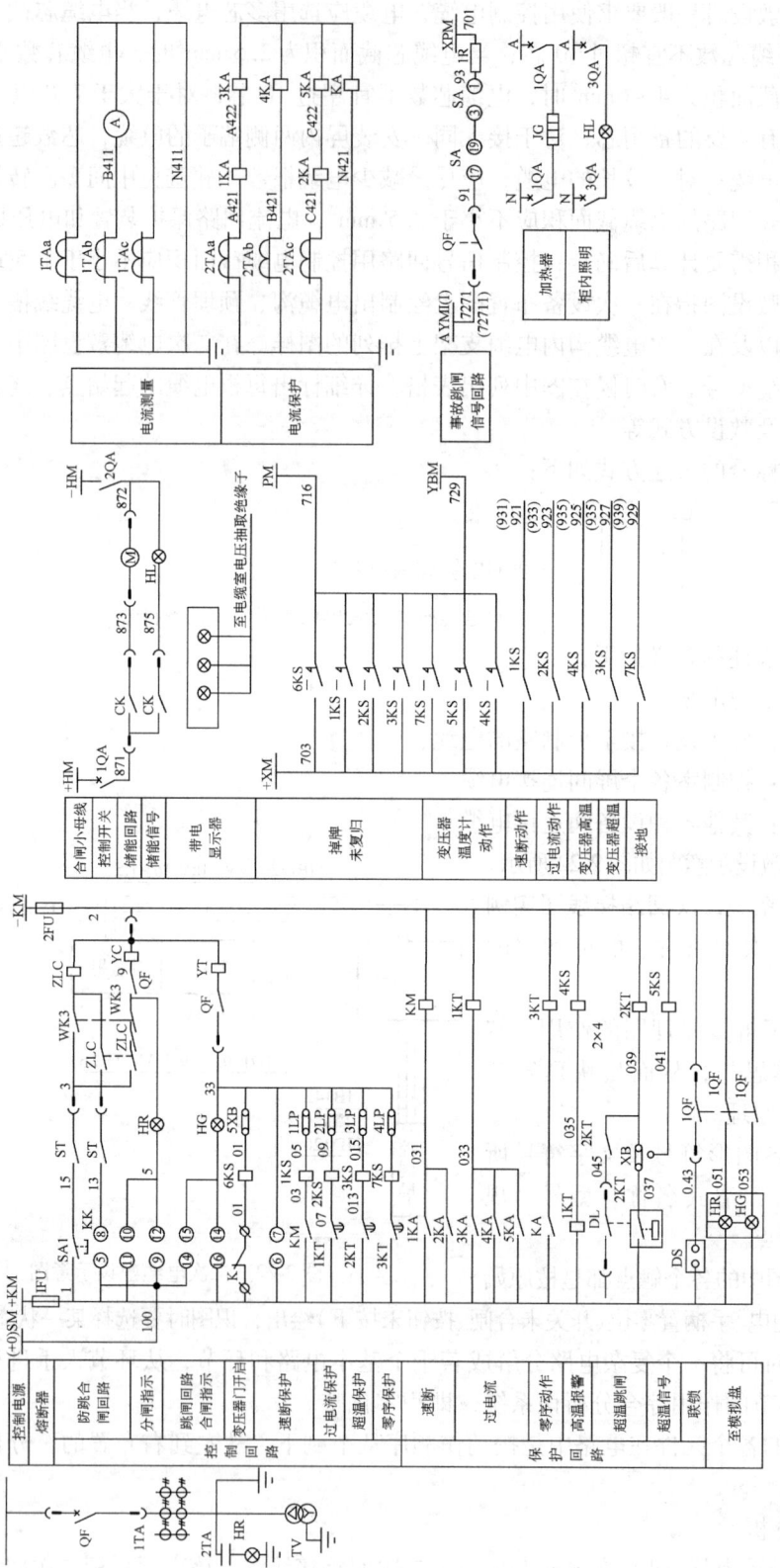

图 2-23 某 10kV 变电所变压器柜二次回路接线图

元件清单见表 2-7。仔细阅读该图可知，其一次侧为变压器配电柜系统图，二次侧回路有控制回路、保护回路、电流测量和信号回路等。

控制回路中防跳合闸回路通过 ZLC 中间继电器及 WK3 实现互锁；为防止变压器开启对人身构成伤害，控制回路中设有变压器门开启联动装置，并通过继电器线圈 6KS 将信号送至信号屏。

保护回路主要包括过电流保护、速断保护、零序保护和超温保护等。过电流保护的动作过程为：当电流过大时，继电器 3KA、4KA、5KA 动作，使时间继电器 1KT 通电，其触点延时闭合使真空断路器跳闸，同时信号继电器 2KS 向信号屏显示动作信号；速断保护通过继电器 1KA、2KA 动作，使 KM 得电，迅速断开供电回路，同时通过信号继电器 1KS 向信号屏反馈信号；当变压器高温时，1WJ 闭合，继电器 4KS 动作，高温报警信号反馈至信号屏，当变压器超温时，2WJ 闭合，继电器 5KS 动作，超温报警信号反馈至信号屏，同时 2KT 动作，实现超温跳闸。

测量回路主要通过电流互感器 1TA 采集电流信号，接至柜面上电流表。信号回路主要采集各控制回路及保护回路信号，并反馈至信号屏，使值班人员能够监控及管理，其主要包括掉牌未复位、速断动作、过电流动作、变压器超温报警及超温跳闸等信号。

表 2-7 变压器柜二次回路主要设备元件清单

序 号	代 号	名 称	型号及规格	数 量	备 注
1	A	电流表	42L6—A	1	
2	1、2KA	电流继电器	DL—11/100	2	
3	3～5KA	电流继电器	DL—11/10	3	
4	KM	中间继电器	DZ—15/220V	1	
5	2KT	时间继电器	DZ—15/220V	1	
6	1KT	时间继电器	DS—115/220V	1	
7	4、5KS	信号继电器	DX—31B/220V	2	
8	1～3、6、7KS	信号继电器	DX—31B/220V	5	
9	1～5LP	连接片	YY1—D	5	
10	QP	切换片	YY1—S	1	
11	SA1	控制按钮	LA18—22 黄色	1	
12	1、2ST	行程开关	SK—11	2	
13	SA	控制开关	LW2—Z—1A、4.6A、40、20/F8	1	
14	HG、HR	信号灯	XD5 220V 红绿色各 1	2	
15	HL	信号灯	XD5 220V 黄色	1	
16	JG	加热器		1	
17	1、2FU	熔断器	gF1—16/6A	2	
18	1R	电阻	ZG11—50Ω	1	
19	H	荧光灯	YD12—1 220V	1	
20	GSN	带电显示器	ZS1—10/T1	1	
21	KA	电流继电器	DD—11/6	1	
22	3KT	时间继电器	BS—72D 220V	1	

第四节 电气竖井内配线

电气竖井内配线一般适用于多层和高层民用建筑中强电及弱电垂直干线的敷设，是高层建筑特有的一种综合配线方式。

高层民用建筑与一般的民用建筑相比，室内配电线路的敷设有一些特殊情况。一方面是由于电源一般在最底层，用电设备分布在各个楼层直至最高层，配电主干线垂直敷设且距离很大；另一方面是消防设备配线和电气主干线有防火要求。这就形成了高层建筑室内线路敷设的特殊性。

除了层数不多的高层住宅可采用导线穿钢管在墙内暗敷设以外，层数较多的高层民用建筑，由于低压供电距离长，供电负荷大，为了减少线路电压损失及电能损耗，干线截面积都比较大，一般干线是不能暗敷设在建筑物墙体内的，必须敷设在专用的电气竖井内。

一、电气竖井的构造

电气竖井就是在建筑物中从底层到顶层留出一定截面积的井道。竖井在每个楼层上设有配电小间，它是竖井的一部分。这种敷设配电主干线上升的电气竖井，每层都有楼板隔开，只留出一定的预留孔洞。考虑防火要求，电层竖井安装工程完成后，将预留孔洞多余的部分用防火材料封堵。为了维修方便，竖井在每层均设有向外开的维护检修防火门。因此，电气竖井实质上是由每层配电小间上下及配线连接构成。

电气竖井的大小根据线路及设备的布置确定，而且必须充分考虑配线及设备运行的操作和维护距离。竖井大小除满足配线间隔及端子箱、配电箱布置所必须尺寸外，并宜在箱体前留出不小于0.8m的操作、维护距离。目前，在一些工程中受土建的限制，大部分竖井的尺寸较小，给使用和维护带来很多问题，值得引起注意。图2-24所示为一个电气竖井配电设备布置方案，可供设计施工时参考。

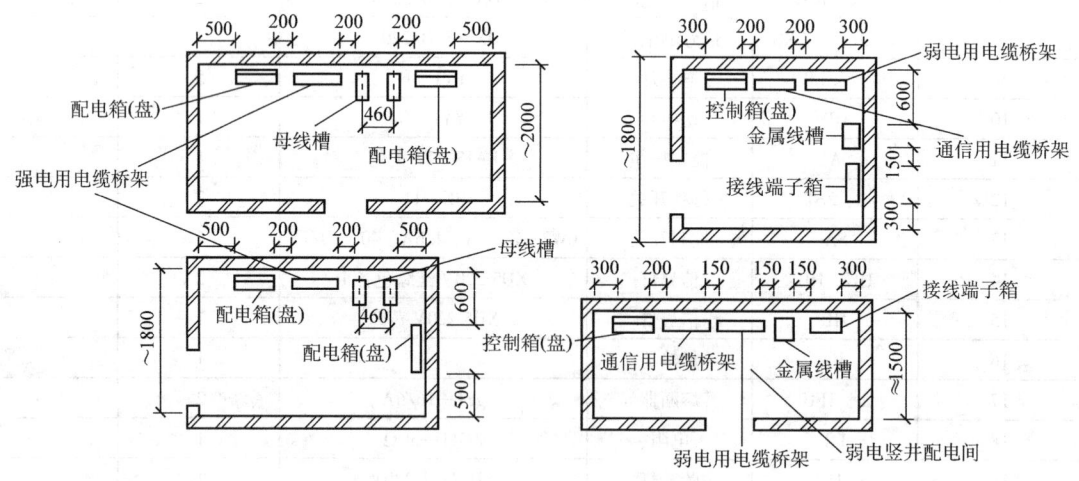

图 2-24 电气竖井配电设备布置方案

二、电气竖井内配线

电气竖井内常用的配线方式为金属管、金属线槽、电缆或电缆桥及封闭母线等。

在电气竖井内除敷设干线回路外，还可以设置各层的电力、照明分线箱及弱电线路的端子箱等电气设备。

竖井内高压、低压和应急电源的电气线路，相互间应保持0.3m及以上距离或采取隔离措施，并且高压线路应设有明显标志。

强电和弱电如受条件限制必须设在同一竖井内，应分别布置在竖井两侧或采取隔离措施以防止强电对弱电的干扰。

电气竖井内应敷设有接地干线和接地端子。

1. 金属管配线

在多、高层民用建筑中，采用金属管配线时，配管由配电室引出后，一般可采用水平吊装（见图2-25）的方式进入电气竖井内，然后沿支架在竖井内垂直敷设。

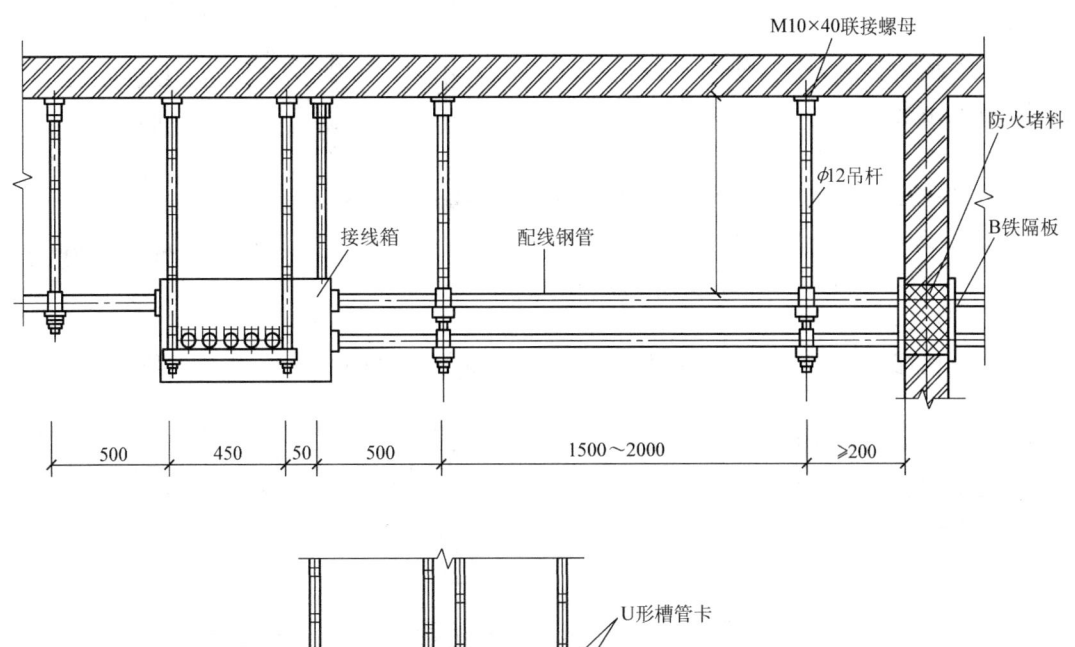

图2-25 金属管布线的水平吊装

在竖井内，绝缘导线穿钢导管布线穿过楼板处，应配合土建施工，把钢导管直接预埋在楼板上，不必留置洞口，也不再需要进行防火封堵。

2. 金属线槽配线

利用金属线槽配线施工比较方便，线槽水平吊装可以用角钢支架支撑，角钢支架可以用膨胀螺栓固定在建筑物楼板下方，膨胀螺栓的孔是用冲击钻打出的，在楼板上并不需要预留或预埋件。吊装线槽的吊杆与膨胀螺栓的连接，可使用M10×40mm连接螺母进行，如图2-26所示。

金属线槽在通过墙壁处，应用防火隔板进行隔离，防火隔板可以采用矿棉半硬板 EF—85 型耐火隔板。金属线槽穿墙做法如图 2-27 所示。在离墙 1m 范围内的金属线槽外壳应涂防火涂料。

在电气竖井内金属线槽沿墙穿楼板安装时，用扁钢支架固定金属线槽，扁钢支架可用 Q235A 钢材现场加工制作，如图 2-28 所示。有条件时支架可以进行镀锌处理，当条件不具备时，应按工程设计规定涂漆处理。

金属线槽用扁钢支架，使用 M10×80mm 膨胀螺栓与墙体固定，线槽槽底与支架之间用 M6×10mm 开槽盘头螺钉固定。金属线槽底部固定线槽的扁钢支架距楼地面距离为 0.5m，固定支架中间距离为 1~1.5 m。金属线槽的支架应该用 φ12mm 镀锌圆钢进行焊接连接并作为接地干线。

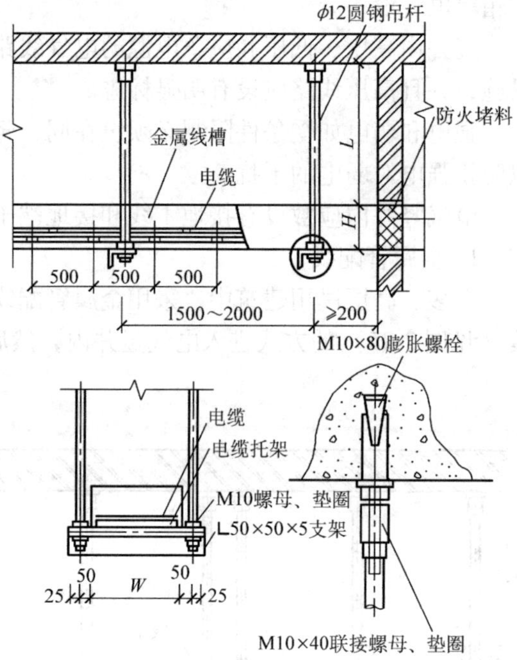

金属线槽穿过楼板处应设置预留洞，并预埋 40mm×40mm×4mm 固定角钢做边框。金属线槽安装好以后，再用 4mm 厚钢板做防火隔板与预埋角钢边框固定，预留洞处用防火墙料密封。金属线槽沿墙穿楼板的安装如图 2-29 所示。

金属线槽配线，电线或电缆在引出线槽时要穿金属管，电线或电缆不得有外露部分，管与线槽连接时，应在金属线槽侧面开孔。孔径与管径应相吻合，线槽切口处应整齐光滑，严禁用电、气焊开孔，金属管应用锁紧螺母和护口与线槽连接孔连接。由金属线槽引入端子箱的安装如图 2-30 所示。

3. 竖井内电缆配线

竖井内敷设的电缆，其绝缘或护套应具有非延燃性。竖井内电缆多采用聚氯乙烯护套细钢丝铠装电力电缆，这种电缆能承受较大的拉力。

多、高层建筑中、低压电缆由低压配电室引出后，一般沿电缆隧道、电缆沟或电缆桥架进入电缆竖井，然后沿支

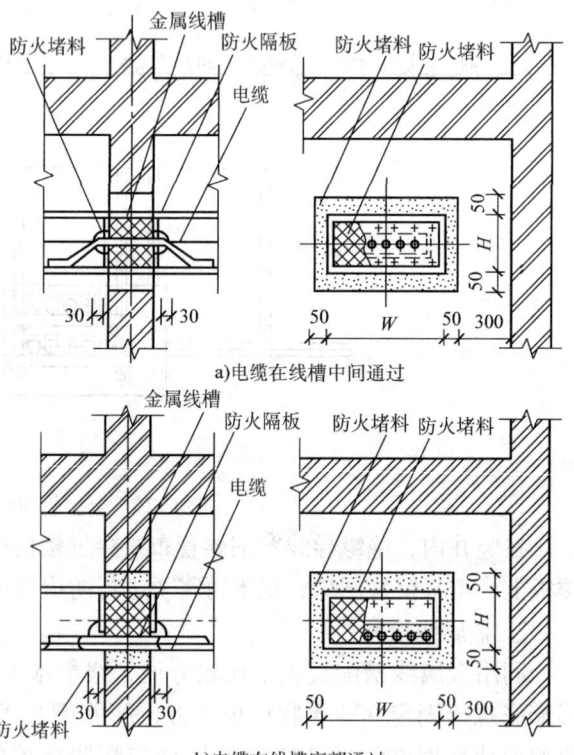

图 2-26 金属线槽的水平吊装

图 2-27 金属线槽穿墙吊装

架或桥架垂直上升。

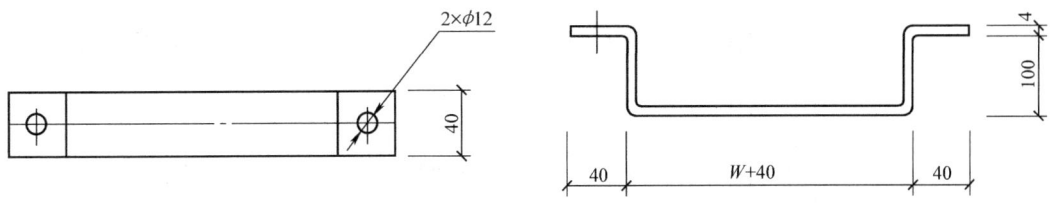

图 2-28 金属线槽用扁钢支架
W—线槽宽度

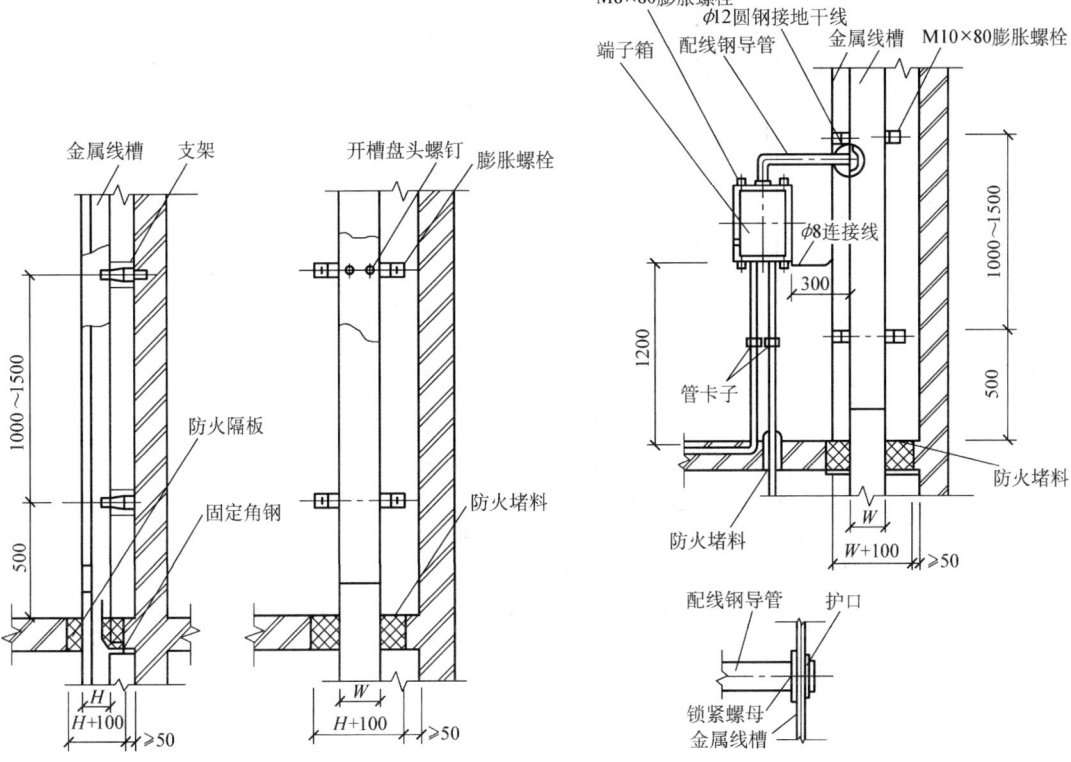

图 2-29 金属线槽沿墙穿楼板的安装　　图 2-30 金属线槽引入端子箱的安装

电缆在竖井内沿支架垂直配线，采用的支架可按金属线槽用扁钢支架的样式在现场加工制作，支架的长度应根据电缆直径和根数的多少而定。

扁钢支架与建筑物的固定应采用 M10×80mm 的膨胀螺栓紧固。支架每隔 1.5m 设置一个，底部支架距楼（地）面的距离不应小于 300mm。电缆在支架上的固定采用与电缆外径相配合的管卡子固定，电缆之间的间距不应小于 50mm。

电缆在穿过竖井楼板或墙壁时，应穿在保护管内保护，并应以防火隔板、防火堵料等做好密封隔离，电线保护管两端管口空隙处应做密封隔离。电缆布线沿支架的垂直安装如图 2-31 所示。电缆在穿过楼板处也可以配合土建施工在楼板内预埋保护管，电缆配线后，只在保护管两端电缆周围管口空隙处做密封隔离。

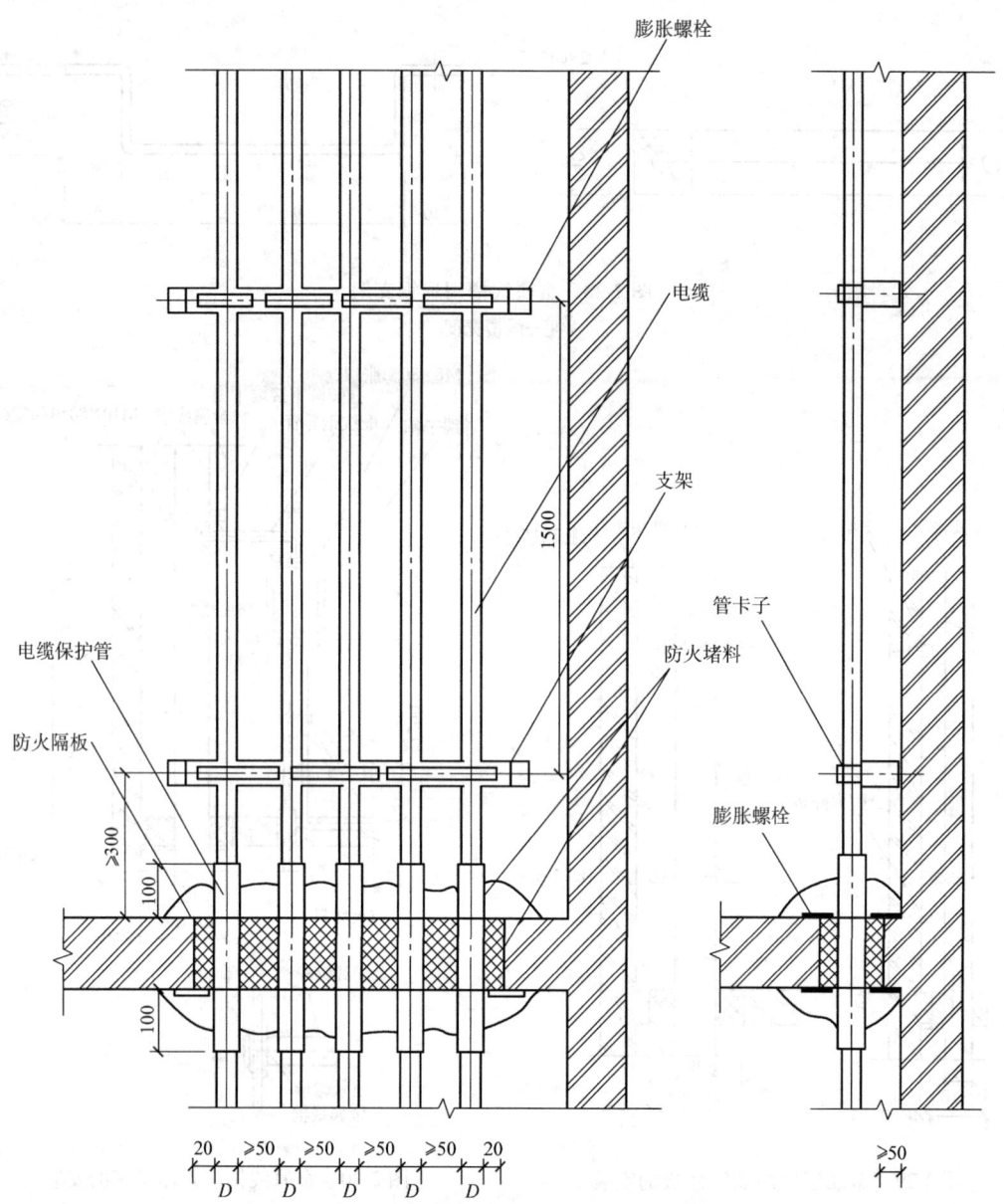

图 2-31 电缆布线沿支架的垂直安装

小截面积电缆在电气竖井内配线，还可以沿墙敷设，此时可使用管卡子或单边管卡子用如 $\phi 6mm \times 30mm$ 塑料胀管固定，如图 2-32 所示。

电缆配线垂直干线与分支干线的连接，常采用"T"接方法。为了接线方便，树干式配电系统电缆应尽量采用单芯电缆，单心电缆"T"接是采用专门的 T 形接头由两个近似半圆的铸铜 U 形卡构成，两个 U 形卡卡住电缆芯线，两端用螺栓固定。其中一个 U 形卡上带有固定引出导线接线耳的螺孔及螺钉。单芯电缆 T 形接头大样如图 2-33 所示。

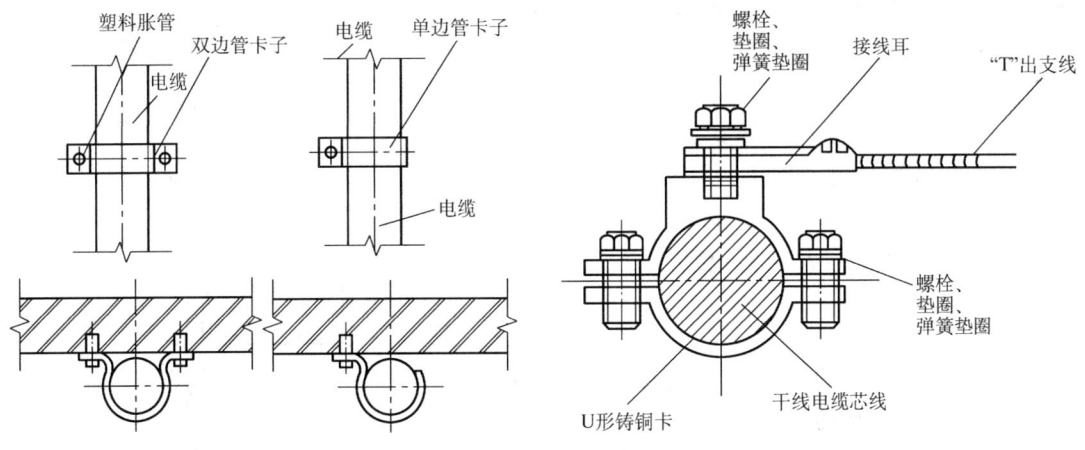

图 2-32 电缆沿墙固定　　　　图 2-33 单芯电缆 T 形接头大样

为了减少单芯电缆在支架上的感应涡流，固定单芯电缆应使用单边管卡子。

采用四芯或五芯电缆的树干式配电系统电缆，在连接支线时，进行"T"接是电缆敷设中常遇到的一个比较难以处理的问题。如果在每层断开电缆，在楼层开关上采用共头连接的方法，会因开关接线桩头小而无法施工；如果改为电缆端头用钢接线端子（线鼻子）三线共头，则会因铜接线端子截面积有限使导线载流量降低。这种情况下，可以在每层中加装接线箱，从接线箱内分出支线到各层配电盘，但需要增加一定的设备投资。

有些工程把四芯电缆断开后，采用高压用的接线夹接"T"接支线，这种做法不但不美观，而且断缆处太多，影响供电的可靠性。

最不利的是把四芯电缆芯线交错剥开绝缘层，把"T"接支线连接于主干线上，然后用喷灯挂锡，最后用绝缘带包扎。这种做法虽然较简单易行，但由于接头被焊死，不便于拆除检修，另外，使用喷灯挂锡时，一不小心还会损坏邻近芯线的绝缘。

上述各种方法，都相应地存在着一定的不足之处。因此，对于树干式电缆配电系统，为了"T"接方便，应尽可能采用单芯电缆。

对于简单的多层建筑，可以采用专用"T"形接线箱，其接线如图 2-34 所示。

在高层建筑中，可以采用一种预制分支电缆作为竖向供电干线，预制分支电缆装置由上端支承、垂直主干电缆、模压分支接头、分支电缆、安装时配备的固定夹等组成，如图 2-35 所示。

预制分支电缆装置分单相双线、单相三线、三相三线、四相四线。主电缆和分支电缆都是由 XLPE 交联聚乙烯绝缘的铜芯导线、外护套为 PVC 材料的低压电缆。结构如图 2-36 所示。

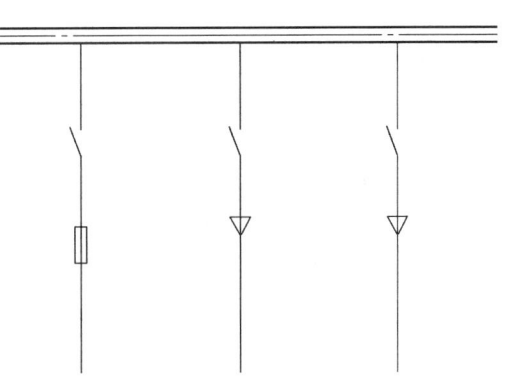

图 2-34 "T"形接线箱线路图

预制分支电缆装置的垂直主电缆和分支电缆之间采用模压分支连接，电缆的分支连接件采用PVC合成材料的注塑的PVC外套和注塑的PVC连接件接合在一起形成气密和防水,如图2-37所示。

预制分支电缆装置的分支连接及主电缆顶端处置和悬吊部件都在工厂中进行,这使电缆分支接头的施工质量得到保证,并可以解决目前工地上难以保证的大规格电缆分支接头的质量问题。

4. 电缆桥架配线

低压电缆由低压配电室引出后,可沿电缆桥架进入电缆竖井,然后再沿桥架垂直上升。

电缆桥架特别适合于全塑电缆的敷设。桥架不仅可以用于敷设电力电缆和控制电缆,同时也可用于敷设自动控制系统的控制电缆。

电缆桥架的形式是多种多样的,有梯架、有孔托盘、无孔托盘和组合式桥架等。

电缆桥架的固定方法很多,较常见的是用膨胀螺栓固定,这种方法施工简单、方便、省工、准确,省去了在土建施工中预埋件的工作。

在电气竖井设备安装中,电缆桥架吊杆水平吊装做法如图2-38所示。图中使用的φ12mm吊杆吊挂U形槽钢,做桥架的吊架,梯架用M8×30mmT形螺栓和压板固定在U形槽钢上。吊杆用M10×40mm联接螺母与膨胀螺栓联接,吊杆间距为1.5~2m。电缆在梯架上是单层布置,用塑料卡带将电缆固定在梯架上。

电缆桥架的梯架在竖井内垂直安装时,是梯架在竖井墙体上用50mm×50mm×5mm角钢制成的三角形支架和同规格的角钢固定,在竖井楼板上用两根[10mm槽钢和50mm×50mm×5mm角钢支架固定,如图2-39所示。

敷设在垂直梯架上的电缆采用塑料电缆卡子固定。

电缆桥架在穿过竖井时,应在竖井墙壁或楼板处预留洞口。配线完成后,洞口处应用防火隔板及防火墙料隔离。防火隔板可采用矿棉半硬板EF—85型耐火隔板式或厚4mm钢板搣制。电缆桥架穿竖井的做法如图2-40所示。

三、封闭式母线槽配线

高层建筑中的供电干线,在干线容量较大时推荐使用封闭式母线槽。

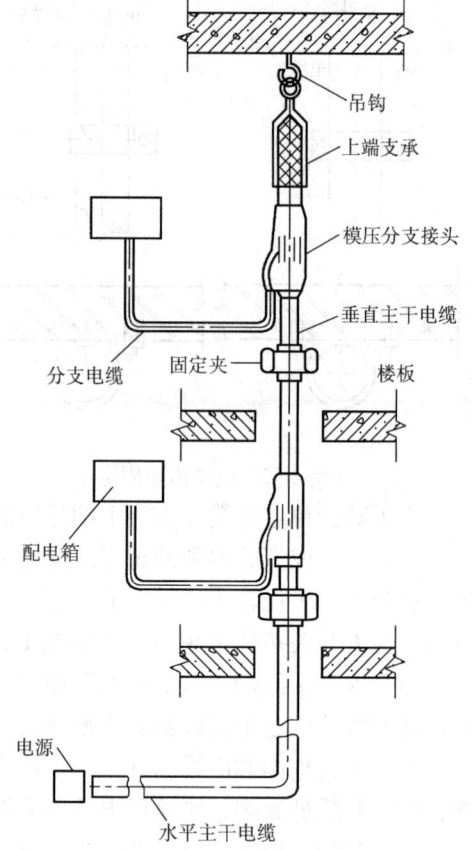

图2-35 预制分支电缆装置

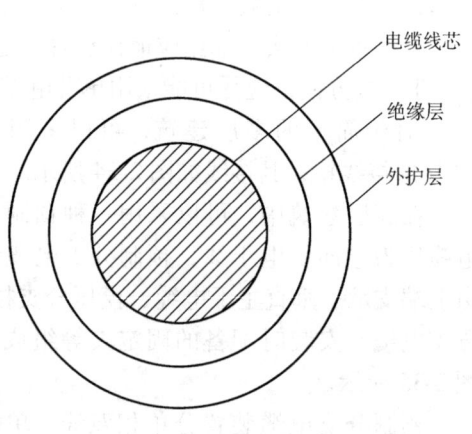

图2-36 单芯电缆结构

封闭式母线由工厂成套生产,可向工厂订购。封闭式母线槽是一种用组装插接方式引接电源的新型电气配电装置,它具有配电设计简单、安装快速方便、使用安全可靠、简化供电系统、寿命长、外观美等优点,并且其综合经济效益大大高于其他传统布线方式。

1. 封闭(插接)式母线槽简介

封闭(插接)式母线槽是把铜(铝)用绝缘夹板夹在一起,并用空气绝缘或缠包绝缘带绝缘,再置于优质钢板的外壳内,母线的连接是采用高强度的绝缘板隔开各导电排,以完成母线的插接,然后用覆盖环氧树脂的绝缘螺栓紧固,以确保母线连接处的绝缘可靠。

封闭(插接)式母线槽有单相两线、单相三线、三相三线、三相四线及三相五线式等,可根据需要选用。封闭(插接)式母线本身结构紧凑,可以用于增加母线槽的数量以延伸线路,由于通过各种连接件与变压器、配电箱等连接非常方便,安装工艺简便,还便于中间分支,因此适用于大电流的配电干线,在变、配电所及高层建筑中已被广泛应用。

由于国内封闭(插接)式母线槽生产厂家很多,不但名称各异(如封闭式母线、插接式母线或母线槽等),就连其型号含义及功能单元代号、标准长度代号的表示方法也不尽相同,同时又有各自的安装方式和安装附件,在选用时应多加注意。

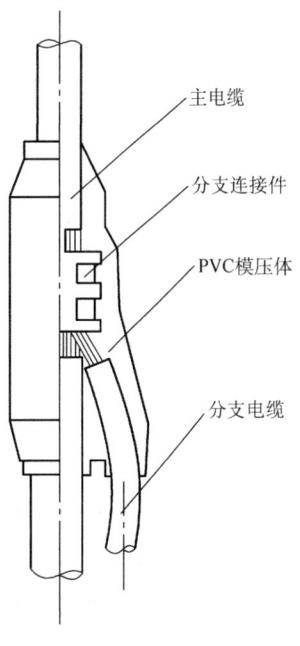

图 2-37 模压分支连接

2. 封闭(插接)式母线槽的功能单元

1)普通型母线槽。即直线式母线槽,单纯是为了延伸配电线路,通过绝缘螺栓能方便地连接成母线干线系统,带有插孔的母线槽(见图2-41)可以通过插接分线箱、配电箱与母线槽形成一个完整的网络,并可通过插接分线箱进行电流分支,方便地引出电源分路,向用电设备供电。普通型母线槽有十几种规格,一般长度在0.5~3m范围内,有的母线槽可长达6m。

2)插接分线箱。插接分线箱应与带插孔的母线槽匹配使用,以方便地引出电源,向用电设备供电。插接分线箱内部可安装断路器、刀开关、熔断器、按钮或其他电器元件,并可以自由选择。

3)始端母线槽。母线槽在与变压器、配电柜或电缆连接时,采用始端母线槽,如图2-42所示,其长度一般有0.5m、1m两种。

4)各种弯头。母线槽配线时,为了改变配线方向,还配套有各种弯头,有L形弯头、Z形弯头、T形弯头、十字形弯头等。

5)膨胀节母线槽。当封闭(插接)式母线运行时,母线导体会随着温度的升高而沿长度方向膨胀,为适应其膨胀,当直线敷设长度超过40m时,应设置伸缩节(即膨胀节母线槽)。母线在水平跨越建筑物的伸缩缝或沉降缝处,也直采取适当措施。

3. 封闭式母线槽支、吊架制作安装

母线槽的固定形式有垂直和水平安装两种。水平安装分为平卧式和侧卧式,垂直安装有

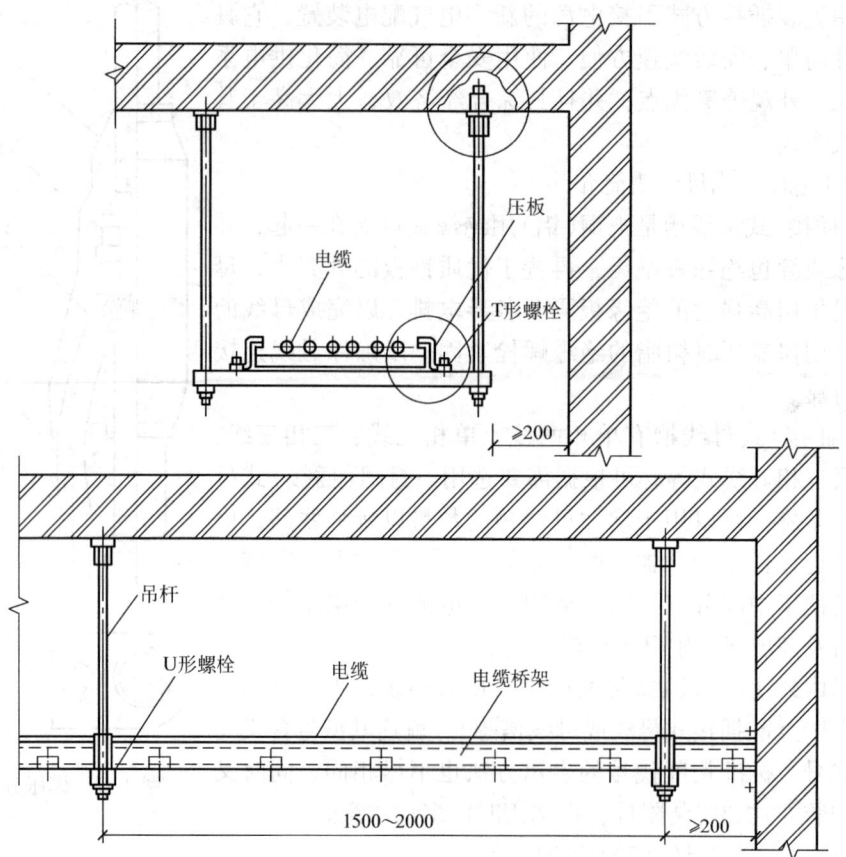

图 2-38 电缆桥架吊杆水平吊装做法

弹簧支架和沿墙支架固定式。支、吊架可以根据用户要求由厂家配套供应，也可以自制。制作支、吊架应根据施工现场结构类型，采用角钢和槽钢制作，一般采用一字形。U形、L形、T形和吊架形等几种形式。其安装如图 2-43 所示。

4. 封闭式母线槽安装一般要求

1）封闭式母线槽水平安装时，与地面的距离不应小于 2.2m。垂直安装时，距地面 1.8m 以下部分应采取防止机械损伤措施。但敷设在电气专用房间（如配电室、电机室、电气竖井、技术层等）时除外。

2）封闭式母线槽水平敷设时支撑点间距不宜大于 2m。垂直敷设时，应在通过楼板处采用专用附件支撑，如图 2-44 所示。

3）当封闭式母线槽直线敷设长度超过 40m 时，应设置伸缩节（即膨胀节母线槽）。母线在水平跨越建筑物的伸缩缝或沉降缝处，应采取适当措施。

4）封闭式母线槽的插接分支点应设在安全及维修方便的地方。

5）封闭式母线槽的连接不应在穿过楼板或墙壁处进行，如图 2-45 所示。

6）封闭式母线槽在穿过防火墙及防火楼板时，应采取防火措施。

7）封闭式母线槽的外壳需做接地连接，但不得作为保护干线用。

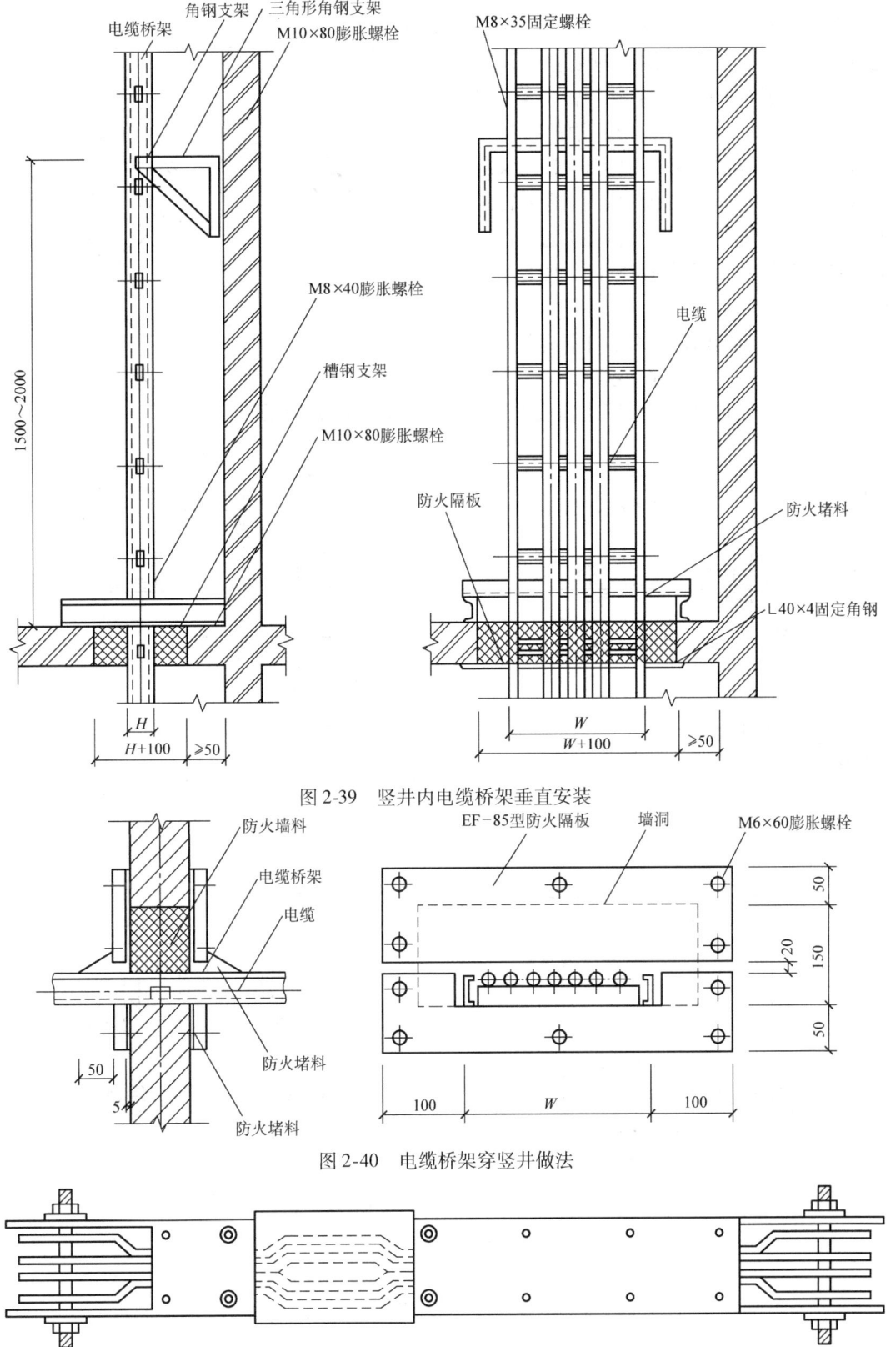

图 2-39 竖井内电缆桥架垂直安装

图 2-40 电缆桥架穿竖井做法

图 2-41 带插孔的母线槽

封闭式母线槽接地连接有利用壳体本身做接地线的，也有一种半总体接地装置（图 2-46 为半总体接地装置示意图），接地金属带与各相母线并列，在连接各母线槽时，相邻槽的接地铜带自动紧密结合，还有在外壳体上附加 25mm×3mm 裸铜带做接地线的（图 2-47 为附加接地装置示意图）。无论采用什么形式接地，均应接地牢固，防止松动，且严禁焊接。母线槽外壳接地线应与专用保护线（PE 线）连接。

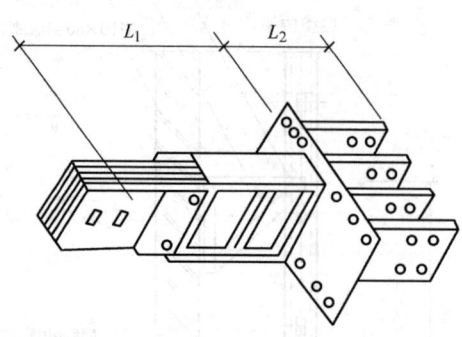

图 2-42　始端母线槽

8）封闭式母线槽在竖井内垂直敷设时，应在通过楼板处采用专用附件支承。

母线槽在竖井内与电缆接头盒及电缆分线箱安装如图 2-48 所示。

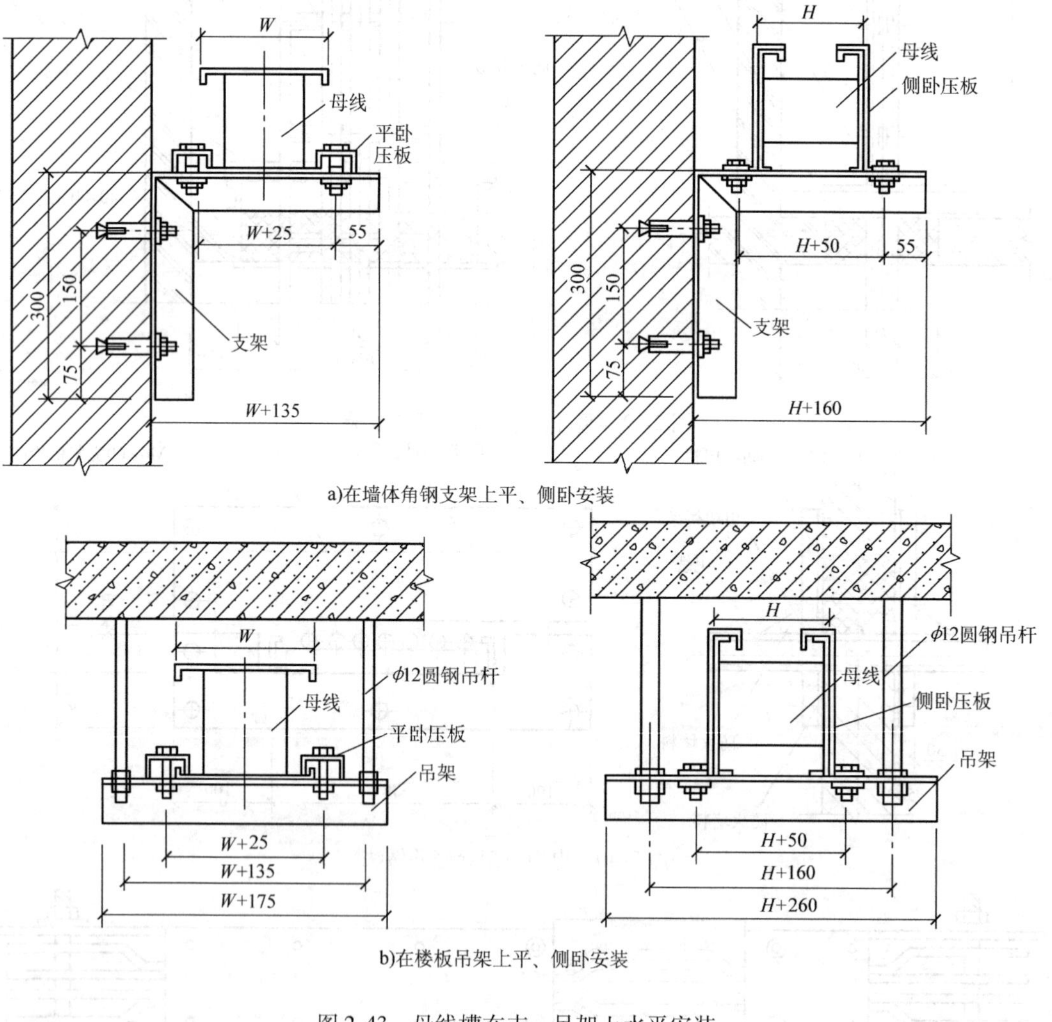

a）在墙体角钢支架上平、侧卧安装

b）在楼板吊架上平、侧卧安装

图 2-43　母线槽在支、吊架上水平安装

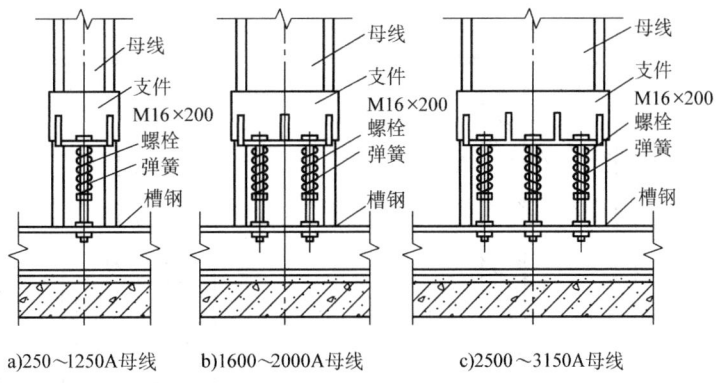

图 2-44 母线槽安装用弹簧支承器

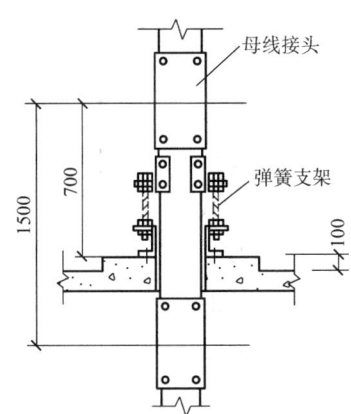

图 2-45 母线槽接头与楼(地)面的关系

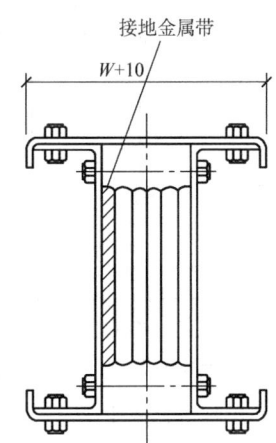

图 2-46 半总体接地装置示意图

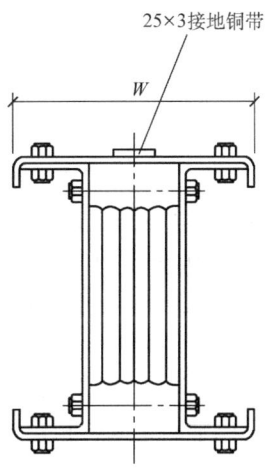

图 2-47 附加接地装置示意图

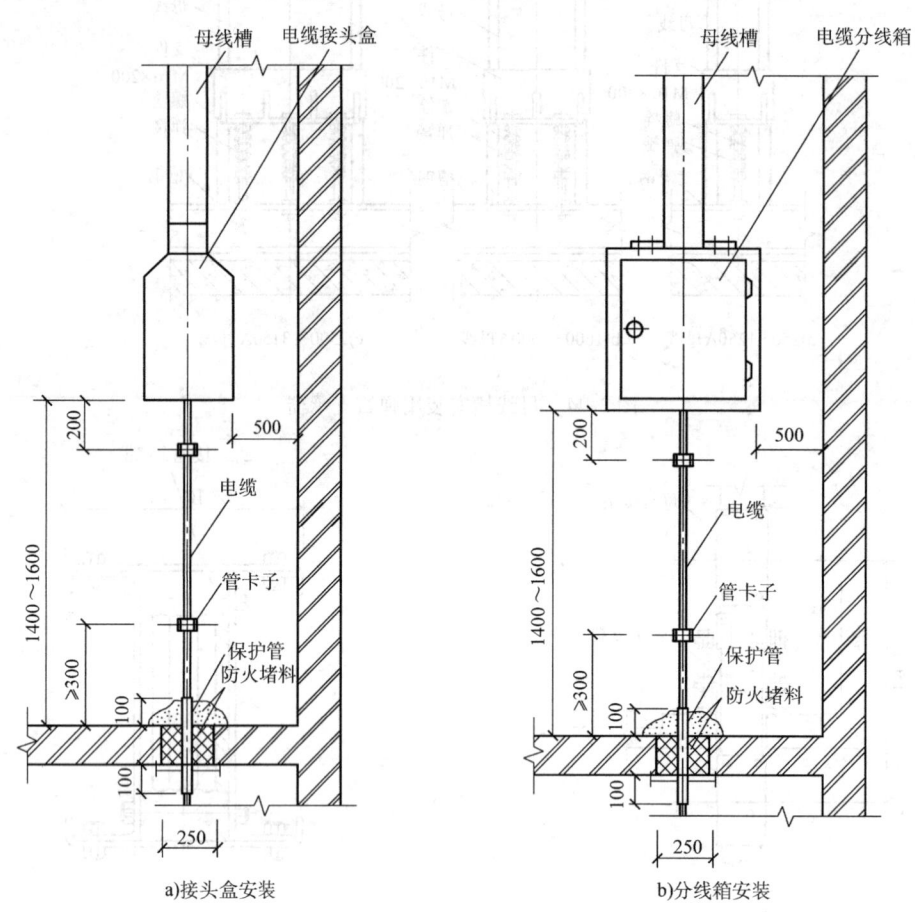

图 2-48 母线槽电缆接头盒及电缆分线箱安装

第五节 变配电所工程实例

一、工程概况

某大厦为某市一栋高层单体商业办公建筑,工程概况如下:

建筑面积:37417m^2(其中地下:3783.8m^2,地上:33633.6m^2,不包括技术夹层)。建筑层数:地下1层,地上25层。建筑高度:90.1m(女儿墙顶高度,不包括电梯机房、水箱间等)。

主要结构类型:框架,剪力墙结构。

建筑布局及功能:地下1层为设备用房、汽车库,1~4层为商场,技术夹层为转换层,5~19层为公寓式写字间,20~25层为标准写字间,顶层为设备房、电梯机房及水箱间。1~4层设有中央空调。

某大厦北立面图如图2-49所示。

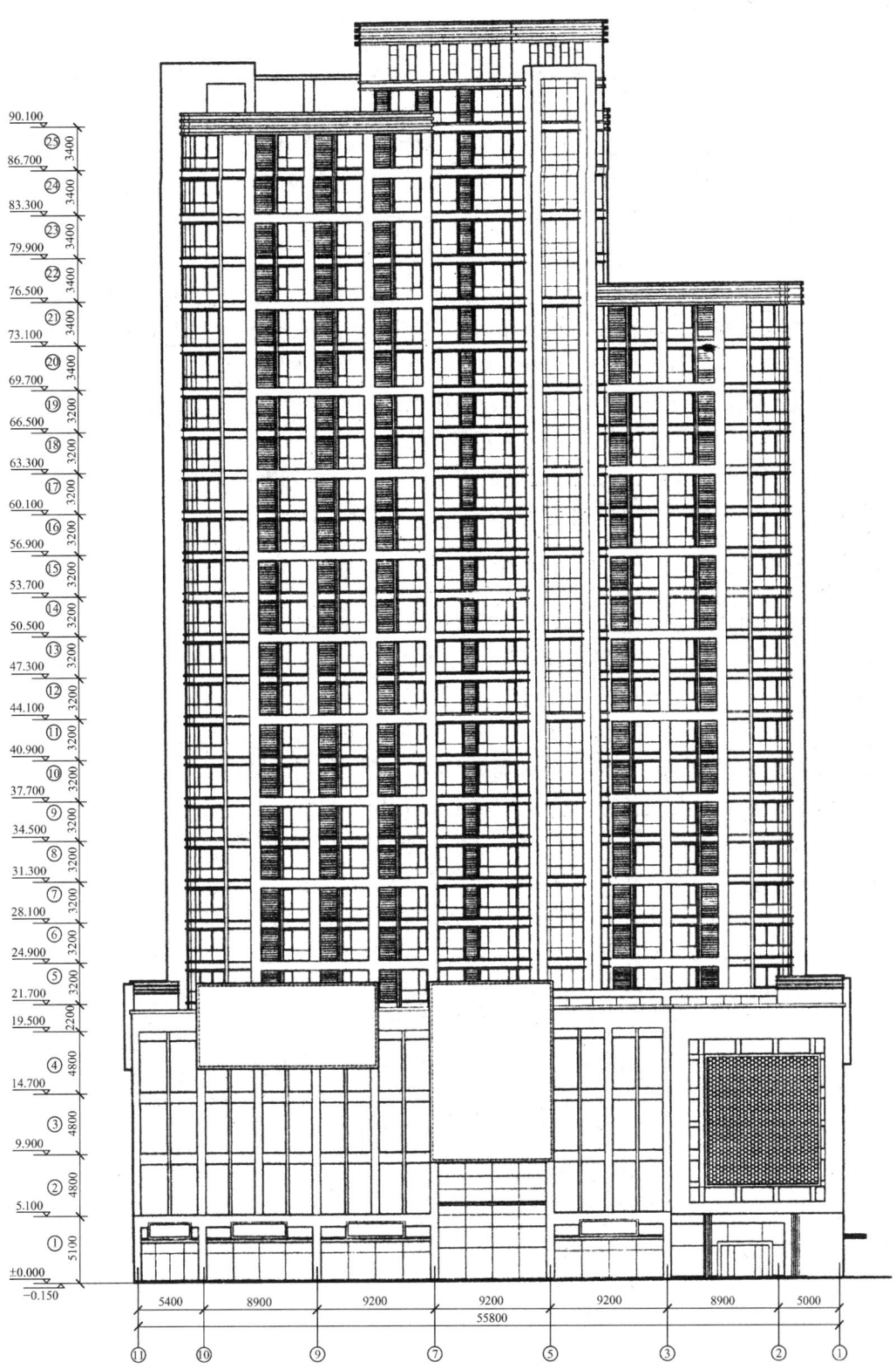

图 2-49 某大厦北立面图

二、高压供电系统

下面对高压系统图进行分析。

本工程的高压系统采用两路高压同时供电，采用电缆穿管，直埋敷设到该楼地下1层，从变电所的电力干线平面图（参见图2-58）可以看出，从②轴线上穿直径为150mm钢管引入，接入AH1和AH10两个高压柜。变电所高压侧电气主接线图如图2-50所示。从图中可以看出，高压母线为单母线分段运行，正常工作时，两路电源同时供电，互为备用，当某一路电源故障或失电时，另一路电源供全部一、二级负荷。

1. 电气主接线形式及运行方式

1）由于变配电所的规模比较大，设备的数量较多，所以复杂的供配电系统的一次系统图大多采用按开关柜展开的方式绘制。在图2-50所示的高压系统图的表格中，第一行为高压开关柜的编号，第二行为高压开关柜的型号，第三行为供电回路编号，第四行为变压器容量，第五行为高压负荷计算电流，第六行为高压电缆的型号规格，第七行为继电保护方案，第八行为高压开关柜的用途，第九行为开关柜的尺寸。

2）从图2-50分析看出，该高压配电室共设有KYN44系列配电柜10台，除两路共线各有一段母线外，工作母线为单母线分段制，分左、右两段相互联系络。

2. 主要设备

1）进线柜。该配电所有两路10kV高压共线，分别为AH1、AH10，回路编号分别为WHA和WHB，两高压进线柜型号及一次接线方案均相同（除电缆导线截面积外）。柜中主要设备有配套选用氧化锌避雷器（HY5WE—17/45），电源指示器（DXNA1—10），电压互感器（2XJDE12—10），高压熔断器（保护电压互感器用）（XRNP1—12）。

2）计量柜。计量柜主要用于系统的电压、电流、功率因数、有功功率、无功功率的测量及有功电能、无功电能、峰谷和最大需要量的计量。分别由AH2、AH9编号柜表示左、右两个计量柜。柜中主要设备有：电流互感器（LEEJB12—10A，变流比为200/5）。另外，计量柜和进线柜都没有画出开关（断路器），这说明进线柜和计量柜的动作控制由当地供电局选定，互感器的测量精度为0.2级。

3）进线（保护）柜。AH3、AH8为左右进线柜，主要起到对供电线路的过电流和短延时的电流速断进行保护的功能，并对供电网终端进行有效保护，它的主要参数（计算值），应根据供电局的数据以及主接线形式计算得出。（读者可参阅其他相关书籍）

4）联络柜。AH5为左、右两段10kV母线联络柜。核心部件为断路器开关，计算容量的大小和AH3、AH8一样，计算电流为630A，开断短路电流为20kA。这三个柜子中开关断路器用虚线连接，表示这三个断路器是电气联锁的。在任何时候，只能有两个闭合，另一个是断开。当采用两个电源同时供电时，AH5柜中开关是断开的，AH3、AH8开关闭合，即左段母线给变压器T1供电，右段母线给T2供电。一旦其中一路供电电源出现故障或停电，可将故障进线柜断路器自动断开。AH5柜母联开关断路器闭合，即由另一路正常电源供电。

5）出线柜。AH4、AH7分别是T1变压器、T2变压器输出馈电柜，主要设备有断路器、电源信号指示灯、避雷器、接地开关等。其中，电流互感器的两个二次线圈分别接有定时限过电流、电流速断以及变压器运行时的高温、超温报警保护功能。具体参数计算请参阅《建筑电气设计规范》中的相关内容。一般在高压一次系统图中不标出。

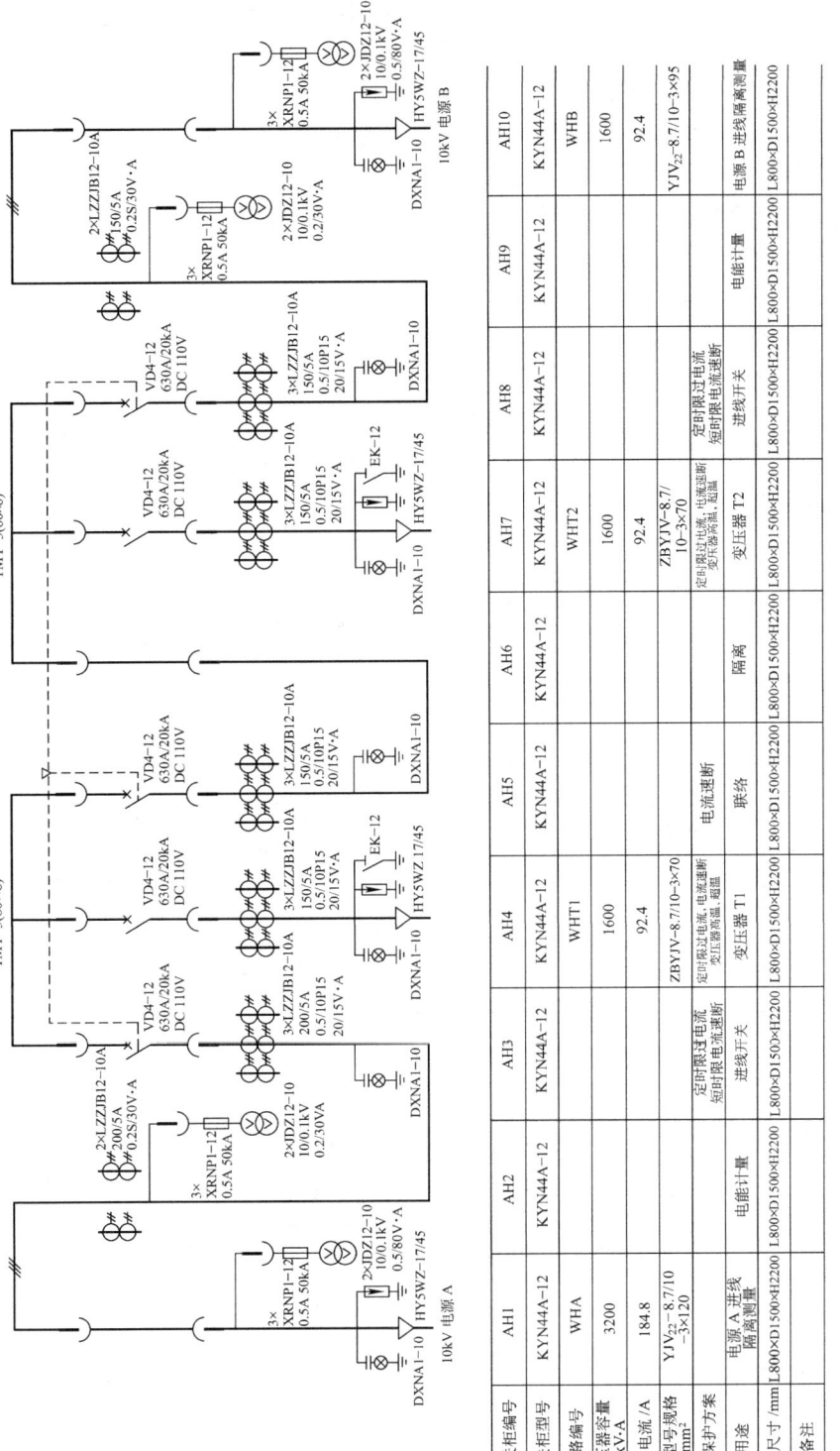

图 2-50 变电所高压侧电气主接线图

三、低压配电系统

低压配电室是根据低压配电干线负荷的分布来确定的低压接线方案,以及选择低压成套设备和低压柜的数量多少的。它和高压配电方式不同,一般来讲,首先,高压是一条支路一个柜子,而低压的配电柜一般情况下都是一个配电柜配出(输出)多个支路;其次,是低压负荷容量的大小、负荷的性质、负荷的级别不同,它的控制功能或方式、选择使用的设备就不同,所以低压配电柜就会有不同的配线结构方式。特别是在同样尺寸大小的柜体,在选择不同的配电支路组合时,会产生不同的结果。另外,常见的低压配电系统输出保护方式一般以低压断路器和熔断器保护为主。

下面,对低压配电系统图进行分析。

1. 电气主接线形式及运行方式

变电所低压侧电气主接线图(一)、(二)分别如图2-51、图2-52所示。该变电所设有两台变压器,因此,低压配电系统采用分段单母线形式。正常运行时,母联断路器断开,两台变压器分别运行,各承担一半负荷。当任一台变压器发生故障或检修时,切除部分三级负荷后,闭合母联断路器,由另一台变压器承担全部一、二级负荷及部分三级负荷。

2. 主要设备

1) 进线柜。从图2-51可知,T1变压器:型号为SCB10—1600/10(1+2.5)/0.4kV,一次电压接头为可调的,容量为1600kV·A,一、二次绕组的联结组标号为Dyn11,阻抗电压$U_k = 6\%$。

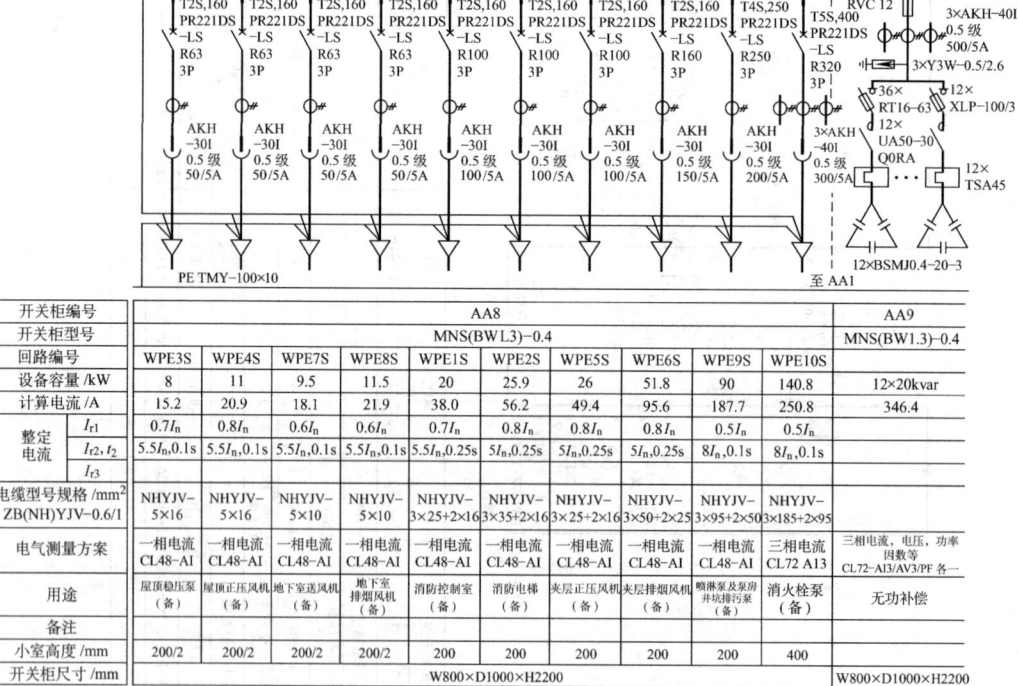

图2-51 变电所低压侧电气主接线图(一)

图 2-51 变电所低压侧电气主接线图（一）（续）

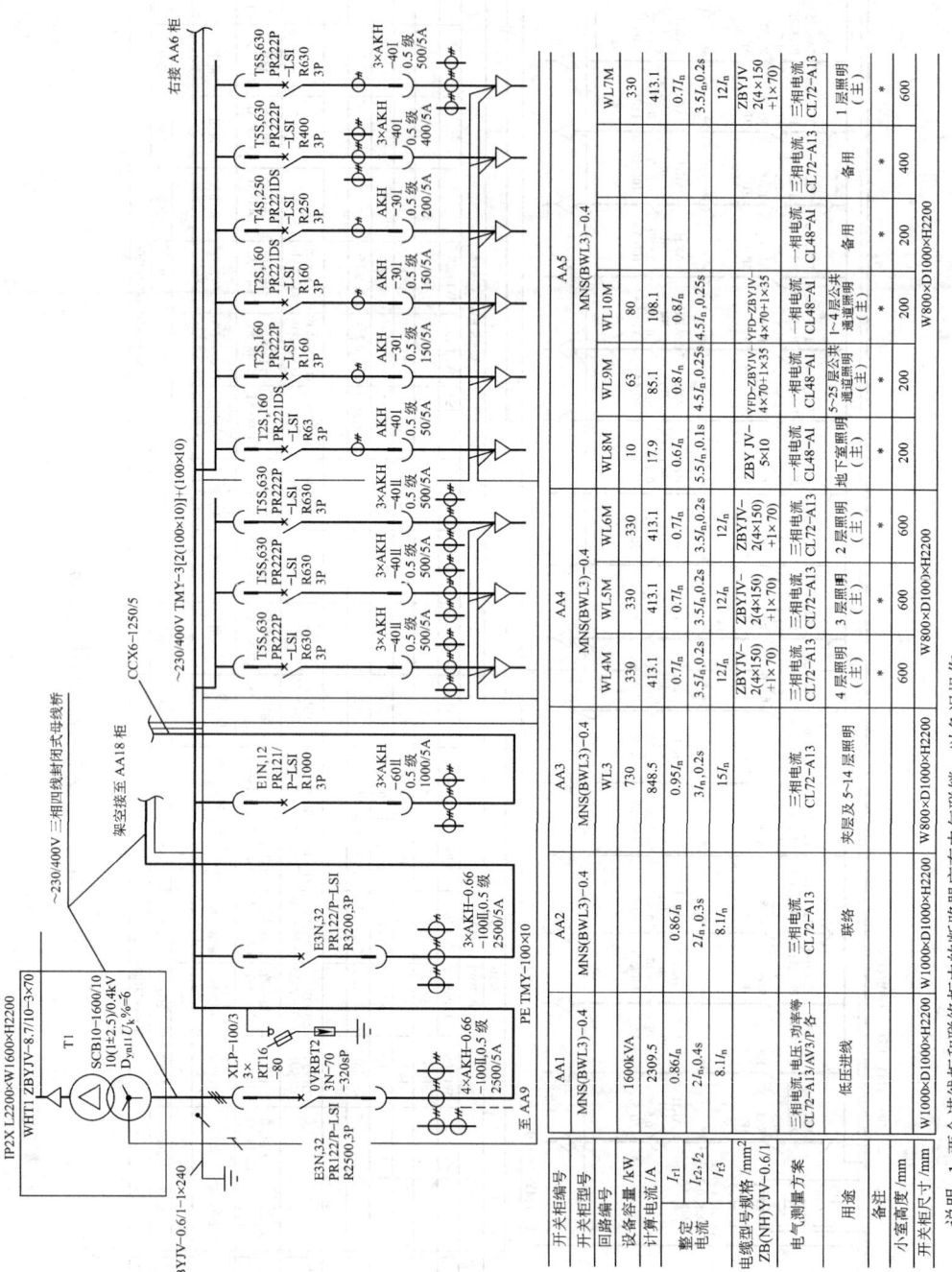

图 2-51 变电所低压侧电气主接线图（一）（续）

图 2-52 变电所低压侧电气主接线图（二）

开关柜编号	AA10	AA11	AA12							
开关柜型号	MNS(BWL3)-0.4	MNS(BWL3)-0.4	MNS(BWL3)-0.4							
回路编号			WPE10M	WPE9M	WPE6M	WPE5M	WPE2M	WPE1M	WPE8M	WPE7M	WPE4M	WPE3M
设备容量 /kW	10×20kvar	10×20kvar	132.0	98.8	51.8	26	25.9	20	11.5	9.5	11	8
计算电流 /A	288.7	288.7	250.8	187.7	95.6	49.4	56.2	38.0	21.9	18.1	20.9	15.2
整定电流 I_{r1}			$0.5I_n$	$0.5I_n$	$0.8I_n$	$0.8I_n$	$0.8I_n$	$0.7I_n$	$0.6I_n$	$0.6I_n$	$0.8I_n$	$0.7I_n$
I_{r2}, t_2			$8I_n, 0.1s$	$8I_n, 0.1s$	$4I_n, 0.25s$	$5I_n, 0.25s$	$0.8I_n$	$5I_n, 0.25s$	$5.5I_n, 0.1s$	$5.5I_n, 0.1s$	$5.5I_n, 0.1s$	$5.5I_n, 0.1s$
I_{r3}							$5I_n, 0.25s$					
电缆型号规格 /mm² ZB(NH)YJV-0.6/1			NHYJV-3×185+2×95	NHYJV-3×95+2×50	NHYJV-3×50+2×25	NHYJV-3×25+2×16	NHYJV-3×35+2×16	NHYJV-3×25+2×16	NHYJV-5×10	NHYJV-5×10	NHYJV-5×16	NHYJV-5×16
电气测量方案	三相电流、电压、功率因数等 CL72-A13/AV3/PF备	三相电流 CL72-A13	三相电流 CL48-AI	一相电流 CL48-AI	一相电流 CL48-AI	一相电流 CL48-AI	一相电流 CL48-AI	一相电流 CL48-AI	一相电流 CL48-AI	一相电流 CL48-AI	一相电流 CL48-AI	一相电流 CL48-AI
用途	无功补偿（辅）	无功补偿（主）	消火栓泵（主）	喷淋泵及泵房井抗排污泵（主）	夹层排烟风机夹层正压风机（主）	夹层正压风机（主）	消防电梯（主）	消防控制室（主）	地下室排烟风机（主）	地下室送风机（主）	屋顶正压风机（主）	屋顶稳压泵（主）
备注			400	200	200	200	200	200	200/2	200/2	200/2	200/2
小室高度 /mm												
开关柜尺寸 /mm	W800×D1000×H2200	W800×D1000×H2200	W800×D1000×H2200									

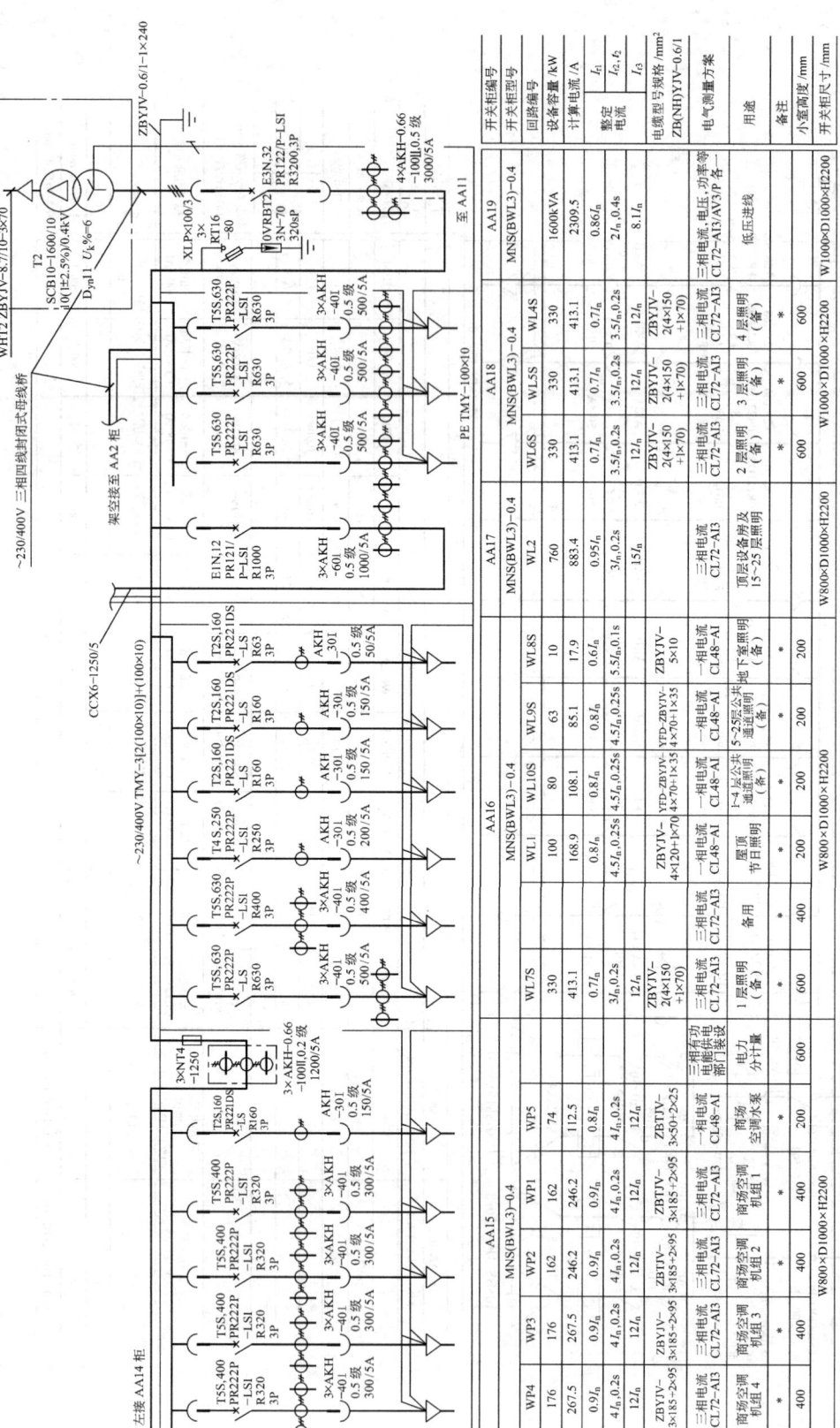

图 2-52 变电所低压侧电气主接线图（二）（续）

图 2-52 变电所低压侧电气主接线图（二）（续）

从 AA1 号低压进线柜看出，设备容量为 1600kV·A，计算电流为 2309.5A。低压出线总开关选用柜架式断路器，型号为 PR122 型，选用三极，电流为 2500A。开关整定电流，长延时为 $I_{r1}=0.86I_n$，短延时 $I_{r2}=2I_n$，时间为 0.4s，瞬时值为 $I_{r3}=8.1I_n$（上述整定值有点偏小）。电流互感器电流比为 2500/5，等级为 0.5 级，主要测量三相电流、电压和功率。此外，柜中还安装有 ABB 电气公司生产的 OVRBT2 限压型电涌保护器，该线路用负荷开关和熔断器进行保护。

2）联络柜。从 AA2 分析得出，在正常情况下，两段母线是断开的，T1、T2 变压器独立运行。当其中有一台发生故障或维修时，通过 AA2 联络柜中断路器闭合，此时，单台变压器运行时只供一、二级负荷及部分保障性负荷，其余都应根据情况断电。例如在备注栏中标有"*"号的输出单元。

3）电容器柜。AA9、AA10、AA11 为低压电容器补偿柜。在民用建筑供电系统中，有大量的变压器、电动机以及气体放电灯等感性负载，这些感性负载设备不仅需要有功功率，还需要大量的无功功率，因此系统的功率因数较低，达不到 0.9 的要求。所以，建筑供电系统要采用电容器作无功补偿，以提高系统的功率因数，这样做不仅可以节能，还可以减少线路压降，提高供电质量。在民用建筑供电系统中，大部分补偿电容器集中安装在低压侧母线上。主要原因如下：①照明负荷占全部容量的 30%~40%，而且是分散负荷；②电动机设备大部分是空调机、防排烟风机，其容量也是小而分散，而高层建筑虽有电梯群，但这是随时性加载的变动性负荷，不宜在电动机端加装电容器；③大容量的电动机，例如中央空调主机、各类水泵，由于负荷容量大而集中，环境比较潮湿，而变配电所在设计布置时又常靠近这类用电量大的负荷。所以，建筑供电系统一般采用在低压配电装置处集中补偿的方法。

在电容补偿柜中，0.4kV 以下低压补偿一般采用三角形联结方式，这样可提高电容器的补偿容量。配套元件为总回路负荷开关（也可用隔离开关），短路保护用喷逐式熔断器，型号为 RT16—500，操作过电压保护用避雷器，型号为 3×Y3W，过载保护用的热继电器，自动切换用交流接触器，每个柜子补偿量为 10×20kvar=200kvar，回路计算电流为 288.7A。

4）出线柜。从低压母线汇流排中可以看出低压主结线情况，除 AA1、AA19 为进线柜，AA9、AA10、AA11 为电容器柜外，其余都为出线（馈电）柜。在设计施工中，应注意将负荷进行归类，如按动力、照明分类，并按负荷重要性分一、二、三级。这样，在一个出线柜中的输出回路基本上是同类性质负荷，便于控制、计量和维护。对于大容量、较重要的负荷，一般采用放射式的配电方式，如电梯、水泵等负荷，而对照明线路则采用树干式或分区树干式供电。

汇流母线为 TMY—3[2×(100×10)]+(100×10) 三相二片截面积为 100mm×10mm 铜母线，中性线 N 为 100mm×10mm，保护线 PE 截面积也是 100mm×10mm。AA4 柜为照明柜，柜中有三个输出回路，分别为 2、3、4 层商场上照明供电（主）回路。下面以其中 2 层（WL6M）进行分析：它的回路编号为 AA4 柜中的 WL6M，"WL" 指照明回路，"6" 第 6 条支路，"M" 与 "S" 相对应，称为主线路（备用线路）。设备计算容量为 330kW，计算电流为 413.1A。断路器开关的整定电流，长延时为 $I_{r1}=0.7I_n$，$I_{r1}=0.7\times630A=443.1A$，大于计算电流 413.1A；短延时为 $I_{r2}=3.5I_n$，时间 $t=0.2s$，瞬时开关 $I_{r3}=12I_n=12\times630A=7560A$。

电缆采用 ZBYJY—2(4×150+1×70) 交联聚乙烯铜芯（阻燃）电缆。导线的截面积为两

根 $(4\times150)mm^2$ 加上 PE 线 $(1\times70)mm^2$ 的铜芯电缆,电流比为 500/5,测量等级为 0.5 级。备注中有"*"号的断路器的辅助触头带有分励脱扣器,一旦起动消防防火信号或其他应急信号,该回路应被切除。

AA12 消防设备柜分析如下:它共有 10 个输出回路(用途在图中已标出)。以消火栓泵和消防控制室回路进行分析。消火栓泵,它的回路编号为 WPE10M,"WPE"代表应急或消防设备,"10M"代第 10 条输出的主线路。设备计算负荷为 132.0kW,计算电流为 250.8A。该断路器开关的长延时整定为 $0.5I_n$,即 $I_{r1}=0.5I_n$,$I_{r1}=0.5\times630A=315A$,大于计算电流 250.8A。开关短延时 $I_{r2}=8I_n=8\times630A=5040A$,时间 $t_2=0.1s$。该开关没有设瞬时动断 I_{r3}。NHYJV 表示交联聚乙烯铜芯(耐火)电缆,导线的截面积为 3 根线径 185 mm^2,两根线径为 95 mm^2 电缆。电流互感器的电流比为 300/5,测量精度为 0.5 级,同时监测三相电流。小室高度为 400mm,它表示该支路开关占整个开关控柜中高度尺寸。消防控制室的回路编号为 WPE1M,它的负荷容量为 20kW,它以消防室中设备容量为主,照明灯具为辅,所以它的编号开头用"WP"而不是用"WL"。另外,断路器开关整定的电流值大小,时间也不一样。其他线路请读者按上述方法自行阅读。

四、低压配电干线系统

1. 低压带电导体系统型式与低压系统接地型式的选择

低压带电导体系统型式:对三相用电设备组和单相用电设备组混合配电的线路以及对单相用电设备组采用三相配电的干线线路,采用三相四线制;对单相用电设备配电的支线线路,采用单相三线制,将单相负荷均匀分配在三相系统中。

低压系统接地型式:本工程为设有变电所的民用建筑,故采用 TN—S 系统。所有受电设备的外露可导电部分用 PE 线与系统接地点相连接。

大型项目低压配电柜(箱)很多,低压馈出回路就更多,往往会出现柜(箱)编号重复的问题,造成在设计图中查找及将来维护检修的困难。按照国际电工委员会(IEC)及中国国家标准要求:①所有的配电箱和线路编号不重复;②编号要简单明了,不能太长;③区分负荷性质和类型;④从识读规律上明显便于查找,能使看图者一目了然。通过阅读低压配电干线图,就可了解该大楼用电概况及各配电设备的大致分布情况。图中所用图形符号和文字符号可参阅第一章相关内容说明。配电箱编号规则如下:

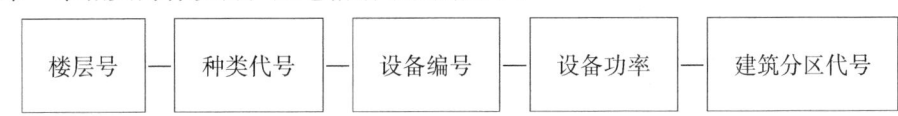

例如:

B1—AL—2—1/1

其中,B1 代表地下一层;AL 代表照明配电箱(AP 代表动力的配电箱,APE 代表应急动力的配电箱,ALE 代表应急照明配电箱,AT 代双切换箱);1/1 代表 1 防火分区中的 1 号箱。民用建筑的地下部分一般为车库,用途比较单一,防火分区也比较整齐,一般都是按防火分区编号;而地上情况比较复杂一些,防火分区比较多,且有时上、下层防火分区不对应,常按竖井的出线进行编号,这样做较简便一些。

2. 低压配电干线系统配线方式

照明负荷与电力负荷分成不同的配电系统,以便于计量和管理;消防用电设施的配电则自成系统,以保证供电可靠。

(1) 照明负荷配电干线系统

本工程照明负荷配电干线系统图如图 2-53 所示。

1) 屋顶节日照明为三级负荷,容量较大、负荷集中。在屋顶设备房设置 1 台照明配电箱,从配电室以单回路放射式直接配电(配电干线 WL1)。

2) 顶层设备房、5~25 层办公照明及夹层照明为三级负荷,负荷分布范围广,总容量较大。5~25 层因为要出租,故每间办公用房均设置照明配电箱。20~25 层因办公用房不多,每层设置 1 台电能计量配电箱,以放射式配电给每间办公用房照明配电箱。5~19 层因办公用房较多,每层分两个区域,每个区域各设置 1 台电能计量配电箱,以放射式分别配电给本区内的每间办公用房照明配电箱。顶层设备房、夹层照明容量较小,各设置 1 台照明配电箱。整个办公照明负荷因容量大,分布范围广,故采用分区单回路树干式配电,即顶层设备房及 15~25 层办公照明、5~14 层办公照明及夹层照明各采用一路干线配电(配电干线 WL2、WL3),配电干线采用插接式母线槽,分支线采用电缆。

3) 1~4 层商场照明为二级负荷,容量较大。每层按防火分区设置两台照明配电箱,从配电室以双回路树干式配电(配电干线 WL4M/WL4S、WL5M/WL5S、WL6M/WL6S、WL7M/WL7S),在末端配电箱进行双电源自动切换。

4) 地下室照明容量虽小,但为二级负荷。地下室按防火分区设置两台照明配电箱,从配电室以双回路树干式配电(配电干线 WL8M/WL8S),在末端配电箱进行双电源自动切换。

5) 各层公共通道照明为一级负荷,但分布于各层、容量小。1~4 层每层按防火分区设置 2 台通道照明配电箱,由设置于各层的 1 台双电源自动切换配电箱以放射式配电;5~25 层每层按防火分区设置 1 台通道照明配电箱,由每三层设置的 1 台双电源自动切换配电箱以放射式配电。整个公共通道照明因负荷重要、分布范围广,故采用分区双回路树干式配电,即 1~4 层公共通道照明和 5~25 层公共通道照明各采用两路干线配电(配电干线 WL9M/WL9S、WL10M/WL10S),配电干线采用预分支电缆。

(2) 电力负荷配电干线系统

本工程电力负荷配电干线系统图如图 2-54 所示。

1) 商场空调机组 1~4 为三级负荷,容量较大、负荷集中,对每台机组采用单回路放射式配电(配电干线 WP1~WP4)。

2) 商场空调水泵 1~4 为三级负荷,容量小而分散布置,采用单回路树干式配电(配电干线 WP5)。

3) 商场自动扶梯为二级负荷,但容量小而分散布置,采用双回路树干式配电(配电干线 WP6M/WP6S),在末端配电箱进行双电源自动切换。

4) 商场乘客电梯、大厦乘客电梯 1~2、生活泵为一、二级负荷,负荷集中。每处就地设置配电控制箱,分别采用双回路放射式配电(配电干线 WP7M/WP7S、WP8M/WP8S、WP9M/WP9S、WP11M/WP11S),在末端配电控制箱进行双电源自动切换。

5) 地下室排污泵为一级负荷,但容量小而分散布置。每处就地设置控制箱,通过设于地下室的双电源自动切换配电箱采用分区树干式配电(配电干线 WP10M/WP10S)。

(3) 消防用电设施配电干线系统

本工程消防负荷配电干线系统图如图 2-55 所示。

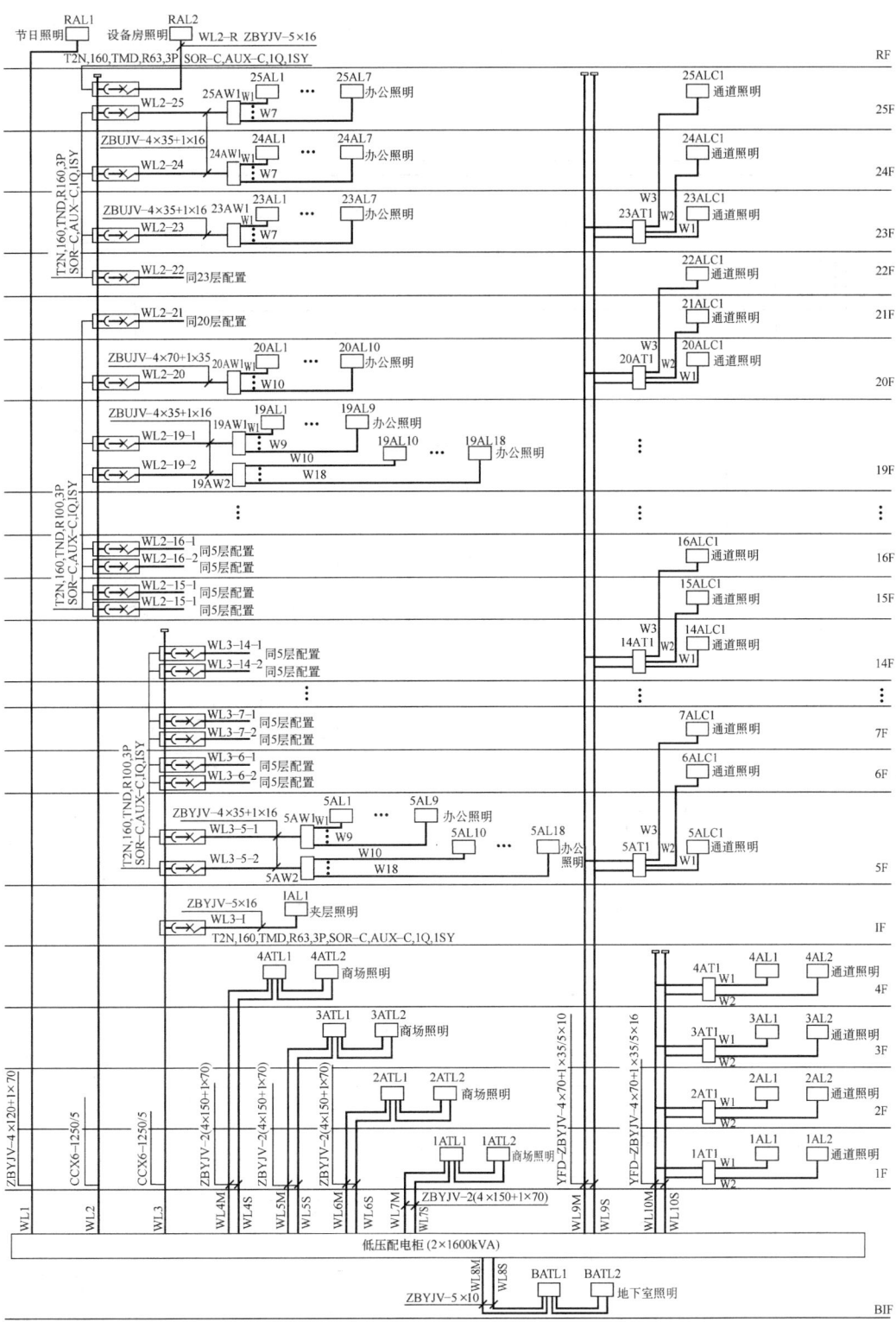

图 2-53 照明负荷配电干线系统图

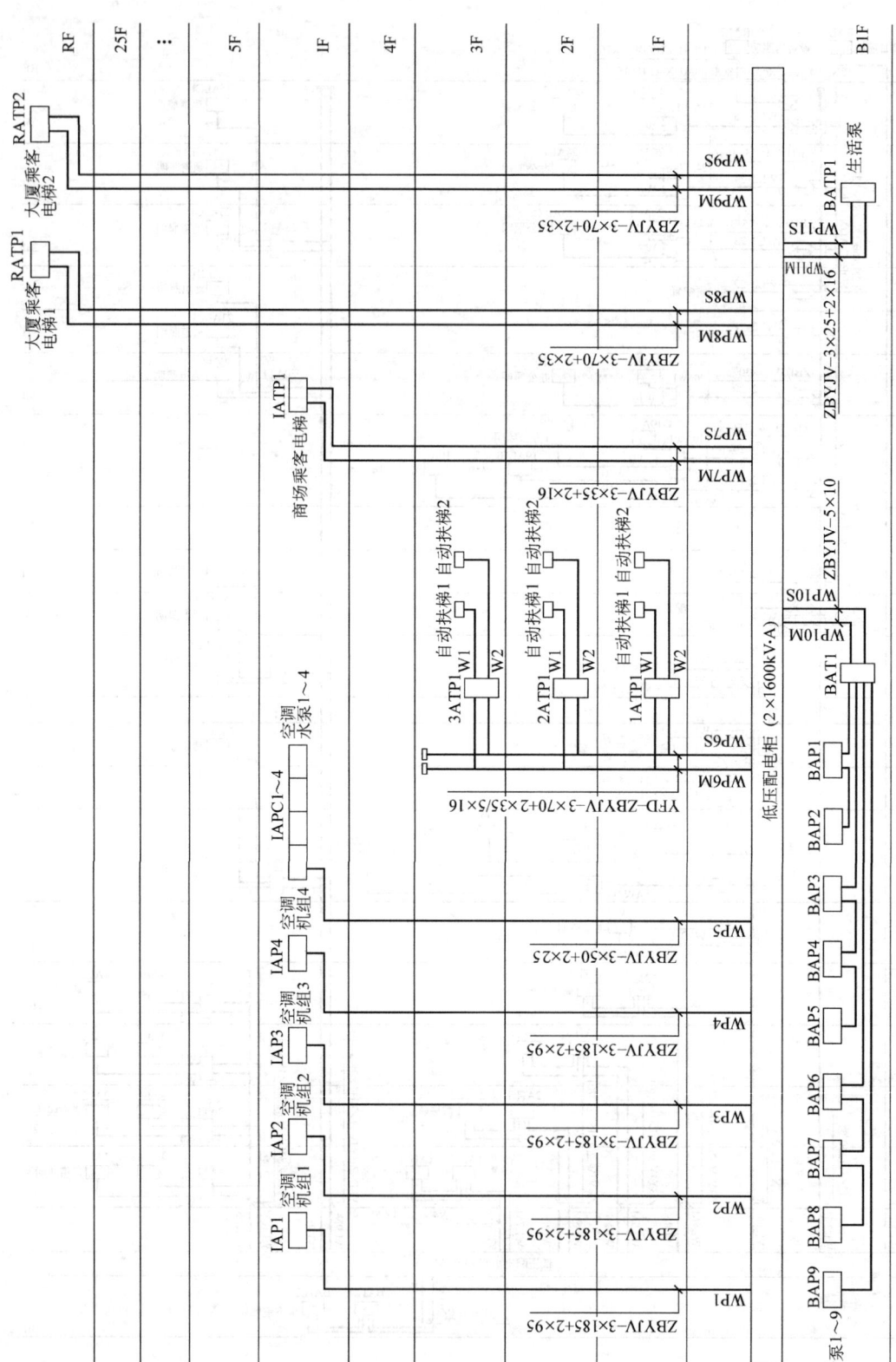

图 2-54 电力负荷配电干线系统图

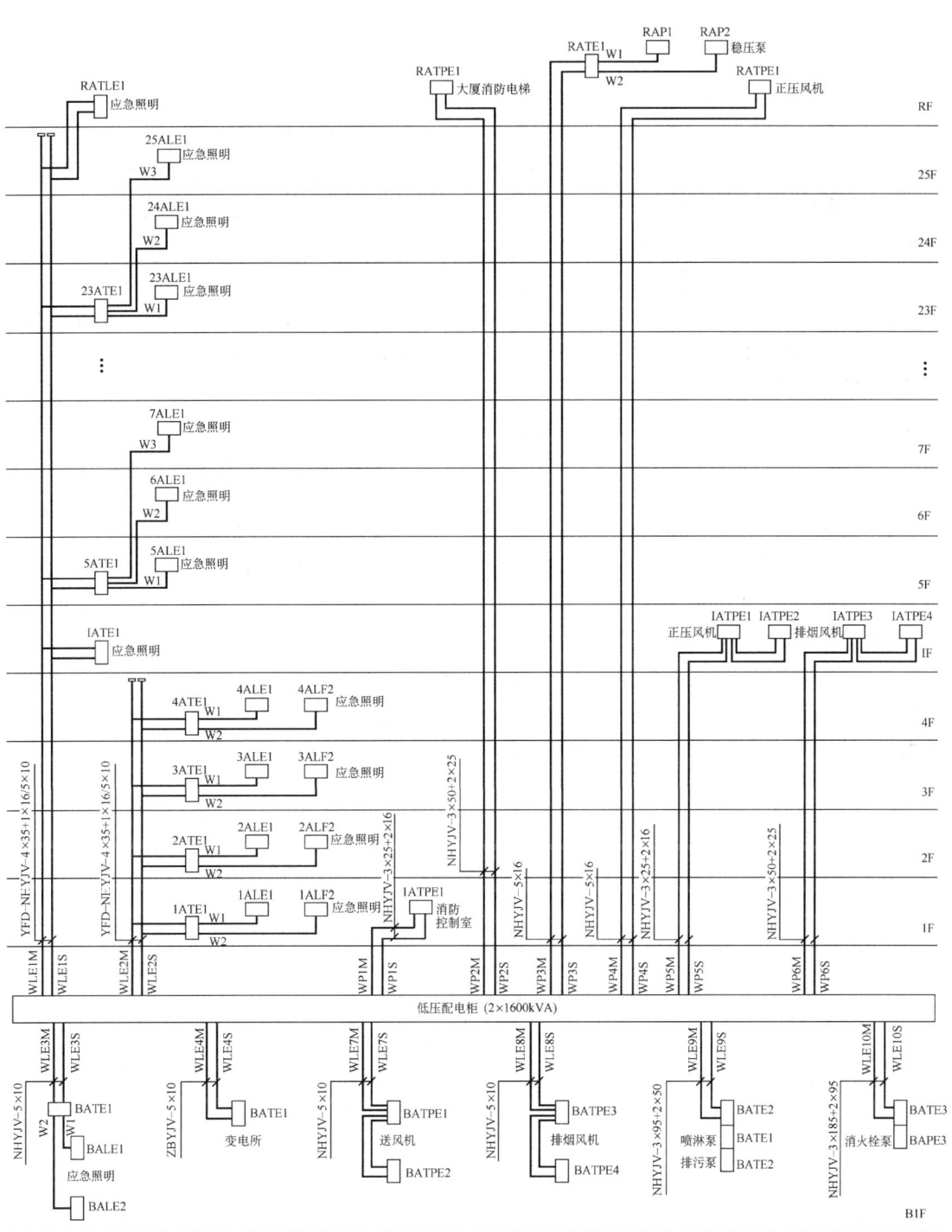

图 2-55 消防负荷配电干线系统图

1）变电所所用电，消防控制用电，消防电梯、屋顶稳压泵、屋顶正压风机、喷淋泵、消火栓泵及泵房，消防电梯井坑排污泵等，均为一级负荷，负荷较为集中，每处就地设置配电箱和控制箱，分别采用双回路放射式配电（配电干线 WLE4M/WLE4S、WPE1M/WPE1S、WPE2M/WPE2S、WPE3M/WPE3S、WPE4M/WPE4S、WPE9M/WPE9S、WPE10M/WPE10S），在末端配电箱进行双电源自动切换。

2）夹层正压风机、夹层排烟风机、地下室送风机、地下室排烟风机等均为小容量一级负荷，每处就地设置配电控制箱，采用双回路树干式配电（配电干线 WPE5M/WPE5S、WPE6M/WPE6S、WPE7M/WPE7S、WPE8M/WPE8S），在末端配电控制箱处进行双电源自动切换。

3）各层应急照明及防火卷帘为一级负荷，但分布于各层、容量小。1~4 层每层按防火分区设置 2 台应急照明配电箱，由设置于各层的 1 台双电源自动切换配电箱以放射式配电；5~25 层每层按防火分区设置 1 台应急照明配电箱，由每三层设置的 1 台双电源自动切换配电箱以放射式配电。夹层设置 1 台应急照明配电箱。整个应急照明及防火卷帘因负荷重要、分布范围广，故采用分区双回路树干式配电，即 1~4 层应急照明和 5~25 层应急照明及夹层应急照明备采用两路干线配电（配电干线 WLE1M/WLE1S、WLE2M/WLE2S），配电干线采用预分支电缆。

4）地下室应急照明及防火卷帘为一级负荷，容量小。地下室按防火分区设置两台应急照明双电源配电箱，从配电室以双回路树干式配电（配电干线 WLE3M/WLE3S），在末端配电箱进行双电源自动切换。

(4) 层间配电箱系统

从上述各配电干线系统图中可以看出：本工程部分为三级负荷，如 5~19 层办公照明，部分为小容量一级负荷，如通道照明与应急照明；在变压器二次侧低压开关柜与负荷侧末端配电箱（控制箱）之间设置了用于二级配电的层间配电箱。

本工程层间配电箱系统图如图 2-56 所示。

1）20~25 层标准写字间每层通过插接开关箱，以树干式配电给 1 台层间配电箱（20~25AW1），再由层间配电箱以放射式配电给各写字间末端配电箱，并计量各写字间消耗的电能。配电级数为三级。

2）5~19 层公寓式写字间每层通过 2 只插接开关箱，以树干式分别配电给两台层间配电箱（5~19AW1 与 5~19AW2），再由层间配电箱以放射式配电给各写字间末端配电箱，并计量各写字间消耗的电能。配电级数为三级。

3）1~4 层商场每层设置 1 台通道照明双电源切换箱（1~4AT1），以放射式配电给设置于每个防火分区的通道照明末端配电箱。配电级数为三级。5~25 层写字间每三层设置 1 台通道照明双电源切换箱（5~23AT1），以放射式配电给设置于每层的通道照明末端配电箱。配电级数为三级。

4）地下室、1~4 层商场每层设置 1 台应急照明双电源切换箱（BATE1、1~4ATE1），见图 2-55 以放射式配电给每个防火分区的应急照明末端配电箱，配电级数为三级。5~25 层写字间每三层设置 1 台应急照明双电源切换箱（5~23ATE1），以放射式配电给每层的应急照明末端配电箱。配电级数为三级。

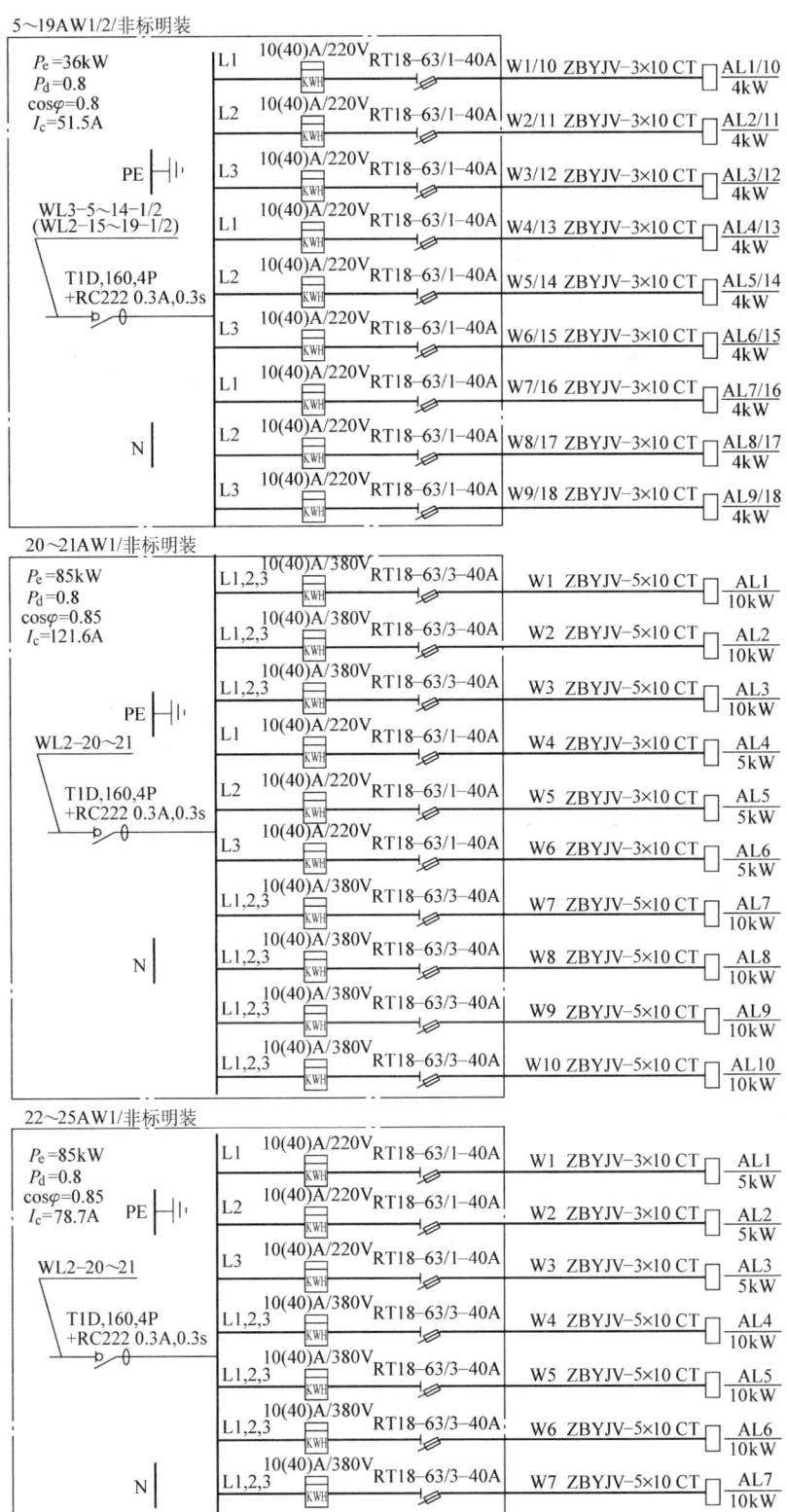

图 2-56 层间配电箱系统图

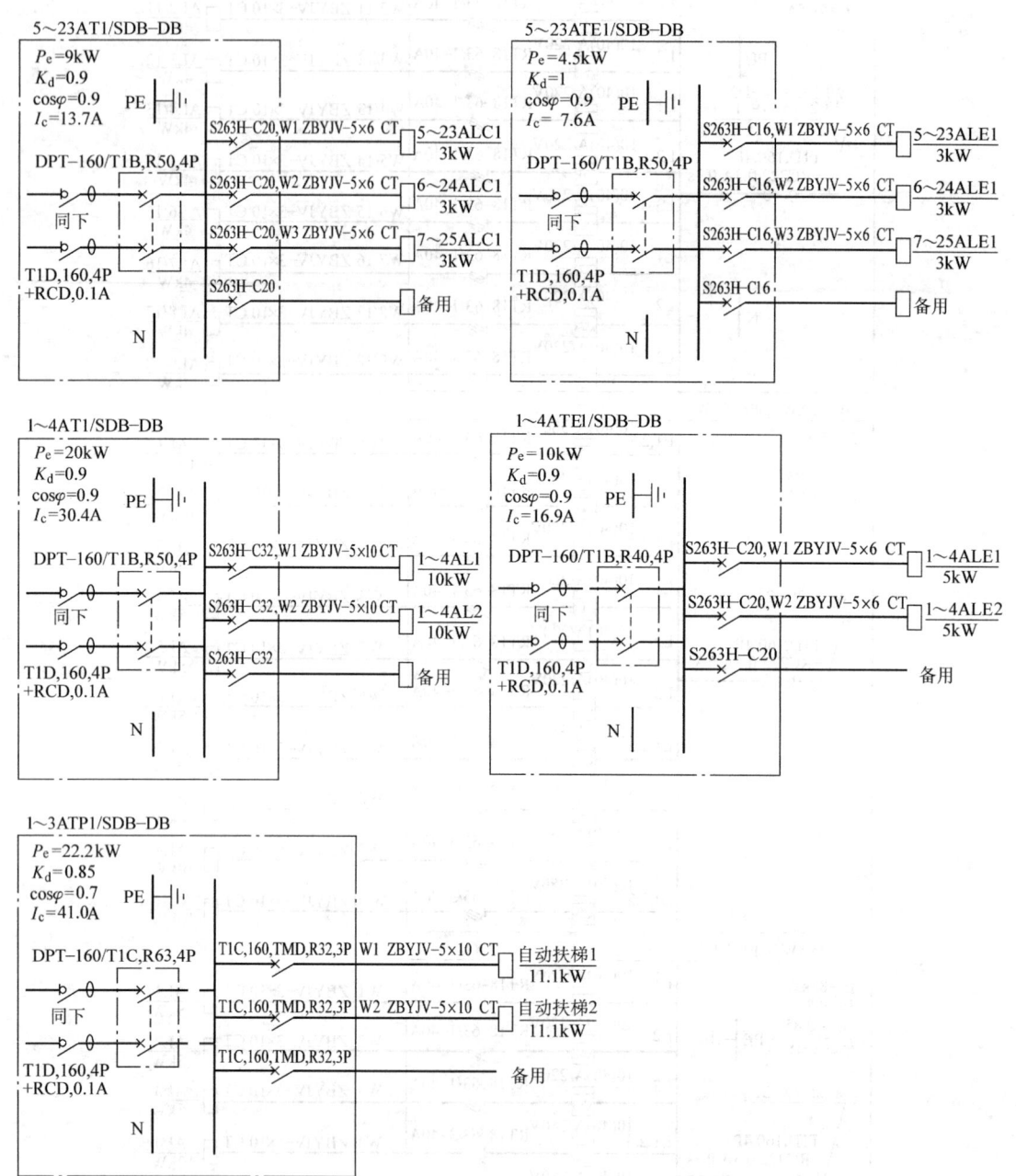

图 2-56 层间配电箱系统图(续)

另外，1~4层商场每层设置1台自动扶梯双电源切换箱1~3ATP1，以放射式配电给设置于自动扶梯处的控制箱。配电级数为三级。

五、变配电所平面和剖面图

根据相关设计规范要求，本工程设置室内型变电所，并设于地下一层。综合考虑高压电源进线与低压配电出线的方便，变电所设于建筑物地下室西南角处（见图2-57）。该处正上方无厕所、浴室或其他经常积水场所，且不与上述场所相毗邻；与电气竖井（配电间）、水泵房等负荷中心接近；与车库有大门相通，设备运输方便。共装有两台干式变压器、10台高压中置式手车开关柜、19台低压抽屉式开关柜及1台交流信号屏和1台直流电源屏。与物业管理合设值班室。

1. 变电所平面布置图

本工程变电所为单层布置，不单独设值班室。由于变压器为干式并带有IP2X防护外壳，所以，可与高低压开关柜设置于一个房间内（变配电室）。由于低压开关柜数量较多，故采用双列面对面布置形式。本工程变电所电气设备布置平面图如图2-57所示。根据《建设工程设计文件编制深度规定》（2003年版）的要求，图中按比例绘制变压器、开关柜、直流屏及交流信号屏等平面布置尺寸。

图2-57中，高压开关柜、低压开关柜及变压器的相对位置是基于电缆进出线方便的考虑。由于干式变压器防护外壳只有IP20X，故未与低压开关柜贴邻安装，两者低压母线之间采用架空封闭母线连接。双列布置的低压开关柜母线之间也采用架空封闭母线连接。

为保证运行安全，变配电室两端设有通向通道的门，与物业管理共用的值班室经过通道相通。同时，变配电室内留有发展空间和安全工具放置与设备检修区域。

要注意的是，高低压开关柜的排列应使其操作面正视图与高低压系统图（参见图2-50~图2-52）一致。

2. 配电装置通道与安全净距

图2-57中，本工程高压开关柜的柜后维护通道最小处为900mm、柜前操作通道为2400mm，低压开本柜的柜后维护通道最小处为1400mm（1500mm）、柜前操作通道为2400mm，干式变压器外廓与门的净距为1400mm、与侧墙壁的净距为1600mm，干式变压器正面之间的距离为1800mm。以上配电装置通道与安全净距均满足规范要求。

3. 电力干线敷设

图2-58所示为变电所电力干线平面图。通过图2-58可以了解到，10kV高压电缆进线在②轴线与A轴线处，从室外穿管径为φ150mm钢管敷设，然后引到变电所的高压电缆沟中。室外管径的埋设深度为地下0.85m。这两根电缆互为备用接入高压进线隔离柜AH1、AH10，进线回路编号为WHA、WHB。然后从AH4、AH7引出两根电缆出线，用电缆桥架引至变压器T1、T2输入端（高压端），馈线的编号分别为WHT1、WHT2。

低压配电是由T1、T2变压器用封闭母线（排）配到各自的低压开关柜；各排的低压开关柜是用铜排（TMY-3[2×(100×10)]）连接的。AA2、AA18两排低压开关柜之间的联络也是用封闭母线连接的。由于低压负荷计算电流较大（本工程为2300A左右），所以工程上很少在变压器低压端到低压开关柜之间用电缆作连接的，电缆的拼接（并联）难度大，易发热。

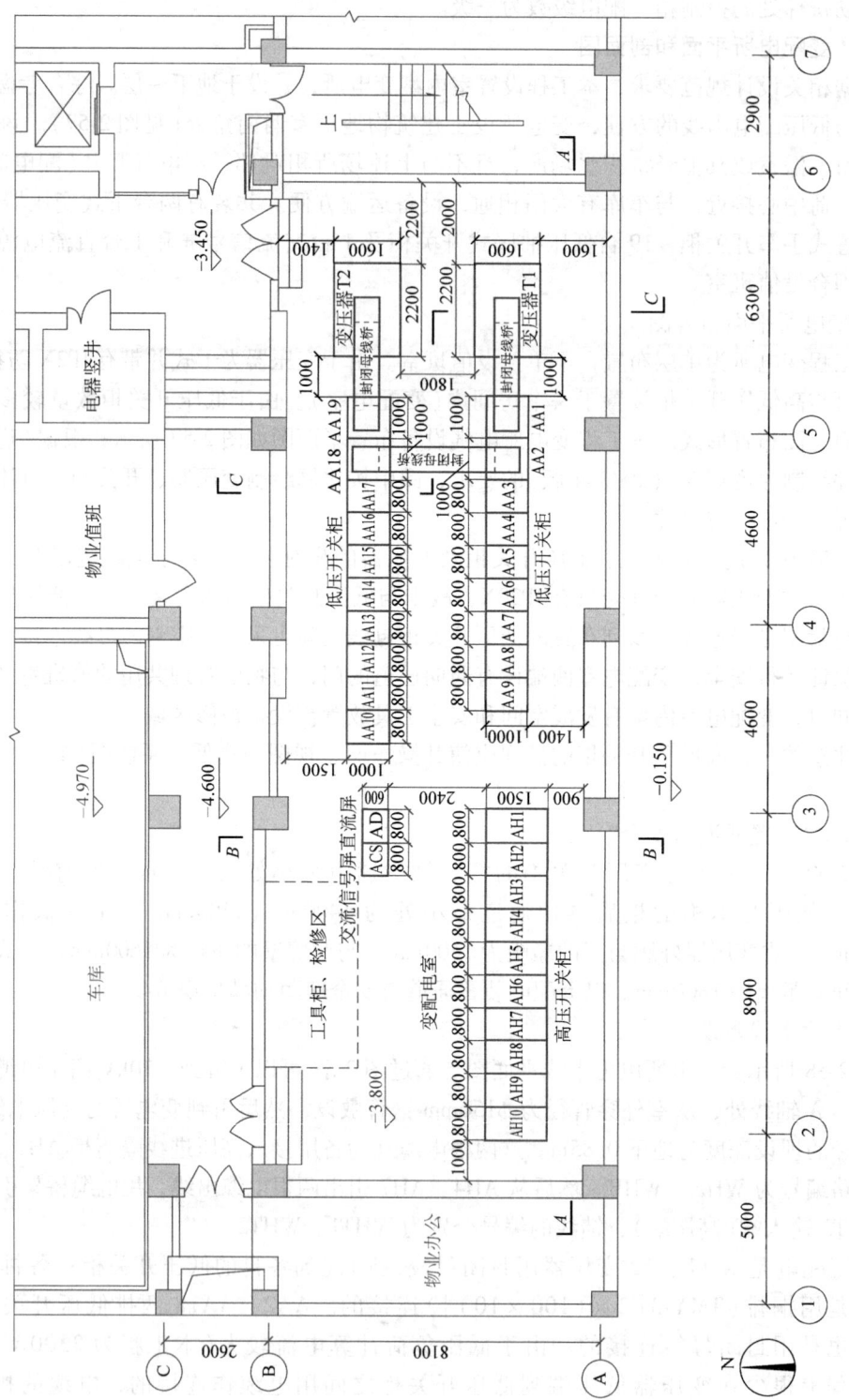

图 2-57 变电所电气设备布置平面图

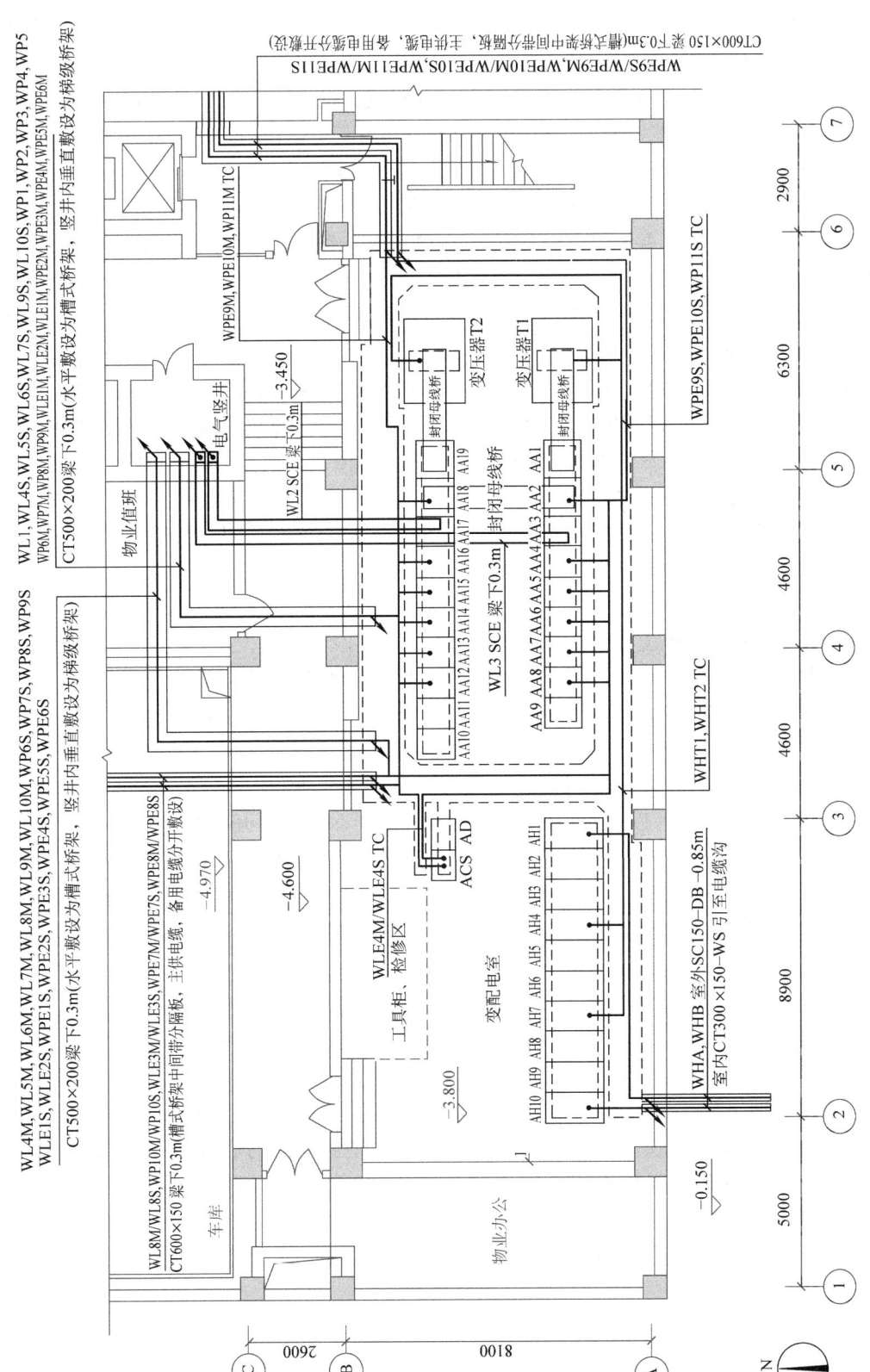

图 2-58 变电所电力干线平面图

本工程中的低压配电线路采用"上进下出"配线方式,用电缆桥架(托盘)的布线方式进行配线,线路分析如下:

1)低压照明柜 AA3、AA17 的布线采用封闭式母线,回路编号分别是 WL3、WL2。从低压配电室出来后,沿纵轴线上行,母线敷设在梁下 0.3m 的吊顶内。然后在⑤轴、C 轴相汇处的电气竖井内再向上敷设。

2)在⑥轴、B 轴相交处有两条向下敷设线路,它们分别是从 AA12 消防控制柜馈出 WPE9M(喷淋泵及泵房井坑中排污泵)、WPE10M(消火栓泵),AA14 柜中馈出的 WP11M(生活泵)的主线路;另一路是从 T1 变压器所在低压配电 AA8 消防备用柜中馈出的 WPE9S、WPE10S,以及 AA6 柜中的 WP11S 备用线路。耐火线槽(桥架)规格为 600mm×150mm,梁下吊顶内敷设。

3)其余回路请读者按上面的方法,结合前面的低压配电系统图、系统干线图进行分析即可。需要说明的是,按《建筑电气设计规范》要求,对一、二级负荷应由两回路供电,在末端进行切换。这种电缆应放在不同的线槽中。当受条件限制,放在同一线槽内时,主供电缆和备用电缆必须用阻燃隔板分开。另一种情况是,照明、动力线路也应分槽布线。所以,在⑤轴、C 轴交汇处的电气竖井分别安装有两条 500mm×200mm 桥架,两条线槽内所敷设的电缆都是按上述要求分开布线的。

4. 基础平面图

图 2-59 所示为变电所电缆沟及设备基础平面图。由图 2-59 可知,并关柜的安装基础一般要分两次浇注混凝土,第一次为开关柜安装构件即底板、基础槽钢,第二次浇注混凝土是地面的补充层,一般厚度为 60mm。从图中可看出,高压柜安装预埋底板数量是 2×8 个 = 16 个,底板尺寸为 170mm×100mm,钢板厚为 5mm,两底板间距为 1.1m。基础槽钢一般采用 8 号或 10 号槽钢。如果开关柜的门高出地面 20mm 以上,槽钢可齐地面放置,否则槽钢应高出地面 15~20mm,以便铺设绝缘橡胶垫子时,不影响打开开关柜的门。开关柜安装固定时,可以与槽钢上套螺纹拧螺栓拧螺母固定,槽钢应槽口对电缆沟立装。例如,图中高压柜基础采用 10 号槽钢平板(焊接),槽钢框架长、宽分别为 8m、1.5m,中间的横担用 8 号槽钢,而低压柜基础槽钢采用立板(螺栓固定)。具体的施工安装可参阅国家标准图集 03D201—4。

图 2-60 所示为变电所电气设备布置剖面图。从图可知,从 *A-A* 剖面图上看,变电所的高、低压开关柜,干式变压器的高度都是 2.2m,地坪标高为 -3.8m,电缆沟底标高为 -4.7m,电缆沟及支架按标准施工图 94D101-5 施工。

从 *B-B* 剖面图可知,高压柜的宽度为 1500mm,电缆沟的宽度为 1200mm,柜后电缆沟的宽度为 900mm。在实际设计施工时,高压开关柜后立面的底座 10 号槽钢要架在电缆沟沿上,该边沿既作高压柜底座槽钢的支撑,同时也作为柜后边电缆沟防滑钢盖板支撑,所以若在该边安装支架,应注意其受力情况。高压柜是考虑上述情况后,靠墙安装单边支架(在柜后电缆沟内),低压柜、变压器的进出线电缆沟支架安装可参阅相关图集。

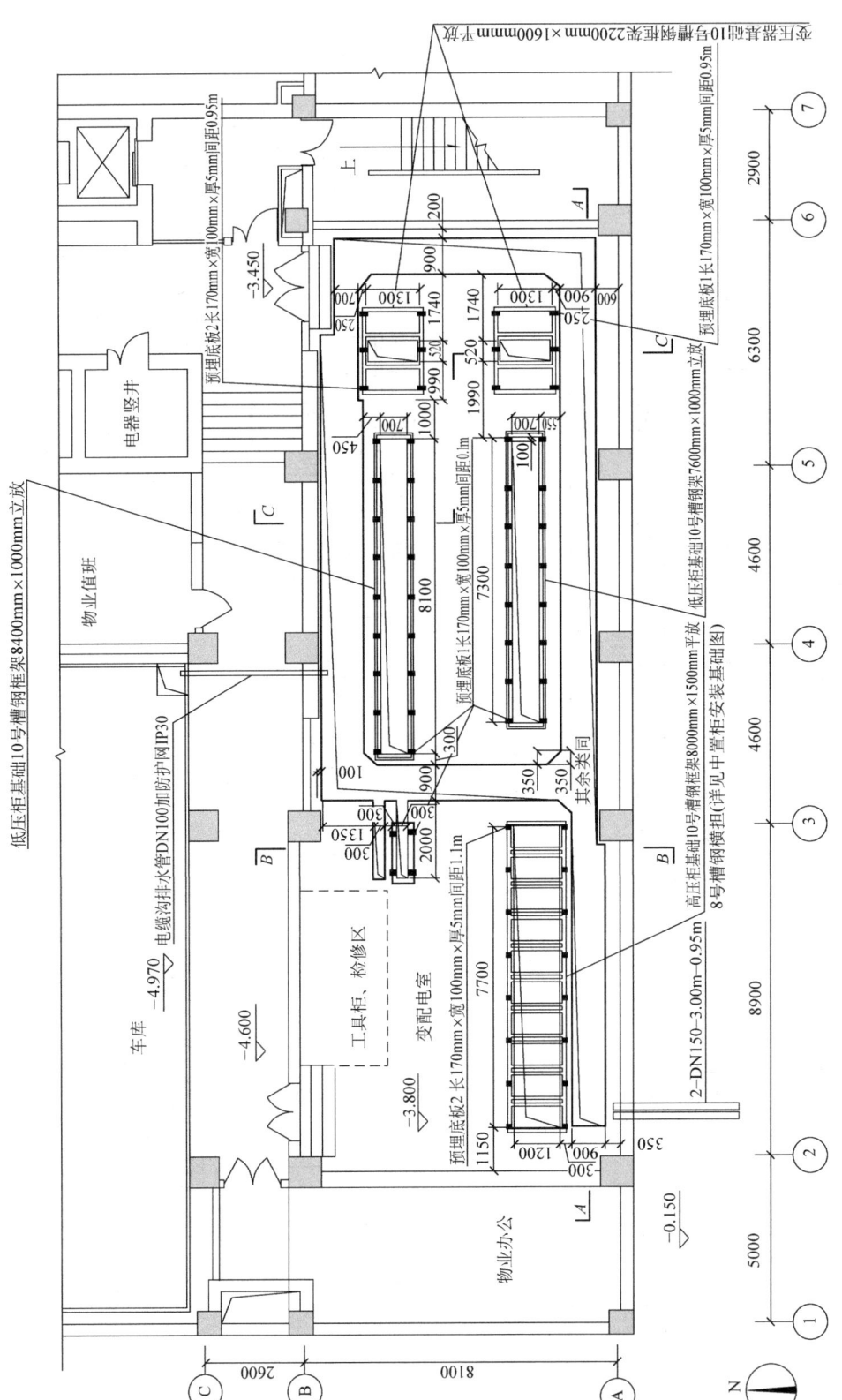

图 2-59 变电所电缆沟及设备基础平面图

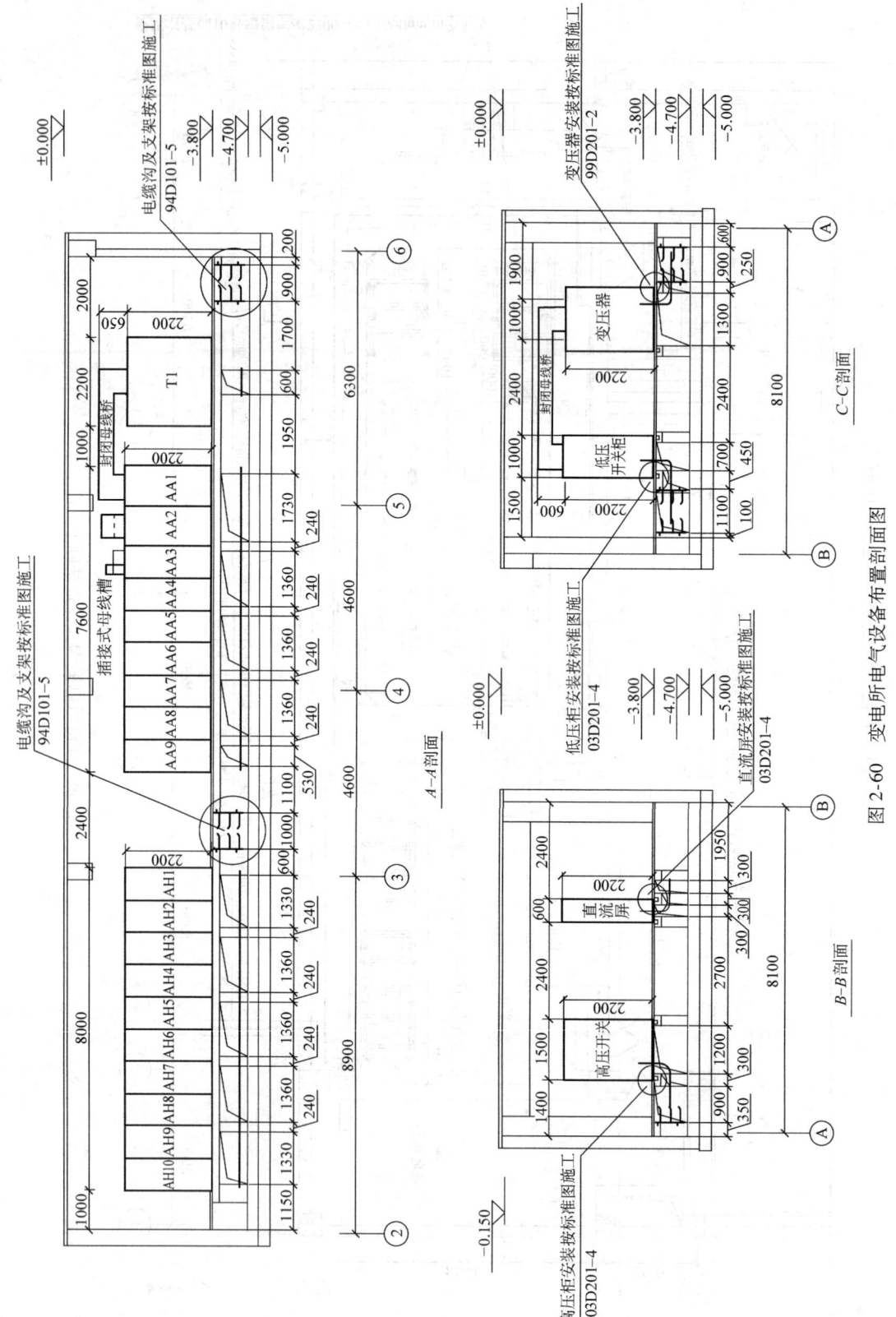

图 2-60 变电所电气设备布置剖面图

本 章 小 结

变配电所是整个供电系统的枢纽,担负着从电力系统受电、变压、向负载配电的任务。变配电工程图样主要有变配电系统图、变电所电气设备布置平面图和剖面图以及二次回路线路图和安装接线图。

变配电工程的主要电气设备有电力变压器(干式、油浸式)、高压设备(成套柜、开关等)、低压设备(配电柜、互感器、控制柜等)。

变配电系统图是高低压,一、二次设备按一定次序连成的电路图,表示电能的输送、电压降低,并分配到用户的电气联系,又称为电能输送图。

变配电系统图一般采用单线绘制,图中只表示出各元器件的连接关系,不表示元器件的具体情况、具体安装位置和具体接线方法。

变配电设备布置图主要有平面图、立面图、剖面图和详图等,用来表现电气设备具体安装位置、安装方法和线路走向等。电力变压器室的布置应参照全国通用的电气装置标准图集。高压配电室的进线有电缆进线和架空进线,高压柜的布置有单列和双列,高压开关柜常用的有固定式和手车式。低压配电室可单列或双列布置,低压配电柜常用的有固定式、组合式、抽屉式等,配电出线有电缆和母线槽等。

二次回路线路图是用来反映变配电系统中二次设备的继电保护、电气测量、信号报警、控制及操作等系统的工作原理的图样。线路图的绘制有集中表示法和展开表示法。集中式线路图中电器元件都以集中形式表示,并用统一的图形符号和文字符号。图中,元器件的触点均以原始状态绘出。集中式线路图电器元件之间的关系比较直观,有一个明确的整体概念,适用于较简单的线路。展开式线路图是以回路为中心,同一电器的各个元件按作用分别绘制在不同的回路中,可按功能、作用、电压等级来划分,并按动作顺序来安排回路的次序。展开式线路图线路清晰,易于阅读,适用于复杂的线路。

最后,本章通过工程实例对一个变配电所的高、低压系统图、电气设备布置平面图、剖面图等进行了详细的分析。

习 题 二

一、判断题(对的画"√",错的画"×")

1. 对一次设备进行监视、测量、保护和控制的设备,称为二次设备。( )
2. 油浸式电力变压器是由铁心、绕组及油箱、储油柜、分接开关、安全气道、气体保持继电器和绝缘套管等附件组成。( )
3. 在二次回路接线图中,所有继电器、接触器的触点,都是按照它们在通电状态时的位置来表示。( )
4. 中断供电将造成人身伤亡或在政治、经济上造成重大影响和损失的电力负荷,属二级负荷。( )
5. 继电保护装置一般由测量部分、比较部分、执行部分组成。( )
6. 电气系统图必须采用单线法绘制。( )
7. 电压互感器一次侧需有熔断器保护,二次侧不允许开路。( )
8. 自动空气断路器的分断能力较强,但不适用于频繁断、合操作的场合。( )
9. 高压开关设备应满足可靠性高,能承受的瞬时功率大,动作时间快的要求。( )

10. 变压器到达现场后，均需进行器身检查。（　　）

11. 对于负荷较大而又相对集中的大型民用建筑中的高层建筑高压配电，可根据负荷分布将变压器设在顶层、中间层，不应设在底层。（　　）

12. 对经常处于备用状态的消防泵、喷淋泵、排烟风机等设备，应作为计算负荷的一部分来选择变压器。（　　）

13. 10(6)kV 变配电所专用电源线的进线开关宜采用断路器或负荷开关。（　　）

14. 当 10(6)kV 变配电所需要带负荷操作或继电保护、自动装置要求时，应采用熔断器。（　　）

15. 10(6)kV 变电所变压器室、电容器室、配电装置室、控制室内不应有与其无关的管道和线路通过。（　　）

二、单项选择题

1. 通常把电压为 10kV 及以下的线路称为(　　)线路。
   A. 配电　　　　　B. 送电　　　　　C. 输电　　　　　D. 通信

2. 电力系统一般是由发电厂、输电线路、变电所、配电线路及用电设备构成。将(　　)及以上的电压线路称为送电线路。
   A. 380V　　　　B. 220V　　　　C. 35kV　　　　D. 10kV

3. 低压电器通常是指(　　)配电和控制系统中的电器设备。
   A. 交流电压 1200V、直流电压 1500V 及以下　　B. 交流电压 220V、直流电压 180V 及以下
   C. 交流电压 380V、直流电压 450V　　　　　　D. 交流电压 1000V、直流电压 1000V 及以下

4. 高压开关设备主要用于关合及开断(　　)及以上正常电力线路。
   A. 10kV　　　　B. 3kV　　　　C. 380V　　　　D. 220V

5. 高压开关设备中最主要、最复杂的一种器件是(　　)。
   A. 重合器　　　　B. 分段器　　　　C. 接触器　　　　D. 断路器

6. 断路器主要按(　　)进行分类。
   A. 额定电压　　　B. 额定电流　　　C. 灭弧介质　　　D. 灭弧时间

7. 在合闸位置时，能可靠地承载正常工作电流和短路故障电流的是(　　)。
   A. 隔离开关　　　B. 接地开关　　　C. 负荷开关　　　D. 熔断器

8. 可以将回路接地，主要用来保护检修工作安全的开关是(　　)。
   A. 隔离开关　　　B. 接地开关　　　C. 负荷开关　　　D. 熔断器

9. 敞开式组合电器，习惯上以(　　)为主体。
   A. 隔离开关　　　B. 接地开关　　　C. 负荷开关　　　D. 熔断器

10. 能关合、开断及承载运行线路的正常电流，并能关合和承载规定的异常电流的开关设备是(　　)。
    A. 隔离开关　　　B. 接地开关　　　C. 负荷开关　　　D. 熔断器

11. 除手动操作外，只有一个休止位置，能关合、承载正常电流及规定的过载电流的开断和关合装置是(　　)。
    A. 隔离开关　　　B. 接地开关　　　C. 负荷开关　　　D. 熔断器

12. 在电力系统中，当电流超过给定值一定时间时，通过熔化一个或几个特殊设计和配合的组件，用分断电流来切断电路的器件是(　　)。
    A. 隔离开关　　　B. 接地开关　　　C. 负荷开关　　　D. 熔断器

13. 主要用于在间接触及相线时确保人身安全，也可用于防止电器设备漏电可能引起的灾害的器件是(　　)。
    A. 断路器　　　　　　　　　　　B. 剩余电流动作保护器
    C. 熔断器　　　　　　　　　　　D. 隔离器

14. 接触器的主要控制对象是(　　)。

A. 电动机 B. 电焊机 C. 电容器 D. 照明设备

15. 主要用于交流、额定电压380V的低压配电系统中的动力照明配电成套设备为(　　)。
A. 固定安装封闭式成套设备 B. 固定安装单元隔离封闭式成套设备
C. 直流成套开关设备 D. 无功功率补偿装置

16. 变电所安装工程中要求靠近变压器的为(　　)。
A. 高压配电室 B. 低压配电室 C. 控制室 D. 油箱

17. 在电力系统、高压开关设备中，用作接受与分配电能之用，具有多种一次接线方案，满足电力系统中各种接线要求的设备是(　　)。
A. 开关柜 B. 操作机构 C. 功能组合 D. 隔离负荷开关

18. 硬母线的油漆颜色应按A、B、C分别涂(　　)色。
A. 黄、绿、红 B. 绿、黄、红 C. 红、黄、绿 D. 红、绿、黄

19. 硬母线安装中，低压母线支持点的距离不得大于(　　)。
A. 600mm B. 700mm C. 800mm D. 900mm

20. 柱上安装的变压器应安装在离地面高度(　　)以上的变压器台上。
A. 2.0m B. 2.2m C. 2.5m D. 3.0m

21. 变压器就位后，就将其滚轮(　　)。
A. 拆除 B. 用电焊焊牢在导轨上 C. 固定，但不得焊死

22. 低压配电柜的维护通道不得小于(　　)。
A. 0.5m B. 0.8m C. 1.0m D. 2.0m

23. 大型民用建筑中高压配电系统宜采用(　　)。
A. 环形 B. 树干式 C. 放射式 D. 双干线

24. 用电设备容量在250kW或需用变压器容量在(　　)以上者应以高压方式供电。
A. 160kV·A B. 200kV·A C. 100kV·A D. 250kV·A

25. (　　)为常用的应急电源。
A. 发电机组 B. 专门馈电线路 C. 干电池 D. 电池

26. 由建筑物外引入的配电线路，应在室内靠近进线点便于操作维护的地方装设(　　)。
A. 空气断路器 B. 负荷开关 C. 隔离电器 D. 剩余电流保护器

27. 10(6)kV变电所中的变配电装置的长度大于(　　)时，其柜(屏)后通道应设两个出口，低压配电装置两个出口间的距离超过15m时，尚应增加出口。
A. 6m B. 8m C. 15m D. 20m

28. 供一级负荷的配电所或大型配电所，当装有电磁操作机构的断路器时，(　　)采用220V或110V蓄电池作为合、分闸直流操作电源。
A. 应 B. 宜 C. 不宜 D. 不应

29. SC9—630/10是(　　)电力变压器。
A. 油浸自冷式 B. 有载自动调压式 C. 环氧树脂浇铸干式 D. 单相自耦型

三、简答题

1. 隔离开关、负荷开关、断路器在使用功能上有哪些区别？并画出三者的图形符号。
2. 为什么在接负荷电流时，要先接通隔离开关，再接断路器？
3. 10kV变电所的一次设备有哪些？
4. 继电保护装置在供电系统中有哪些作用？
5. 开关柜的五防是哪些？
6. 变电所与配电所有哪些共同点和不同点？
7. 室内高压配电装置的各项最大安全距离是多少？

8. 什么叫电力负荷等级？可分为几级？
9. 图 2-61 所示为某变配电所平面图，试分析变配电所的设备构成、项目代号。
10. 成套配电柜(屏)的安装要求是什么？手车式柜除应符合一般要求外，还应符合哪些规定？
11. 分析图 2-53～图 2-55 所示的配电干线系统图，指出哪些线路是放射式？哪些线路是分区树干式接线？
12. 在图 2-58 中，低压配电柜 AA3、AA17 接到电气竖井的线路是什么类型的线路？
13. 在图 2-58 中，试分析一下在⑥轴、B 轴处两条标注向下的线槽中各有些什么线路？并说明之。
14. 简述高层建筑竖井内配线的特点及应特殊考虑的问题。

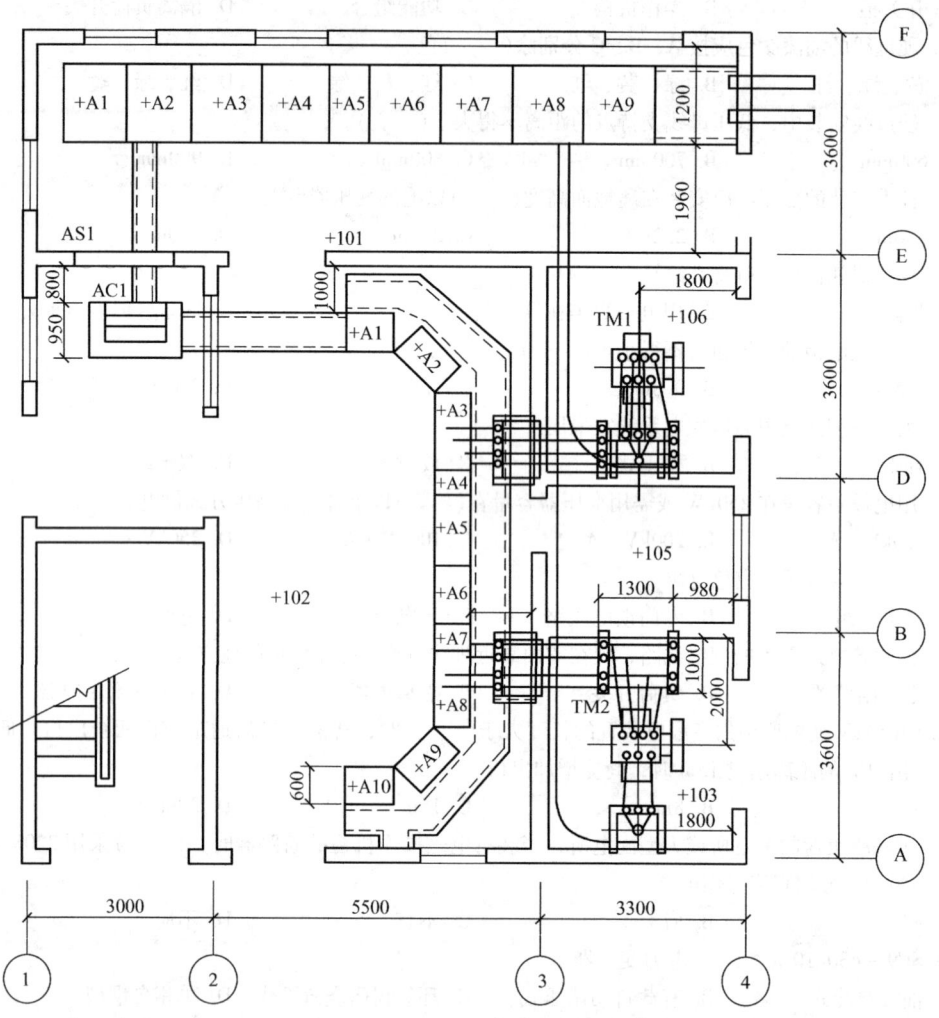

图 2-61 某变配电所平面图

第三章 照明与动力工程

照明与动力工程是现代建筑工程中最基本的电气工程。动力工程主要是指以电动机为动力的设备、装置及其起动器、控制柜(箱)和配电线路的安装。照明工程主要包括灯具、开关、插座等电气设备和配电线路的安装。

第一节 照明与动力平面图的文字标注

一、电力设备的标注方法

照明与动力平面图中的电力设备常常需要进行文字标注,其标注方式有统一的国家标准,下面将00DX001《建筑电气工程设计常用图形和文字符号》标准中的文字符号标注进行摘录,见表3-1。

表3-1 建筑电气工程设计常用文字符号标注摘录

序号	项目种类	标注方式	说 明	示 例
1	用电设备	$\dfrac{a}{b}$	a—设备编号或设备位号 b—额定功率(kW或kVA)	$\dfrac{P01B}{37kW}$热媒泵的位号为P01B,容量为37kW
2	概略图的电气箱(柜、屏)标注	$-a+\dfrac{b}{c}$	a—设备种类代号 b—设备安装的位置代号 c—设备型号	$-AP1+1\cdot B6/XL21-15$ 动力配电箱种类代号-AP1,位置代号+1·B6即安装位置在一层B、6轴线,型号XL21-15
3	平面图的电气箱(柜、屏)标注	$-a$	a—设备种类代号	-AP1动力配电箱-AP1,在不会引起混淆时可取消前缀"-",即表示为AP1
4	照明、安全、控制变压器标注	$a\dfrac{b}{c}d$	a—设备种类代号 $\dfrac{b}{c}$—一次电压/二次电压 d—额定容量	TL1 220/36V 500VA 照明变压器TL1,电压比为220/36,容量为500VA
5	照明灯具标注	$a-b\dfrac{c\times d\times L}{e}f$	a—灯数 b—型号或编号(无则省略) c—每盏照明灯具的灯泡数 d—灯泡安装容量 e—灯泡安装高度,m,"-"表示吸顶安装 f—安装方式 L—光源种类	$5-BYS80\dfrac{2\times40\times FL}{3.5}CS$ 5盏BYS—80型灯具,灯管为2根40W荧光灯管,安装高度距地为3.5m,灯具为链吊安装

序号	项目种类	标注方式	说 明	示 例
6	线路的标注	$ab-c(d\times e+f\times g)i-jh$	a—线缆编号 b—型号(不需要可省略) c—线缆根数 d—电缆线芯数 e—线芯截面积，mm^2 f—PE、N线芯数 g—线芯截面积，mm^2 i—线缆敷设方式 j—线缆敷设部位 h—线缆敷设安装高度，m 上述字母无内容则省略该部分	WP201 YJV-0.6/1kV-2（3×150+2×70）SC80-WS3.5 电缆编号为WP201 电缆型号、规格为YJV-0.6/1kV-2(3×150+2×70) 2根电缆并联连接 敷设方式为穿DN80焊接钢管沿墙明敷线缆敷设高度距地为3.5m
7	电缆桥架标注	$\dfrac{a\times b}{d}$	a—电缆桥架宽度，mm b—电缆桥架高度，mm	600×150/3.5 电缆桥架宽度600mm，桥架高度为150mm，安装高度距地为3.5m
8	电缆与其他设施交叉点标注	$\dfrac{a-b-c-d}{e-f}$	a—保护管根数 b—保护管直径，mm c—保护管长度，m d—地面标高，m e—保护管埋设深度，m f—交叉点坐标	6-DN100-1.1m−0.3m −1m-17.2(24.6) 电缆与设施交叉，交叉点A坐标为17.2，B坐标为24.6，埋设6根长1.1m的DN100焊接钢管埋设深度为−1m，地面标高为−0.3m
9	电话线路的标注	$a-b(c\times 2\times d)e-f$	a—电话线缆编号 b—型号(不需要时可省略) c—导线对数 d—线缆截面 e—敷设方式和管径，mm f—敷设部位	W1-HPVV(25×2×0.5)M-MS W1为电话电缆编号 电话电缆的型号、规格为HPVV(25×2×0.5) 电话电缆敷设方式为用钢索敷设 电话电缆沿墙敷设
10	电话分线盒、交接箱的标注	$\dfrac{a\times b}{c}d$	a—编号 b—型号(不需要标注可省略) c—线序 d—用户数	$\dfrac{\#3\times NF-3-10}{1\sim 12}6$ #3电话分线盒的型号规格为NF—3—10，用户数为6户，接线线序为1~12
11	断路器整定值的标注	$\dfrac{a}{b}c$	a—脱扣器额定电流 b—脱扣整定电流值 c—短延时整定时间(瞬断不标注)	$\dfrac{500A}{500A\times 3}0.2s$ 断路器脱扣器额定电流为500A，动作整定值为500A×3，短延时整定值为0.2s

二、灯具安装方式的标注

灯具安装方式有若干种，《建筑电气工程设计常用图形和文字符号》标准中的文字符号标注见表3-2。

表 3-2 灯具安装方式的文字符号标注

序 号	名称	标注文字符号		序 号	名称	标注文字符号	
		新标准	旧标准			新标准	旧标准
1	线吊式	SW	WP	7	顶棚内安装	CR	无
2	链吊式	CS	C	8	墙壁内安装	WR	无
3	管吊式	DS	P	9	支架上安装	S	无
4	壁装式	W	W	10	柱上安装	CL	无
5	吸顶式	C	—	11	座装	HM	无
6	嵌入式	R	R	12	台上安装	T	无

三、照明平面图阅读基础知识

动力和照明平面图是动力及照明工程的主要图样，是编制工程造价和施工方案，进行安装施工和运行维修的重要依据之一。由于动力和照明平面图涉及的知识面较宽，在阅读动力和照明平面图时，除了要解平面图的特点和平面图绘制基本知识外，还要掌握一定的电工基本知识和施工基本知识。以下介绍与阅读动力和照明平面图相关的部分基础知识。

1. 阅读的一般方法

1）首先应阅读动力、照明系统图。要了解整个系统的基本组成，各设备之间的相互关系，对整个系统有一个全面了解。

2）阅读设计说明和图例。设计说明以文字形式描述设计的依据、相关参考资料以及图中无法表示或不易表示但又与施工有关的问题。图例中常表明图中采用的某些非标准图形符号。这些内容对正确阅读平面图是十分重要的。

3）了解建筑物的基本情况，熟悉电气设备、灯具在建筑物内的分布与安装位置。要了解电气设备、灯具的型号、规格、性能、特点以及对安装的技术要求。

4）了解各支路的负荷分配和连接情况。在明确了电气设备的分布之后，进一步就要明确该设备是属于哪条支路的负荷，掌握它们之间的连接关系，进而确定其线路走向。一般可以从进线开始，经过配线箱后一条支路一条支路地阅读。

动力负荷一般为三相负荷，除了保护接线方式有区别外，其主线路连接关系比较清楚。而照明负荷都是单相负荷，由于照明灯具的控制方式多种多样，加上施工配线方式的不同，对相线、中性线、保护线的连接各有要求，所以其连接关系相对复杂。

5）动力设备及照明灯具的具体安装方法一般不在平面图上直接给出，必须通过阅读安装大样图来解决，可以把阅读平面图和阅读安装大样图结合起来，以全面了解具体的施工方法。

6）对照同建筑的其他专业的设备安装施工图样，综合阅图。为避免建筑电气设备及电气线路与其他建筑设备及管路在安装时发生位置冲突，在阅读动力和照明平面图时要对照其他建筑设备安装工程施工图样，同时要了解相关设计规范要求。表 3-3 列出了电气线路与管道间最小距离，电气线路设计施工时必须满足此表的规定。

表 3-3 电气线路与管道间最小距离　　　　　　　　（单位：mm）

管道名称	配线方式		穿管配线	绝缘导线的配线	裸导线配线
蒸汽管	平行	管道上	1000	1000	1500
		管道下	500	500	1500
	交叉		300	300	1500
暖气、热水管	平行	管道上	300	300	1500
		管道下	200	200	1500
	交叉		100	100	1500
通风、给排水及压缩空气管	平行		100	200	1500
	平行		50	100	1500

注：1. 对蒸汽管道，当在管外包隔热层时，上下平行距离可减至 200mm。
　　2. 暖气管、热水管应设隔热层。
　　3. 对裸导线，应在裸导线处加装保护网。

2. 导线敷设基本方法

导线的敷设方法有许多种，按线路在建筑物内敷设位置的不同，分为明敷设和暗敷设；按在建筑结构上敷设位置不同，分为沿墙、沿柱、沿梁、沿顶棚和沿地面敷设。

导线明敷设，是指线路敷设在建筑物表面可以看得见的部位。导线明敷设在建筑物全部完工以后进行，一般用于简易建筑或新增加的线路。

导线暗敷设，是指导线敷设在建筑物内的管道中。导线暗敷设与建筑结构施工同步进行，在施工过程中首先把各种导管和预埋件置于建筑结构中，建筑完工后再完成导线敷设工作。暗敷设是建筑物内导线敷设的主要方式。

导线敷设的方法也叫配线方法。不同敷设方法其差异主要是由于导线在建筑物上的固定方式不同，所使用的材料、器件及导线种类也随之不同。按导线固定材料的不同，常用的室内导线敷设方法有以下几种：

（1）夹板配线

夹板配线使用瓷夹板或塑料夹板来夹持和固定导线。适用于一般场所。双线式瓷夹板如图 3-1 所示，瓷夹板配线做法如图 3-2 所示。

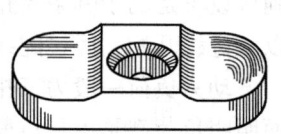

（2）瓷绝缘子配线

瓷绝缘子配线使用瓷绝缘子来支持和固定导线。瓷绝缘子的尺寸比夹板大，适用于导线截面积较大、比较潮湿的场所。常用瓷绝缘子如图 3-3 所示，瓷绝缘子配线做法如图 3-4 所示。

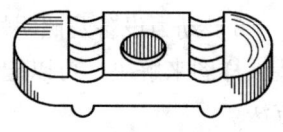

（3）线槽配线

图 3-1 双线式瓷夹板

线槽配线使用塑料线槽或金属线槽支持和固定导线，适用于干燥场所。线槽外形如图 3-5 所示。塑料线槽配线示意如图 3-6 所示。

（4）卡钉护套配线

卡钉护套配线使用塑料卡钉来支持和固定导线。适用于干燥场所。常用塑料卡钮如图 3-7 所示。

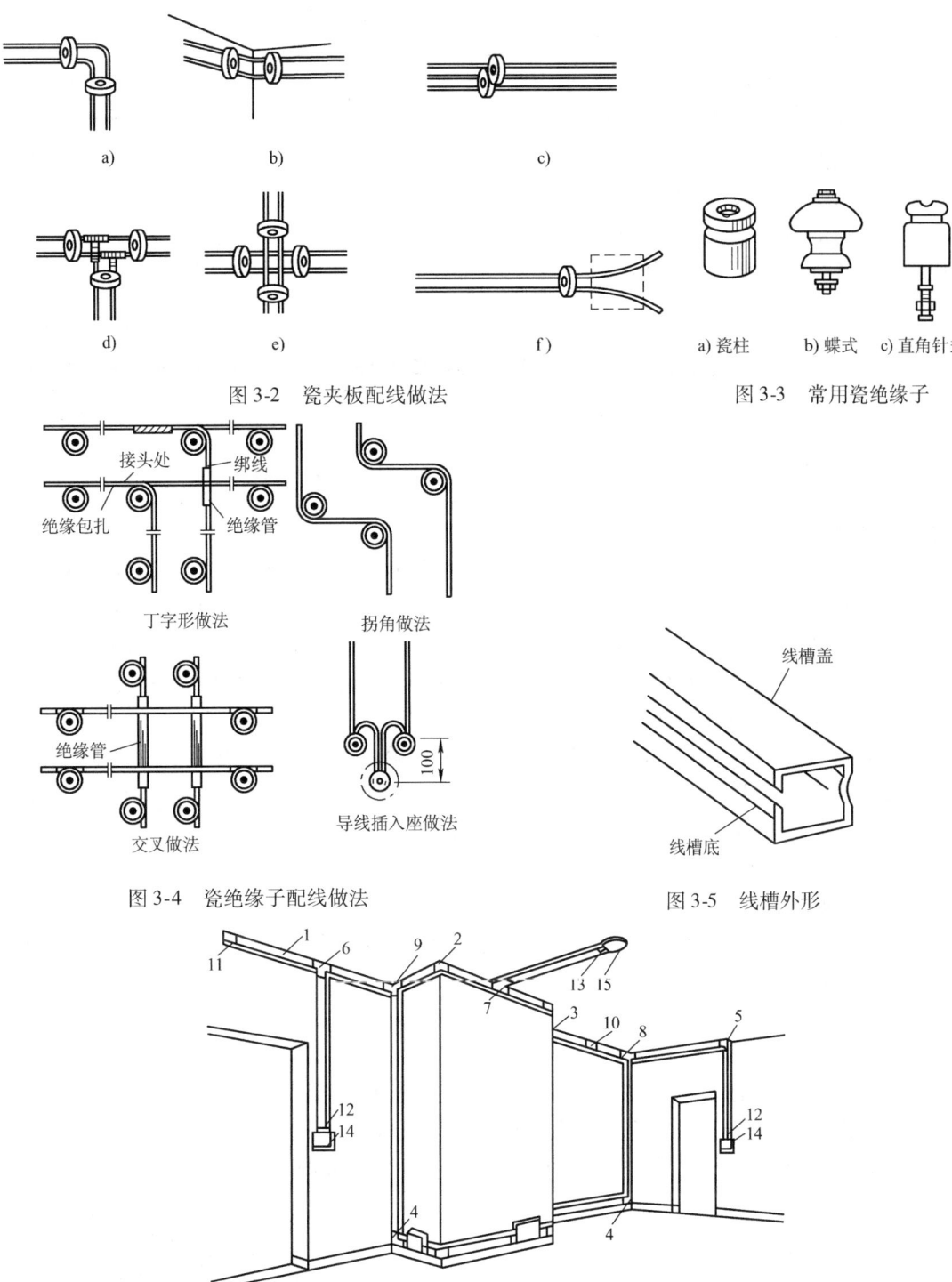

图 3-2 瓷夹板配线做法

图 3-3 常用瓷绝缘子
a) 瓷柱　b) 蝶式　c) 直角针式

图 3-4 瓷绝缘子配线做法

图 3-5 线槽外形

图 3-6 塑料线槽配线示意图
1—直线线槽　2—阳角　3—阴角　4—直转角　5—平转角　6—平三通
7—顶三通　8—左三通　9—右三通　10—连接头　11—终端头　12—开关盒插口
13—灯位盒插口　14—开关盒及盖板　15—灯位盒及盖板

(5) 钢索配线

钢索配线是将导线悬吊在拉紧的钢索上的一种配线方法。适用于大跨度场所，特别是大跨度空间照明。钢索在墙上安装如图3-8所示。

(6) 线管配线

线管配线是将导线穿在线管中，然后再明敷或暗敷在建筑物的各个位置。使用不同的管材，可以适用于各种场所，主要用于暗敷设。

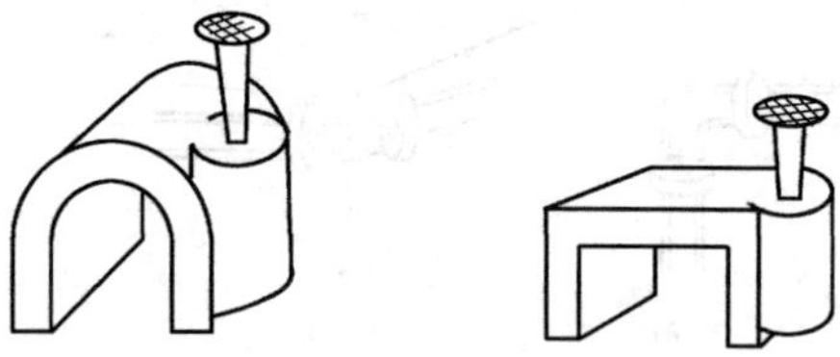

穿管常用的管材有两大类：钢管和塑料管。

1) 钢管。钢管按管壁厚的不同，分为薄壁管和厚壁管。薄壁管也叫电线管，是专门用来穿电线的。其内外均已做过防腐处理。电线管不论管径大小，管壁厚度均为1~1.6mm。厚壁管分为焊接钢管和水煤气钢管。焊接钢管的管壁厚度，按管径的不同分成2.5mm和3mm两种。水煤气钢管主要用于通水与煤气，管壁厚度随管径增加。厚壁管分为镀锌管和不镀锌黑管，黑管在使用前需先做防腐处理。在现场浇注的混凝土结构中主要使用厚壁钢管，而水煤气钢管则用于敷设在自然地面内和素混凝土地面中。在有轻微腐蚀性气体的场所和有防爆要求的场所必须使用水煤气钢管。

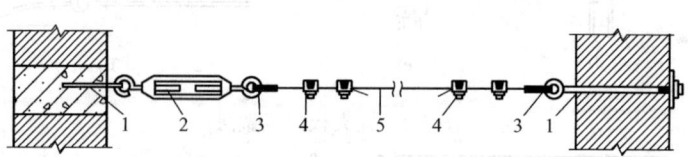

图3-7 常用塑料卡钮

图3-8 钢索在墙上安装示意图
1—终端耳环 2—花篮螺栓 3—心形环 4—钢丝绳卡子 5—钢丝绳

2) 塑料管。穿管敷设使用的塑料管有聚乙烯硬质管，聚氯乙烯半硬质管、聚氯乙烯波纹管和改性聚氯乙烯硬质管。为了保证建筑电气线路安装符合防火规范要求，各种塑料管均采用阻燃管。但防火工程线路一律使用水煤气钢管。

① 聚乙烯硬质管。是灰色塑料管，强度较高。由于加工连接困难，目前建筑施工中已很少使用。主要用在腐蚀性较强的场所。

② 改性聚氯乙烯硬质管。也叫PVC管，白颜色。PVC管绝缘性能好，耐腐蚀，抗冲击、抗拉、抗弯强度大(可以冷弯)，不燃烧，附件种类多，是建筑物中暗敷设常用的管材。

③ 聚氯乙烯半硬质管。又叫流体管。由于半硬质管易弯曲，主要用于砖混结构中开关、灯具、插座等处线路的敷设。阻燃型半硬质管如图3-9所示。

④ 聚氯乙烯波纹管。也叫可挠管。波纹管的抗压性和易弯曲性比半硬质管好，许多工程中用来取代半硬质管，但波纹管比半硬质管薄，易破损。另外由于管上有波纹，穿线的阻力较大。聚氯乙烯波纹管外形如图3-10所示。其暗敷示意图如图3-11所示。

图3-9 阻燃型半硬质管

图3-10 聚氯乙烯波纹管外形

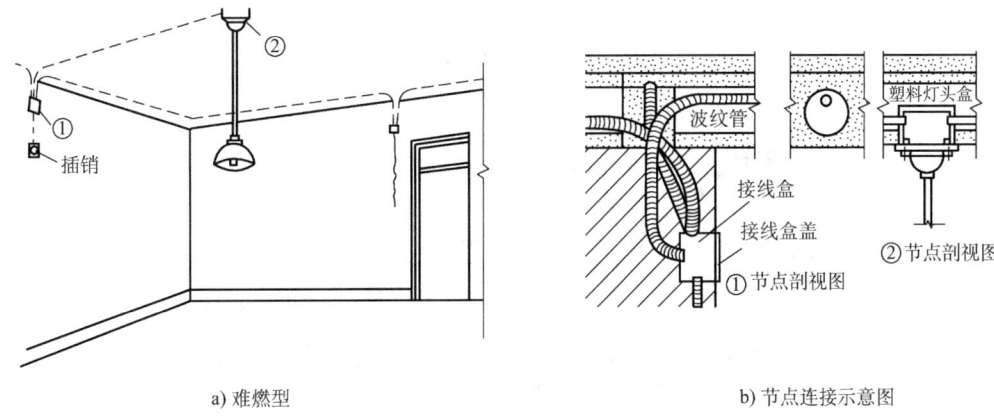

a) 难燃型　　　　　　　　　　b) 节点连接示意图

图 3-11　聚氯乙烯波纹管暗敷示意图

3) 普利卡金属套管。普利卡金属套管是一种新型复合管材，是可挠性电线保护套管，外层为镀锌钢带，内层为电工纸，表面被覆一层具有良好柔韧性的软质聚氯乙烯（PVC）材料，可用于任何环境下的室内外配线，按用途可分为标准型、防腐型、耐寒型和耐热型等。

管材的规格，厚壁管以内径为准，其他管材以外径为准。现在使用的单位是毫米（mm），以前使用的单位是英寸（英寸，in）。两者间的对应关系是：1in = 25.4mm。例如，15mm 管材相当于 0.6in（俗称 6 分管），20mm 管材相当于 0.8in（俗称 8 分管），25mm 管材相当于 1in 管。

（7）封闭式母线槽配线

适用于高层建筑、工业厂房等大电流配电场所。密集型母线槽结构如图 3-12 所示，母线槽配线示意图如图 3-13 所示。

3. 管内配线一般规则

在工业与民用建筑中采用较多的方式是线管配线。线管配线的做法是把绝缘导线穿入保护管内敷设。这种配线的特点是比较安全可靠，可以避免腐蚀性气体、液体的侵蚀，可以避免机械损伤，便于维修更换导线。穿管敷设使用的保护管有钢管（镀锌管）、塑料管（PVC）和普利卡金属套管等。

配管时要根据所穿导线的截面、导线根数及所采用的保护管的类型合理选定保护管直径。配管时应该根据管路的长度、弯头的多少和接线位置等实际情况在管路中间的适当位置设置接线盒或拉线盒。其设置原则是：

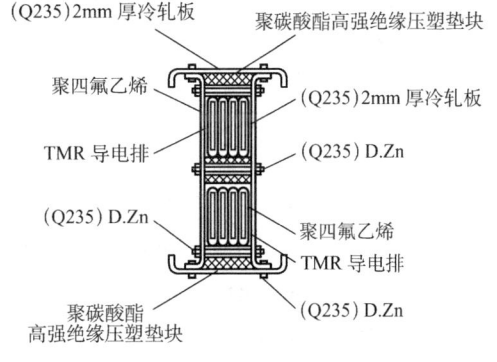

图 3-12　密集母线槽结构

1) 安装电器的位置应设置接线盒。
2) 线路分支处或导线规格改变处要设置拉线盒。
3) 水平敷设管路遇下列情况之一时，中间应增设接线盒或拉线盒，且接线盒或拉线盒的位置应便于穿线：

① 管子长度每超过 30m，无弯头；

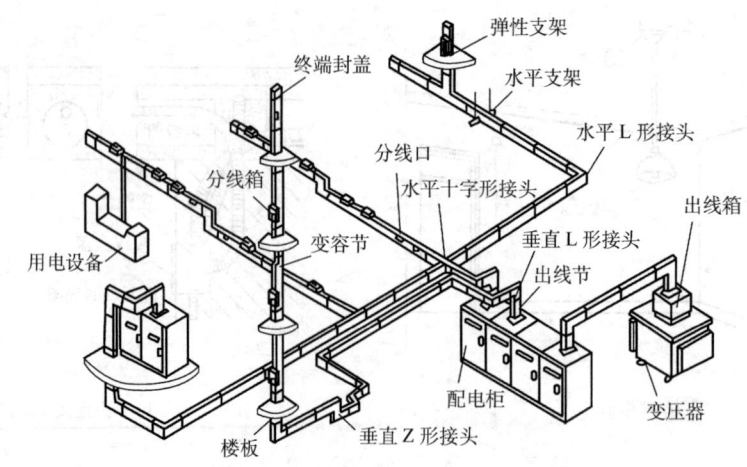

图 3-13 母线槽配线示意图

② 管子长度每超过 20m，有 1 个弯头；

③ 管子长度每超过 15m，有 2 个弯头；

④ 管子长度每超过 8m，有 3 个弯头。

4）垂直敷设的管路遇下列情况之一时，应增加固定导线的拉线盒：

① 导线截面积 50mm² 及以下，长度每超过 30m；

② 导线截面积 70~95mm²，长度每超过 20m；

③ 导线截面积 120~240mm²，长度每超过 18m。

5）管子穿过建筑物变形缝时应增设接线盒。穿管敷设时，管内穿线应符合以下规定：

① 穿管敷设的绝缘导线，其绝缘额定电压不能低于 500V；

② 管内所穿导线含绝缘层在内的总截面积不要大于管内径截面积的 40%；

③ 导线在管内不要有接头或扭结，接头应放在接线盒（箱）内；

④ 同一交流回路的导线应该穿在同一钢管内。

6）不同回路、不同电压等级以及交流与直流回路，不得穿在同一管内，但下列几种情况或设计有特殊规定的除外：

① 电压为 50V 及以下的回路；

② 同一台设备的电机回路和无抗干扰要求的控制回路；

③ 照明花灯的所有回路；

④ 同类照明的几个回路，但管内导线的根数不能超过 8 根。

4. 常用绝缘导线

常用绝缘导线的种类按其绝缘材料化分有橡皮绝缘线（BX、BLX）和塑料绝缘线（BV、BLV），按其线芯材料划分有铜芯线和铝芯线。建筑物内多采用塑料线。常用绝缘导线的型号及用途见表 3-4。

表 3-4 常用绝缘导线的型号及用途

型 号	名 称	主 要 用 途
BV	铜芯聚氯乙烯绝缘电线	用于交流 500V、直流 1000V 及以下的线路中，供穿钢管或 PVC 管，明敷或暗敷
BLV	铝芯聚氯乙烯绝缘电线	

(续)

型　号	名　称	主　要　用　途
BVV	铜芯聚氯乙烯绝缘聚氯乙烯护套电线	用于交流500V、直流1000V及以下的线路中，供沿墙、沿平顶、线卡明敷用
BLVV	铝芯聚氯乙烯绝缘聚氯乙烯护套电线	
BVR	铜芯聚氯乙烯软线	与BV同，安装要求柔软时使用
RV	铜芯聚氯乙烯绝缘软线	供交流250V及以下各种移动电器接线用，大部分用于电话、广播、火灾报警等，前三者常用RVS绞线
RVS	铜芯聚氯乙烯绝缘绞型软线	
BXF	铜芯氯丁橡皮绝缘线	具有良好的耐老化性和不延燃性，并具有一定的耐油、耐腐蚀性能，适用于户外敷设
BLXF	铝芯氯丁橡皮绝缘线	
BV—105	铜芯耐105℃聚氯乙烯绝缘电线	供交流500V、直流1000V及以下电力、照明、电工仪表、电信电子设备等温度较高的场所使用
BLV—105	铝芯耐105℃聚氯乙烯绝缘电线	
RV—105	铜芯耐105℃聚氯乙烯绝缘软线	供250V及以下的移动式设备及温度较高的场所使用

5．照明种类及常用光源

（1）照明种类

按照明的作用可以把照明分为正常照明、应急照明、值班照明、警卫照明、故障照明、装饰照明和艺术照明等。

1）正常照明。也称工作照明，是为满足正常工作而设置的照明，其作用是满足人们正常视觉的需要，是照明工程中的主要照明，一般是单独使用。不同场合的正常照明有着不同照度的标准，设计照度要符合规范的要求。

2）应急照明。在正常照明因事故熄灭后，满足事故情况下人们继续工作，或保障人员安全顺利撤离的照明为应急照明。它包括备用照明、安全照明和疏散照明。

3）值班照明。在非工作时间，供值班人员观察用的照明称值班照明。可用正常照明的一个部分或应急照明的一部分作为值班照明。

4）警卫照明。用于警卫区域内重点目标的照明称为警卫照明。可用正常照明的一部分作为警卫照明。

5）装饰照明。为美化和装饰某一特定空间而设置的照明为装饰照明。这类照明以纯装饰为目的，不兼作一般照明和局部照明。

6）艺术照明。通过运用不同的灯具、不同的投光角度和不同的光色，制造出一种特定空间气氛的照明为艺术照明。

（2）常用光源

根据光的产生原理不同，可以将光源分为两大类：一类是以热辐射作为光辐射原理的电光源，称为热辐射光源，如白炽灯和卤钨灯，它们都是用钨丝为辐射体，通电后使之达到白炽温度，产生热辐射；另一类是气体放电光源，它们主要以原子辐射为形式产生光辐射，根据这些光源中气体的压力，可分为低压气体放电光源和高压气体放电光源。常用低压气体放电光源有荧光灯和低压钠灯；常用高压气体放电光源有高压汞灯、金属卤化物灯、高压钠灯、氙灯等。

6．照明基本线路

（1）一只开关控制一盏灯或多盏灯

这是一种最常用、最简单的照明控制线路，其平面图和原理图如图3-14所示。到开关和到灯具的线路都是两根线（两根线不需要标注），相线（L）经开关控制后到灯具，中性线（N）直接到灯具。一只开关控制多盏灯时，几盏灯均应并联接线。

（2）多个开关控制多盏灯

当一个空间有多盏灯需要多个开关单独控制时，可以适当把控制开关集中安装，相线（L）可以共用接到各个开关，开关控制后分别连接到各个灯具，中性线（N）直接到各个灯具，如图3-15所示。

（3）两个开关控制一盏灯

用两只双控开关在两处控制同一盏灯，通常用于楼上楼下分别控制楼梯灯，或走廊两端分别控制走廊灯。其原理图和平面图如图3-16所示。在图示开关位置时，灯处于关闭状态，无论扳动哪个开关，灯都会亮。

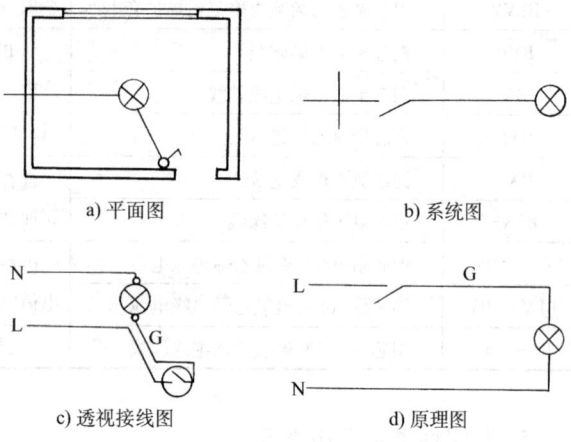

图 3-14　一个开关控制一盏灯

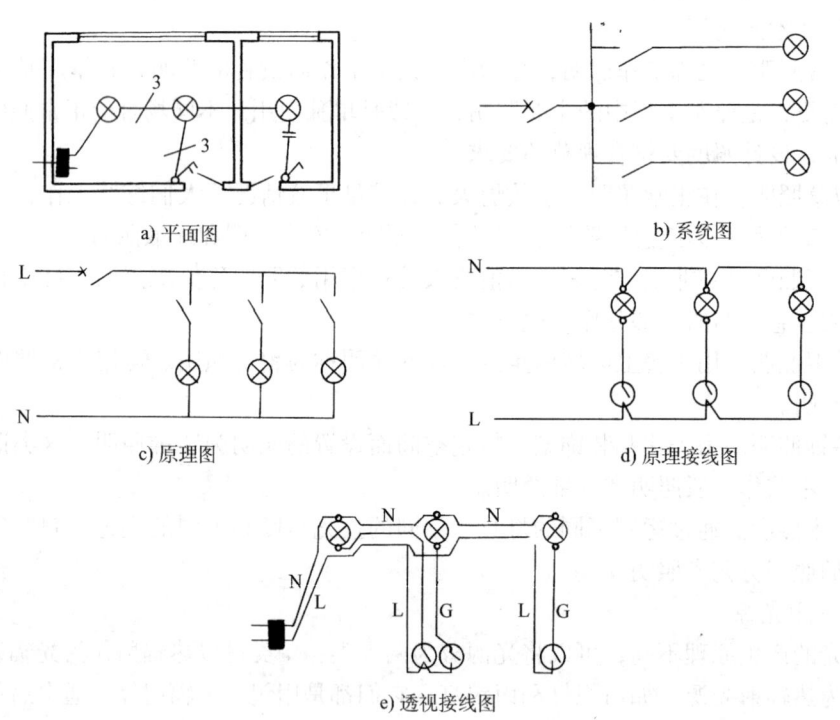

图 3-15　多个开关控制多盏灯

（4）动力配电基本原则

动力配电主要表明电动机型号、规格和安装位置；配电线路的敷设方式、路径、导线型号和根数、穿管类型及管径；动力配电箱型号、规格、安装位置与标高等。动力配电设计时要注意尽量将动力配电箱放置在负荷中心，具体安装位置应该便于操作和维护。

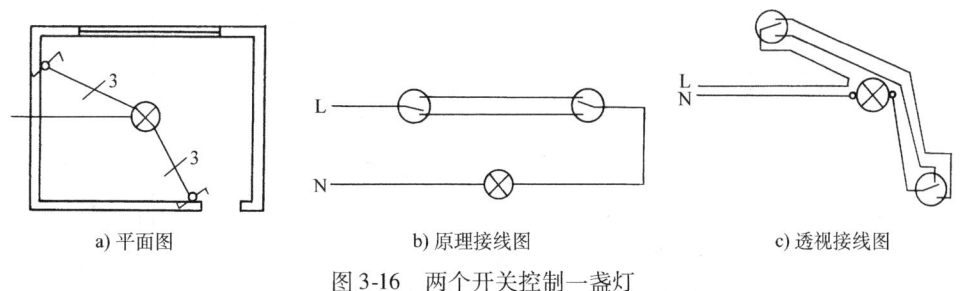

a) 平面图　　　　b) 原理接线图　　　　c) 透视接线图

图 3-16　两个开关控制一盏灯

第二节　办公科研楼照明工程图

某办公科研楼是一栋两层平顶楼房，图 3-17～图 3-19 所示分别为该楼的配电概略（系统）图和一、二层照明平面图。该楼的电气照明工程的规模不大但变化比较多，其分析方法对初学者非常有益，所以被编入许多电气识图类书籍中。笔者根据现在的教学需要，进行了部分修改和补充。

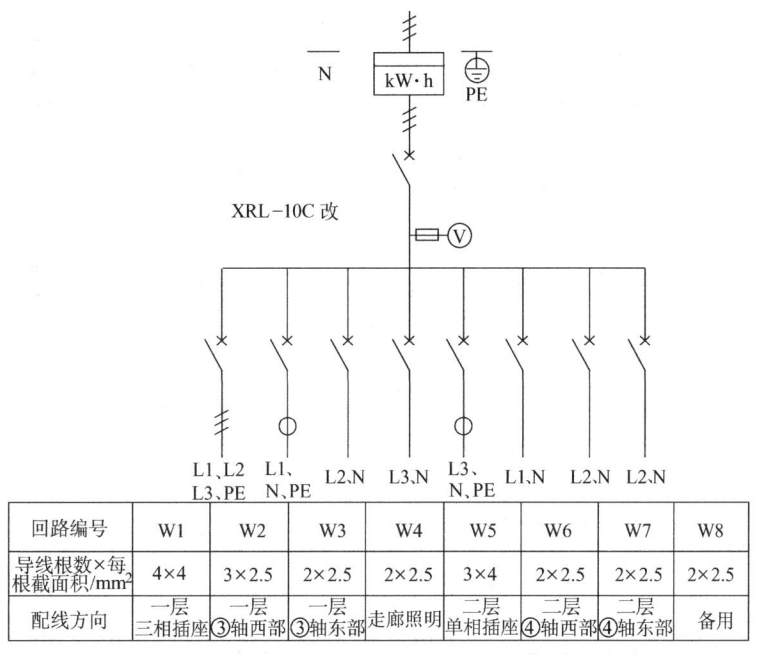

回路编号	W1	W2	W3	W4	W5	W6	W7	W8
导线根数×每根截面积/mm²	4×4	3×2.5	2×2.5	2×2.5	3×4	2×2.5	2×2.5	2×2.5
配线方向	一层三相插座	一层③轴西部	一层③轴东部	走廊照明	二层单相插座	二层④轴西部	二层④轴东部	备用

图 3-17　某办公科研楼照明配电概略（系统）图

一、某办公科研楼照明工程图的阅读

1. 施工说明

1）电源为三相四线 380/220V，接户线为 BLV—500V—4×16mm²，自室外架空线路引入，进户时在室外埋设接地极进行重复接地。

2）化学实验室、危险品仓库按爆炸性气体环境分区为 2 号，并按防爆要求进行施工。

3）配线：三相插座电源导线采用 BV—500—4×4mm²，穿直径为 20mm 的焊接钢管埋地敷设；③轴西侧照明为焊接钢管暗敷；其余房间均为 PVC 硬质管暗敷。导线采用 BV—500—2.5mm²。

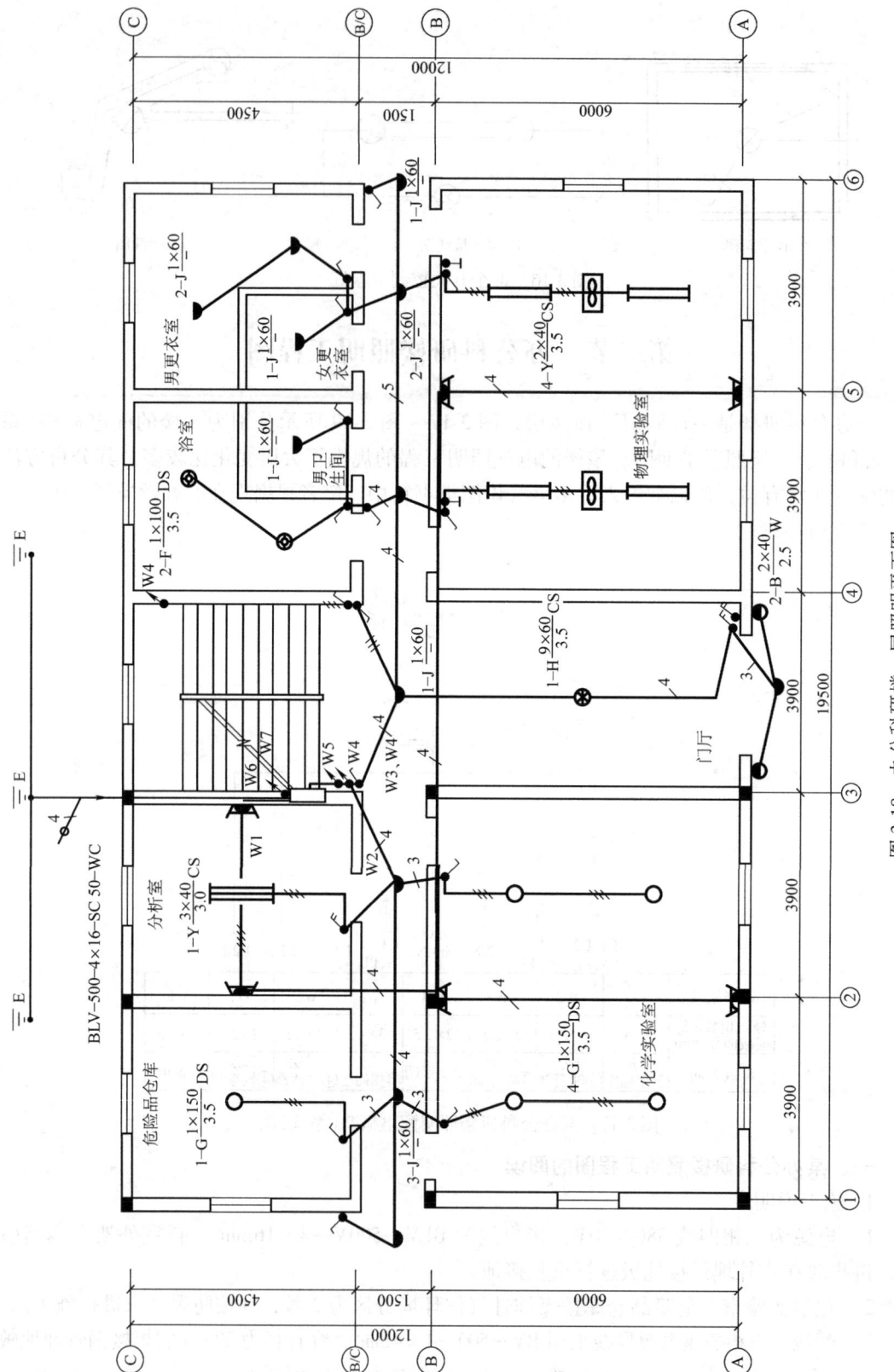

图 3-18 办公科研楼一层照明平面图

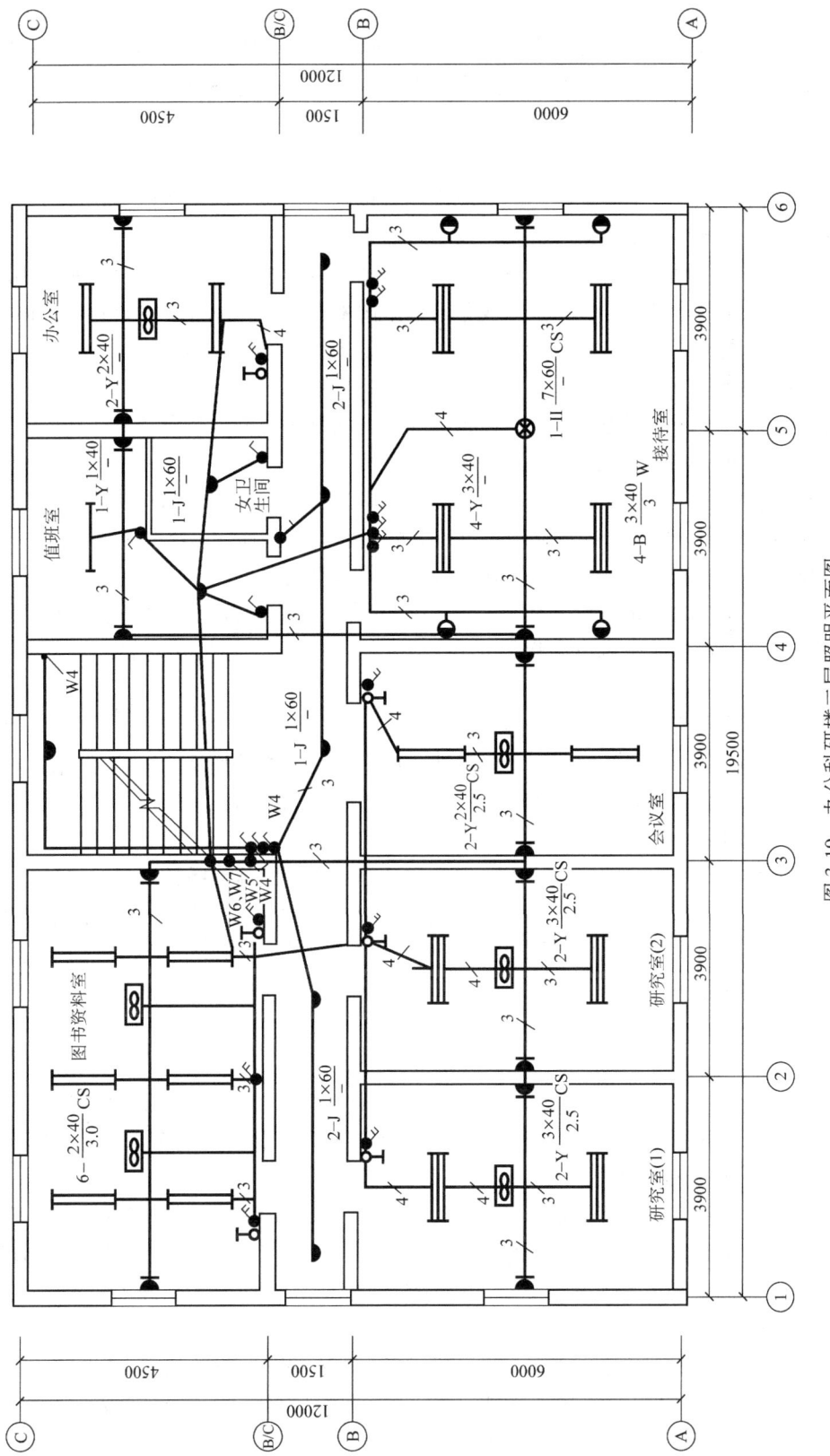

图 3-19 办公科研楼二层照明平面图

4）灯具代号说明：G—隔爆灯；J—半圆球形吸顶灯；H—花灯；F—防水防尘灯；B—壁灯；Y—荧光灯。注：灯具代号是按原来的习惯用汉语拼音的第一个字母标注，属于旧代号。

2. 进户线

根据阅读建筑电气工程平面图的一般规律，按电源入户方向依次阅读，即进户线→配电箱→干线回路→分支干线回路→分支线及用电设备。

从一层照明平面图可知，该工程进户点处于③轴线，进户线采用4根 $16mm^2$ 铝芯聚氯乙烯绝缘导线，穿钢管自室外低压架空线路引至室内配电箱，在室外埋设垂直接地体3根进行重复接地，从配电箱开始接出 PE 线，成为三相五线制和单相三线制。

3. 照明设备布置情况

由于楼内各房间的用途不同，所以各房间布置的灯具类型和数量都不一样。

（1）一层设备布置情况

物理实验室装4盏双管荧光灯，每盏灯管功率为40W，采用链吊安装，安装高度为距地3.5m，4盏灯用2只单极开关控制；另外有2只暗装三相插座；2台吊扇。

化学实验室有防爆要求，装有4盏防爆灯，每盏灯内装1支150W的白炽灯泡，管吊式安装，安装高度距地为3.5m，4盏灯用2只防爆式单极开关控制，另外还装有密闭防爆三相插座2个。危险品仓库也有防爆要求，装有1盏防爆灯，管吊式安装，安装高度距地为3.5m，由1只防爆单极开关控制。

分析室要求光色较好，装有1盏三管荧光灯，每只灯管功率为40W，链吊式安装，安装高度距地为3m，用2只暗装单极开关控制，另有暗装三相插座2个。由于浴室内水气多，较潮湿，所以装有2盏防水防尘灯，内装100W白炽灯泡，管吊式安装，安装高度距地为3.5m，2盏灯用一个单极开关控制。

男卫生间、女更衣室、走道、东西出口门外都装有半圆球形吸顶灯。一层门厅安装的灯具主要起装饰作用，厅内装有1盏花灯，内装有9个60W的白炽灯，采用链吊式安装，安装高度距地为3.5m。进门雨棚下安装1盏半圆球形吸顶灯，内装1个60W白炽灯泡，吸顶安装。大门两侧分别装有1盏壁灯，内装2个40W白炽灯泡，安装高度为2.5m。花灯、壁灯、吸顶灯的控制开关均装在大门右侧，共有4个单极开关。

（2）二层设备布置情况

接待室安装了三种灯具。花灯1盏，内装7个60W白炽灯泡，为吸顶安装；三管荧光灯4盏，每只灯管功率为40W，吸顶安装；壁灯4盏，每盏内装3个40W白炽灯泡，安装高度为3m；单相带接地孔的插座2个，暗装；总计9盏灯由11个单极开关控制。会议室装有双管荧光灯2盏，每只灯管功率为40W，链吊安装，安装高度为2.5m，两只开关控制；另外还装有吊扇1台，带接地插孔的单相插座2个。研究室（1）和（2）分别装有三管荧光灯2盏，每只灯管功率40W，链吊式安装，安装高度为2.5m，均用2个开关控制；另有吊扇1台，带接地插孔的单相插座2个。

图书资料室装有双管荧光灯6盏，每只灯管功率40W，链吊式安装，安装高度为3m；吊扇2台；6盏荧光灯由6个开关控制，带接地插孔的单相插座2个。办公室装有双管荧光灯2盏，每只灯管功率为40W，吸顶安装，各由1个开关控制；吊扇1台，带接地插孔的单相插座2个。值班室装有1盏单管荧光灯，吸顶安装；还装有1盏半圆球形吸顶灯，内装1

只60W白炽灯泡；2盏灯各自用1个开关控制，带接地插孔的单相插座2个。女卫生间、走道、楼梯均装有半圆球形吸顶灯，每盏1个60W的白炽灯泡，共7盏。楼梯灯采用2只双控开关分别在二楼和一楼控制。

4. 各配电回路负荷分配

根据图3-17所示配电概略（系统）图可知，该照明配电箱设有三相进线总开关和三相电能表，共有8条回路，其中W1为三相回路，向一层三相插座供电；W2向一层③轴线西部的室内照明灯具及走廊供电；W3向③轴线以东部分的照明灯具供电；W4向一层部分走廊灯和二层走廊灯供电；W5向二层单相插座供电；W6向二层④轴线西部的会议室、研究室、图书资料室内的灯具、吊扇供电；W7为二层④轴线东部的接待室、办公室、值班室及女卫生间的照明、吊扇供电；W8为备用回路。

考虑到三相负荷应尽量均匀分配的原则，W2～W8支路应分别接在L1、L2、L3三相上。因W2、W3、W4和W5、W6、W7各为同一层楼的照明线路，应尽量不要接在同一相上，因此，可将W2、W6接在L1相上，将W3、W7接在L2相上，将W4、W5接在L3相上。

5. 各配电回路连接情况

各条线路导线的根数及其走向是电气照明平面图的主要表现内容。然而，要真正认识每根导线及导线根数的变化原因，是初学者的难点之一。为解决这一问题，在识别线路连接情况时，应首先了解采用的接线方法是在开关盒、灯头盒内接线，还是在线路上直接接线；其次是了解各照明灯具的控制方式，应特别注意分清哪些是采用2个甚至3个开关控制一盏灯的接线，然后再一条线路一条线路地查看，这样就不难搞清楚导线的数量了。下面根据照明电路的工作原理，对各回路的接线情况进行分析。

（1）W1回路

W1回路为一条三相回路，外加一根PE线，共4条线，引向一层的各个三相插座。导线在插座盒内进行共头连接。

（2）W2回路

W2回路的走向及连接情况：W2、W3、W4各一根相线和一根中性线，加上W2回路的一根PE线（接防爆灯外壳）共7根线，由配电箱沿③轴线引出到B/C轴线交叉处开关盒上方的接线盒内。其中，W2在③轴线和B/C轴线交叉处的开关盒上方的接线盒处与W3、W4分开，转而引向一层西部的走廊和房间，其连接情况示意图如图3-20所示。

W2相线在③与B/C轴线交叉处接入一只暗装单极开关，控制西部走廊内的两盏半圆球形吸顶灯，同时往西引至西部走廊第一盏半圆球型吸顶灯的灯头盒内，并在灯头盒内分成三路。第一路引至分析室门侧面的二联开关盒内，与两只开关相接，用这2只开关控制三管荧光灯的3只灯管，即1只开关控制1只灯管，另1只开关控制2只灯管，以实现开1只、2只、3只灯管的任意选择。第二路引向化学实验室右边防爆开关的开关盒内，这只开关控制化学实验室右边的2盏防爆灯。第三路向西引至走廊内第二盏半圆球形吸顶灯的灯头盒内，在这个灯头盒内又分成三路，一路引向西部门灯；一路引向危险品仓库；一路引向化学实验室左侧门边防爆开关盒。

3根中性线在③轴线与B/C轴线交叉处的接线盒处分开，一路和W2相线一起走，同时还有一根PE线，并和W2相线同样在一层西部走廊灯的灯头盒内分支，另外2根随W3、

W4 引向东侧和二层。

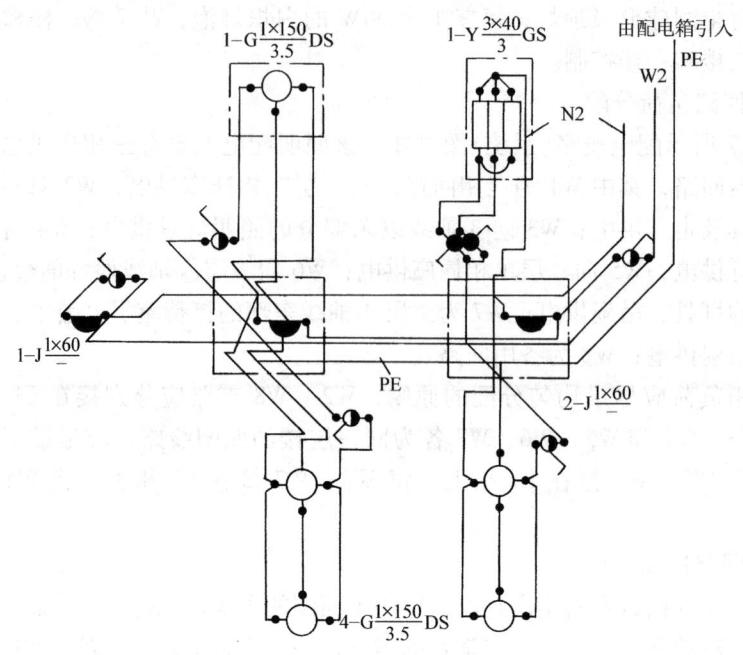

图 3-20 W2 回路连接情况示意图

(3) W3 回路的走向和连接情况

W3、W4 相线各带一根中性线，沿③轴线引至③轴线和 B/C 轴线交叉处的接线盒，转向东南引至一层走廊正中的半圆球形吸顶灯的灯头盒内，但 W3 回路的相线和中性线只是从此盒内通过（并不分支），一直向东至男卫生间门前的半圆球形吸顶灯灯头盒；在此盒内分成三路，分别引向物理实验室西门、浴室和继续向东引至更衣室门前吸顶灯灯头盒；并在此盒内再分成三路，又分别引向物理实验室东门、更衣室及东端门灯。

(4) W4 回路的走向和连接情况

W4 回路在③轴线和 B/C 轴线交叉处的接线盒内分成两路，一路由此引上至二层，向二层走廊灯供电。另一路向一层③轴线以东走廊灯供电。该分支与 W3 回路一起转向东南引至一层走廊正中的半圆球形吸顶灯，在灯头盒内分成三路，一路引至楼梯口右侧开关盒，接开关；第二路引向门厅花灯，直至大门右侧开关盒，作为门厅花灯及壁灯等的电源；第三路与 W3 回路一起沿走廊引至男卫生间门前半圆球形吸顶灯；再到更衣室门前吸顶灯及东端门灯。其连接情况示意图如图 3-21 所示。

(5) W5 回路的走向和线路连接情况

W5 回路是向二层单相插座供电的，W5 相线（L3）、中性线（N）和接地保护线（PE）共 3 根 $4mm^2$ 的导线穿 PVC 管由配电箱直接引向二层，沿墙及地面暗配至各房间单相插座。线路连接情况可自行分析。

(6) W6 回路的走向和线路连接情况

W6 相线和中性线穿 PVC 管由配电箱直接引向二层，向④轴线西部房间供电。线路连接情况可自行分析。在研究室（1）和研究室（2）房间中从开关至灯具、吊扇间导线根数标注依次是 4—4—3，其原因是两只开关不是分别控制两盏灯，而是分别同时控制两盏灯中的 1 支

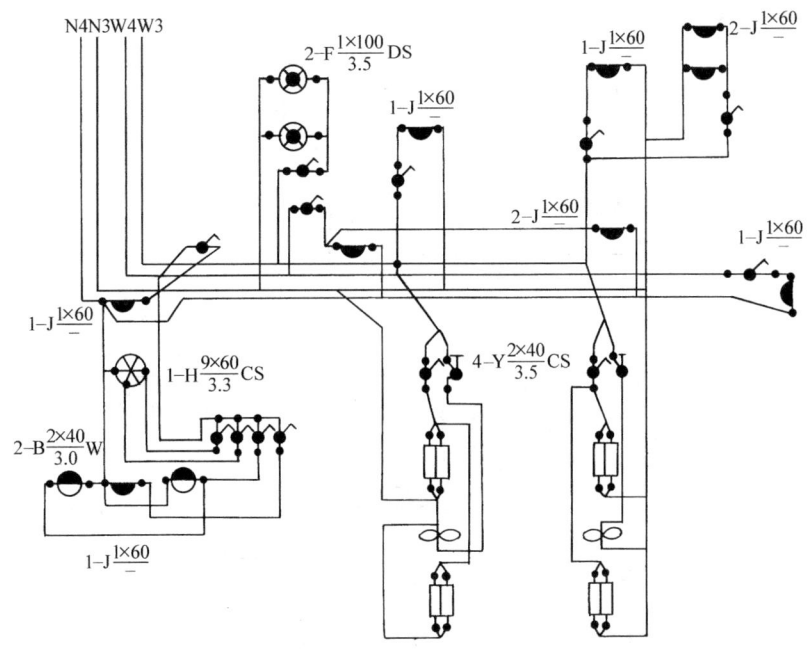

图 3-21　W3、W4 回路连接情况示意图

灯管和 2 支灯管。

(7) W7 回路的走向和连接情况

W7 回路同 W6 回路一起向上引至二层，再向东至值班室灯位盒，然后再引至办公室、接待室。连接情况示意图如图 3-22 所示。

对于前面几条回路，分析的顺序都是从开关到灯具，反过来，也可以从灯具到开关进行阅读。例如，图 3-19 中接待室西边门东侧有 7 只开关，④轴线上有 2 盏壁灯，导线的根数是递减的 3—2，这说明两盏壁灯各用 1 只开关控制。这样还剩下 5 只开关，还有 3 盏灯具。④～⑤轴线间的 2 盏荧光灯，导线根数标注都是 3 根，其中必有 1 根是中性线，剩下的必定是 2 根开关线了。由此可推定，这 2 盏荧光灯是由 2 只开关共同控制的，即每只开关同时控制 2 盏灯中的 1 支灯管和 2 支灯管，利于节能。这样，剩下的 3 只开关就是控制花灯的了。

以上分析了各回路的连接情况，并分别画出了部分回路的连接示意图。在此，给出连接示意图的目的是帮助读者更好地阅读图样。在实际工程中，设计人员是不绘制这种照明接线图的，此处是为初学者更快入门而绘制的。但看图时不是先看接线图，而是做到看了施工平面图，脑子里就能想象出一个相应的接线图，而且还要能想象出一个立体布置的概貌。这样也就基本能把照明图看懂了。

二、某办公科研楼照明工程图的工程量分析

首先，要确定配电箱的尺寸和安装位置，再分析配电箱的进线和各回路出线情况。插座安装高度为 0.3m，楼板垫层较厚，沿地面配管配线。屋面有装饰性吊顶，吊顶高度为 0.3m。

1. 配电箱的尺寸和安装位置

已知配电箱的型号为 XRL(仪)—10C 改，查阅《建筑电气安装工程施工图集》，可知配

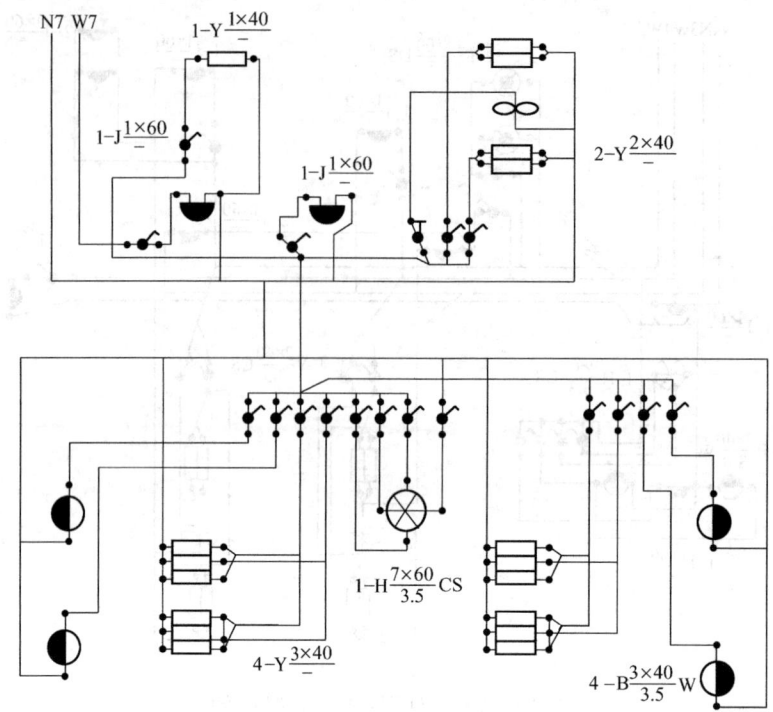

图 3-22 W7 回路连接情况示意图

电箱规格：外形尺寸为 750mm×540mm×160mm（宽×高×深），XRL 是嵌入式动力配电箱；（仪）为设计序号，含义为安装有电能表或电压指示仪表；10 为电路方案号；C 为电路分方案号；改的含义为定做（非标准箱），需要将几个三相低压断路器（自动开关）更换成单相断路器和漏电保护断路器。因为该建筑既有三相动力设备又有单相设备，目前还没有这样的标准配电箱，所以要定做。现代的配电箱内开关是导轨式安装，改装非常方便，定做已经非常普遍。

GB 50259—1996《电气装置安装工程电气照明装置施工及验收规范》（以下简称《规范》）要求照明配电箱的安装高度一般为：当箱体高度不大于 600mm 时，箱体下口距地面宜为 1.5m。箱体高度大于 600mm 时，箱体上口距地面不宜大于 2.2m。

根据平面图的情况，配电箱的安装位置可确定为中心距 C 轴为 3m，距 B/C 轴为 1.5m，底边距地面为 1.4m，上边距地面为 2.15m。注：原工程图是将配电箱安装在从一层到二层的楼梯平台上，现在因为配电箱的规格改变了，一层到二层有圈梁，安装在楼梯平台上将影响建筑结构。

2. 接户线与保护接地线安装

（1）接户线安装

接户线是指从架空线路电杆上引到建筑物电源进户点前第一支持点的一段架空导线。接户线是将电能输送和分配到用户的最后一段线路，也是用户线路的开端部分。

已知接户线为 BLV—4×16mm^2，根据《规范》要求，接户线的进户口距地不宜低于 2.5m，因该建筑一层与二层间有圈梁，圈梁高度为 250mm，支架安装在圈梁下面，高度取 3.5m。图 3-23 所示为接户线横担安装方式示意图。导线截面积为 16mm^2，采用蝶式绝缘子

4 个，瓷绝缘子间距 L_1 为 300mm，支架用 50mm×50mm×5mm 角钢，总长为 1100mm + 600mm = 1700mm。蝶式绝缘子拉板用 40mm×4mm 扁钢，每个长为 200mm + 60mm = 260mm，共 8 根，8×260mm = 2080mm。钻孔 2 个，为 φ18mm。

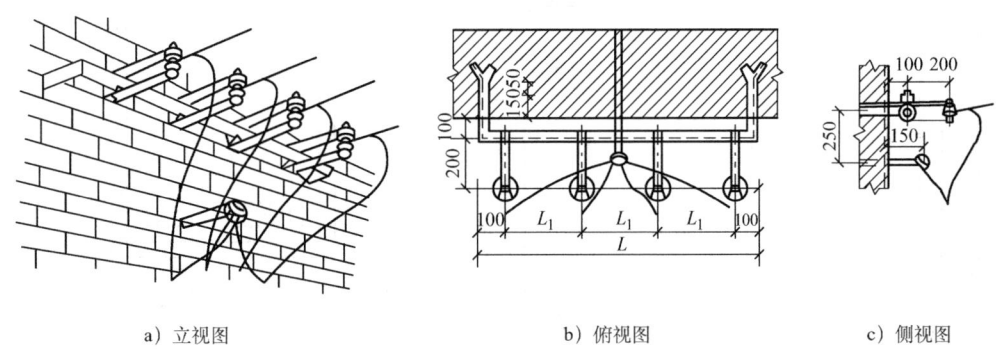

a）立视图　　　　　　　b）俯视图　　　　　c）侧视图

图 3-23　接户线横担安装方式示意图

进户管宜使用镀锌钢管，在接户线支架横担正下方，垂直距离为 250mm，伸出建筑物外墙部分不应小于 150mm，且应加装防水弯头，其周围应堵塞严密，以防雨水进入室内。进户线管为 DN50，管长为 3m + 0.2m（防水弯）+ 3.5m − 2.15m = 4.55m。16mm² 单根线长为 4.5m + 1.5m（架空接头预留线）+ 1.29m（配电箱预留线）≈ 7.3m，16mm² 导线总长为 4 × 7.3m = 29.2m。

（2）保护接地线安装

因为该建筑的供电系统是 TN—C—S 系统，所以在线路进入建筑物时需要将中性线进行重复接地。重复接地一般是在接户线支架处进行，接地引下线和接地线一般用扁钢或圆钢，扁钢为 25mm×4mm，圆钢为 φ10mm。接地极用 50mm×50mm×5mm 角钢，3 根，每根长 2.5m，共 3×2.5m = 7.5m，接地极（体）平行间距不宜小于 5m，顶部埋地深度不宜小于 0.6m，接地极距建筑物不宜小于 2m。因此，接地引下线和接地线总长为 10m + 2m + 0.6m + 3.5m = 16.1m。接地电阻不得大于 10Ω。重复接地做法如图 3-24 所示。电源的中性线（N）重复接地后成为 PEN 线，进入配电箱后先与 PE 线端子相接，再与 N 线端子相接，此后 PE 线和 N 线就要分清楚了，PE 线是与电气设备的金属外壳相连接，使金属外壳与大地等电位；而 N 线是电气设备的中性线，是电路的组成部分。

3. W1 回路分析

W1 回路连接带接地三相插座 6 个，标注应为 BV—4×4SC20—FC，含义为穿焊接钢管 DN20 埋地暗敷设，插座安装高度为 0.3m，从配电箱底边到分析室③轴插座，管长为 1.4m − 0.3m + 3m − 2.25m = 1.85m，4mm² 导线单根线长为 1.85m + 1.29m（配电箱预留线）= 3.14m，导线总长为 4×3.14m = 12.56m。从③轴插座到④轴插座，管长为 3.9m + 2×0.3m + 2×0.1m（埋深）= 4.7m。导线总长为 4×4.7m = 18.8m，在工程量计算时不用考虑预留线。从④轴插座 CZ2 到化学实验室 B 轴插座 CZ3，管长为 2.25m + 1.5m + 2×0.3m + 2×0.1m（埋深）= 4.55m。线长为 4×4.55m = 18.2m。防爆插座安装时要求管口及管周围要密封，防止易燃易爆气体通过管道流通，具体做法请查阅《建筑安装工程施工图集、电气工程》。其他插座工程量可自行分析。

4. W2 回路分析

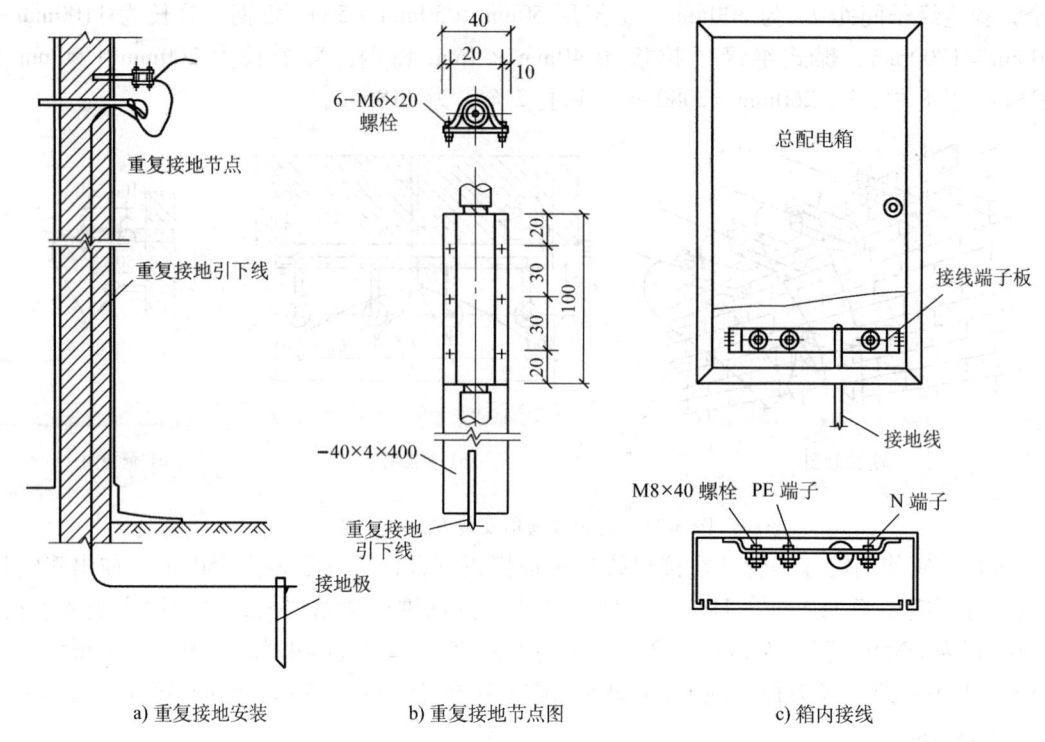

a) 重复接地安装 b) 重复接地节点图 c) 箱内接线

图 3-24 重复接地室外做法

(1) 配电箱到接线盒

W2 是向一层西部照明配电，由于化学实验室和危险品仓库安装的是隔爆灯，而隔爆灯的金属外壳需要接 PE 线，所以 W2 回路为 3 根线(L1、N、PE)，由于西部走廊灯的开关安装在③轴写楼梯侧，因此在开关上方的顶棚内要装接线盒进行分支。W4 是向③轴东部及二层走廊灯配电，W3 是向④轴东部室内配电，三个回路 7 根 2.5mm² 线可以从配电箱用 PC20 管配到开关上方接线盒进行 4 个分支。管长为 4m - 2.15m - 0.3m(垂直) + 1.5m - 0.2m(平行) = 2.85m。单根线长为 2.85m + 1.29m(配电箱预留线) = 4.14m，总线长为 7 × 4.14m = 28.98m。

(2) 分支 1 到开关

沿墙垂直配管，2 根线(L1、K)，管长为 4m - 0.3m - 1.3m = 2.4m。线长为 2 × 2.4m = 4.8m。后续内容如无预留线，将只说明线的数量和管长，线长为线数 × 管长，可自行计算。

(3) 分支 2 到③轴西部走廊灯

从接线盒沿顶棚平行配管到②轴至③轴间走廊灯位盒，4 根线(L1、N、PE、K)，管长约为 2.2m。在灯位盒处又有三个分支：

分支 1 到化学实验室开关上方接线盒，3 根线(L1、N、PE)，管长为 0.75m + 0.35m(距墙中心的距离) = 1.1m。沿墙垂直配管到开关，2 根线(L1、K)，管长为 4m - 0.3m - 1.3m = 2.4m。沿顶棚平行配管到 2 盏隔爆灯，3 根线(L1、N、PE)，管长为 4.5m。

分支 2 到分析室开关上方接线盒，2 根线(L1、N)，管长为 0.75m + 0.35m(距墙中心的距离) = 1.1m。沿墙垂直配管到开关，3 根线(L1、2K)，管长为 4m - 0.3m - 1.3m = 2.4m。沿顶棚平行配管到三管荧光灯，3 根线(N、2 K)，管长为 2m。

分支 3 到①轴至②轴间走廊灯位盒，4 根线（L1、N、PE、K），管长为 3.9m，该灯位盒又有三个分支，可自行分析。

（4）分支 3 到③轴至④轴间走廊灯

从接线盒沿顶棚平行配管到③轴至④轴间走廊灯位盒，4 根线（L2、N、L3、N），管长为 2m。

（5）分支 4 到二层③轴侧开关盒

二层走廊灯由 W4 配电，其二层③轴西部走廊灯的开关在③轴 1.3m 处，从接线盒沿墙配到开关盒，2 根线（L3、N），管长为 5.3m - 3.7m = 1.6m。

5. W3、W4 回路分析

在③轴至④轴间走廊灯处有三个分支，因为 W3、W4 有一段共管，所以一起分析。

（1）分支 1

④轴至⑤轴间走廊灯，为 W3、W4 共管，4 根线（L2、N、L3、N），管长为 3.9m。在④轴至⑤轴间走廊灯处又有三个分支。

分支 1 到浴室开关上方接线盒，4 根线（L3、K、L2、N），管长为 0.75m + 0.35m = 1.1m。垂直到开关，4 根线（L2、K、L3、K），管长为 4m - 0.3m - 1.3m = 2.4m。再穿墙到走廊灯开关，管长为 0.2m，2 根线平行到浴室灯，2 根线（N、K），管长约为 1.5m。平行到男卫生间灯，2 根线（N、K），管长约为 1.5m。男卫生间灯再到开关，可以少装一个接线盒。

分支 2 到物理实验室开关上方接线盒，2 根线（L2、N），管长为 0.75m + 0.35m = 1.1m。垂直到开关，3 根线（L2、2 K），管长为 2.4m。平行到荧光灯，3 根线（N、2K），管长为 1.5m。到风扇 3 根线（N、2K），管长为 1.5m。再到荧光灯，2 根线（N、K），管长为 1.5m。

分支 3 到⑤轴至⑥轴间走廊灯，5 根线（L2、N、L3、N、K），管长为 3.9m。又分有三个分支，到女更衣室、物理实验室、门厅（雨篷）灯等，可自行分析。

（2）分支 2

从③轴至④轴间走廊灯处到花灯，2 根线（L3、N），管长为 3m + 0.75m = 3.75m，花灯到 A 轴开关上方接线盒，4 根线（L3、N、2K），管长为 3m，接线盒到开关，5 根线（L3、4K），管长为 4m - 0.3m - 1.3m = 2.4m，从接线盒到壁灯，3 根线（N、2 K），管长为 3.7m - 2.5m = 1.2m，壁灯到门厅（雨篷）灯，3 根线（N、2 K），管长约为 3m，再到③轴壁灯，2 根线（N、K），管长约为 3m。

（3）分支 3

从③轴至④轴间走廊灯位盒到④轴开关上方接线盒，3 根线（L3、N、K），管长约为 2.5m。N 是二层楼梯平台灯的中性线，二层楼梯平台灯为双控开关控制。双控开关，即在两处控制一盏灯的亮和灭，一个安装在一层④轴侧，距地平为 1.3m，另一个安装在二层③轴侧，距地平为 5.3m。二层楼梯平台灯距地平为 7.7m。接线盒到开关，4 根线（L3、K、2SK），管长为 2.4m。

每个双控开关有三个接线端子，中间的端子一个接 L，另一个接 K，两边端子接两个开关的联络线，用 SK 表示。双控开关接线图如图 3-25 所示。图中的开关位置说明灯是亮的，扳动任何一个开关都可以控制灯不亮。

从接线盒到沿墙垂直配到距地平 7.7m 处的接线盒，3 根线（N、2SK），管长为 4m。再配到二层楼梯平台灯处，3 根线（N、2SK），管长为 4.5m - 0.6m - 0.2m + 2m = 5.7m。也可以斜向直接配到二层楼梯平台灯，管长约为 4m。从二层楼梯平台灯处再配到③轴二层双控开关上方接线盒，3 根线（K、2SK），管长为 5.7m 或约为 4m。再配到③轴二层双控开关，3 根线（K、2SK），管长为 7.7m - 5.3m = 2.4m。

(4) W4 在二层回路分析

从二层③轴的开关盒到其上方顶棚内的接线盒，4 根线（L3、N、2K），管长为 3.7m - 1.3m = 2.4m。在接线盒内有两个分支，分支 1 到③轴西部走廊灯，2 根线（N、K），分支 2 到③轴东部走廊灯，3 根线（L3、N、K），管长等可自行计算。

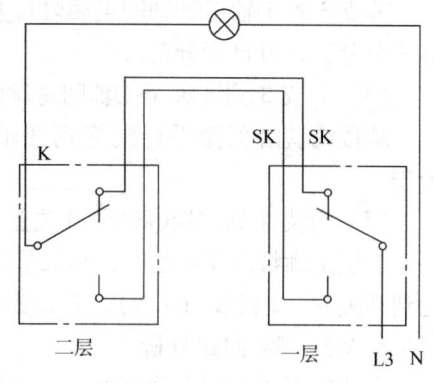

图 3-25　双控开关接线图

(5) 双控开关的另一种配线方案

对于双控开关的配线还可以有其他方案。例如，从③轴至④轴间走廊灯位盒到④轴开关上方接线盒，配 4 根线（L3、K、2SK），管长约为 2.5m。从③轴接线盒到③轴至④轴间走廊灯配 6 根线（L2、N、L3、2SK），从一层③轴接线盒到二层双控开关配 4 根线（L3、N、2SK），从二层双控开关到上方顶棚内的接线盒，5 根线（L3、N、3K），管长为 3.7m - 1.3m = 2.4m，再到二层楼梯平台灯处，配 2 根线（N、K）。管长与原来配管相同，只是管径可能需要改变。与前一种配线方案相比较，这种方案既省管又省线，也方便。当然，还可以选择其他配线方案，但原则是省管省线又方便。

6. W5 回路分析

W5 回路是向二层所有的单相插座配电的，插座安装高度为 0.3m，沿一层楼板配管配线。从配电箱到图书资料室③轴插座盒，3 根线（L3、N、PE），管长为 4m + 0.3m - 2.15m + 2.25m - 1.5m = 2.9m，单根线长为 2.9m + 1.29m = 4.2m。从图书资料室③轴插座盒到两个研究室的③轴插座盒，3 根线（L3、N、PE），管长为 2.25m + 1.5m + 3m + 2 × 0.3m + 2 × 0.1m = 7.55m。线长为 3 × 7.55m = 22.65m。其他可自行分析。

7. W6 回路分析

W6、W7 是沿二层顶棚配管配线。从配电箱沿墙直接配到顶棚，安装一个接线盒进行分支，4 根线（L1、N、L2、N），管长为 7.7m - 2.15m = 5.55m，单根线长为 5.55m + 1.29m = 6.84m。

W6，2 根线（L1、N）直接配到图书资料室接近 B/C 轴的荧光灯（灯位盒），再从灯位盒配向开关、风扇及其他荧光灯，可以实现从灯位盒到灯位盒，再从灯位盒到开关，虽然管、线增加了，但可以减少接线盒，减少中途接线的机会。由于该图比例太小，工程量计算不一定准确，如果管、线增得多，也可以考虑加装接线盒。例如，从图书资料室接近 B/C 轴的荧光灯到研究室的荧光灯，如果在开关上方加装接线盒，可减少管 2m 和线 2m。在选择方案时可以进行经济比较。其他可自行分析。

8. W7 回路分析

W7，2 根线（L2、N）直接配到值班室半圆球形吸顶灯，再从半圆球形吸顶灯到开关及女卫生间半圆球形吸顶灯等。从女卫生间半圆球形吸顶灯到接待室开关上方加装接线盒，2 根线（L2、N），管长约为 3m。由于该房间的灯具比较多，配线方案可以有几种，现举例其中一种,并不一定合理,读者可以选择其他方案进行比较,确定比较经济的方案。

分支1,从接线盒到开关(7个开关),8根线(L2、7K),管长为2.4m。分支2,从接线盒到接近B轴的荧光灯,壁灯和花灯线共管,8根线(N、7K),管长为1.5m。在该荧光灯处又进行分支,1分支到壁灯,3根线(N、2K),管长为2m+3.7m-3m=2.7m。壁灯到壁灯,2根线(N、K),管长为3m。2分支到荧光灯,3根线(N、2K),管长为3m。3分支到花灯,4根线(N、3K),管长约为3m。

分支2,从接线盒到⑤轴至⑥轴间开关上方接线盒,2根线(L2、N),管长约为5m。垂直沿墙到开关盒,5根线(L2、4K),管长为2.4m。接线盒再到荧光灯,5根线(N、4K),管长为1.5m。荧光灯到荧光灯,3根线(N、2K),管长为3m。荧光灯到壁灯,3根线(N、2K),管长为2m+3.7m-3m=2.7m。壁灯到壁灯,2根线(N、K),管长为3m。

到此,照明工程图基本分析完毕,可能有的数据计算不准确,读者可以自行纠正,也可以选择比较经济的配线方案,最后可以用列表的方式将工程量统计起来。需要说明的是,本书的工程量计算是从施工角度进行统计,而工程造价的工程量计算是按惯例进行的,其计算量比施工的要大一些。

第三节　住宅照明平面图

随着科技的发展和生活水平的提高,人们对居住的舒适度要求也越来越高。对住宅照明配电的要求就是方便、安全、可靠。体现在配线工程上,就是插座多、回路多、管线多。下面用一个实例来说明住宅照明配电的基本情况,分析方法与办公科研楼照明是相同的。

一、某住宅照明平面图的基本情况

图3-26、图3-27所示分别为某8层住宅楼某单元某层某户的电气照明配电概略(系统)图和照明平面图。该图的灯具设置主要是从教学需要的角度而设计的,其目的主要是讨论电气配管配线施工和工程量计算方法。从照明配电概略图和照明平面图中得到的信息如下:

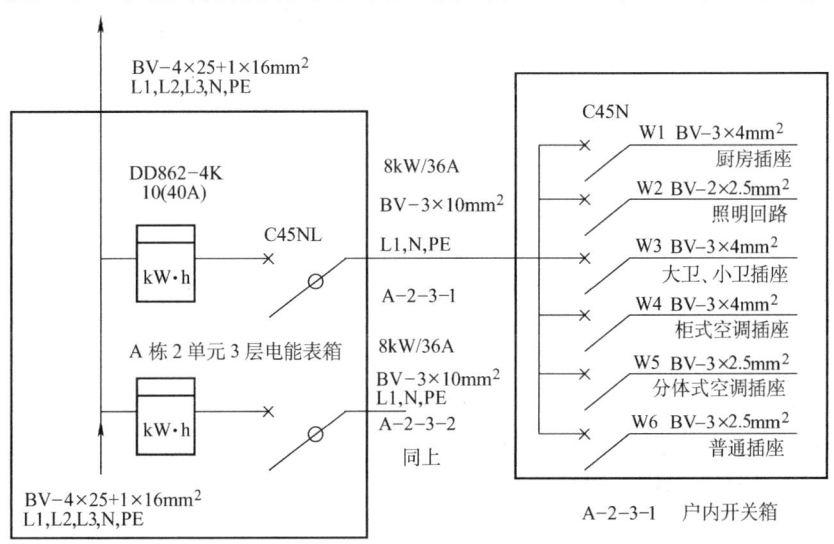

图3-26　某8层住宅楼某单元某层某户的电气照明配电概略(系统)图

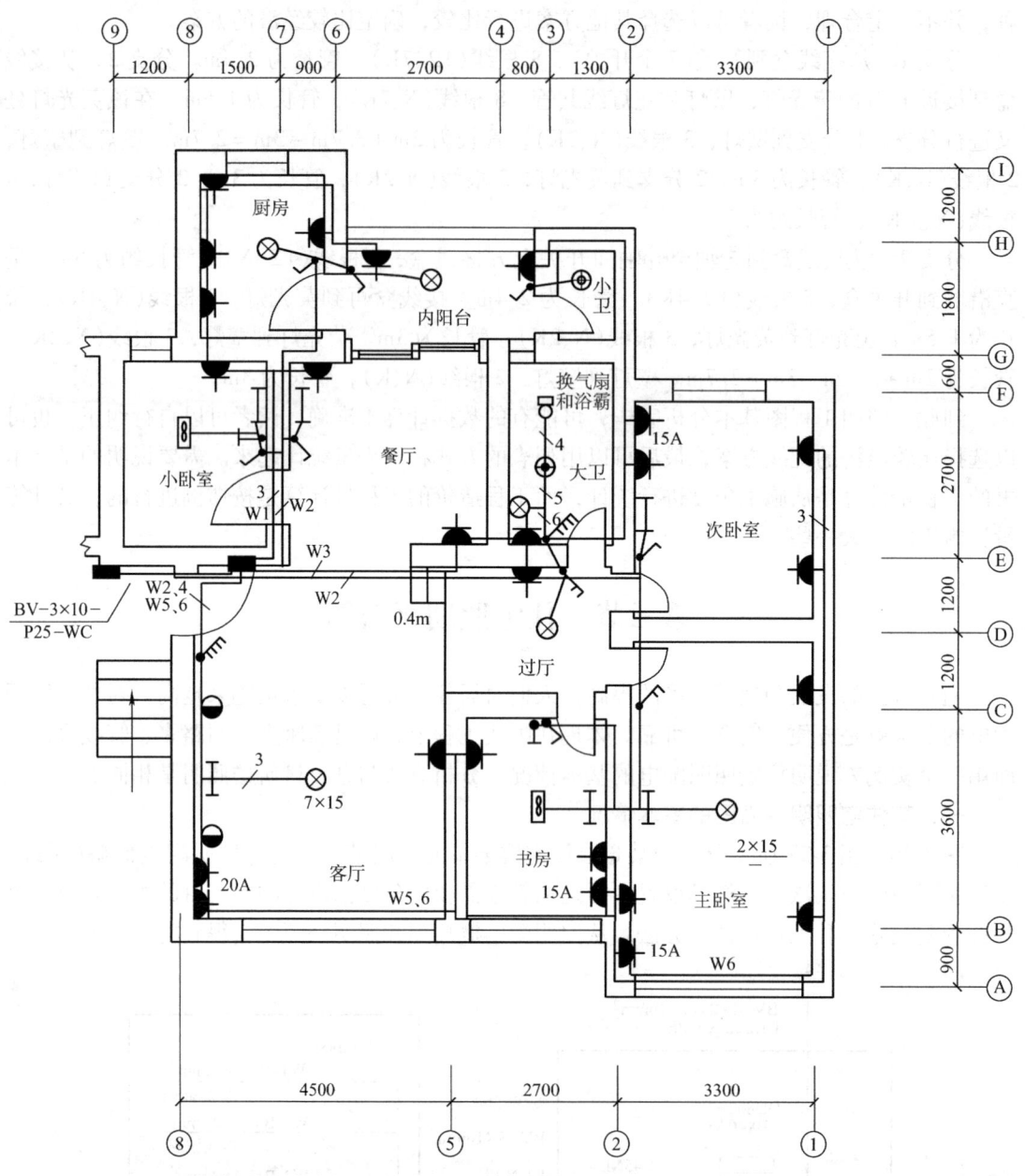

图 3-27 某住宅楼某单元某层某户的电气照明平面图

1. 回路分配

住户从户内配电箱分出六个回路,其中,W1 为厨房插座回路;W2 为照明回路;W3 为大卫、小卫插座回路;W4 为柜式空调插座回路;W5 为主卧室、书房分体式空调插座回路;W6 为普通插座回路。照明回路也可以再分出一个 W7 回路,供过厅、卧室等照明用电。

由于该建筑为砖混结构,楼板为预制板,错层式,配电箱安装高度为 1.8m,因配电箱下面有一个嵌入式鞋柜,因此,配管配线不能直接走下面,只能从上面进出。

2. 配电箱的安装

下面就从户内配电箱开始,分析各个回路的配管配线情况。首先应该说明的是,砖混结构的配管是随着土建专业的施工从下向上进行的，但为了分析方便，这里从配电箱开始，从上向下进行。实际上，只要知道管线怎样布置，包括配管走向、导线数量、导管数量等，也就知道怎样配合土建施工了。

安装在⑨轴的层配电箱为两户型配电箱，内装有2块电能表和2个总开关。箱体外形尺寸为400mm×500mm×200mm（宽×高×深），安装高度为1.5m。

户内配电箱内有6个回路，因距离总配电箱较近，所以没有设置户内总开关。配电箱的外形尺寸为300mm×300mm×150mm。配电箱中心距⑧轴为800mm，安装高度可以考虑底边距地为1.7m，其上边与户外配电箱的上边平齐，考虑到进户门一般高度为1.9m，门上一般有过梁，梁高一般为200mm，总高为2.1m，配管配线在2.1m以上进行。PVC管的直径为20mm，管长为1.2m+0.8m+2×0.15m=2.3m，10mm^{2}单根线长为2.3m+0.9m（箱预留）+0.6m（箱预留）=3.8m。

二、住宅照明平面图配管配线分析

1. 客厅配管配线

（1）干线路径

由于客厅壁灯处安装有灯位盒，高度为2m，将W2（L、N）的配管配到灯位盒处进行拉线是比较方便的，因此考虑在这里进行分支，共有三个分支。北壁灯距E轴考虑为2.4m。南壁灯距B轴考虑为1.6m，两个壁灯间距为2m。配电箱到北壁灯的管长为0.8m（配电箱中心）+2.4m+2×0.1m=3.4m。导线W2为2×2.5mm^2，单根线长为3.4m+0.6m=4m。

（2）分支到开关

从北壁灯到4联开关，开关安装距门边一般在180~240mm，考虑为200mm，门边距E轴0.8m+0.3m=1.1m，北壁灯与开关平行距为2.4m-1.1m-0.2m=1.1m，垂直距为2m-1.3m=0.7m，PVC管DN16，管长为1.8m，5根线，1根L为2.5mm^2，4根K为1.5mm^2。

（3）分支到荧光灯

从北壁灯到荧光灯4根线（N、3K），因为花灯标注为3根线，说明有2个开关控制，1根N为2.5mm^2，3根K为1.5mm^2。PVC管DN16，管长为1m+0.5m=1.5m。从荧光灯到花灯（沿预制楼板缝），3根线（N、2K，1.5mm^2）。PVC管DN16，管长为0.5m+2.3m=2.8m。

（4）分支到南壁灯

从北壁灯到南壁灯，管长为2m。2根线（N、K），为1.5mm^2。

（5）从配电箱到插座

柜式空调插座距地为0.3m，距B轴为1m。从配电箱到插座管长为0.1m+0.8m+6m-1m+2.1m-0.3m=7.7m，因为只有三个弯，可以直接配到插座。如果管长超过8m，三个弯，可以借用南壁灯进行中间拉线，也可以增大管径。

W4为3×4mm^2（L、N、PE）、W5为3×2.5mm^2（L、N、PE）、W6为3×2.5mm^2（L、N、PE）。共9根线，根据管内穿线规定，同类照明的几个回路可以穿入同一根导管内，但导线的根数不得多于8根。考虑到PE线为非载流导体，电器设备没有漏电时，PE线是没有电流的，如果电器设备的导线绝缘损坏而发生漏电，设备的金属外壳与大地是等电位的，人接触时不会因漏电而危及人身安全；如果漏电电流超过30mA时，漏电保护断路器会自动跳闸断电，当对设备进行维修后不再漏电时，才能重新合上闸再通电。单相漏电保护断路器的工作原理是每个开关接2根线，相线和中性线（L、N），当相线和中性线的电流不相等（说明有漏电），超过30mA时会自动跳闸断电。因此，从节约金属材料的角度考虑，3根PE线可以共用1根，但必须取截面最大的，即4mm^2。可以穿7根线（3根4mm^2，4根2.5mm^2），选择1根DN20管，单根线长为7.7m+0.6m=8.3m。W4回路接到此处结束。

在工程预算定额中的惯例是一个回路一根管，但是在施工中，可以根据实际情况进行考虑，对于1个插座（灯位）盒，如果配管数量过多会造成施工困难（配管时要求为1管1孔），左墙体中如果配管数量过多也会影响墙体结构的受力。

（6）从⑧轴插座到其他插座

从⑧轴插座到⑤轴插座是沿墙配管，如果选择沿地面配管，将会增加地面的混凝土厚度而影响房间的净空高度。W5为3×2.5mm^2（L、N、PE）、W6为3×2.5mm^2（L、N、PE），5根线（PE线共用），普通插座只接W6，管长为1m+4.5m+3m=8.5m（考虑电视机柜距B轴为3m。⑤轴插座穿墙到书房，因为有错层0.4m，可以考虑管长为0.6m，从⑤轴插座到主卧室普通插座也是沿墙配管，5根线（PE线共用），只接W6，管长为3m+2.7m=5.7m，再穿墙到书房。只接W6，管长为0.5m。在主卧室，W5到分体空调插座，垂直向上管长为2m-0.3m=1.7m。再穿墙到书房，管长为0.5m。W5回路接到此结束。

主卧室⑤轴插座到①轴普通插座是沿墙配管，3根线（W6的L、N、PE），管长为0.9m-3.3m+0.9m=5.1m，再到另一个插座，管长为3.6m。从主卧室到次卧室普通插座，3根线（W6的L、N、PE），管长为2.4m。再到另一个插座，管长为2.2m。该回路分析到此结束。

2. 从配电箱到过厅W2、W3回路分析

（1）干线分析

W2在配电箱内就有三个分支，即到客厅、过厅、餐厅。W2回路（如果再增加一个回路为W7）到过厅主要是为主卧室、次卧室、书房等照明配电；W3回路主要是为E轴插座、次卧室插座、大小卫插座等配电。而E轴插座根据功能安装高度可以不同，过厅插座为0.3m（距客厅地平为0.3m+0.4m），餐厅插座为1m，大卫插座为1.3m（距客厅地平为1.3m+0.4m），因此考虑在过厅灯的开关上方墙面安装接线盒进行分支比较方便，这样W2、W3回路可以共管沿顶棚，再沿墙配管到接线盒处，接线盒位置距②轴为1.3m，高度为3m-0.4m=2.6m。管长为3m-2m+7.2m-0.8m-1.3m=6.1m。5根线（W2的L、N，2.5mm^2，W3的L、N、PE，4mm^2），单根线长为6.1m+0.6m（箱预留）=6.7m。

（2）W2分支到次卧室荧光灯

荧光灯的安装高度为2.5m，这里可以考虑在2.6m处。接线盒到荧光灯，管长为1.3m+0.7m=2m，2根线（L、N，2.5mm^2），荧光灯到开关，管长为2.6m-1.3m+0.7m=2m，2根线（L、K，1.5mm^2）。

次卧室荧光灯到主卧室荧光灯，管长为1.2m+0.7m+2.8m=4.7m，2根线（L、N，2.5mm^2）。主卧室荧光灯到开关，管长为2.8m-1.3m+1.3m=2.8m，3根线（L、2K，1.5mm^2）。主卧室荧光灯到中间顶棚灯（沿预制楼板缝），管长为0.5m+1.6m=2.1m，2根线（N、K，1.5mm^2）。

主卧室荧光灯到书房荧光灯，穿墙管长为0.2m，2根线（L、N，2.5mm^2）。书房荧光灯到开关，管长为1.8m+1.3m+1.3m=4.4m，3根线（L、2K，1.5mm^2）。书房荧光灯到风扇（沿预制楼板缝），管长为0.5m+1.3m=1.8m，2根线（N、K，1.5mm^2）。

(3) W2 分支到过厅灯

接线盒到过厅灯,管长为 3m－2.6m＋1.2m＝1.6m,2 根线(N、K,1.5mm²)。接线盒到开关,管长为 2.6m－1.3m＝1.3m,3 根线(L、2K,1.5mm²),其中 1 个开关是控制大卫灯。接线盒到大卫,因为大卫有吊顶,高度可以考虑为 2.6m,在吊顶内有接线盒,穿墙管长为 0.5m,3 根线(L、N,2.5mm²;K,1.5mm²)。吊顶接线盒分支到开关,管长为 2.6m－1.3m＝1.3m,5 根线(L,2.5mm²;4K,1.5mm²)。吊顶接线盒分支到大卫灯,管长为 2.7m,6 根线(N,2.5mm²;5K,1.5mm²),因为大卫灯可以分为镜前灯、正常照明灯、浴霸和换气扇,K 是依次递减的,浴霸是 2 个开关控制,换气扇是 1 个开关控制,镜前灯是 1 个开关控制,正常照明灯是过厅的 1 个开关控制。到浴霸和换气扇位置时为 4 根线(N,2.5mm²;3K,1.5mm²)。

(4) W3 回路分析

在过厅接线盒到大卫插座,管长为 2.6m－1.3m＝1.3m,3 根线(L、N、PE,2.5mm²)。大卫插座到过厅插座,管长为 1.3m－0.3m＝1m,3 根线(L、N、PE,2.5mm²)。大卫插座到餐厅插座,管长为 1.3m＋0.4m(错层)－1m＋1m(平行)＝1.7m,3 根线(L、N、PE,2.5mm²)。

接线盒到次卧室的 15A 插座,管长为 1.3m＋2.4m＋2.6m(垂直)－2m＝4.3m,3 根线(L、N、PE,4mm²)。15A 插座到普通插座,管长为 2m－0.3m＝1.7m,3 根线(L、N、PE,2.5mm²)。普通插座到小卫插座(安装高度为 1.3m),管长为 0.3m＋0.6m＋1.8m＋1.3m＋0.5m＋0.6m(垂直)＝5.1m,3 根线(L、N、PE,2.5mm²)。再到小卫灯,小卫也有吊顶,管长为 2.6m－1.3m＋0.6m＝1.9m,2 根线(N、K,1.5mm²)。W2 和 W3 在大卫还可以有比较经济的配管配线方式,可自行分析。

3. W2 从配电箱到餐厅等回路分析

从配电箱到餐厅荧光灯沿墙配管,餐厅荧光灯安装高度为 2.5m,管长为 2.5m－2m＋0.7m＋1.6m＝2.8m,2 根线(W2、L、N,2.5mm²)。穿墙到次卧室荧光灯,管长为 0.2m,3 根线(W2、L、N,2.5mm²;K,1.5mm²)。次卧室荧光灯到开关,管长为 2.5m－1.3m＝1.2m,4 根线(W2、L,2.5mm²;3K,1.5mm²)。再穿墙到餐厅荧光灯开关(可以省管省线),管长为 0.2m,2 根线(L、K,1.5mm²)。次卧室荧光灯到风扇(沿预制楼板缝),管长为 0.5m＋1.3m＝1.8m,2 根线(N、K,1.5mm²)。

餐厅荧光灯到厨房开关上方接线盒(此处安装接线盒分支方便),管长为 1.4m＋0.9m＋1.7m＝4m,2 根线(N、L,2.5mm²)。接线盒到厨房灯(沿预制楼板缝),管长为 0.2m＋0.5m＋1.2m＝1.9m,2 根线(N、K,1.5mm²)。接线盒到开关,管长为 2.5m－1.3m＝1.2m,3 根线(L、2K,1.5mm²)。厨房开关穿墙到内阳台开关,管长为 0.2m,2 根线(L、K,1.5mm²)。接线盒到内阳台灯,管长为 0.2m＋1.7m＝1.9m,2 根线(N、K,1.5mm²)。到此,W2 回路分析结束。

4. W1 回路分析

W1 回路为 3 根线(L、N、PE,4mm²)。从配电箱到餐厅插座可以沿到餐厅荧光灯的管路一起配,在餐厅荧光灯处进行分支,从配电箱到餐厅荧光灯,单根线长为 2.8m,变成 5 根线,管径变成 DN20。

从餐厅荧光灯到餐厅插座,管长为 1.7m＋0.4m＋2.5m－0.3m＝4.3m,3 根线(L、N、PE,4mm²)。从餐厅插座到厨房⑥轴插座,沿门槛下墙配管,管长为 0.5m＋2×(0.3＋0.1)m

(垂直)+1.3m=2.6m,3根线(L、N、PE,2.5mm^2),厨房⑥轴插座穿墙到内阳台插座,管长为 0.2m,3根线(L、N、PE,2.5mm^2)。内阳台插座位置是可以变的。

从餐厅插座到次卧室插座,管长为0.4m+1.2m=1.6m,3根线(L、N、PE,4mm^2)。次卧室插座到厨房插座,管长为0.3m+0.7m(垂直)+0.8m=1.8m,3根线(L、N、PE,4mm^2)。再到I轴插座,管长为2.2m,3根线(L、N、PE,2.5mm^2)。到此W1回路分析完毕。将上述工程量用表格的形式进行表示,阅读或计算都比较方便。表3-5为部分工程量(材料)的计算表格,读者可以将剩余的继续统计,并将全部工程量归类计算。

表 3-5　工程量(材料)的计算表格

序号	项目名称(路径)	计算公式	单位	数量
1	进户线 PVC 管 DN20 3 根线,线 BV—10mm^2	1.2+0.8+2×0.15 3×[2.3+0.9(预留)+0.6(预留)]	m m	2.3 11.4
2	户内箱至客厅北壁灯 DN15 2 根线,线 BV—2.5mm^2	0.8(平行)+2.4+2×0.1(垂直) 2×13.4+0.6(户内箱预留)]	m m	3.4 8
3	北壁灯至 4 联开关 5 根线 DN15 线 BV—2.5mm^2 线 BV—1.5mm^2	2.4(平行)-1.3+2(垂直)-1.3 1×1.8 4×1.8	m m m	1.8 1.8 7.2
4	北壁灯至荧光灯 4 根线 DN15 线 BV—2.5mm^2 线 BV—1.5mm^2	1(平行)+0.5(垂直) 1×1.5 3×1.5	m m m	1.5 1.5 4.5
5	荧光灯至花灯 3 根线 DN15 线 BV—1.5mm^2	2.3(平行)+0.5(垂直) 3×2.8	m m	2.8 8.4
6	北壁灯至南壁灯 2 根线 DN15 线 BV—1.5mm^2	2 2×2	m m	2 4
7	配电箱至插座 7 根线 DN20 线 BV—4mm^2 线 BV—2.5mm^2	0.1+0.8+6-1+2.1(垂直)-0.3 3×(7.7+0.6) 4×(7.7+0.6)	m m m	7.7 24.9 33.2
8	插座至⑤轴插座 5 根线 DN15 线 BV—2.5mm^2	1(平行)+4.5+3 5×8.5	m m	8.5 42.5
9	⑤轴插座至书房插座 5 根线 DN15 线 BV—2.5mm^2	0.2(平行)+0.4(垂直) 5×0.6	m m	0.6 3
10	书房插座至主卧室插座 5 根线 DN15 线 BV—2.5mm^2	3(平行)+2.7 5×5.7	m m	5.7 28.5
11	主卧室插座至 15A 插座 3 根线 DN15 线 BV—2.5mm^2	2(垂直)-0.3 3×1.7	m m	1.7 5.1
12	主卧室插座至书房插座 3 根线 DN15 线 BV—2.5mm^2	0.2(平行)+0.3 3×0.5	m m	0.5 1.5
13	主卧室 15A 插座至书房 15A 插座 线 BV—2.5mm^2	0.2(平行)+0.3 3×0.5	m m	0.5 1.5

(续)

序 号	项目名称(路径)	计算公式	单 位	数 量
14	主卧室②轴插座至①轴插座 DN15 线 BV—2.5mm²	0.9(平行) + 3.3 + 0.9 3 × 5.1	m m	5.1 15.3
15	①轴南插座至①轴北插座 线 BV—2.5mm²	3.6(平行) 3 × 3.6	m m	3.6 10.8
16	主卧室①轴插座至次卧室①轴插座 线 BV—2.5mm²	1.2(平行) + 1.2 3 × 2.4	m m	2.4 7.2
17	次卧室南插座至次卧室北插座 线 BV—2.5mm²	2.7(平行) - 0.5 3 × 2.5	m m	2.2 6.6

工程量归类计算是将不同规格的管径、导线截面、插座、开关、灯具等数量统计出来，这也称为列清单，如果知道其市场相对价格，也就知道了电气工程材料的总价格，按照规则计算就能知道电气工程总造价，这就是今后需要做的工作。

了解室内照明线路配线方式及其施工工艺是读懂图样并实现读图目的的基础之一。只有对施工工艺及施工要求比较熟悉才能做出合理的工程造价。本书是按实际施工的情况下统计出的工程量，与工程造价惯例统计的工程量稍有不同。

第四节 动力工程平面图

动力工程主要是为电动机供电。电动机是机械类设备的动力源。电动机的额定功率在0.5kW(家用电器除外)以上时，基本采用三相电动机。三相电动机的三相绕组为对称三相负载，由三相电源供电，可以不接中性线(零线)。中性线的作用主要是设备的金属外壳保护接地，为TN—C系统(保护接零)。图3-28所示为某工厂的机修车间动力工程电气平面图，图3-29所示为车间动力配电概略图(系统图、主结线图)。

一、动力工程电气平面图概述

1. 车间动力设备概况

车间动力设备共有32台，其中，编号12号为单梁行车(桥式起重机)，电动机的额定功率为11kW，实际上为3台电动机的功率。25号为电焊机，其余均为机床类设备，包括车、磨、铣、刨、镗、钻等。额定功率最大的设备为14号，总功率为32kW。由于机床类设备的每台机床一般都有几台(或十几台)电动机分别拖动不同的运动机构，而几台电动机在同一时间内不会都同时工作，因此，在供配电设计时，需要乘以一个系数(称需要系数)，其系数的大小由机床设备的种类来定(行业经验总结)。图中，设备的配线只有部分标注，未标注的可参考相近的额定功率进行确定。

2. 动力设备配电概况

通过图3-29所示车间动力配电概略图可以了解到，动力设备配电主要分为5个部分：车间北部(A轴)的11台设备由WP1回路供电，总功率为60.3kW；车间中部(C轴)的12台设备由两条回路供电，其中WP2为59.4kW，WP3为56.8kW；车间南部(D轴)的8台设备由WP4回路供电，总功率为60kW；车间中部(C轴)桥式起重机的滑触线是由WP5回路供

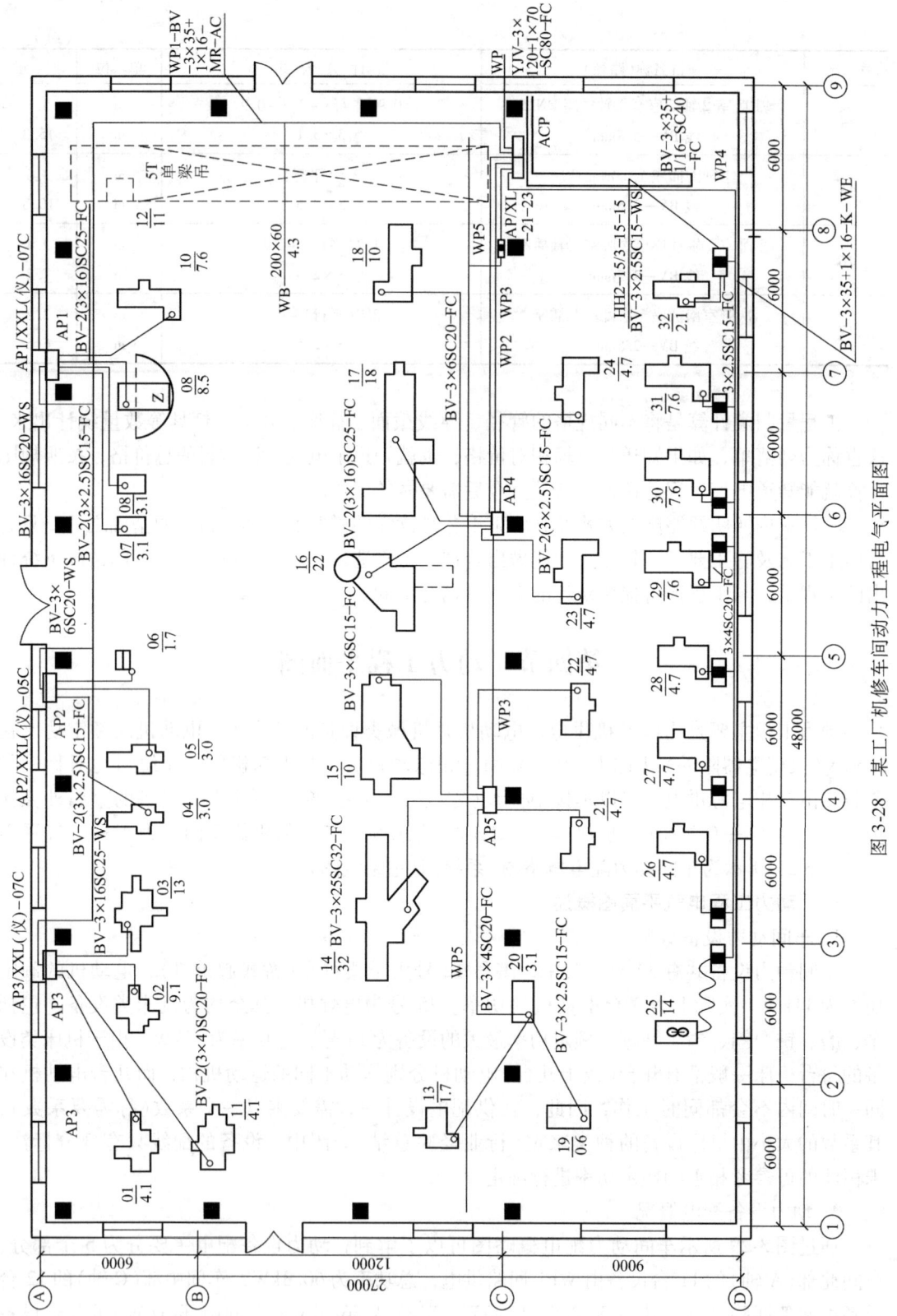

图 3-28 某工厂机修车间动力工程电气平面图

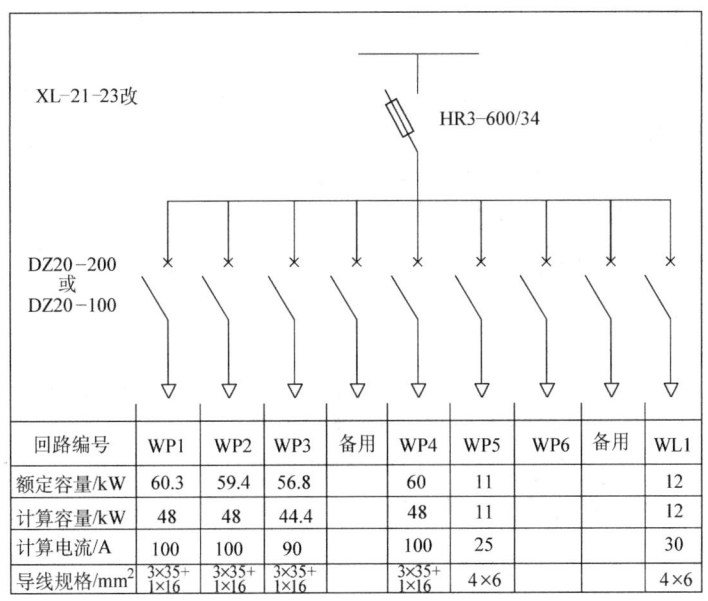

回路编号	WP1	WP2	WP3	备用	WP4	WP5	WP6	备用	WL1
额定容量/kW	60.3	59.4	56.8		60	11			12
计算容量/kW	48	48	44.4		48	11			12
计算电流/A	100	100	90		100	25			30
导线规格/mm²	3×35+1×16	3×35+1×16	3×35+1×16		3×35+1×16	4×6			4×6

图 3-29 车间动力配电概略图（系统图、主结线图）

电，总功率为 11kW；WP6 配到电容器柜 ACP（功率因数集中补偿）；车间照明由 WL1 回路供电，总功率为 12kW；其他为备用回路。全部总功率为 262.5kW，但这些设备不会都同时用电，一般同时用电在 100kW 左右。经查阅《建筑电气安装工程施工图集》可知，总配电柜 AP，型号 XL—21—23 的箱体外形尺寸为 600mm×1600mm×350mm（宽×高×深）。ACP 为电容器柜，规格与 AP 相同。电源进线 WP 为电缆，型号规格为 YJV-3×120+1×70，穿钢管 DN80，沿地暗配至总配电柜 AP。

二、动力工程电气平面图分析

1. WP1 回路配电分析

（1）动力配电箱

WP1 回路连接三个动力配电箱，AP1 的型号为 XXL(仪)—07C。XXL(仪)为配电箱型号，含义为悬挂式动力配电箱，它表示箱内有部分测量仪表，如电压表、电流表等，07 为一次线路方案号，C 为方案分号。查阅《建筑电气安装工程施工图集》，可知该动力配电箱的箱体外形尺寸为 650mm×540mm×160mm（宽×高×深），有六个回路。AP2 的型号为 XXL(仪)—05C，该动力配电箱的箱体外形尺寸为 450mm×450mm×160mm，有四个回路。AP3、AP4、AP5 与 AP1 的型号相同。图 3-30 所示为六个回路动力配电箱 AP1 概略图。

动力配电箱安装高度一般要求如下：当箱体高度不大于 600mm 时，箱体下口距地面宜为 1.5m；箱体高度大于 600mm 时，箱体上口距地面不宜大于 2.2m；箱体高度为 1.2m 以上时，宜落地安装，落地安装时，柜下宜垫高 100mm。动力配电箱墙上安装可以根据配电箱安装孔尺寸直接在墙上用膨胀螺栓固定，也可以在墙上埋设用 40mm×

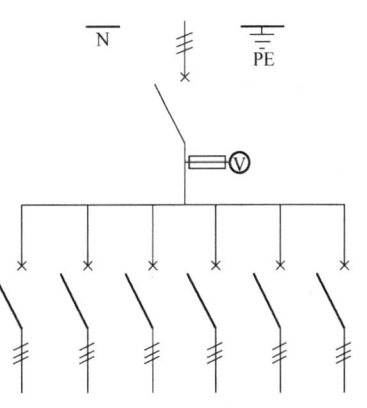

图 3-30 XXL(仪)—07C 概略图

40mm×4mm 角钢制作成的 2 个∏形支架,在支架上钻好安装孔,用螺栓固定在支架上。

(2) 金属线槽配线

WP1 回路是用金属线槽跨柱配线,目前国内生产金属线槽的厂家非常多,其型号也不统一,长度有 2m、3m、6m 的,还配有各种弯通和托臂,此处仅说明其配线路径及长度,不具体说明弯通数量。由于照明 WL1 回路与 WP1 回路可以同槽敷设,所以金属线槽可以选择截面大一点的规格。例如,选择重庆新世纪电器厂生产的 DJ—CI—01 型槽式大跨距汇线桥架,规格为 200mm×60mm(宽×高),每节长度为 6m。线槽固定高度应根据建筑结构情况来决定,由于该建筑 4m 高处为上下两窗的交汇处,中间有 800mm 的墙,所以线槽安装高度为 4.3m。

线槽总长度:由于照明 WL1 回路与 WP1 回路同槽敷设,可以考虑从 C 轴到 A 轴,再从⑦轴到①轴,共 11 个跨距,每跨距为 6m,线槽总长度为 6×11m = 66m。每跨距设 4 个支撑托臂,平均 1.5m 一个支撑托臂,在柱子上固定的支撑托臂选择 240mm 长度,共 10 根,A 轴和⑨轴夹角处应选择长的托臂。在墙上固定的支撑托臂选择 840mm 长度(设柱子的厚度为 600mm),11 个跨距,每跨 3 个,共 33 个,加夹角处 2 个,总共 35 个 840mm 长度的支撑托臂。支撑托臂也可以选择用角钢自己加工。

从车间动力配电柜到⑨轴也用金属线槽配线,既方便又美观,线槽长度为 4.3m(垂直)-1.6m+6m(平行)-2m-0.9m(0.9m 为柱子厚 0.6m 加 1/2 柜宽)= 5.8m。可以直接固定在墙上,不需要支撑托臂。线槽总长度为 66m+5.8m = 71.8m。

(3) 线槽配线导线

线槽内导线型号为 BV—500—(3×35+1×16),其中,截面积为 16mm² 的导线是 PEN 线。用焊接钢管 SC 时,焊接钢管就可以代替其作为 PEN 线。金属线槽的金属外壳不能代替 PEN 线,但金属线槽也必须进行可靠的接地。线槽内的 35mm² 导线可以考虑配到⑤轴再改变截面积,其长度为 7 跨×6,再加上前端 5.8m 引上及预留,单根导线长度为 7×6m+5.8m+2.2m(柜预留)= 50m。截面积为 35mm² 导线长度为 3×50m = 150m,截面积为 16mm² 的导线长度是 50m。

(4) AP1 配线

从金属线槽到动力配电箱 AP1 是用镀锌焊接钢管配线,钢管直径为 DN25mm。钢管长度为 4.3m-1.5m-0.54m+0.6m = 2.86m,导线为 3×16mm²,直接用钢管作为 PEN 线,钢管的壁厚必须是 3mm 及以上,单根导线长度为 1.5m(线槽预留)+2.86m+1.19m(箱预留)= 5.55m。导线总长度为 3×5.55m = 16.65m。

从动力配电箱 AP1 到 10 号设备,标注为 BV—(3×6)SC20—FC。钢管长度为 1.5m+0.3m(埋深)+5m+0.3m(埋深)+0.2m(出地面)= 7.3m。6mm² 单根导线长度为 1.19m(箱预留)+7.3m+0.3m(金属波纹管)+1m(设备预留)= 9.8m。导线总长度为 3×9.8m = 29.4m。配管到设备进线口一般要求是露出地面 150~200mm,然后再用一段金属波纹管保护进入设备的电源接线箱内。金属波纹管长度一般要求为 150~300mm,准确的长度只有设备定位后才能确定。从 AP1 到其他设备处读者可以自己统计。

(5) AP2 配线与 AP3 配线

AP2 配线的标注为 BV—(3×6)SC20—WS。AP3 配线的标注为 BV—(3×16)SC25—WS。两个回路导线在⑤轴处金属线槽内进行并接,6mm² 导线到 AP2 配电箱,16mm² 导线到

AP3 配电箱。到 AM 配电箱的 SC20 管长为 4.3m – 1.5m – 0.45m + 0.6m = 2.95m，单根导线长度为 1.5m(线槽预留) + 2.95m + 1.19m(箱预留) = 5.64m，导线总长度为 3 × 5.64m = 16.92m。

AP3 配线的钢管长度与 AP1 配线相同，直径为 DN25mm，管长为 2.86m。而截面积为 16mm² 导线长度应增加⑤轴到③轴段，为 4 根线，即 16mm² 导线总长度为 3 × 5.55m + 4 × 12m = 64.65m。动力配电箱到设备处读者可以自己统计。

2. WP2 回路配电分析

WP2 回路所连接的 AP4 为 XXL(仪)—07C 型动力配电箱，动力配电箱在柱子上安装时一般不采用钻孔埋膨胀螺栓的方法，因为有时孔中心距柱子边角太近，会造成柱角崩裂。常采用角钢支架，先将角钢支架加工好，按配电箱安装孔尺寸钻好孔，然后用扁钢制成的抱箍将支架固定在柱子上，再将配电箱用螺栓固定在支架上。

配线标注为 BV—3 × 35SC32—FC，配线用 SC32 钢管为地下暗敷设，管长为 2 × 6m + 2.3m + 2 × 0.3m(埋深) + 1.5m = 16.4m。35mm² 单根导线长度为 16.4m + 1.19m(配电箱预留) + 2.2m(柜预留) = 19.8m，导线总长度为 3 × 19.8m = 59.4m。

3. WP3 回路配电分析

WP3 回路所连接的 AP5 也是 XXL(仪)—07C 型动力配电箱，配线标注也相同，只是距离增加了两个跨距，即 12m。管长为 12m + 16.4m = 28.4m。截面积为 35mm² 导线长度为 59.4m + 3 × 12m = 95.4m。

因为机床类设备本身自带开关、控制与保护电器，动力配电箱内的开关主要起电源隔离开关的作用，所以部分设备可以采用链式配电方式。在 WP3 回路的 13 号和 19 号设备，因为容量较小，为链式配电方式。

4. WP4 回路配电分析

（1）配线方式

WP4 回路为 25 ~ 32 号设备配电，属于树干式配电方式，用封闭式负荷开关(铁壳开关)单独控制。封闭式负荷开关安装高度一般为操作手柄中心距地面的高度，一般要求为 1.5m。WP4 回路采用的是针式瓷绝缘子支架配线方式。

支架采用一字形角钢支架，角钢规格用 30mm × 30mm × 4mm，每个一字形角钢支架的长度是 3 × 100mm(绝缘子间距) + 60mm(墙体距离) + 30mm(端部距离) + 180mm(嵌入墙体) = 570mm。

角钢支架的安装距离是根据导线截面积而定的，见表 3-6。因为导线截面积为 35mm²，但有一根为 16mm²，根据建筑结构情况，取安装距离为 3m，支架配线可以配到③轴，总长度可以考虑为 33m，支架数量为 11 + 1 具 = 12 具，角钢总长度为 12 × 570mm = 6.84m。安装高度与金属线槽配线相同，为 4.3m，针式瓷绝缘子支架配线方式示意图如图 3-31 所示。

表 3-6 角钢支架的安装距离

配线方式	线芯截面积/mm²				
	1 ~ 4	6 ~ 10	16 ~ 25	35 ~ 70	95 ~ 120
瓷柱配线	1500	2000	3000		
瓷绝缘子配线	2000	2500	3000	6000	6000

电源干线从配电柜 AP 到支架采用钢管配线，沿地面平行距离为 9m + 0.3m + 2 × 0.3m =

9.9m，沿墙垂直4.3m，用MT32电线管，总长度为14.2m。

导线单根长度为2.2m（配电柜预留）+14.2m+1.5m（预留）=17.9m。支架上配线长度为33m+2×1.5m（末端预留）=36m，截面积为35mm² 导线总长度为3×(17.9+36)m=161.7m。截面积为16mm² 导线长度为53.9m。

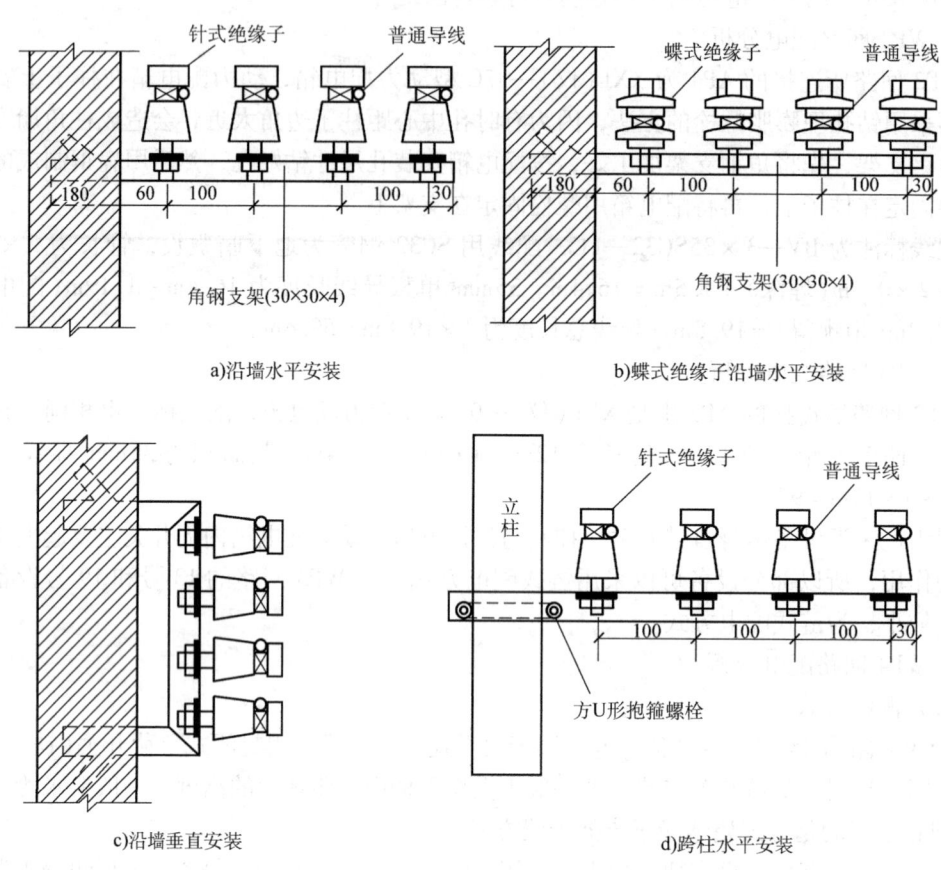

图3-31 针式瓷绝缘子支架配线方式示意图

（2）32号设备分支线分析

WP4回路到32号设备配线是先由SC15沿墙配到封闭式负荷开关，再由封闭式负荷开关用SC15配到32号设备接线口。封闭式负荷开关（中心）安装高度取1.5m，WP4回路到封闭式负荷开关的管长为4.3m-1.5m=2.8m，单根线长为1.5m（预留）+2.8m+0.3m（封闭式负荷开关预留）=4.6m。截面积为2.5mm² 导线长度为3×4.6m=13.8m。封闭式负荷开关到设备的管长为1.5m+0.3m（埋深）+2m+0.3m（埋深）+0.2m（出地面）+0.3m（金属波纹管）=4.6m。单根线长为0.3m（开关预留）+4.6m+1m（设备预留）=5.9m。截面积为2.5mm² 导线长度为3×5.9m=17.9m。截面积为2.5mm² 导线总长度为13.8m+17.1m=30.9m。到其他机床类设备与32号设备相同，可自行分析。

（3）25号设备分支线分析

25号设备为电焊机，电焊机为接2根线的负荷，其额定电压可以分为380V和220V两种。额定电压为380V时，需要接2根相线，额定电压为220V时，需要接1根相线和1根中性线。25号设备为14kW，将4根线沿墙配到封闭式负荷开关就可以了。封闭式负荷开关到电焊机是用软电缆，与电焊机配套。

5. WP5 回路配电分析

（1）滑触线

WP5回路是给桥式起重机配电的，桥式起重机是移动式动力设备。功率较小的桥式起重机用软电缆供电，功率较大的桥式起重机用滑触线供电。传统的滑触线用角钢或圆钢等导电体固定在绝缘子上，再将绝缘子用螺栓固定在角钢支架上，一般为现场制作。现代的滑触线多数是由生产厂家制造的半成品在现场组装而成，分为多线式安全滑触线、单线式安全滑触线和导管式安全滑触线。

安全滑触线由滑线架与集电器两部分组成。多线式安全滑触线是以塑料为骨架，以扁铜线为载流体。将多根载流体平行地分别嵌入同一根塑料架的各个槽内，槽体对应每根载流体有一个开口缝，用作集电器上的电刷滑行通道。这种滑触线结构紧凑，占用空间小，适用于中、小容量的起重机，其结构示意图如图3-32所示。滑触线载流量分为60A、100A两种，集电器分为15A、30A、50A三种，有三线式与四线式产品。

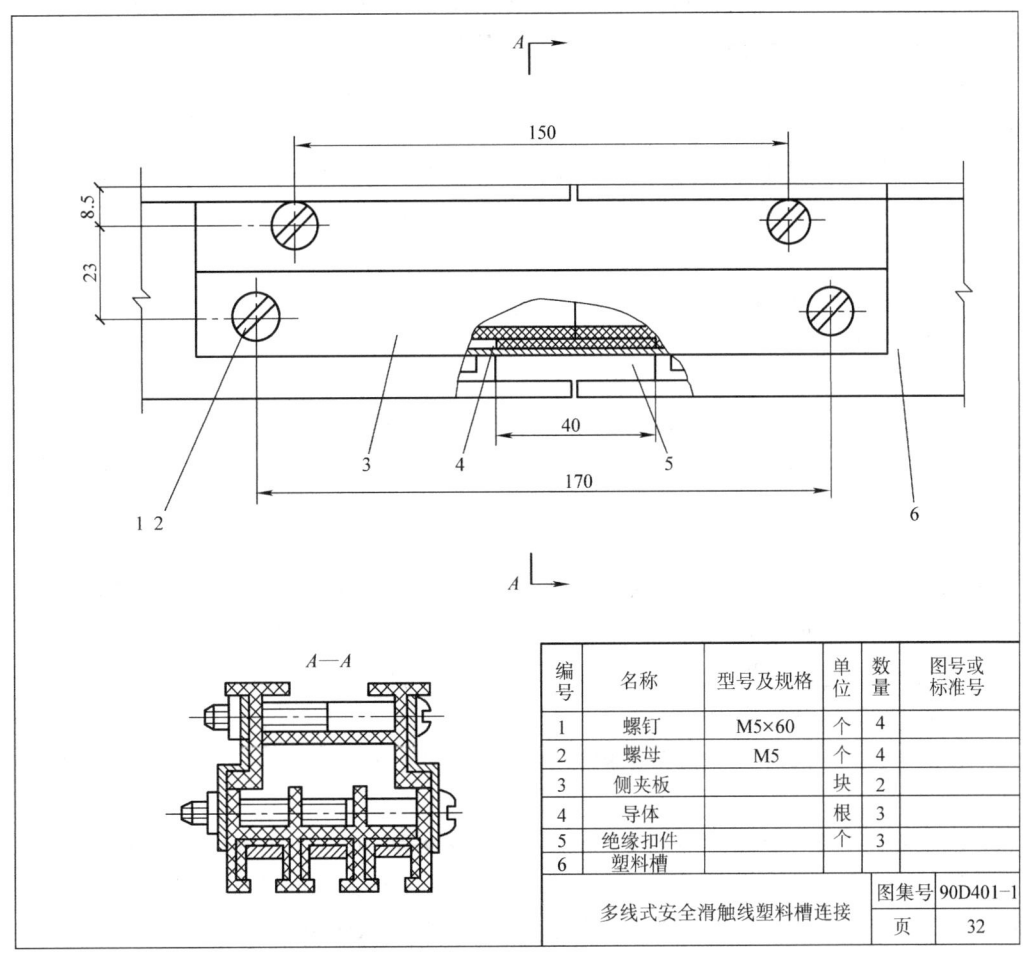

图 3-32 滑触线结构示意图

(2) 滑触线安装

首先安装滑触线支架,支架要安装得横平竖直,直线段支架间距为 1.5m,支架的规格与吊车梁的规格及安装方法有关,可查阅 90D401 图集。采用安全滑触线 1—1 型支架时,支架构件用 50mm×50mm×5mm 角钢,每个支架长度为 100mm + 350mm + 270mm = 720mm,配两个 M16×260mm 的双头螺栓。因为机修车间的总长度为 48m,所以支架的个数为 48÷1.5 − 1 = 33 个。50mm×50mm×5mm 角钢总长度为 33×7.2m = 23.76m。安全滑触线总长度为 48m。

多线式安全滑触线的安装,首先在地面上按滑触线的设计长度与线数,先将扁铜线平整调直后,平行地插入同一根塑料架的各个槽内,每段长度为 3~6m。然后从端头开始逐段拼接,扁铜线的拼接为焊接,焊接后表面必须打磨平整。也可以用连接板和 4 个 M4×12mm 螺钉进行连接。滑触线的拼接是在塑料槽外用螺栓固定好连接板(夹板)。全线滑触线组装好后逐步提升到支架高度,用专用的吊挂螺栓套入支架孔内进行初步定位,全线调整后再紧固。

(3) 钢管配线分析

C 轴和⑧轴柱子的封闭式负荷开关为滑触线的电源开关,其配线是用 SC20 的钢管沿柱子和地面由配电柜 AP 配到封闭式负荷开关的,管长为 2m + 0.3m + 2×0.3m + 1.5m = 4.4m,截面积为 6mm² 单根导线长为 2.2m(预留) + 4.4m + 0.3m = 6.9m,导线总长度为 3×6.9m = 20.7m。

封闭式负荷开关配到滑触线,滑触线的安装高度为 8m,管长为 8m − 1.5m = 6.5m,截面积为 6mm² 单根导线长为 6.5m + 0.3m + 1.5m(预留) = 8.3m,导线总长度为 3×8.3m = 24.9m。

三、车间照明电路配线分析

1. 照明电路配线

(1) 电光源选择

因为机修车间的每台机床设备上都带有 36V 的局部照明,所以只考虑一般照明。机修车间的照度一般为 100lx,根据车间的具体情况,可考虑用混合光源。电光源根据工作原理分为热辐射光源,如白炽灯、卤钨灯等;气体放电光源,如荧光灯、高压汞灯(高压指气体压力高)、高压钠灯等。虽然荧光灯有光色好、光效高等优点,但存在频闪效应,因机床设备的运动机构有旋转运动,当旋转运动的转速与荧光灯的频闪接近时,在人们的视觉上会感觉到旋转运动的转速很慢或不动,产生错误的信息,虽然使用电子镇流器的荧光灯无频闪效应,但其使用寿命还需要提高。所以有机床类设备的车间都不采用荧光灯作为电光源,一般采用高压汞灯和高压钠灯作为电光源。

高压汞灯、高压钠灯、金属卤化物灯都属于高强度气体放电灯,其结构外形如图 3-33 所示。

该车间选用 GGY—250(容量为 250W)型高压汞灯和 NG—110(容量为 110W)型高压钠灯组合成混合光源,通过计算,需要 21 组,每组 2 盏。根据车间情况,考虑安装在屋架的下弦梁上,因车间中间有 7 架屋架,每个屋架安装 3 组,东西两侧在墙上安装部分弯灯,基本可以满足照度要求。灯具布置平面图如图 3-34 所示。

(2) 灯具配线

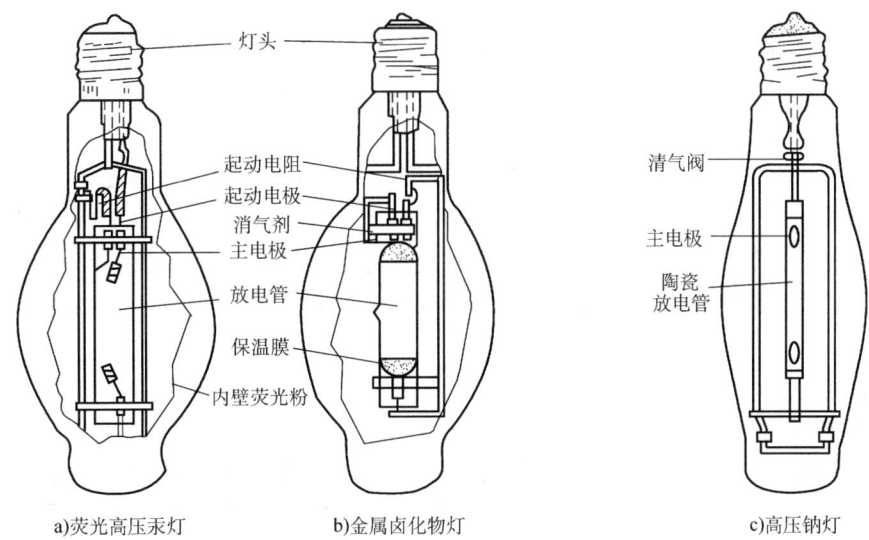

图 3-33 高强度气体放电灯

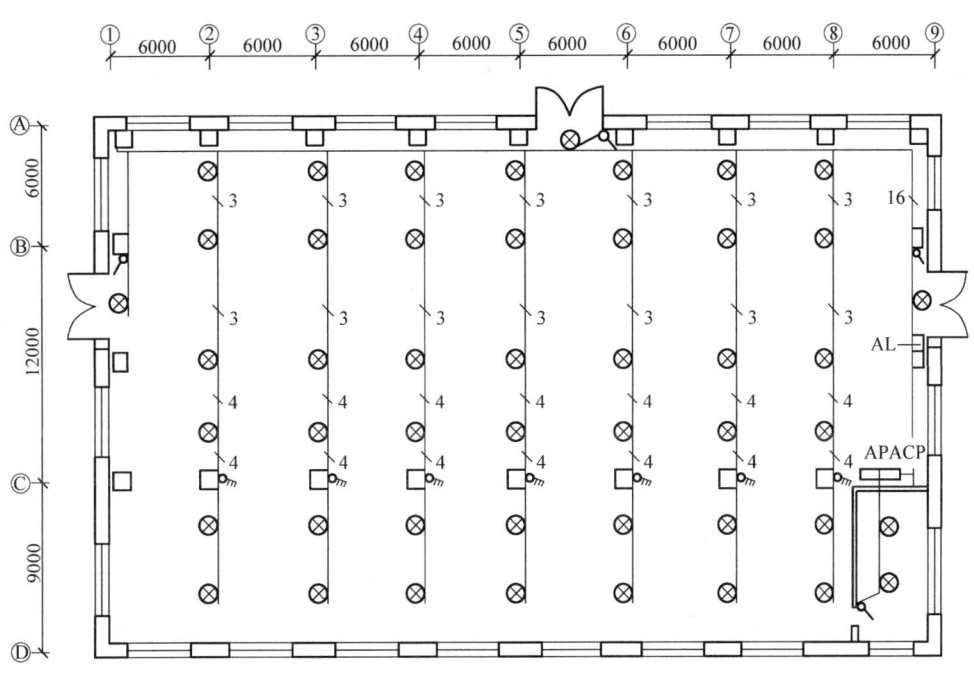

图 3-34 车间灯具布置平面图

车间照明可以采用照明配电箱集中控制,每个屋架 3 组灯,每组灯 350W,3 组的总功率为 3×350W=1050W。作为一个回路(单相),也可以采用分散控制,分散控制是用跷板开关控制。因为每个回路有 3 组灯,每组灯用 1 个开关,每个回路的灯开关集中安装在 C 轴立柱上(明装),垂直配线为 4 根。再考虑其他灯设 2 个回路,选择照明配电箱型号为 XXM(横向)—08,箱体外形尺寸为 580mm×280mm×90mm(宽×高×深),共 12 个回路,其余的作为备用。

导线标注为 BV—(4×6)MR—WS,干线为金属线槽配线到照明配电箱。照明配电箱的进线为 4 根，截面积为 $6mm^2$，出线截面积为 $2.5mm^2$，屋架上有 7 个回路，再加上另外 2 个回路，共 9 个回路 18 根线。总配线数为 $(2 \times 9 + 4)$ 根 = 22 根。所以从动力线的金属线槽到照明配电箱最好用金属线槽配线，长度为 $0.6m + 4.3m - 1.5m - 0.28m = 3.1m$，在金属线槽分支处用一个弯通，需要加一个托臂。

屋架的下弦梁一般距地面为 10m，从金属线槽到屋架的下弦梁的高度为 $10m - 4.3m = 5.7m$，保护管可以选择电线管 DN16，在下弦梁上也可以用 PVC 管，每个回路配线从 A 轴的第一个灯开始为 3 根线，从第三个灯到 C 轴立柱为 4 根线，工程量可自行分析。其灯具安装也固定在屋架的下弦梁上，安装方法可参考标准图 D702-1~3《常用低压配电设备及灯具安装》。

2. 车间电气接地

（1）跨接接地线

桥式起重机为金属导轨，需要可靠接地。导轨与导轨之间的连接称为跨接接地线，导轨的跨接接地线可以用扁钢或圆钢焊接。连接方法在工程量的统计中用多少处表示，应先知道导轨长度，设导轨长度为 6m，可以得出每边 $(8-1)$ 处 = 7 处，两边共 14 处。

（2）接地与接零

桥式起重机的金属导轨两端用 40mm×4mm 的镀锌扁钢连接成闭合回路，作接零干线，并与动力箱的中性线相连接，同时在 A 轴两端的金属导轨分别作接地引下线，埋地接地线也用 40mm×4mm 的镀锌扁钢，接地体采用长 2.5m 的 50mm×50mm×50mm 镀锌角钢 3 根垂直配置。其接地电阻 $R \leqslant 10\Omega$，若实测电阻大于 10Ω，则需增加接地体。

主动力箱电源的中性线在进线处也需要重复接地，所有电气设备在正常情况下，不带电的金属外壳、构架以及保护导线的钢管均需接零，所有的电气连接均采用焊接。

本 章 小 结

照明与动力工程是现代建筑中最基本的电气工程。照明工程主要包括灯具、开关、插座等电气设备和配电线路的安装与敷设。动力工程主要是指以电动机为动力的设备、装置、控制器、配电箱和电力线路等的安装和敷设。

照明电器由电光源和灯具组成。电光源按发光原理分为两大类：热辐射光源（白炽灯），气体放电光源（荧光灯）。灯具主要介绍目前流行的灯具安装方法。动力设备主要为 Y 系列三相异步电动机。工程图主要有系统图、平面图、安装接线图等组成。

室内照明和动力配线重点介绍了几种常见施工安装方法。

照明及动力平面图是一种位置简图，主要表现电力及照明线路的敷设位置、敷设方式、导线型号、截面、根数、线管的种类和线管的管径，同时还标出各种用电设备及配电设备的型号、数量、安装方式和相对位置。

照明及动力系统图表示了电能的分配关系，在图中反映出电力及照明的安装容量，计算容量，配电方式，电缆和导线的型号、规格，穿管的种类和管径，敷设部位和敷设方式，开关与熔断器的型号和规格，配电箱型号和安装方式等。

本章通过几个实例介绍了电气照明及动力平面图、系统图的分析及工程量计算方法。

习 题 三

一、判断题(对的画"√",错的画"×")

1. 塑料护套配线,其直线段每隔150~200mm,其转弯两边的50~100mm处都需设置线卡的固定点。( )
2. 管内穿线的总截面积(包括外护套)不应超过管子内截面积的50%占空比。( )
3. 室内配线、导线绝缘层耐压水平的额定电压,应大于线路的工作电压。( )
4. 照明开关安装高度一般为1.3m,距门框为0.25~0.3m。( )
5. 不同电压、不同回路、不同频率的导线,只要有颜色区分就可以穿于同一管内。( )
6. 照明平面图是一种位置简图,主要标出灯具、开关的安装位置。( )
7. 白炽灯、碘钨灯是热辐射光源。( )
8. 当穿线钢管通过伸缩缝时,不必采取什么措施,而使钢管直接通过。( )
9. 吊顶内电线配管可以直接安装在轻钢龙骨上,但要固定牢固。( )
10. 型钢滑触线只有在跨越建筑物伸缩缝时,才要装伸缩补偿装置。( )
11. 母线引下线排列,交流L1、L2、L3三相的排列由左到右。( )
12. 配电线路不得穿越风管内腔或敷设在风管外壁上,穿金属管保护的配电线路可紧贴风管外壁敷设。( )
13. 三相或单相交流单芯电缆,单独穿于钢导管时,应注意核实电缆的载流量。( )
14. 施工现场的室内配线必须采用绝缘导线。采用瓷绝缘子、瓷(塑料)夹等敷设,距地面高度不得小于2.5m。( )
15. 地面内暗装金属线槽内、电缆或电缆不得有接头,接头应在分线盒或线槽出线盒内进行。( )

二、单项选择题

1. 照明安装中,事故照明的有( )。
   A. 障碍照明　　B. 局部照明　　C. 混合照明　　D. 一般照明
2. 在配线电路中使用的配管配线适用于潮湿、有机械外力、有轻微腐蚀气体场所的明、暗配的是( )。
   A. 电线管　　B. 硬塑料管　　C. 半硬塑料管　　D. 焊接钢管
3. 在起重机的配电施工中的滑触线的连接,多采用( )。
   A. 绞接　　B. 焊接　　C. 螺栓连接　　D. 压接
4. 暗配管埋入墙或混凝土内的管子离表面的净距不得小于( )。
   A. 5mm　　B. 10mm　　C. 15mm　　D. 50mm
5. 进入落地式配电箱的管路排列应整齐,管口出基础面不应小于( )。
   A. 50mm　　B. 100mm　　C. 150mm　　D. 200mm
6. 当电气管路在蒸汽管下面时,相互之间的距离应为( )。
   A. 0.2m　　B. 0.5m　　C. 0.8m　　D. 1m
7. 穿在管内的绝缘导线的额定电压不应低于( )。
   A. 100V　　B. 220V　　C. 380V　　D. 500V
8. 起重机滑触线距地面高度不得低于( )。
   A. 3m　　B. 3.5m　　C. 4m　　D. 5m
9. 吊灯安装从吊线盒引出导线接线头,引线长度宜在( )以内。
   A. 0.8m　　B. 1.2m　　C. 1.5m　　D. 1.8m
10. 暗装开关安装高度在设计无规定时一般为( )。
    A. 1.2m　　B. 1.3m　　C. 1.3m　　D. 1.4m
11. 电缆桥架水平敷设时,桥架之间的连接头应尽量设置在跨距的( )处。

A. 1/5 　　　　　 B. 1/4 　　　　　 C. 1/3 　　　　　 D. 1/2

12. 电缆桥架中水平走向的电缆每隔（　　）左右固定一下。
A. 2m 　　　　　 B. 1.5m 　　　　　 C. 1.2m 　　　　　 D. 1m

13. 长距离的电缆桥架如利用桥架作为接地干线，每隔（　　）接地一次。
A. 30～50m 　　 B. 50～70m 　　 C. 70～90m 　　 D. 90～110m

14. 电缆安装前要进行检查，（　　）以上的电缆要做直流耐压试验。
A. 0.38kV 　　　 B. 1kV 　　　　　 C. 10kV 　　　　 D. 35kV

15. 电缆在室外直接埋地敷设，埋设深度一般为（　　）。
A. 0.6m 　　　　 B. 0.7m 　　　　　 C. 0.8m 　　　　 D. 0.9m

16. 电缆在电缆沟内敷设时，1kV 的电力电缆与控制电缆的间距不应小于（　　）。
A. 140mm 　　　 B. 120mm 　　　　 C. 100mm 　　　　 D. 80mm

17. 以下电缆中，不归入电气设备用电线电缆的是（　　）。
A. 电力电缆 　　 B. 通信电缆 　　 C. 加热电缆 　　 D. 绕组线

18. 铝硬母线采用搭接方式连接时，接触面需涂以（　　）。
A. 中性凡士林 　 B. 电力复合脂 　 C. 密封膏

19. 钢管敷设时，当管子全长超过（　　），有一个弯曲时则应装设接线盒。
A. 15m 　　　　　 B. 20m 　　　　　 C. 30m

20. 在暗敷的配管工程中，管子的弯曲半径不得小于管子外径的（　　）倍。
A. 4 　　　　　　 B. 5 　　　　　　 C. 6

21. 多根导线共管，其导线根数为（　　）。
A. 不限制 　　　 B. 不允许超过 15 根 　 C. 不允许超过 9 根

22. 在金属线槽的施工中，应在线槽的连接处，线槽首端、终端及进出接线盒（　　）处以及转角处设置支撑点。
A. 0.5m 　　　　 B. 1m 　　　　　　 C. 1.5m

23. 直埋电缆输电线路的敷设位置图，比例宜为 1∶500，地下管线密集的地段不应小于（　　）。
A. 1∶100 　　　　 B. 1∶150 　　　　 C. 1∶250

24. 导线截面积为（　　）mm^2 及以下的单股铜芯线可直接与设备器具的端子连接。
A. 6 　　　　　　 B. 10 　　　　　　 C. 16

25. 5 层照明平面图中的管线敷设在（　　）地板中，而 5 层的动力平面图中的管线则敷设在（　　）楼板中。
A. 5 层，5 层 　　 B. 6 层，5 层 　　 C. 6 层，4 层

26. 进入二三孔双联暗装插座的管内穿线有（　　）线。
A. 2 根 　　　　　 B. 3 根 　　　　　 C. 4 根 　　　　　 D. 5 根

27. 双联单极扳把开关盒的导线有（　　）根，进入四联单极板把开关盒的导线有（　　）根。
A. 3，4 　　　　　 B. 2，5 　　　　　 C. 3，5 　　　　　 D. 2，4

三、简答题

1. 灯具安装有哪些要求？
2. 保护接零中，三孔插座的正确接法如何？
3. 在什么情况下应将电缆穿管保护？管子直径怎样选择？
4. 直埋电缆互相交叉时有何规定？
5. 母线相序颜色是如何规定的？
6. 封闭插接母线安装有哪些要求？
7. 管内穿线有哪些要求和规定？

8. 常用低压配线方式有几种？

9. 绘出教室的电气照明平面布置图，标注出灯具数量、安装高度，配电线路和导线根数、开关的位置。

10. 在图3-18 办公科研楼一层照明工程图中的分析室内，开关的垂直配管内需要穿几根线？各用于什么？

11. 在办公科研楼一层照明工程图中的浴室房间内，开关的垂直配管内需要穿几根线？各用于什么？

12. 如果将浴室房间内的男卫生间的开关处的配管配线直接配向男卫生间灯盒处能节约什么？是否合理？

13. 在图3-18 办公科研楼一层照明工程图中的走廊，从④轴至⑤轴间的走廊灯到⑤轴至⑥轴间的走廊灯处为什么要标注5根线？

14. 一个双控开关需要连接几根线？分别说明各用于什么？

15. 办公科研楼的楼梯灯，对于双控开关的配线还可以有其他方案，请按其他方案统计出其工程量，再与原设计方案比较可节约多少管和线？

16. 用列表方法统计出办公科研楼照明工程图的全部工程量。

17. 用列表方法统计出住宅照明平面图的全部工程量。

18. 用列表方法统计出动力工程平面图的各回路的工程量。

19. 通过查阅电气安装标准图，提出车间照明平面图的灯具安装方式，并统计工程量。

20. 导线进入开关箱的预留量是多少？

21. 导线进入单独安装(无箱、盘)的封闭式负荷开关、刀开关、起动器、母线槽进出线盒等的预留量是多少？

第四章　建筑防雷接地工程

雷电是一种常见的自然现象，它能产生强烈的闪光、霹雳，有时落到地面上，击毁房屋、杀伤人畜，给人类带来极大危害。特别随着我国建筑事业的迅猛发展，高层建筑日益增多，如何防止雷电的危害，保证建筑物及设备、人身的安全，就显得更为重要了。

第一节　雷击的类型及建筑防雷等级的划分

在进行防雷设计和安装施工时，应首先弄清雷击的类型，根据建筑物的重要程度、使用性质、发生雷击事故的可能性及其可能产生的后果，以及建筑物周围环境的实际情况，按有关建筑防雷的设计规范来确定建筑物的防雷等级。

一、雷击的类型

云层之间的放电现象，虽然有很大声响和闪电，但对地面上的万物危害并不大，只有云层对地面的放电现象或极强的电场感应作用才会产生破坏作用，其雷击的破坏作用可归纳以下三个方面。

1. 直接雷击

当雷云离地面较近时，由于静电感应作用，使离云层较近的地面上凸出物（如树木、山头、各类建筑物和构筑物等）感应出异种电荷，故在云层强电场作用下形成尖端放电现象，即发生云层直接对地面物体放电。因雷云上聚集的电荷量极大，放在电瞬时的冲击电压与放电电流均很大，可达几百万伏和 200kA 以上的数量级。所以往往会引起火灾、房屋倒塌和人身伤亡事故，灾害比较严重。

2. 感应雷害

当建筑物上空有聚集电荷量很大的云层时，由于极强的电场感应作用，将会在建筑物上感应出与雷云所带负电荷性质相反的正电荷。这样，在雷云之间放电或带电云层飘离后，虽然带电云层与建筑物之间的电场已经消失，但这时屋顶上的电荷还不能立即疏散掉，致使屋顶对地面还会有相当高的电位。所以，往往会造成对室内的金属管道、大型金属设备和电线等放电，引起火灾、电气线路短路和人身伤亡等事故。

3. 高电位引入

当架空线路上某处受到雷击或与被雷击设备连接时，便会将高电位通过输电线路而引入室内，或者雷云在线路的附近对建筑物等放电而感应产生高电位引入室内，均会造成室内用电设备或控制设备承受严重过电压而损坏，或引起火灾和人身伤害事故。

通过以上对雷电形成的原因和危害，以及雷击或雷害产生途径的分析，必须对建筑物和电气设备采取有效防雷措施，以保护国家和人民的生命财产安全，将经济损失减少到最低程度。例如，住宅楼处于建筑群体的边缘或高于其周围的建筑，并且高度超过 20m（或超过 6 层）时，应考虑设置避雷装置。一般平顶屋面多采用避雷带防雷，屋顶上易受雷击的凸出部分（有高位水箱间、电梯机房、电视共用天线或其他金属结构等），应考虑装设避雷针,以预防直接雷击和感应雷击的伤害。而对于高压架空线路和电缆线路,则应在电源进户处及开关柜内考虑避雷器,以防止高电位引入或线路发生谐振而产生的高电位。

二、建筑物防雷等级的划分

按 GB 50057—1994《建筑物防雷设计规范》的规定,将建筑物防雷等级分为三类。

1. 第一类防雷建筑物

1)凡制造、使用或储存炸药、火药、起爆药、火工品等大量爆炸物质的建筑物,因电火花而引起爆炸,会造成巨大破坏和人身伤亡者。

2)具有 0 或 10 区爆炸危险环境的建筑物。

3)具有 1 区爆炸危险环境的建筑物,因电火花而引起爆炸,会造成巨大破坏和人身伤亡者。

2. 第二类防雷建筑物

1)国家级重点文物保护的建筑物。

2)国家级的会堂、办公建筑物、大型展览和博览建筑物、大型火车站、国家宾馆、国家级档案馆、大型城市的重要给水水泵房等特别重要的建筑物。

3)国家级计算中心、国际通信枢纽等对国民经济有重要意义且有大量电子设备的建筑物。

4)制造、使用或储存爆炸物质的建筑物,且电火花不易引起爆炸或不至造成巨大破坏和人身伤亡者。

5)具有 1 区爆炸危险环境的建筑物,且电火花不易引起爆炸或不致造成巨大破坏和人身伤亡者。

6)具有 2 区或 11 区爆炸危险环境的建筑物。

7)工业企业有爆炸危险的露天钢质封闭气罐。

8)预计雷击次数大于 0.06 次/a 的部、省级办公建筑物及其他重要或人员密集的公共建筑物。

9)预计雷击次数大于 0.3 次/a 的住客、办公楼等一般性民用建筑物。

3. 第三类防雷建筑物

1)省级重点文物保护的建筑物及省级档案馆。

2)预计雷击次数大于或等于 0.012 次/a,且小于或等于 0.06 次/a 的部、省级办公建筑物及其他重要或人员密集的公共建筑物。

3)预计雷击次数大于或等于 0.06 次/a,且小于或等于 0.03 次/a 的住宅、办公楼等一般民用建筑物。

4)预计雷击次数大于或等于 0.06 次/a 的一般性工业建筑物。

5)根据雷击后对工业生产的影响及产生的后果,并结合当地气象、地形、地质及周围环境等因素,确定需要防雷的 21 区、22 区、23 区火灾危险环境。

6)在平均雷暴日大于 15d/a 的地区,高度在 15m 及以上的烟囱、水塔等孤立的高耸建筑物;在平均雷暴日小于或等于 15d/a 的地区,高度在 20m 及以上的烟囱、水塔等孤立的高耸建筑物。

第二节　建筑物的防雷措施

由于雷电有不同的危害形式，所以相应采用不同的防雷措施来保护建筑物。

一、防雷措施的类型

1. 防直击雷的措施

防直击雷采取的措施是引导雷云对避雷装置放电，使雷电流迅速流入大地，从而保护建（构）筑物免受雷击。防直击雷的避雷装置有避雷针、避雷带、避雷网、避雷线等。对建筑物屋顶易受雷击部位，应装避雷针、避雷带、避雷网进行直击雷防护。如屋脊装有避雷带，而屋檐处于此避雷带的保护范围以内时，屋檐上可不装设避雷带。

2. 防雷电感应的措施

防止由于雷电感应在建筑物上聚集电荷的方法是在建筑物上设置收集并泄放电荷的装置（如避雷带、网）。防止建筑物内金属物上雷电感应的方法是将金属设备、管道等金属物，通过接地装置与大地作可靠的连接，以便将雷电感应电荷迅速引入大地，避免雷害。

3. 防雷电波侵入的措施

防止雷电沿供电线路侵入建筑物，行之有效的方法是安装避雷器将雷电波引入大地，以免危及电气设备。但对于易燃易爆危险的建筑物，当避雷器放电时线路上仍有较高的残压要进入建筑物，还是不安全。对这种建筑物可采用地下电缆供电方式，这就根本上避免了过电压雷电波侵入的可能性，但这种供电方式费用较大。对于部分建筑物可以采用一段金属铠装电缆进线的保护方式，这种方式不能完全避免雷电波的侵入，但通过一段电缆后可以将雷电波的过电压限制到安全范围之内。

4. 防止雷电反击的措施

所谓反击，就是当防雷装置接受雷击时，在接闪器、引下线和接地体上都产生很高的电位，如果防雷装置与建筑物内外的电气设备、电线或其他金属管线之间的绝缘距离不够，它们之间就会发生放电，这种现象称为反击。反击也会造成电气设备绝缘破坏，金属管道烧穿，甚至引起火灾和爆炸。

防止反击的措施有两种。一种是将建筑物的金属物体（含钢筋）与防雷装置的接闪器、引下线分隔开，并且保持一定的距离。另一种是，当防雷装置不易与建筑物内的钢筋、金属管道分隔开时，则将建筑物内的金属管道系统，在其主干管道处与靠近的防雷装置相连接，有条件时，宜将建筑物每层的钢筋与所有的防雷引下线连接。

二、防雷装置的组成

建筑物的防雷装置一般由接闪器、引下线和接地装置三部分组成。其作用原理是：将雷电引向自身并安全导入地中，从而使被保护的建筑物免遭雷击。

1. 接闪器

接闪器是专门用来截受雷击的金属导体。通常有避雷针、避雷带、避雷网以及兼作接闪的金属屋面和金属构件（如金属烟囱、风管等）。所有接闪器都必须经过接地引下线与接地装置相连接。

（1）避雷针

1）避雷针的作用和结构。避雷针是安装在建筑物突出部位或独立装设的针形导体。它能对雷电场产生一个附加电场（这是由于雷云对避雷针产生静电感应引起的），使雷电场畸变，因而将雷云的放电通路吸引到避雷针本身，由它及与它相连的引下线和接地体将雷电流安全导入地中，从而保护了附近的建筑物和设备免受雷击。避雷针通常采用镀锌圆钢或镀锌钢管制成。当针长1m以下，圆钢直径≥12mm，钢管直径≥20mm；当针长为1~2m时，圆钢直径≥16mm，钢管直径≥25mm；烟囱顶上的避雷针长度≥20mm。当避雷针较长时，针体则由针尖和不同直径的管段组成。针体的顶端均应加工成尖形，并用镀锌或搪锡等方法防止其锈蚀。它可以安装在电杆（支柱）、构架或建筑物上，下端经引下线与接地装置焊接。

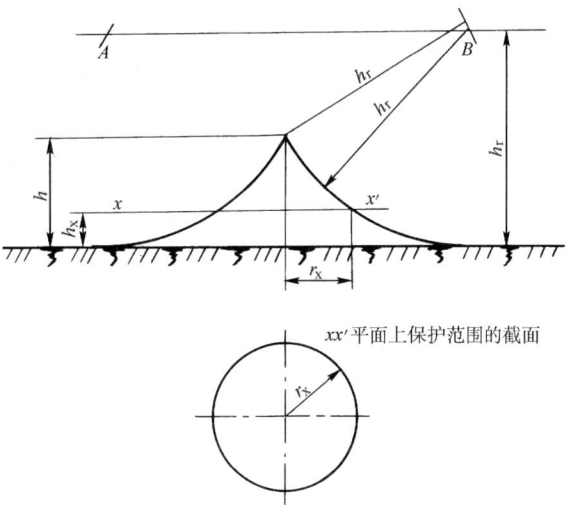

图4-1 单支避雷针的保护范围

2）避雷针的保护范围。避雷针的保护范围，以它对直击雷所保护的空间来表示，可利用滚球法进行确定。按建筑防雷类别布置接闪器及滚球半径可按表4-1确定，单支避雷针保护范围如图4-1所示。

表4-1 按建筑物防雷类别布置接闪器及滚球半径

建筑物防雷类别	滚球半径 h_r/m	避雷网网格尺寸/m	建筑物防雷类别	滚球半径 h_r/m	避雷网网格尺寸/m
第一类防雷建筑物	30	≤5×5 或 ≤6×4	第三类防雷建筑物	60	≤20×20 或 ≤24×16
第二类防雷建筑物	45	≤10×10 或 ≤12×8			

当需要保护的范围较大时，用一支高避雷针保护往往不如用两支比较低的避雷针保护有效，由于两针之间受到了良好的屏蔽作用，除受雷击的可能性极少外，而且便于施工和具有良好的经济效果。双支等高避雷针的保护范围如图4-2所示。

近年来，国外有的文献提出一种大气高脉冲电压避雷针，其特点是在传统的避雷针上部设置了一个能在针尖产生刷形放电的电压脉冲发生装置，它利用雷暴时存在于周围电场中的大气能量，按选定的频率和振幅，把这种能量转变成高电压脉冲，使避雷针尖端出现刷形放电或高度离子化的等离子区。它与雷云下方的电荷极性相反，成为放电的良好通道，从而强化了引雷作用，脉冲的频率是按照有助于消除空间电荷，保证离子化通道处于最优化状态进行选定的，所以这种新型避雷针拥有比传统避雷针大若干倍的保护范围，特别是在建筑物顶部的保护范围。因此，应用大气高脉冲电压避雷针进行雷击保护可以减少避雷针的数量或降低避雷针的高度。

（2）避雷带和避雷网

避雷带就是用小截面积圆钢或扁钢装于建筑物易遭雷击的部位，如屋脊、屋檐、屋角、女儿墙和山墙等的条形长带。避雷网相当于纵横交错的避雷带叠加在一起，形成多个网孔，既是接闪器，又是防感应雷的装置，因此是接近全部保护的方法，一般用于重要的建筑物。

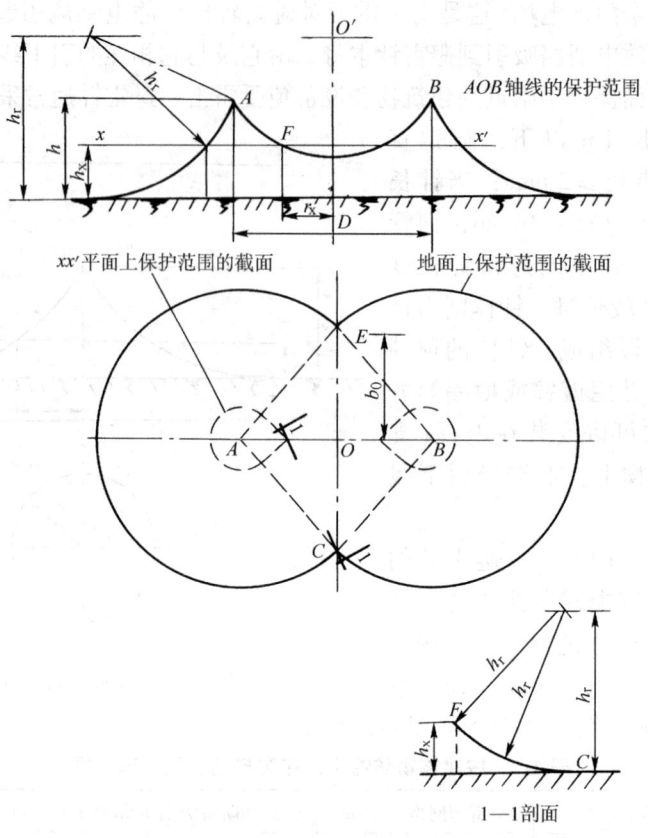

图 4-2 双支等高避雷针的保护范围

避雷带和避雷网可以采用镀锌圆钢或扁钢，圆钢直径不得小于 8mm；扁钢截面积不得小于 $48mm^2$，厚度不得小于 4mm；装设在烟囱顶端的避雷环，其截面积不得小于 $100mm^2$。

避雷网也可以做成笼式，即笼式避雷网，或避雷笼网，也可简称为避雷笼。避雷笼是笼罩着整个建筑物的金属笼。根据电学中的法拉第笼的原理，对于雷电起到均压和屏蔽的作用，任凭接闪时笼网上出现高电压，笼内空间的电场强度为零，笼内各处电位相等，形成一个等电位体，因此笼内人身和设备都是安全的，如图 4-3 所示。

我国高层建筑的防雷设计多采用避雷笼。避雷笼的特点是把整个建筑物的梁、柱、板、基础等主要结构钢筋连成一体，因此是最安全可靠的防雷措施。避雷笼是利用建筑物的结构配筋形成的，配筋的连接点只要按结构要求用钢丝绑扎的，就不必进行焊接。对于预制大板和现浇大板结构建筑，网格较小，是较理想的笼网；而框架结构建筑，则属于大格笼网，虽不如预制大板和现浇大板笼网严密，但一般民用建筑的柱间距离都在 7.5m 以内，故也是安全的。

（3）避雷线

避雷线一般采用截面积不小于 $35mm^2$ 的镀锌钢绞线，架设在架空线路之上，以保护架空线路免受直接雷击。避雷线的作用原理与避雷针相同，只是保护范围要小一些。

2. 引下线

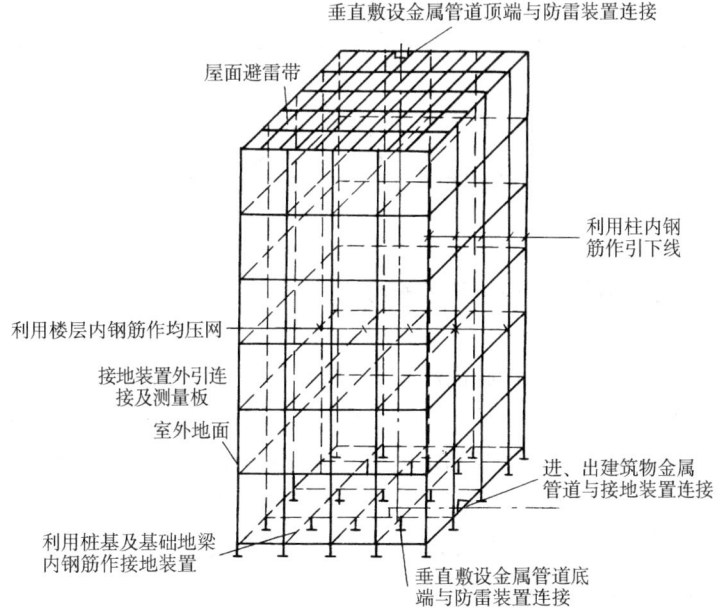

图 4-3 防雷接地系统法拉第(Faraday)笼结构图

引下线是连接接闪器和接地装置的金属导体。一般采用圆钢或扁钢,宜优先采用圆钢。

(1) 引下线的选择和设置

采用圆钢时,直径不应小于 8mm;采用扁钢时,其截面积应不小于 $18mm^2$,厚度应不小于 4mm。烟囱上安装的引下线,圆钢直径应不小于 12mm;扁钢截面积应不小于 $100mm^2$,厚度应不小于 4mm。

引下线应沿建筑物外墙敷设,并经最短路径接地,建筑艺术要求较高者可暗敷,但截面积应加大一级。明敷的引下线应镀锌,焊接处应涂防腐漆,在腐蚀性较强的场所,还应适当加大截面积或采取其他的防腐措施。

建筑物的金属构件(如消防梯等)、金属烟囱、烟囱的金属爬梯、混凝土柱内钢筋、钢柱等都可作为引下线,但其所有部件之间均应连成电气通路。在易受机械损坏和人身接触的地方,地面上 1.7m 至地面下 0.3m 的一段引下线,应加保护设施。

(2) 断接卡子

设置断接卡子的目的是为了便于运行、维护和检测接地电阻。

采用多根专设引下线时,为了便于测量接地电阻以及检查引下线、接地线的连接状况,宜在各引下线上于距地面 0.3~1.8m 之间设置断接卡子。断接卡子应有保护措施。

当利用混凝土内钢筋、钢柱等自然引下线并同时要用基础接地体时,可不设断接卡子,但利用钢筋作引下线时应在室内外的适当地点设若干连接板,该连接板可供测量、接人工接地体和作等电位联结用。当仅利用钢筋作引下线并采用埋于土壤中的人工接地体时,应在每根引下线上距地面不低于 0.3m 处设接地体连接板。连接板处宜有明显标志。

3. 接地装置

接地装置是接地体(又称接地极)和接地线的总称。它的作用是把引下线引下的雷电流迅速流散到大地土壤中去。

(1) 接地体

它是指埋入土壤中或混凝土基础中作散流用的金属导体。接地体分人工接地体和自然接地体两种。自然接地体即兼作接地用的直接与大地接触的各种金属构件，如建筑物的钢结构、桥式起重机钢轨、埋地的金属管道(可燃液体和可燃气体管道除外)等。人工接地体即是直接打入地下专作接地用的经加工的各种型钢或钢管等。按其敷设方式可分为垂直接地体和水平接地体。

(2) 接地线

接地线是从引下线断接卡子或换线处至接地体的连接导体。

(3) 基础接地体

在高层建筑中，利用柱子和基础内的钢筋作为引下线和接地体，具有经济、美观和有利于雷电流流散以及不必维护和寿命长等优点。将设在建筑物钢筋混凝土桩基和基础内的钢筋作为接地体时，此种接地体常称为基础接地体。利用基础接地体的接地方式称为基础接地，国外称为 UFFER 接地。基础接地体可分为以下两种：

1) 自然基础接地体，利用钢筋混凝土基础中的钢筋或混凝土基础中的金属结构作为接地体时，这种接地体称为自然基础接地体。

2) 人工基础接地体。把人工接地体敷设在没有钢筋的混凝土基础内时，这种接地体称为人工基础接地体。有时候，在混凝土基础内虽有钢筋但由于不能满足利用钢筋作为自然基础接地体的要求(如由于钢筋直径太小或钢筋总表面积太小)，也有在这种钢筋混凝土基础内加设人工接地体的情况，这时所加入的人工接地体也称为人工基础接地体。

利用基础接地体时，对建筑物地梁的处理是很重要的一个环节。地梁内的主筋要和基础主筋连接起来，并要把各段地梁的钢筋连成一个环路，这样才能将各个基础连成一个接地体，而且地梁的钢筋形成一个很好的水平接地环，综合组成一个完整的接地系统。

第三节　建筑物的接地系统

现代高层民用建筑中为了保障人身安全、供电的可靠性以及用电设备的正常运行，特别是现代智能建筑越来越多的电子设备都要求有一个完整的、可靠的接地系统来保证，这些建筑需要接地的设备及构件很多，而且接地的要求也不一样，但从接地所具有的作用可归纳为三大类，即防雷接地、保护接地、工作接地。本节主要介绍后两种接地。

一、保护接地

保护接地是指保护建筑物内的人身免遭间接接触的电击(即在配电线路及设备在发生接地故障情况下的电击)和在发生接地故障情况下避免因金属壳体间有电位差而产生打火引发火灾。当配电回路发生接地故障时产生足够大的接地故障电流时，使配电回路的保护开关迅速动作，从而及时切除故障回路电源达保护目的。

1. 保护接地的范围

高层建筑中哪些设备及构件必须进行保护接地呢？《民用建筑电气设计规范》(JGJ 16—2008) 12.3.1 中明确规定以下电力装置的外露可导电部分必须保护接地：

1) 电机、变压器、电器、手握式及移动式电器。

2) 电力设备传动装置。

3) 室内外配电装置的金属构架。
4) 配电屏与控制屏的框架。
5) 电缆的金属外皮及电力电缆接线盒、终端盒。
6) 电力线路的金属保护管、各种金属接线盒。

2. 保护接地系统方式的选择

按国际电工委员会(IEC)的规定，低压电网有5种接地方式。

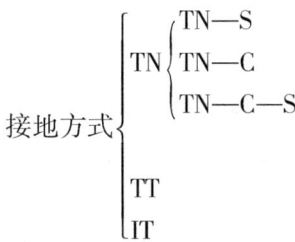

第一个字母(T或I)表示电源中性点的对地关系；

第二个字母(N或T)表示装置的外露导电部分的对地关系；

横线后面的字母(S、C或C—S)表示保护线与中性线的结合情况；

T—Through(通过)表示电力网的中性点(发电机、变压器的星形联结的中间结点)是直接接地系统；

N—Nerutral(中性点)表示电气设备正常运行时不带电的金属外露部分与电力网的中性点采取直接的电气连接，即"保护接零"系统。

(1) TN 系统

1) TN—S 系统。S—Separate(分开, 指 PE 与 N 分开)即五线制系统，三根相线分别是 L1、L2、L3，一根中性线 N，一根保护线 PE，仅电力系统中性点一点接地，用电设备的外露可导电部分直接接到 PE 线上，如图4-4所示。

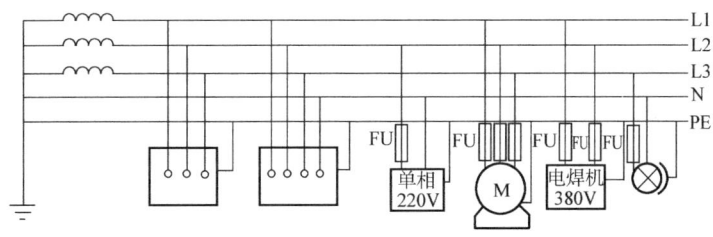

图 4-4 TN—S 系统的接地方式

TN—S 系统中的 PE 线上在正常运行时无电流，电气设备的外露可导电部分无对地电压，当电气设备发生漏电或接地故障时，PE 线中有电流通过，使保护装置迅速动作，切断故障，从而保证操作人员的人身安全。一般规定 PE 线不允许断线和进入开关。N 线(工作零线)在接有单相负载时，可能有不平衡电流。

TN—S 系统适用于工业与民用建筑等低压供电系统，是目前我国在低压系统中普遍采取的接地方式。

2) TN—C 系统。C—Common(公共, 指 PE 与 N 合一)即四线制系统，三根相线分别为 L1、L2、L3，一根中性线与保护地线合并的 PEN 线，用电设备的外露可导电部分接到 PEN

线上，如图 4-5 所示。

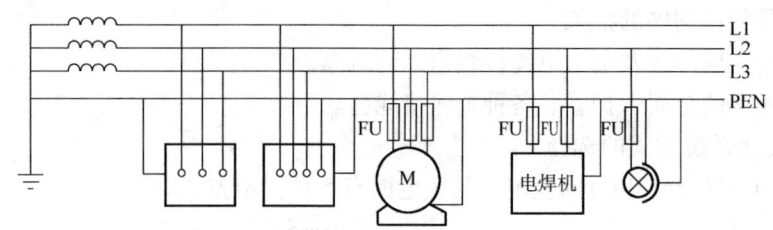

图 4-5　TN—C 系统的接地方式

在 TN—C 系统接线中，当存在三相负荷不平衡或有单相负荷时，PEN 线上呈现不平衡电流，电气设备的外露可导电部分有对地电压的存在。由于 N 线不得断线，故在进入建筑物前 N 或 PE 应加做重复接地。

TN—C 系统适用于三相负荷基本平衡的情况，同时也适用于有单相 220V 的便携式、移动式的用电设备。

3) TN—C—S 系统。即四线半系统，在 TN—C 系统的末端将 PEN 分开为 PE 线和 N 线，分开后不允许再合并，如图 4-6 所示。

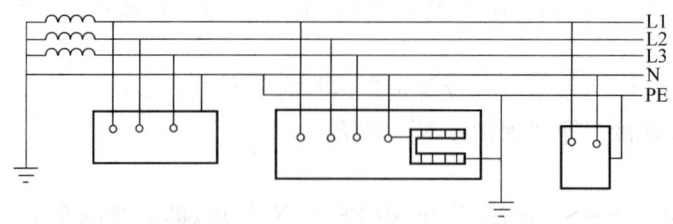

图 4-6　TN—C—S 系统的接地方式

在该系统的前半部分具有 TN—C 系统的特点，在系统的后半部分却具有 TN—S 系统的特点。目前，一些民用建筑物的电源入户后，将 PEN 线分为 N 线和 PE 线。

该系统适用于工业企业和一般民用建筑。当负荷端装有漏电保护装置，干线末端装有接零保护时，也可用于新建住宅小区。

(2) TT 系统

第一个"T"表示电力网的中性点(发电机、变压器的星形联结的中间结点)是直接接地系统；第二个"T"表示电气设备正常运行时不带电的金属外露可导电部分对地做直接的电气连接，即"保护接地"系统。三根相线 L1、L2、L3，一根中性线 N 线，用电设备的外露部分采用各自的 PE 线直接接地，如图 4-7 所示。

在 TT 系统中，当电气设备的金属外壳带电(相线碰壳或漏电)时，接地保护装置可以减少触电危险，但低压断路器不一定跳闸，设备的外壳对地电压可能超过安全电压。当漏电电流较小时，需加漏电保护装置。接地装置的接地电阻应满足单相接地故障时

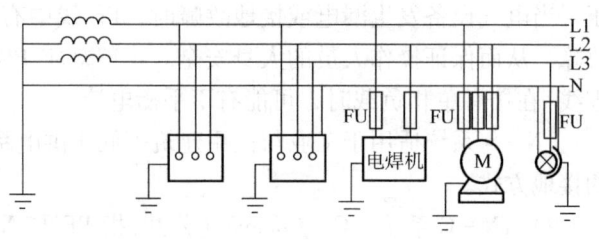

图 4-7　TT 系统的接地方式

在规定的时间内切断供电线路的要求，或使接地电压限制在50V以下。

（3）IT系统

IT系统即电力系统不接地或经过高阻抗接地，三线制系统。三根相线分别为L1、L2、L3，用电设备的外露可导电部分采用各自的PE线接地，如图4-8所示。IT系统适用于3~35kV供电系统，特殊情况（如煤矿、化工厂），也可用于低压（380V/220V）供电系统。

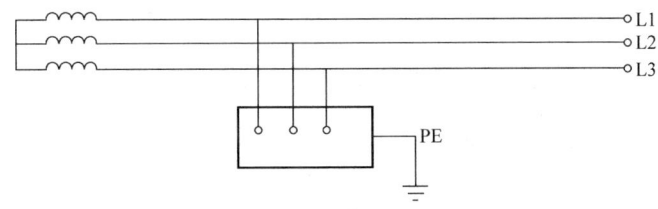

图4-8 IT系统的接地方式

在IT系统中，当任何一相发生故障接地时，因为大地可作为相线继续工作，系统可以继续运行。所以在线路中需加单相接地检测、监视装置，故障时报警。

二、工作接地

工作接地，顾名思义，其作用就是为了建筑物内各种用电设备能正常工作所需要的接地系统。工作接地可分为交流工作接地和直流工作接地。在民用建筑内的交流工作接地是指交流低压配电系统中电源变压器中性点（独立变电所）或引入建筑物交流电源中性线的直接接地，从而使建筑物内的用电设备获得220/380V正常稳定的工作电压。直流工作接地是为了让建筑物内电子设备的信号放大、信号传输以及数字电路中各种门电路信息的传递有一个稳定的基准电位，从而使建筑物内的弱电系统能够正常稳定工作。电子设备中的信号放大、传输电路中的接地也称为信号接地，数字电路中的接地也称为逻辑接地，两者统称为直流接地。

1. 交流工作接地

建筑物内交流工作接地通常指交流配电系统中性点的接地。当大楼由附近区域变电所供电时，工作接地已在区域变电所内完成，但从区域变电所引来的配电线路进入大楼前，中性线（PEN线）必须作重复接地。当大楼设置独立变电所时，交流工作接地就在变电所内完成。即将变压器中性点、中性线一起直接接地。变电所内设有发电机组时也应将发电机中性点直接接地。变压器、发电机中性点的直接接地应采用单独专用40mm×4mm镀锌扁钢做接地线直接与接地体焊接。交流工作接地采用独立接地体时，接地电阻要求不大于4Ω，当采用共用接地体时，其接地电阻应不大于1Ω。

2. 直流工作接地

在高层建设中需要设置直流工作接地的场所通常有消防控制室、通信机房（综合布线机房）、计算机机房、BA机房、监控中心、广播音响机房、电梯机房以及其他集中使用电子设备的场所，直流工作接地的接地电阻值除另有特殊要求外，一般不大于4Ω，并采用一点接地。当采用共用接地体时，其接地电阻要求小于1Ω。在设计中，弱电系统设备的供货商往往提出设置单独接地系统的要求。但《民用建筑电气设计规范》（JGJ 16—2008）12.7.3 当与建筑物防雷系统分开时，两个接地系统距离不宜小于10m，否则会产生强烈的干扰。在建筑密度很高的城市中，要将两个接地系统在电气上真正分开一般较难办到，在地下满足10m

的距离要求往往是不可能的。因此，许多工程实际情况已证明，采用共用接地体是解决多系统接地的较为实用的最佳方案，如图4-9所示。

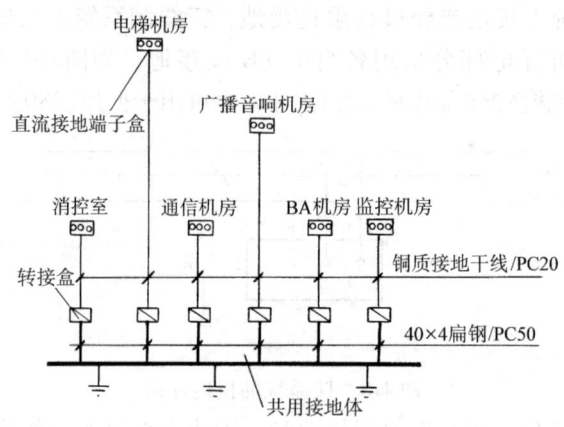

图4-9　直流工作接地连接图

第四节　建筑物中的雷击电磁脉冲防护

雷击电磁脉冲(Lightning Electromagnetic Impulse,LEMP)是指作为干扰源的闪电电流和闪电电磁场。雷击电磁脉冲的干扰主要是指以下三种情况：

1）天空中雷电波电磁辐射对建筑物内部电气电子设备的电磁干扰。

2）建筑物的防雷装置接闪后，流经防雷装置的雷电流对建筑物内部电气电子设备的电磁干扰。

3）由外部的各种管线引来的雷电电磁波对建筑物内部电气电子设备的干扰。

闪电是一种能量很高的干扰源。雷击能释放出数百兆焦耳的能量，而电子设备可承受的能量多为毫焦耳级，差别悬殊。传统的防雷方式常常对电子设备起不到保护作用。

防雷击电磁脉冲本身属于内部防雷的范畴，但外部防雷措施对防雷击电磁脉冲也有很大作用。我国的现代平顶建筑大多采用避雷带做接闪器，而较少使用避雷针，是因为避雷带有利于敷设多极引下线，有利于形成等电位联结，有利于建筑物的美观。另外，笼式避雷网装置还有一定程度的屏蔽作用。作为第一道防线，通过在建筑物上采取的防雷击电磁脉冲措施，对建筑物内部敏感的电子设备进行有效保护，是十分必要的。

一、防雷区

根据被保护空间可能遭受雷击电磁脉冲破坏的严重程度及被保护系统(设备)所要求的电磁环境，可将被保护空间划分为若干不同的区域，称为防雷区。在相邻防雷区交界面的两侧，区内承受和传导的雷电干扰有明显变化，造成这种变化的原因有防雷系统的作用、建筑物的自然屏蔽的作用、人为的屏蔽措施及自然或人为的分流作用等。可以肯定，不同防雷区的电磁环境有显著差异。

下面以图4-10为例，来说明防雷区的划分方法。

1）LPZ0$_A$。本区内的各物体都可能遭到直接雷击，因此各物体都可能导走全部雷电流，本区的电磁场没有衰减。图4-10中，接闪器保护范围以外的空间都属于LPZ0$_A$区。图中，

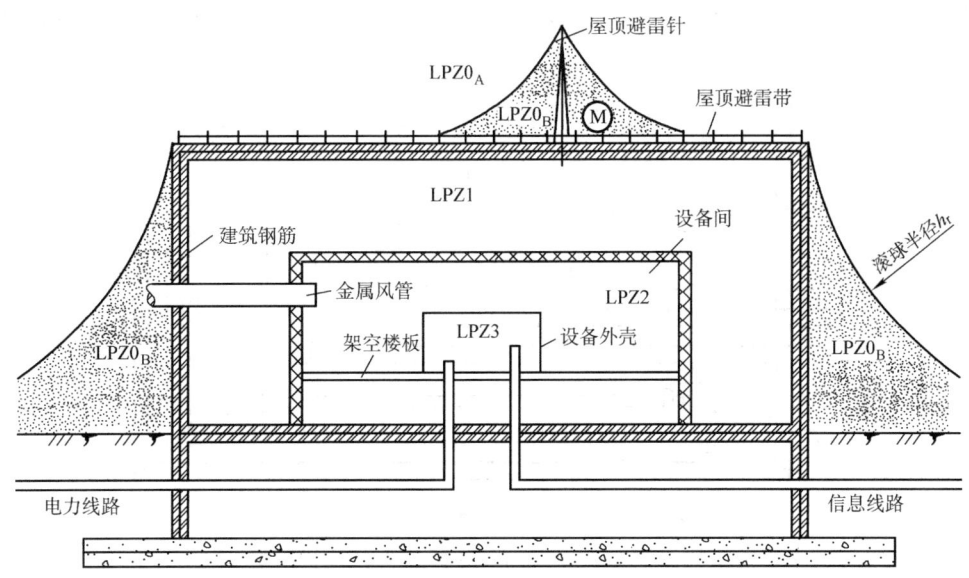

图 4-10 防雷区划分示例

建筑物接闪器除了采用避雷带外，还专为屋顶高出避雷带的一台电动机设置了避雷针。

2) $LPZ0_B$。本区内的各物体不可能遭到直接雷击，但本区内的电磁场没有衰减。图 4-10 中，接闪器保护范围以内、建筑物墙（屋面）以外的空间就是 $LPZ0_B$ 区。

3) LPZ1 区。本区内的各物体不可能遭到直接雷击，流经各导体的电流比 $IPZ0_B$ 区进一步减小。本区内的电磁场可能衰减，这取决于屏蔽措施。图 4-10 中，建筑物以内、信息设备间以外的空间就是 LPZ1 区。$LPZ0_B$ 区与 LPZ1 区的交界面是建筑物的墙体和屋面，由于建筑构件的自然屏蔽和钢筋的分流作用，使得这两个区域的电磁环境有显著差异。

4) 随后的防雷区（LPZ2，LPZ3，…）。如果需要进一步减小所导引的电流和（或）电磁场，应引入随后的防雷区。应根据被保护系统所要求的环境去选择随后防雷区的要求条件。图 4-10 中，信息设备房以内、设备外壳以外的空间就是 LPZ2 区，设备外壳以内的空间为 LPZ3 区，这是根据设备对电磁环境的要求确定的防雷区。

通常，防雷区的数字越高，电磁环境的参数越低。

二、在建筑物上实施的防雷击电磁脉冲的措施

在建筑物上实施的防雷击电磁脉冲措施主要有屏蔽和等电位联结两种，这两种措施不仅可直接衰减雷击电磁脉冲的强度，还是构成电气电子系统电涌保护的基础。

1. 等电位联结

用于雷击电磁脉冲防护的等电位联结，就是将分开的装置，诸导电物体用等电位联结导体连接起来，其目的在于减小雷电流在它们之间产生的电位差，并可能分走部分雷电流。

穿越各防雷区界面的金属物和系统，以及在一个防雷区内部的金属物和系统，均应在防雷区界面处作符合下列要求的等电位联结。

1) 在 $LPZ0_A$ 或 $LPZ0_B$ 与 LPZ1 区界面处。所有进入建筑物的外来导电物均应在 $LPZ0_A$ 或 $LPZ0_B$ 与 LPZ1 区的界面处做等电位联结。图 4-11 所示为各种管线从同一位置进入建筑物时等电位联结的方法。当外来的导电物、电力线、通信线是在不同地点进入建筑物时，宜设若干等电位联结带，并应将其就近连接到环形接地体、内部环形导体或兼有此类功能的钢筋上。它们在电气上是导通的,并应连通到接地体(含基础接地体)上,如图 4-12a 所示。图 4-12b 所示为内部环形导体的做法。

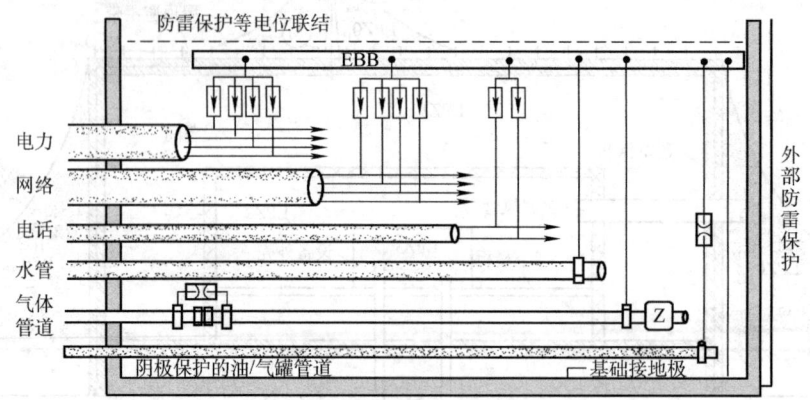

图 4-11 外来导电物同一位置进入建筑物时的等电位联结

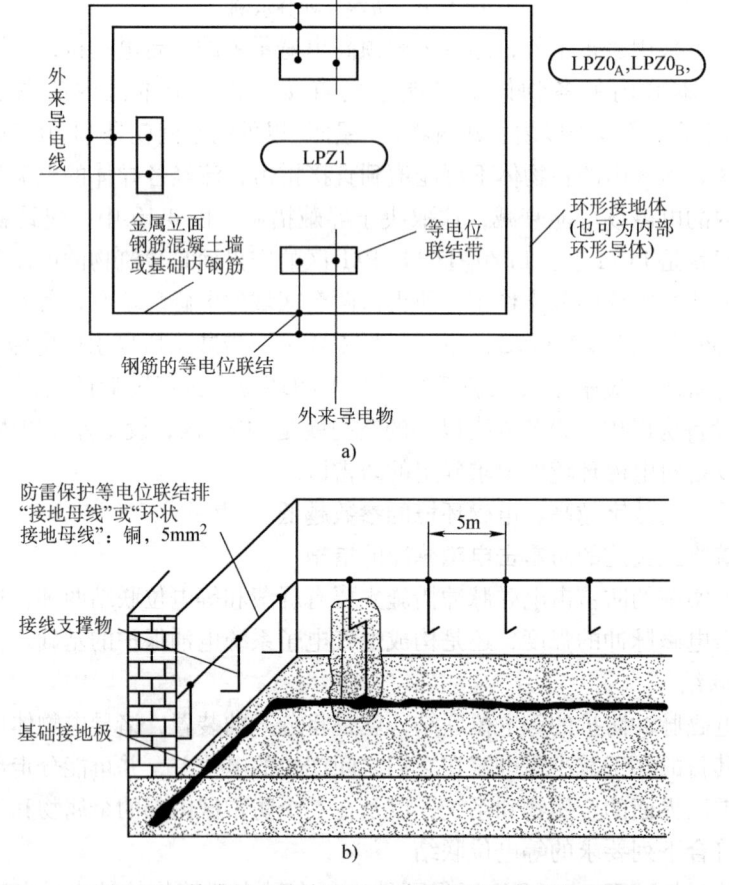

图 4-12 外来导电物多点进入建筑物时的等电位联结

环形接地体和内部环形导体应连接到钢筋或其他屏蔽构件上,例如金属立面,而且宜每隔 5m 连接一次。

2)在各后续防雷区的界面处。各后续防雷区界面处的等电位联结与在 LPZ0 与 LPZ1 区界面处等电位联结原则相同。

进入防雷区界面处的所有导电物以及电力通信线路,均应在界面处做等电位联结。应采用一局部等电位联结带做等电位联结。所谓局部等电位联结带是指设在 LPZ0 与 LPZ1 区以后各防雷区交界处的等电位联结带。各种屏蔽结构或其他局部金属物,例如设备的外壳也连接到该局部等电位联结带做等电位联结。

3)金属物体的等电位联结。所有电梯轨道、吊车、金属地板、金属门框架、设施管道、电缆桥架等大尺寸的内部导电物,其等电位联结应以最短路径连接到最近的等电位联结带或其他已做了等电位联结的金属物体,各导电物体之间宜附加多次相互联结。

综合考虑以上防雷措施,建筑物防雷接地普遍采用共用接地系统及等电位联结,如图 4-13 所示。

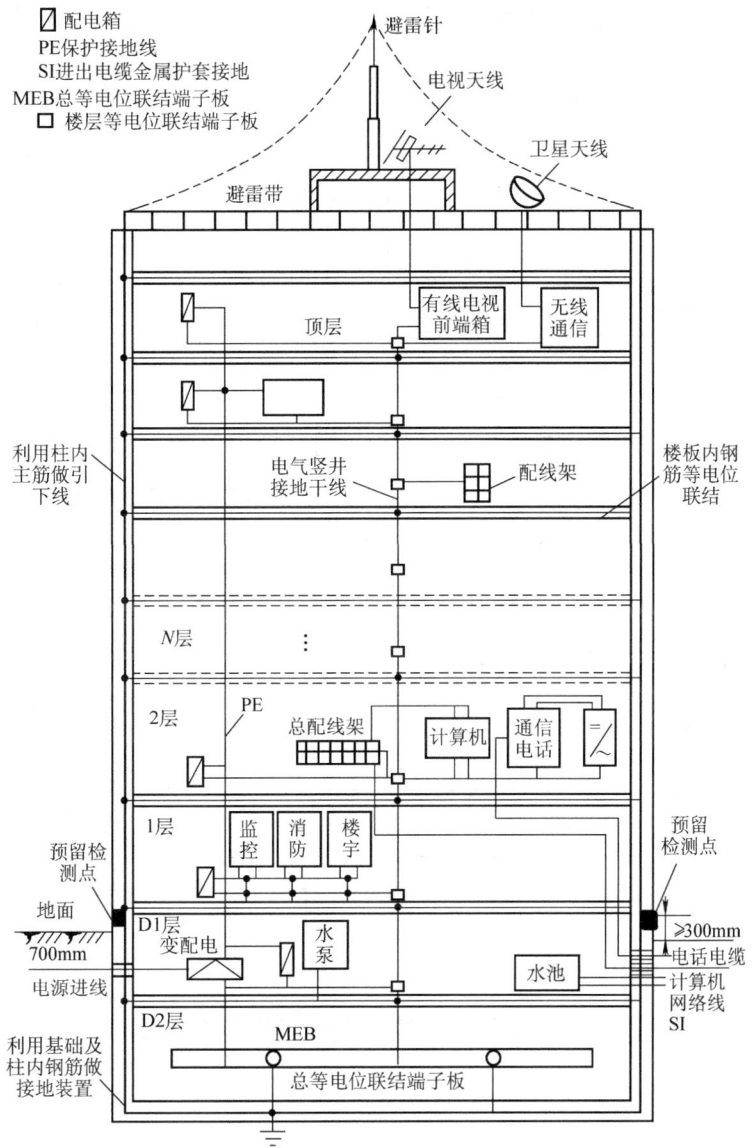

图 4-13 建筑物防雷共用接地系统及等电位联结示意图

2. 总等电位干线联结示例

总等电位干线联结示例如图 4-14 所示。

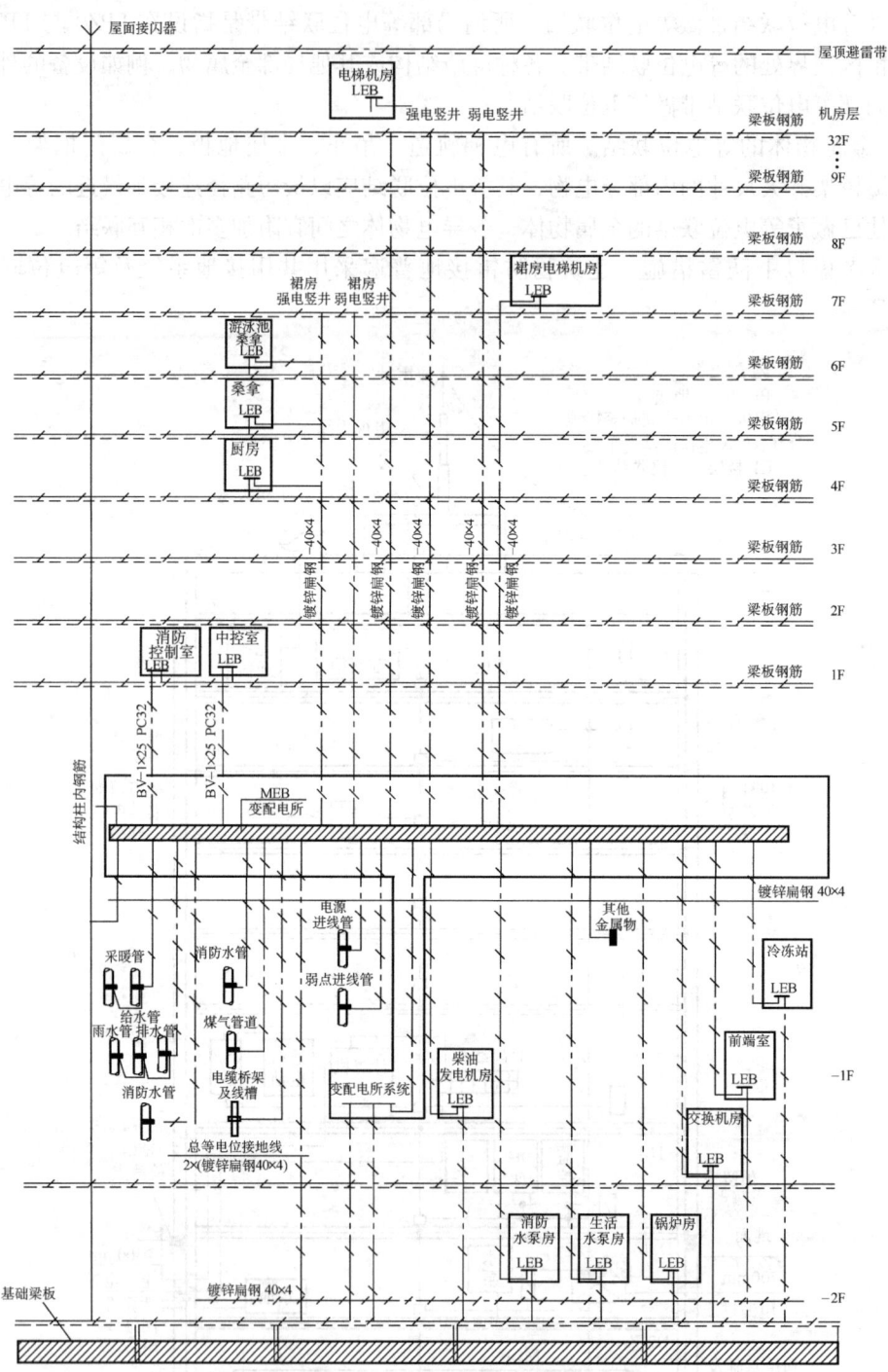

图 4-14 总等电位干线联结示例

第五节　建筑防雷接地工程实例

一、工程实例一

建筑物防雷接地工程图一般包括防雷工程图和接地工程图两部分。图4-15所示为某住宅建筑防雷平面图和立面图，图4-16为该住宅建筑的接地平面图。图样附施工说明。

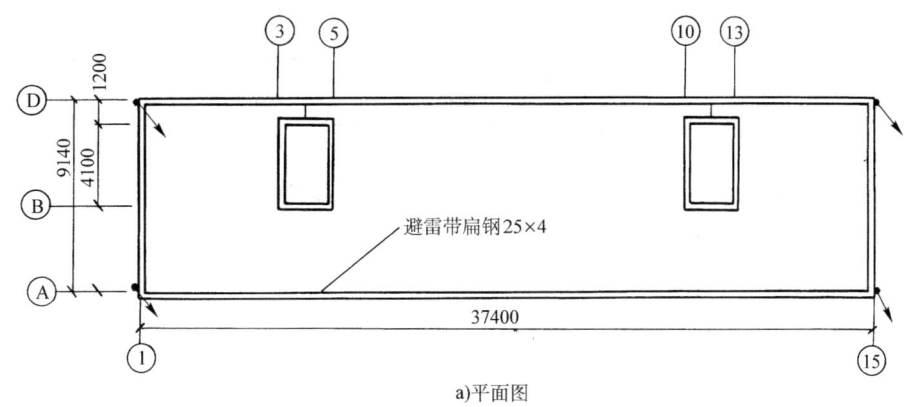

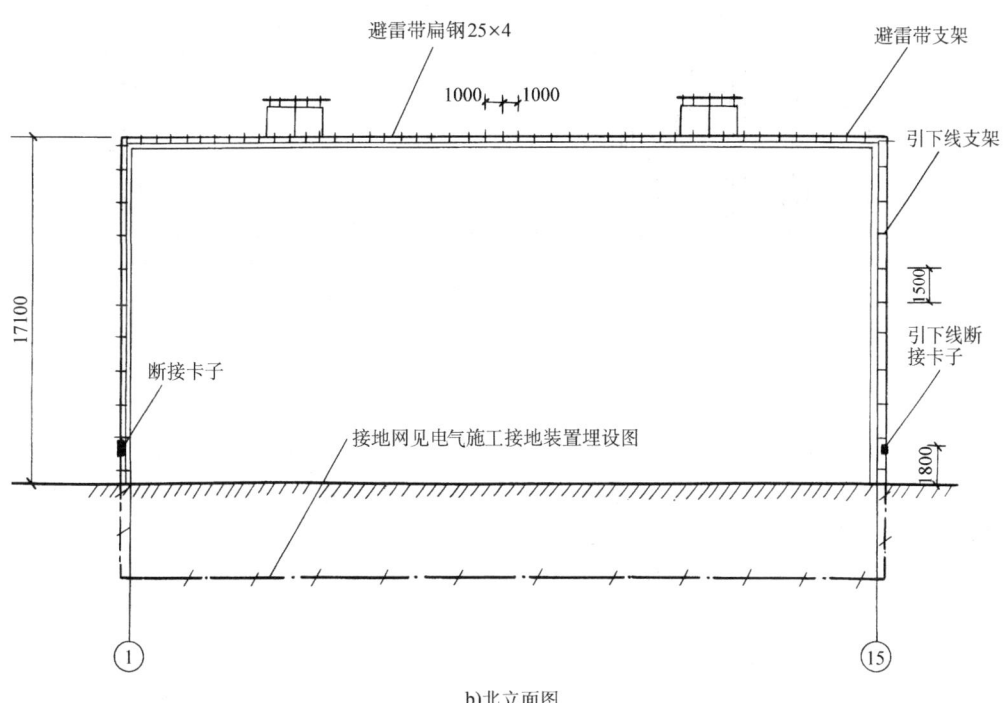

图4-15　住宅建筑防雷平面图和立面图

施工说明：

1）避雷带、引下线均采用25mm×4mm扁钢，镀锌或作防腐处理。

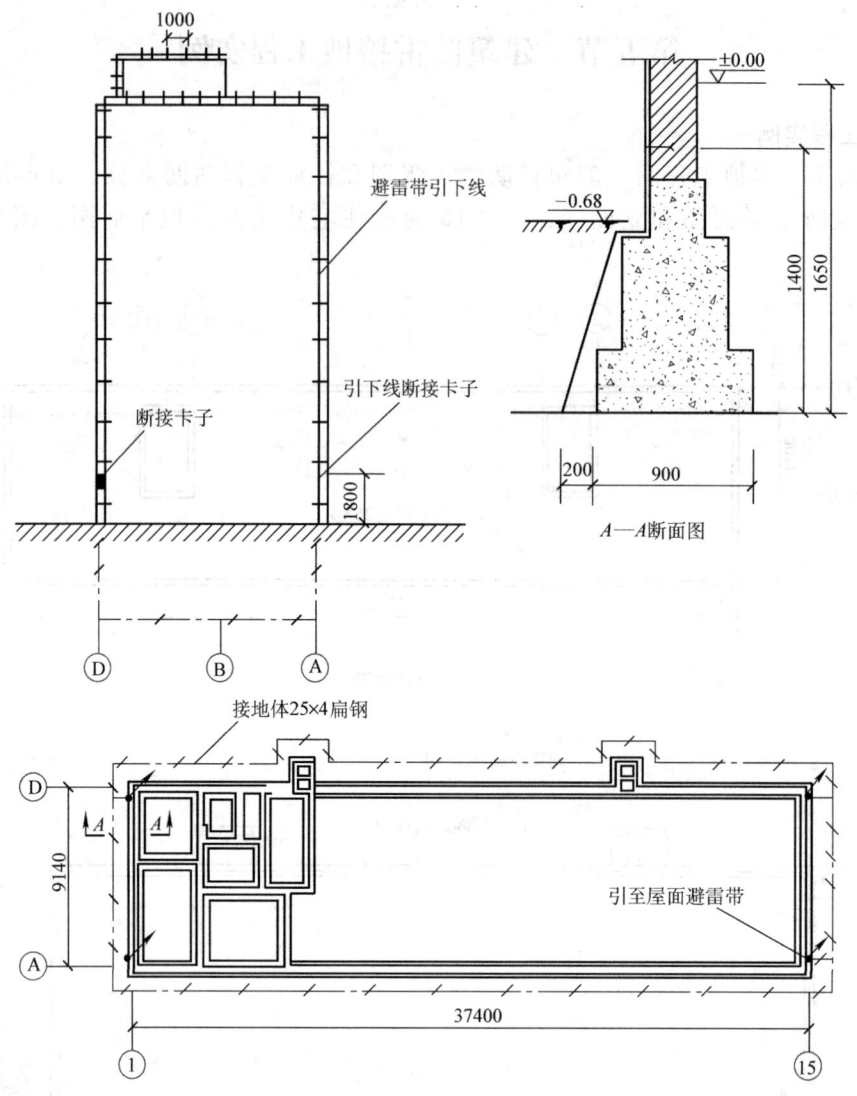

图 4-16　住宅建筑接地平面图

2）引下线在地面上 1.7m 至地面下 0.3m 一段，用 ϕ50mm 硬塑料管保护。

3）本工程采用 25mm×4mm 扁钢作水平接地体，围建筑物一周埋设，其接地电阻不大于 10Ω。施工后达不到要求时，可增设接地极。

4）施工采用国家标准图集 D562、D563，并应与土建密切配合。

1. 工程概况

由图 4-15 可知，该住宅建筑避雷带沿屋面四周女儿墙敷设，支持卡子间距为 1m。在西面和东面墙上分别敷设 2 根引下线（25mm×4mm 扁钢），与埋于地下的接地体连接。引下线在距地面 1.8m 处设置引下线断接卡子。固定引下线支架间距为 1.5m。由图 4-16 可知，接地体沿建筑物基础四周埋设，埋设深度在地平面以下 1.65m，在 -0.68m 开始向外，距基础中心距离为 0.65m。

2. 避雷带及引下线的敷设

首先在女儿墙上埋设支架，间距为1m，转角处为0.5m，然后将避雷带与扁钢支架焊为一体，引下线在墙上明敷设与避雷带敷设基本相同，也是在墙上埋好扁钢支架之后再与引下线焊接在一起。

避雷带及引下线的连接均用搭接焊接，搭接长度为扁钢宽度的2倍。

3. 接地装置安装

该住宅建筑接地体为水平接地体，一定要注意配合土建施工，在土建基础工程完工后，未进行回填土之前，将扁钢接地体敷设好。并在与引下线连接处，引出一根扁钢，作好与引下线连接的准备工作。扁钢连接应焊接牢固，形成一个环形闭合的电气通路，测量接地电阻达到设计要求后，再进行回填土。

4. 避雷带、引下线和接地装置的计算

避雷带、引下线和接地装置都是采用25mm×4mm的扁钢制成，它们所消耗的扁钢长度计算如下：

（1）避雷带

避雷带由女儿墙上的避雷带和楼梯间屋面阁楼上的避雷带组成，女儿墙上的避雷带的长度为$(37.4m+9.14m)\times2=93.08m$。

楼梯间阁楼屋面上的避雷带沿其顶面敷设一周，并用25mm×4mm的扁钢与屋面避雷带连接。因楼梯间阁楼屋面尺寸没有标注全，实际尺寸为宽4.1m、2.6m长、高2.8m。屋面上的避雷带的长度为$(4.1m+2.6m)\times2=13.4m$，共距两楼梯间阁楼为$13.4m\times2=26.8m$。

因女儿墙的高度为1m，阁楼上的避雷带要与女儿墙的避雷带连接，阁楼距女儿墙最近的距离为1.2m。连接线长度为$1m+1.2m+2.8m=5m$，两条连接线共10m。

因此，屋面上的避雷带总长度为$93.08m+26.8m+10m=129.88m$。

（2）引下线

引下线共4根，分别沿建筑物四周敷设，在地面以上1.8m处用断接卡子与接地装置连接，引下线的长度为$(17.1m+1m-1.8m)\times4=65.2m$。

（3）接地装置

接地装置由水平接地体和接地线组成，水平接地体沿建筑物一周埋设，距基础中心线为0.65m，其长度为$[(37.4m+0.65m\times2)+(9.14m+0.65m\times2)]\times2=98.28m$。因为该建筑物建有垃圾道，向外突出1m，又增加$2\times2\times1m=4m$，水平接地体的长度为$98.28m+4m=102.28m$。

接地线是连接水平接地体和引下线的导体，不考虑地基基础的坡度时，其长度约为$(0.65m+1.65m+1.8m)\times4=16.4m$。考虑地基基础的坡度时，需要另计算，此处略。

（4）引下线的保护管

引下线保护管采用硬塑料管制成，其长度为$(1.7m+0.3m)\times4=8m$。

（5）避雷带和引下线的支架

安装避雷带用支架的数量可根据避雷带的长度和支架间距按实际算出。引下线支架的数量计算也依同样方法，还有断接卡子的制作等，所用的25mm×4mm扁钢总长可以自行统计。

二、工程实例二

仍以某大厦为例,工程概况见第2章相关内容。

1. 建筑物防雷类别确定

已知本工程为某市一栋高层单体商业办公建筑。主楼(5~25层)为办公建筑,长为45.4m,宽为27.0m,高为90.1m。群楼(1~4层)为商业建筑,长为59.1m,宽为55.8m,高为21.7mm。

根据计算,本工程应划为第二类防雷建筑物。

作为第二类防雷建筑物,本工程应有防直击雷和防雷电波侵入的措施。由于楼的高度超过45m,尚应采取防侧击雷和等电位联结的保护措施。另外,本工程装有大量电子信息系统设备,还应有防雷击电磁脉冲的措施。

(1) 建筑物外部防雷装置的布置

1) 屋面采用ϕ10mm镀锌圆钢或金属栏杆作为接闪器,沿女儿墙四周敷设,支持卡子间距为1m。转角处悬空段不大于0.3m,避雷带高出屋面装饰柱或女儿墙0.15m。屋面采用ϕ10mm镀锌圆钢组成不大于10m×10m或8m×12m避雷网格。

2) 凸出屋面的所有金属构件、金属通风管、屋顶风机等均应与避雷带可靠焊接。

3) 本工程采取以下防侧击雷和等电位联结的保护措施:

① 将45m及以上各层外圈梁两个主筋通长焊接,一并与各引下线焊接;

② 将45m及以上外墙上的栏杆、门窗等较大的金属物与防雷装置连接;

③ 竖直敷设的金属管道及金属物的顶端和底端与防雷装置连接。

4) 利用柱子或剪力墙内两根ϕ16mm以上主筋通长焊接作为引下线,平均间距不大于18m,引下线上端与避雷带焊接,下端与基础底板上的钢筋焊接,每根引下线的冲击接地电阻不大于10Ω。

5) 本工程利用建筑物基础钢筋网作防雷接地装置,在与防雷引下线相对应的室外埋深0.8m处,由被利用作为引下线的钢筋上焊出一根40mm×4mm镀锌扁钢。此扁钢伸向室外,距外墙皮的距离不小于1.5m。在建筑物四角引下线距室外地坪0.5m处预留接地电阻测试卡共6处。

本工程屋面防雷平面图如图4-17所示。图中注明了建筑物防雷类别和采取的防雷措施(包括防测击雷),标注了避雷带(网)、引下线位置及其材料型号规格,并注明了接地电阻测试点以及所涉及的标准图编号。

(2) 防雷击电磁脉冲

1) 本工程建筑物具有中等规模的办公自动化和有线电视系统,因此,需防雷击电磁脉冲。

2) 向电子信息系统供电的低压配电系统采用TN—S接地系统。

3) 为降低雷击电磁脉冲对电子信息系统的干扰,联合采取下列基本措施:对建筑物和房间根据不同防雷区的电磁环境要求在其外部设置屏蔽措施;以合适的路径敷设线路及线路屏蔽措施;共用接地系统;建筑物及系统内部采取等电位联结及接地措施;装设电涌保护器(SPD)等。

4) 本工程的空调机组及其水泵安装于4层屋面,处于$LPZ0_B$区。而其设备管线及电源线路保护管将穿越室外的$LPZ0_B$区和室内的LPZ1区。除在$LPZ0_A$或$LPZ0_B$与LPZ1的界面

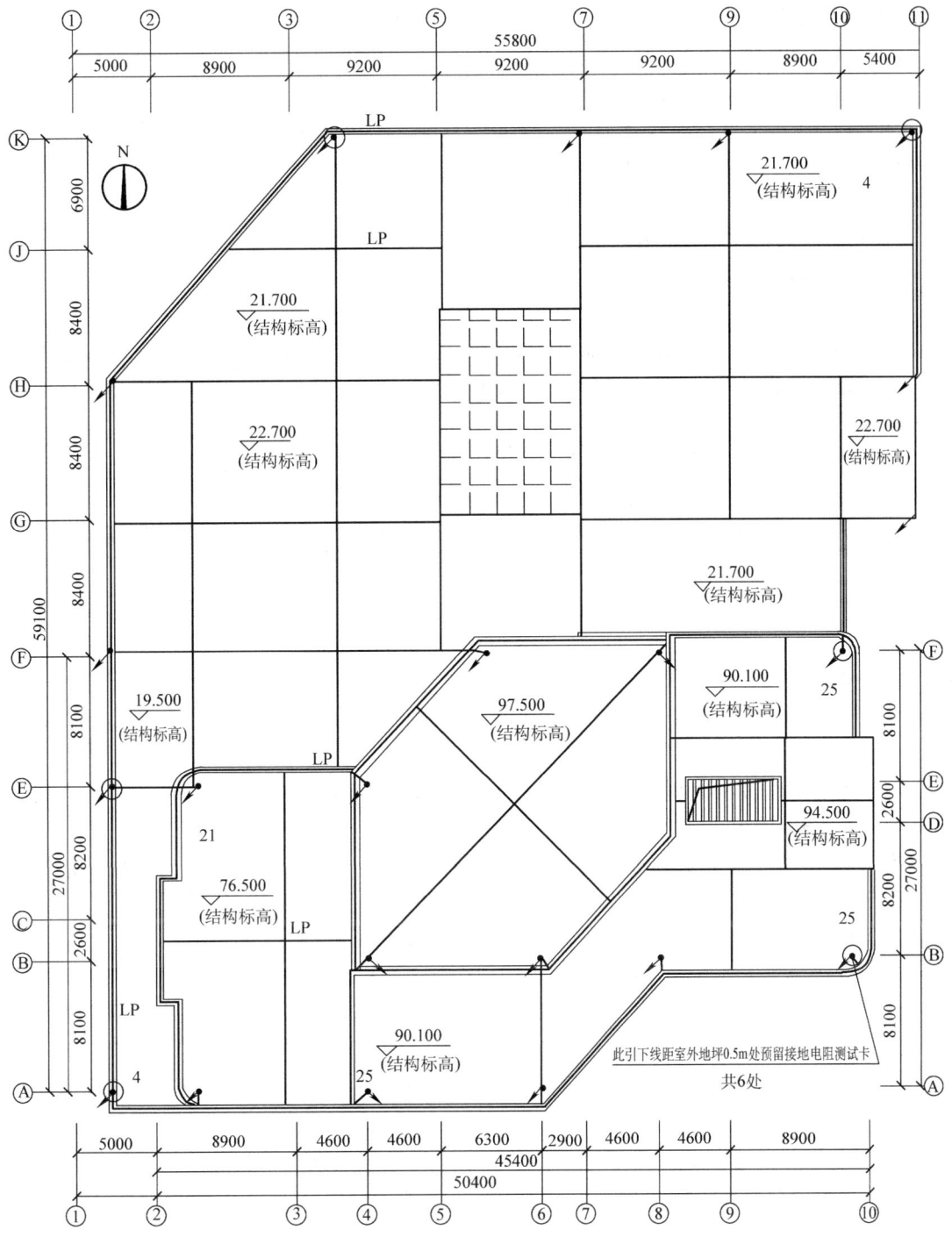

注:
1. 本工程按第二类防雷建筑物设置防雷保护措施。采用φ10mm镀锌圆钢或利用金属栏杆做避雷带,φ10mm镀锌圆钢作避雷网。
2. 突出屋面的所有金属构件,金属通风管、屋顶风机等均应与避雷带可靠焊接。
3. 利用柱内两根主筋兼作防雷装置引下线,主体建筑共12处,群楼共10处。
4. 本工程主楼45m以上应采取防侧击雷和等电位联结的保护措施,具体做法见设计说明。
5. 防雷装置安装做法见国家标准建筑设计图集D501-1《建筑物防雷设施安装》。

图 4-17 屋面防雷平面图

处做等电位联结外，还在配电箱处设置 SPD。

2. 电气装置接地与等电位联结

（1）电气装置的接地与接地电阻要求

1）本工程电气装置的接地有：系统工作接地、安全保护接地、雷电保护接地等。将上述接地与建筑物电子信息系统接地采用共用的接地系统，并实施等电位联结措施。

2）共用接地装置的接地电阻按接入设备要求的最小值确定，取不大于 1Ω。

（2）接地装置布置

本工程接地平面图如图 4-18 所示。

1）利用建筑物钢筋混凝土基础内的钢筋作自然接地体，将基础底板上下两层主筋沿建筑物外圈焊接成环形，并将主轴线上的基础梁及结构底板上下两层主筋相互焊接作接地体。

2）接地装置施工完毕后，应实测其接地电阻。如大于 1Ω 时，还应补设人工接地体。人工接地体采用以水平接地体为主的闭合环形接地网。

3）各种接地引下线的下端均应与基础接地网可靠焊接并做防腐。各种接地线的做法规定如下：

① 防雷引下线 Elp：利用柱子或剪力墙内两根 $\phi16mm$ 以上主筋通长相互焊接作为引下线。

② 电梯机房接地引下线 Er：利用剪力墙内两根 $\phi16mm$ 以上主筋通长相互焊接引上至电梯机房局部等电位联结端子箱 LEB，然后用 $40mm \times 4mm$ 镀锌扁钢在机房内距地 $0.2m$ 做一圈接地装置。

③ 夹层空调机房接地引下线 Ei：利用剪力墙内两根 $\phi16mm$ 以上主筋通长相互焊接引上至空调机房局部等电位联结端子箱 LEB。

④ 一层消防控制室接地引下线 Efl：采用 $50mm \times 5mm$ 镀锌扁钢下端与基础接地体焊接，垂直引上至地下室地面上 $0.2m$ 引出后作接线盒，然后用 BV—450/750—1×35PC32 明敷引上至消防控制室专用接地端子板（局部等电位联结端子箱 LEB）。

⑤ 地下室水泵房接地引下线 $Eb1$：利用结构柱内两根 $\phi16mm$ 以上主筋通长相互焊接引上至地下室水泵房局部等电位联结端子箱 LEB，然后用 $40mm \times 4mm$ 镀锌扁钢在泵房内距地 $0.2m$ 做一圈接地装置。

⑥ 地下室配电间接地引下线 $Eb2$：利用结构柱内两根 $\phi16mm$ 以上主筋通长相互焊接引上至地下室配电间局部等电位联结端子箱 LEB。

⑦ 强电竖井接地引下线 Ep：采用 $40mm \times 4mm$ 镀锌扁钢下端与基础接地体焊接，进竖井后垂直引上（安装于电缆桥架侧面），与每层强电竖井局部等电位联结端子箱 LEB 连接。

⑧ 弱电机房及竖井接地引下线 Es：采用 $50mm \times 5mm$ 镀锌扁钢下端与基础接地体焊接，垂直引上至地下室地面上 $0.2m$ 引出后作接线盒，然后用 BV—450/750—1×35PC32 明敷引上至机房及竖井内的专用接地端子板（局部等电位联结端子箱 LEB）。

⑨ 变配电室接地引下线 Em：在变配电室内设置两处总等电位联结（接地）端子箱 MEB，每处采用 $80mm \times 5mm$ 镀锌扁钢下端与基础接地体焊接，在配电室地面上 $0.2m$ 引出后用

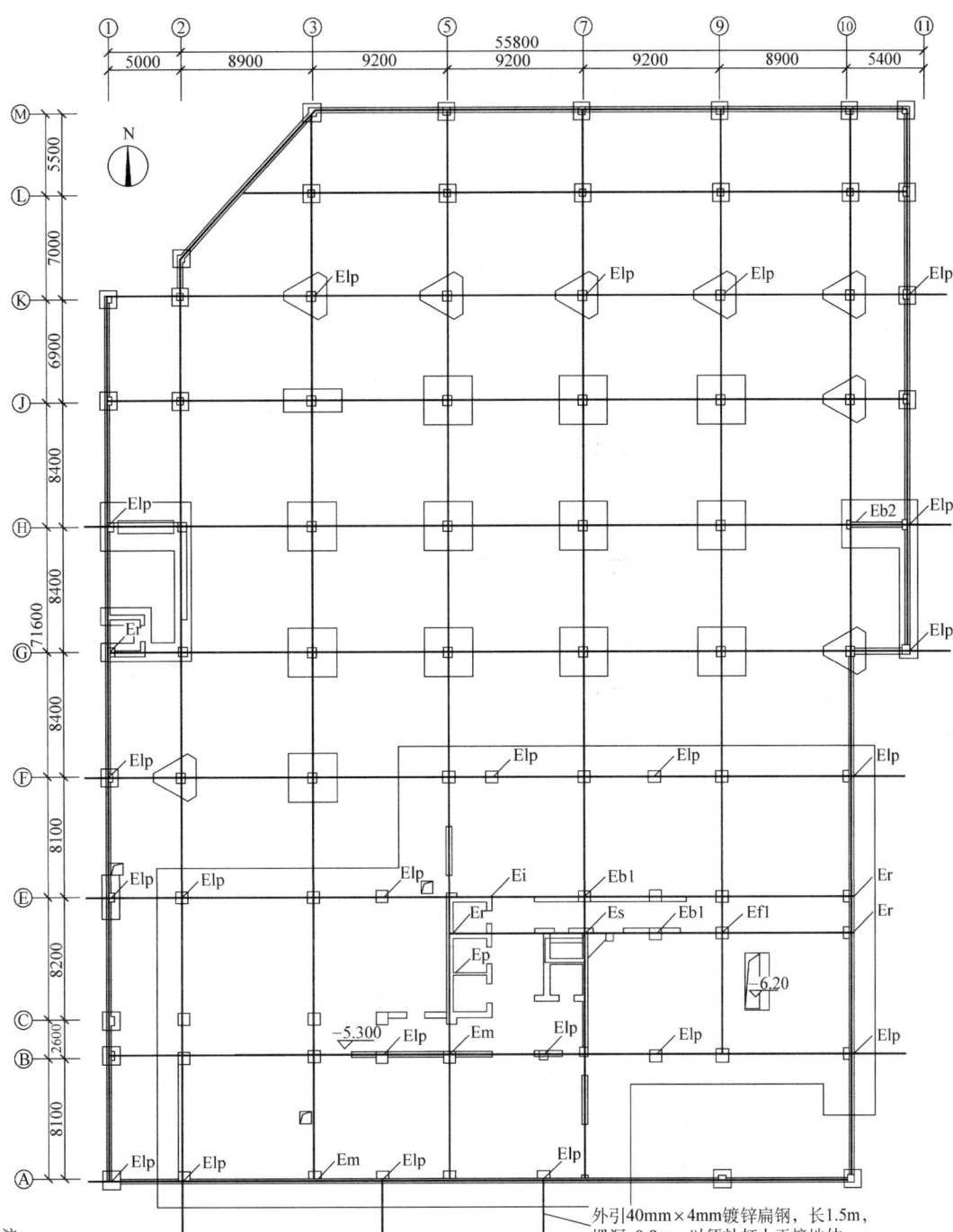

注：
1. 本工程电气装置系统工作接地、安全保护接地、雷电保护接地与建筑物电子信息系统接地采用共用接地系统。接地电阻要求不大于1Ω。
2. 本工程利用建筑物钢筋混凝土基础内的钢筋作自然接地体，将基础底板上下两层主筋沿建筑物外圈焊接成环形，并将主轴线上的基础梁及结构底板上下两层主筋相互焊接成网状接地体。
3. 各种接地引下线符号说明如下，做法见设计说明。
 Elp：防雷接地引下线；Er：电梯机房LEB接地引下线；Ei：夹层空调机房LEB接地引下线；Ef1：1层消防控制室内LEB接地引下线；EB1：地下室水泵房LEB接地引下线；Eb2：地下室配电间内LEB接地引下线；Ep：各层强电井内LEB接地引下线；Es：1层弱电井内LEB接地引下线；Em：地下室变电所内MEB接地引下线。
4. 接地装置安装做法见国家标准设计图集D501-3《利用建筑物金属体做防雷及接地装置安装》。

图4-18 接地平面图

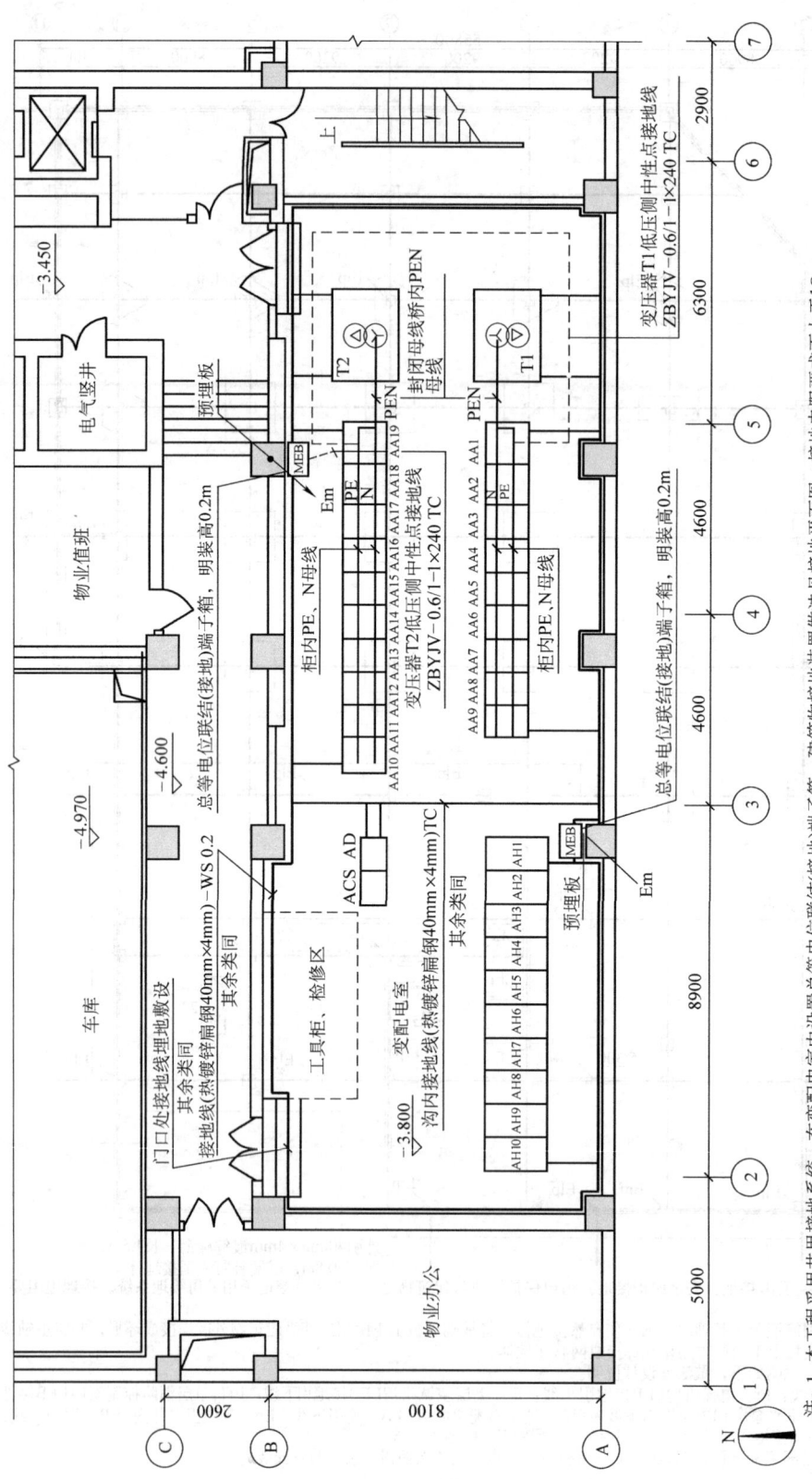

图 4-19 变配电室接地平面图

40mm×4mm镀锌扁钢在配电室内距地 0.2m 做一圈接地装置。

本工程变配电室接地平面图如图 4-19 所示。为防止杂散电流，配电变压器的中性点在低压开关柜 PE 母线上一点接地，接地线采用 YJV-0.6/1-1×240 电缆，经电缆沟敷设接至总等电位联结（接地）端子板上。

(3) 人工接地装置的规格尺寸

1) 本工程还采用 40mm×4mm 镀锌扁钢沿建筑物四周敷设成闭合形状的水平人工接地体与自然接地体相连，水平人工接地体埋深为 0.8m。材料规格应满足规范要求。

2) 变配电室内和强电电气竖井内采用 40mm×4mm 镀锌扁钢，在配电室内距地 0.2m 做一圈接地装置。电缆沟内也敷设 40mm×4mm 镀锌扁钢作接地干线。材料规格应满足规范要求。

(4) 等电位联结

1) 本工程采用总等电位联结，其总等电位联结线必须与楼内所有可导电部分相互连接，如保护干线、接地干线、建筑物内的输送管道的金属件（如水管等）、集中采暖及空调系统金属管道、建筑物金属构件、电梯轨道等导电体。总等电位联结导线采用截面积为 $25mm^2$ 的铜导线，总等电位联结端子板采用 63mm×4mm 铜母线。

2) 本工程在下列场所实施局部等电位联结：电梯机房、夹层空调机房、地下室水泵房、地下室配电间、强电竖井（每层）、5~14 层公寓式办公室、每间卫生间等。局部等电位联结导线采用截面为 $16mm^2$ 铜导线，局部等电位联结端子板采用 50mm×4mm 铜母线。

3) 本工程防雷等电位联结设计如下：

① 所有进入建筑物的外来导电物、安装在建筑物屋顶的设备管道、电线保护钢管均在 $LPZ0_A$ 或 $LPZ0_B$ 与 LPZ1 的界面处做等电位联结。由于本工程外来导电物、电力线、通信线、设备管线在不同地点进入建筑物，故分别设置等电位联结端子箱，将其就近连到内部环形导体上，并连通到基础接地体。等电位联结导线采用截面积为 $16mm^2$ 铜导线，等电位联结端子板采用 25mm×4mm 铜母线。

② 穿过建筑物内部各后续防雷区界面（如一层消防控制室、弱电机房及其每层竖井等）的所有导电物、电力线、通信线均在界面处做局部等电位联结。等电位联结导线采用截面积为 $16mm^2$ 铜导线，等电位联结端子板采用 25mm×4mm 铜母线。建筑物电子信息系统的各种箱体、壳体、机架等金属组件与建筑物的共用接地系统组成 S 形星形结构的等电位联结网络。

本工程地下室等电位联结平面图如图 4-20 所示。

为便于读者理解，图 4-21 所示为本工程综合防雷接地及等电位联结系统示意图（剖面图）。另外，卫生间局部等电位联结安装详图如图 4-22 所示，等电位联结端子板安装详图如图 4-23 所示。

本工程的工程量统计，读者可参照实例一的分析方法进行计算、统计。

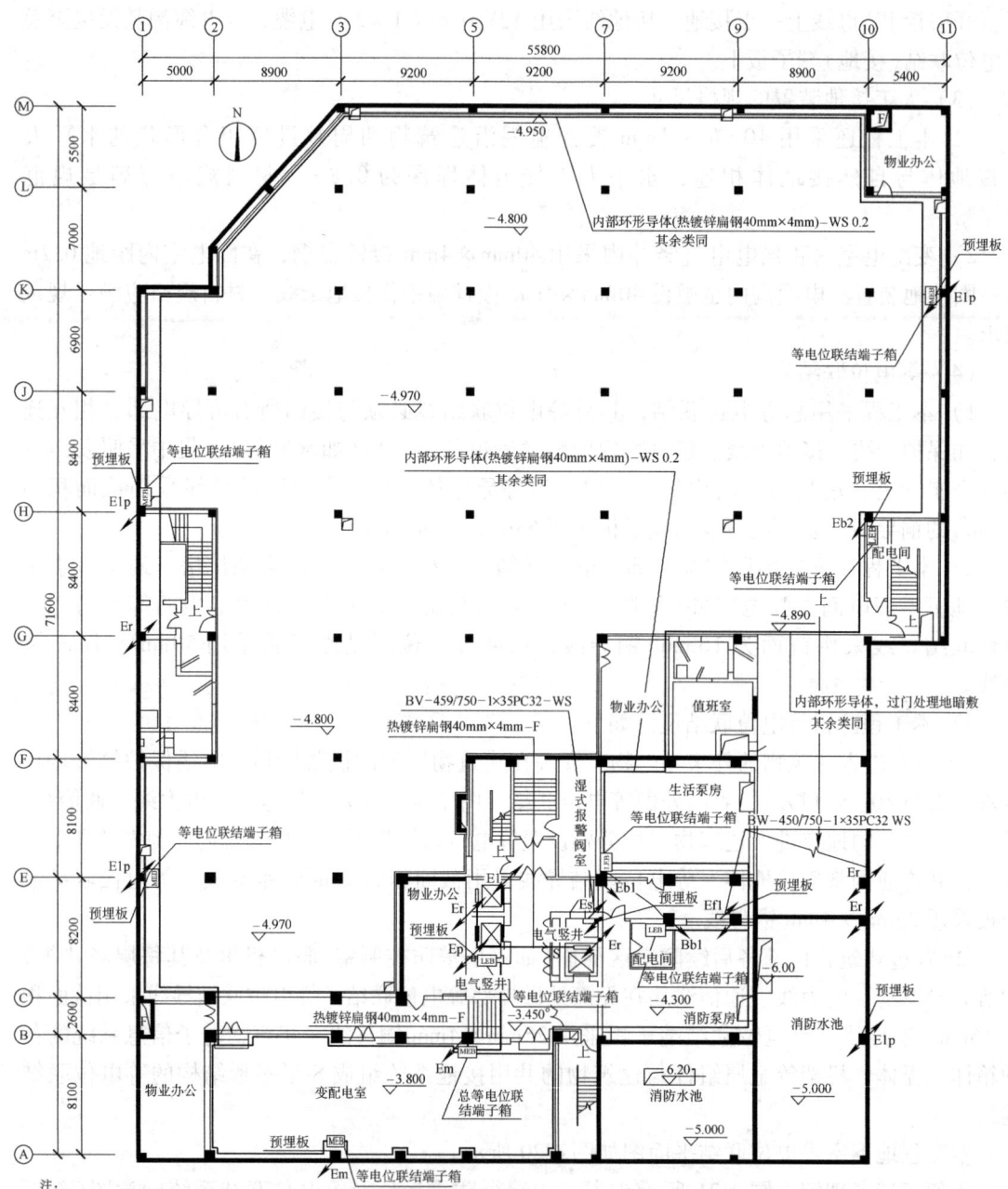

图 4-20 地下室等电位联结平面图

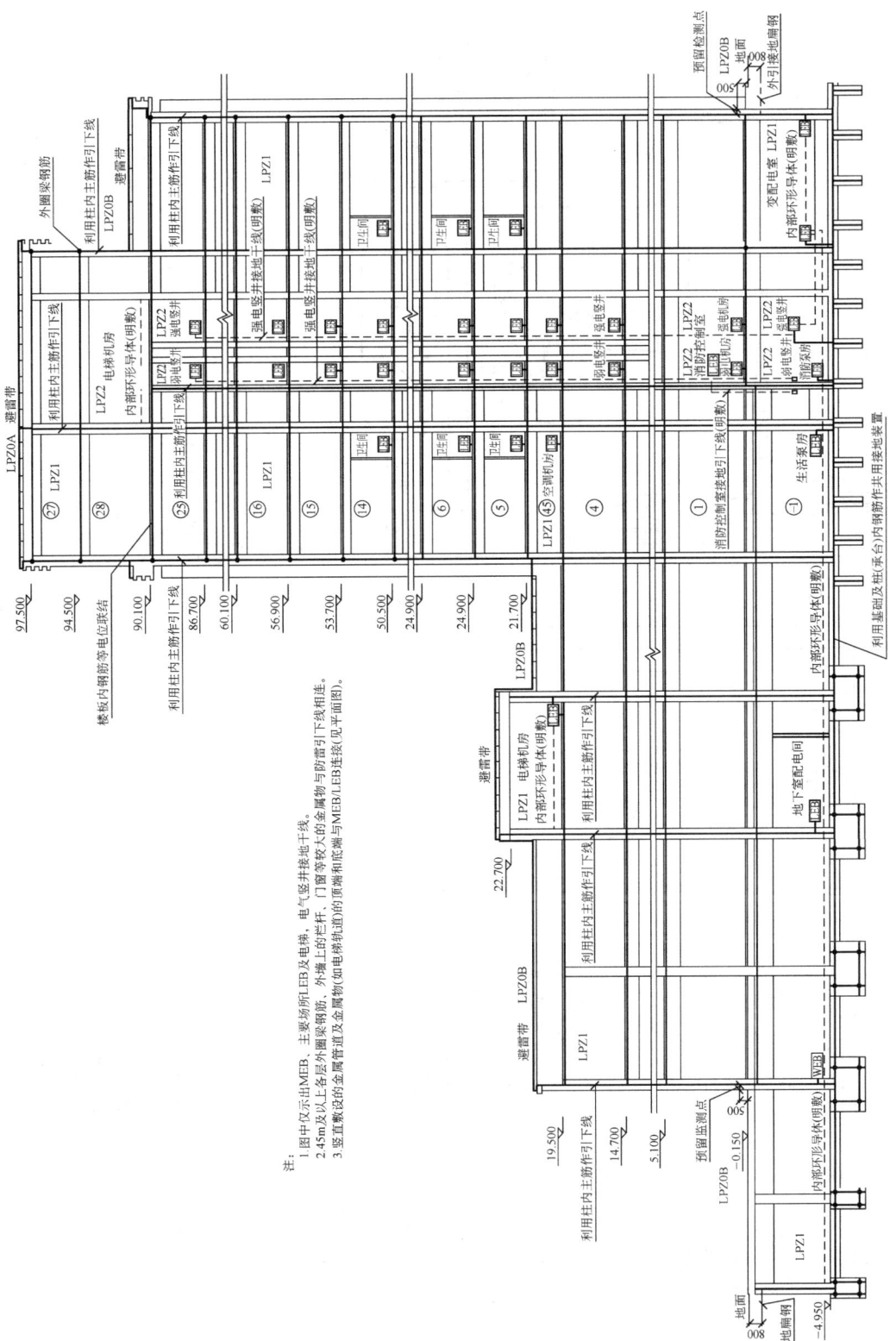

图 4-21 综合防雷接地及等电位联结系统示意图

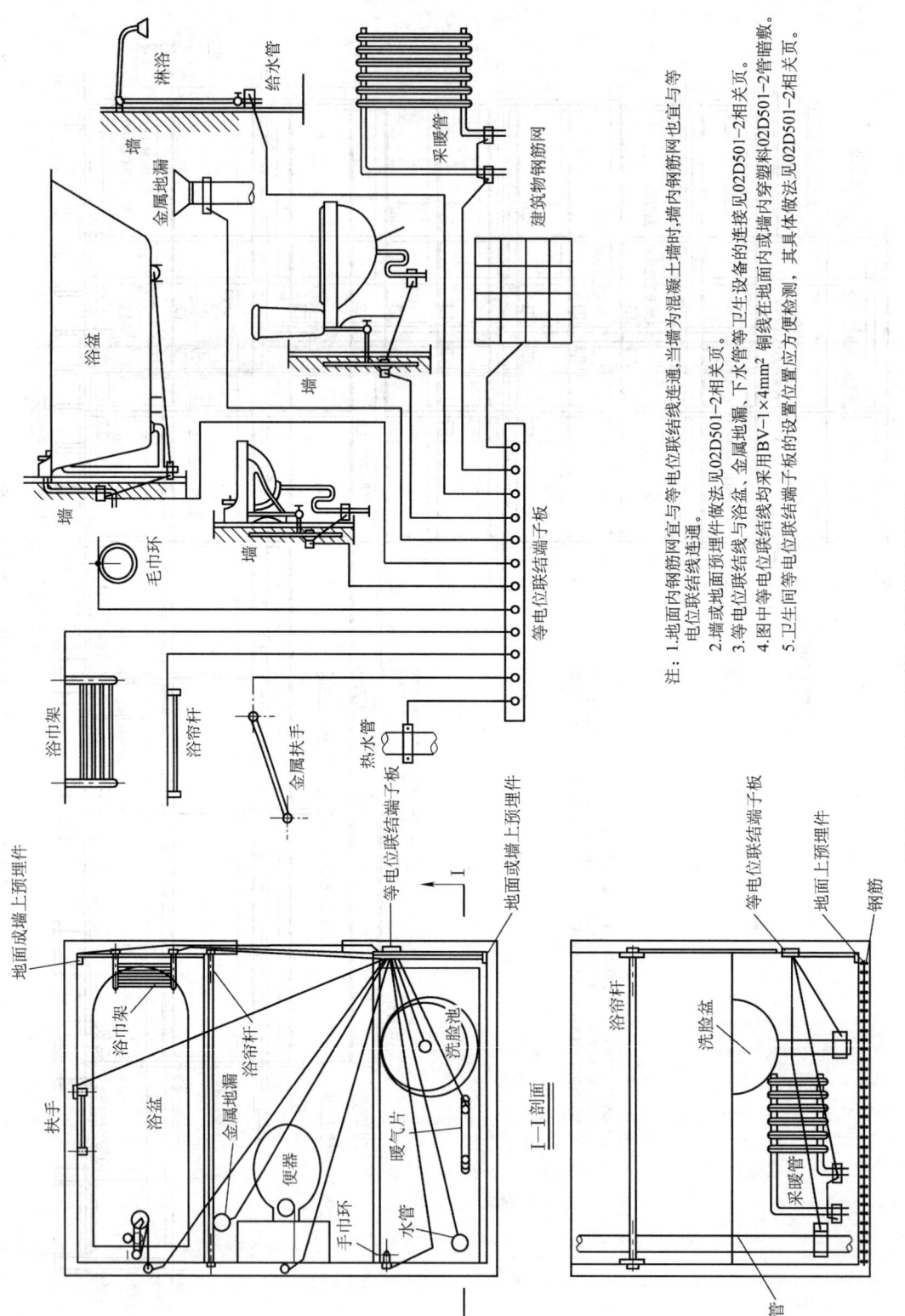

图 4-22 卫生间局部等电位联结安装详图

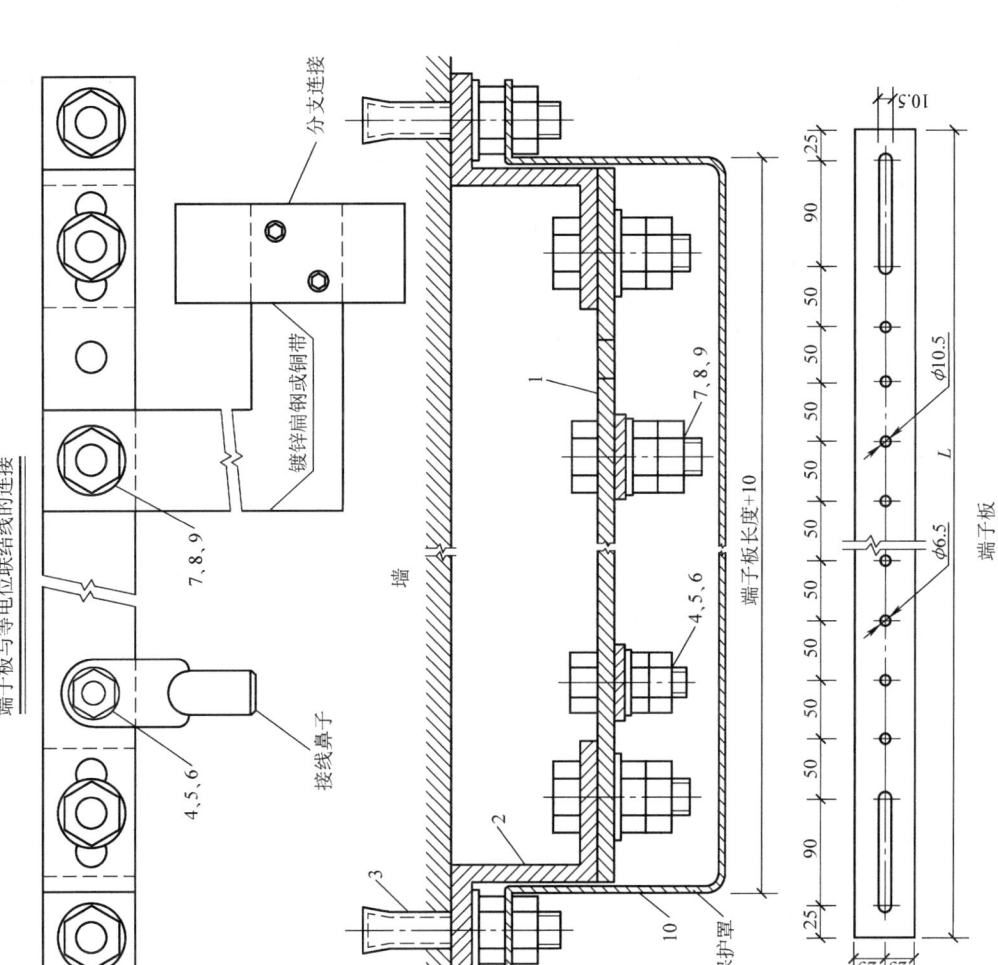

图 4-23 等电位联结端子板安装详图

本 章 小 结

根据雷电破坏作用不同,雷电可分为直击雷、感应雷和雷电波入侵三种,对于不同的雷电,根据防雷要求不同,必须采用不同的防雷措施。防雷装置一般由接闪器、引下线和接地装置组成。

常用的接地内容有:工作接地、保护接地、防雷接地、重复接地、共用接地等。要搞清楚和区分这几种接地类型的作用、适用范围及相互关系,以及对接地电阻的要求。

对建筑物中易受雷击电磁脉冲干扰的电子设备防护、电气安全防护等作了介绍,并通过一个防雷接地工程图实例进行了分析。

习 题 四

一、判断题(对的画"√",错的画"×")

1. 接地圆钢应采用搭接,其搭接长度为其直径的6倍。(　　)
2. 避雷装置一般由避雷带、引下线、接地装置三部分组成。(　　)
3. 低压三相四线制系统,称为TN—S制式。(　　)
4. PE线的色标颜色应使用黄绿颜色相间的绝缘导线。(　　)
5. 由于运行和安全的需要,为保证电力网在正常情况或事故情况下可靠地工作而进行的接地,叫做工作接地。(　　)
6. 在1kV以下同一系统中,不允许将一部分电气设备金属外壳采用接零保护,另一部分电气设备金属外壳采用接地保护。(　　)
7. 独立避雷针的工频接地电阻一般不应大于10Ω。(　　)
8. 机床电动机,该机床、底盘虽已接地,但电动机外壳仍需一律接地。(　　)
9. 总等电位联结后,就没有必要进行重复接地了。(　　)
10. 用食盐和木炭屑分层填到接地极周围能有效降低接地电阻。(　　)
11. 不同的电压等级和不同的用电设备,宜采用共用接地装置。其接地电阻应不大于4Ω。(　　)
12. 引下线采用扁钢时,扁钢截面积应不小于100mm^2,其厚度应不小于4mm。(　　)
13. 当电源采用TV系统时,从建筑物配电盘(箱)引出的配电线路和分支线路必须采用TN—S系统。(　　)
14. 三类防雷建筑避雷带网格布置应不大于10m×10m。(　　)
15. 建筑物内的辅助等电位联结线必须与防雷装置的接地引下线导电部分相互连接。(　　)
16. 装置外导电部分可以作PEN线。(　　)
17. 在TN—C—S系统中,保护线和中性线从分开点起不允许再相互连接。(　　)
18. 电子设备可以采用TN—C接地系统。(　　)

二、单项选择题

1. 防雷工程中,为防止侧击,在建筑物每隔(　　)高处设一道均压环。
 A. 9m　　　　B. 10m　　　　C. 11m　　　　D. 12m
2. 一般建筑物避雷引下线不少于2根,其间距不应大于(　　)。
 A. 12m　　　　B. 18m　　　　C. 24m　　　　D. 30m
3. 防直击雷的接地装置应绕建筑物构成闭合回路,其冲击接地电阻不大于(　　)。
 A. 1Ω　　　　B. 4Ω　　　　C. 10Ω　　　　D. 30Ω
4. 重要的或人员密集的大型建筑物属于(　　)类防雷要求。

A. 一 B. 二 C. 三 D. 四
5. 接地扁钢的焊接应采用搭接焊,其搭接长度为其宽度的( ),且至少三个棱边焊接。
A. 2倍 B. 3倍 C. 6倍
6. 接地体一般应离开建筑物( )。
A. ≤1m B. ≥3m C. ≥5m
7. 利用金属屋面做接闪器,根据材质要求有一定厚度,在下列答案中哪个是正确的( )。
A. 铁板4mm,铜板5mm,铝板7mm B. 铁板5mm,铜板4mm,铝板7mm
C. 铁板4mm,铜板7mm,铝板5mm D. 铁板7mm,铜板5mm,铝板4mm
8. 在正常或事故的情况下,为了保护电气设备可靠地运行,在电力系统中某一点进行接地,此接地称为( )。
A. 保护接地 B. 重复接地 C. 工作接地
9. 供电电源由电缆引入变电所时,变电所内的阀型避雷器( )。
A. 可以不装 B. 一定要装 C. 任意
10. 建筑物上的避雷带的引下线,可以利用( )。
A. 给水、排水管 B. 各种钢制管道或构件 C. 建筑结构中的主钢筋
11. 接地电阻包括接地线的电阻和接地体的散流电阻。而决定接地电阻大小的主要因素是( )。
A. 接地体的数量和结构
B. 接地线的长度
C. 接地体的结构数量与土壤的电阻率
12. 一类防雷建筑引下线不应少于2根,并应沿建筑物均匀或对称布置,其间距不应大于( )。
A. 6m B. 12m C. 15m D. 20m
13. 避雷针和避雷带宜优先采用圆钢,圆钢直径不应小于( )。
A. 8mm B. 10mm C. 12mm D. 16mm
14. 特级、甲级档案馆应为( )。
A. 一级防雷建筑物 B. 二级防雷建筑物
C. 三级防雷建筑物 D. 不确定
15. 低压配电系统的接地型式第二个字母代号的含义是( )。
A. 表示用电装置外露的可导电部分对地关系
B. 表示电力电源系统对地关系
C. 表示工作零线与保护线的组合
D. 表示工作零线与保护线的组合对地关系
16. 低压配电线路的PE线或PEN线的每一重复接地系统接地电阻最大允许值为( )。
A. 3Ω B. 4Ω C. 10Ω D. 1Ω
17. 应急用发电机组建议采用( )接地系统。
A. TN B. TT C. TN—C—S D. IT
18. 在防雷击电磁脉冲时,每幢建筑物的防雷接地、屏蔽接地、等电位联结接地、防电击接地及电子信息系统功能性接地,应采用( )接地系统。
A. 各自独立 B. 除防直击雷接地外共用 C. 共用 D. 除电子系统外共用
19. 为防雷击电磁脉冲,所有进入建筑物的外来导电物均应在各防雷区的界面处作( )处理。
A. 电气隔离 B. 等电位联结 C. 屏蔽 D. 绝缘
20. 为防雷击电磁脉冲,建筑物环形接地体和内部环形导体应连到钢筋或金属立面等其他屏蔽构件上,宜每隔( )连接一次。
A. 2m B. 3m C. 4m D. 5m

三、简答题

1. 一般建筑物的接地方式有哪几种？
2. 人工接地体、人工接地极应怎样安装？
3. 重复接地有何意义？接地电阻值要求是多少？
4. 什么是接地装置？什么是接地网？它们的作用如何？
5. 什么叫共用接地体？共用接地体有什么要求？
6. 简述避雷针、避雷带、避雷网等接闪器的安装方法。
7. 简述利用建筑物基础内钢筋作接地装置的做法。
8. 降低接地电阻值有哪些方法？
9. 什么是等电位联结？有哪几种分类？
10. 何种建筑需采取防雷击电磁脉冲措施？具体措施有哪些？
11. 综合楼如何做总等电位联结？请结合工程实例二的相关图样进行分析。

第五章 火灾自动报警及联动控制系统

火灾自动报警及联动控制是一项综合性消防技术，是现代电子工程和计算机技术在消防中的应用，也是消防系统的重要组成部分和新兴技术学科。火灾自动报警及联动控制的主要内容是：火灾参数的检测系统、火灾信息的处理与自动报警系统、消防设备联动与协调控制系统、消防系统的计算机管理等。

火灾自动报警及联动控制系统能及时发现火灾、通报火情，并通过自动消防设施，将火灾消灭在萌发状态，最大限度地减少火灾的危害。随着高层、超高层现代建筑的兴起，对消防工作提出了越来越高的要求，消防设施和消防技术的现代化，是现代建筑必须设置和具备的。

火灾自动报警及联动控制系统框图如图 5-1 所示。

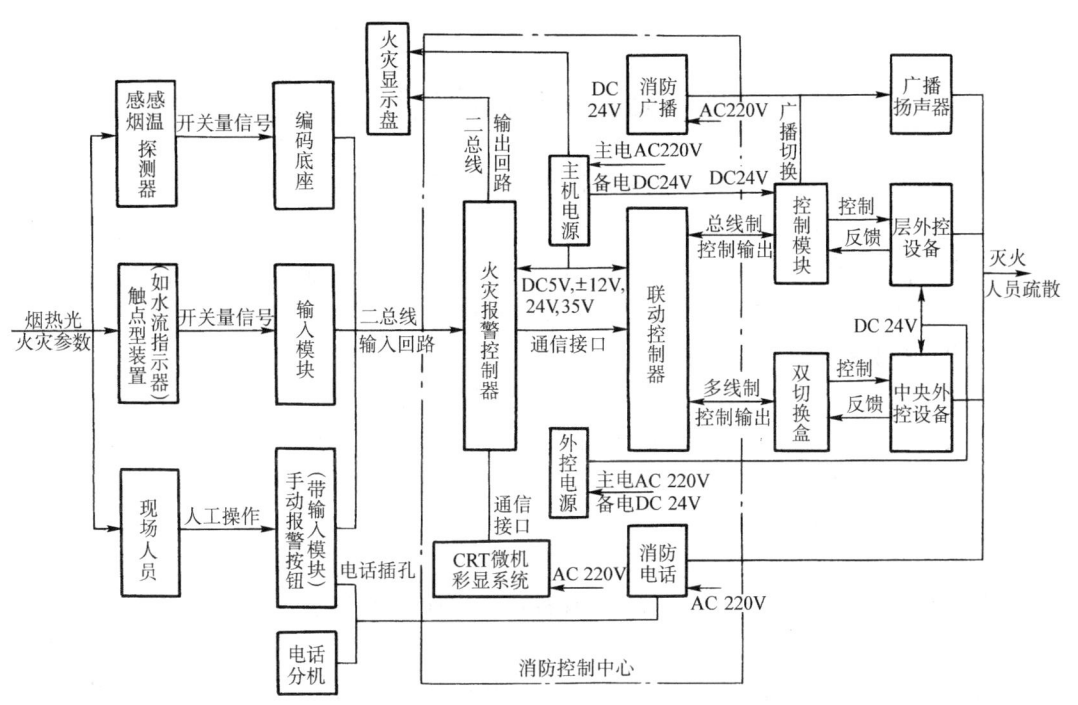

图 5-1 火灾自动报警及联动控制系统框图

图 5-1 中，火灾报警控制器是火灾自动报警系统的心脏，是分析、判断、记录和显示火灾的部件，它通过火灾探测器(感烟、感温)不断向监视现场发出巡测信号，监视现场的烟雾浓度、温度等。火灾探测器将烟雾浓度或温度转换成电信号，并反馈给火灾报警控制器，火灾报警控制器把收到的电信号与控制器内存储的整定值进行比较，判断确认是否火灾。当确认发生火灾时，在火灾报警控制器上发出声光报警，现场发出火灾报警，显示火灾区域或楼层房号的地址编码，并打印报警时间、地址。同时，通过消防广播向火灾现场发出火灾报警信号，指示疏散路线，在火灾区域相邻的楼层或区域通过消防广播、火灾显示盘显示火灾区

域，指示人员朝安全的区域避难。

为了防止感烟、感温等火灾探测器失灵，或火警线路发生故障，现场人员也可以通过安装在现场的手动报警按钮和消防电话分机直接向消防中心报警。火灾自动报警控制系统一般由火灾探测器(感烟、感温)、各种功能模块、火灾报警控制器、火灾显示盘、消防电话、CRT微机彩显系统等组成。

联动控制器是在火灾报警控制器的控制下，执行自动灭火等一系列程序。当监视现场发生火灾，联动控制器起动喷淋泵，进行灭火；起动正压送风机、排烟风机，保证避难层、避难间安全避难；通过联动控制器可将电梯降到底层，放下防火卷帘门，关闭防火阀，使火灾限制在一定区域内。为了防止系统失控或执行器中的元件、阀门失灵，贻误灭火，现场一般设有手动开关，用以手动起动，及时扑灭火灾。

先进的火灾探测技术和独特的报警装置的高分辨能力，不但能报出大楼内火警所在的位置和区域，还能进一步分辨出是哪一个装置在报警以及消防系统的处理方式等，有助于更正确地进行消防工作。智能防火系统还可使大楼的照明、配电、音响、广播与电梯等装置，通过中央监控系统实现联动控制，与整个大楼的通信、办公室与保安系统集成，实现大楼的智能化监控。

第一节 火灾探测器的选用与安装

根据不同的火灾探测方法构成的火灾探测器，按其待测的火灾参数可以分为感烟式、感温式、感光式、可燃气体探测器，以及烟温、温光、烟温光等复合式火灾探测器。两种或两种以上探测方法组合使用的复合式火灾探测器一般为点型结构，同时具有两个或两个以上火灾参数的探测能力，目前较多使用的是烟温复合式火灾探测器。

一、火灾探测器的选用和设置

火灾探测器的选用和设置，是构成火灾自动报警系统的重要环节，直接影响着火灾探测器性能的发挥和火灾自动报警系统的整体特性。因此，必须按照《火灾自动报警系统设计规范》和《火灾自动报警系统施工及验收规范》的有关要求和规定来执行。

1. 火灾探测器的种类与性能

火灾探测器是火灾自动报警系统最关键的部件之一，它是整个系统自动检测的触发器件，犹如系统的"感觉器官"，能不间断地监视和探测被保护区域火灾的初期信号。根据火灾探测方法和原理，目前世界各国生产的火灾探测器有感烟式、感温式、感光式、可燃气体探测式和复合式等主要类型。而每种类型中，又可分为不同形式，若按其结构造型分类，可分为点型和线型两大类。见表5-1。

表5-1 火灾探测器的种类与性能

火灾探测器种类名称			探测器性能
感烟式探测器	定点型	离子感烟式	及时探测火灾初期烟雾，报警功能较好。可探测微小颗粒(油漆味、烤焦味及大分子量气体分子，均能反应并引起探测器动作；当风速大于10m/s时不稳定，甚至引起误动作)
		光电感烟式	对光电敏感。宜用于特定场合。附近有过强红外光源时可导致探测器不稳定；其寿命较前者短

(续)

火灾探测器种类名称			探测器性能
感温式探测器	缆式线型感温电缆		不以明火或温升速率报警,而是以被测物体温度升高到某定值时报警
	定温式	双金属定温	火灾早、中期产生一定温度时报警,且较稳定。凡不可采用感烟探测器的场所,以及非爆炸性场所、允许一定损失的场所可选用
		热敏电阻	它只以固定限度的温度值发出火警信号,允许环境温度有较大变化而工作比较稳定,但火灾引起的损失较大
		半导体定温	
		易熔合金定温	
	差温式	双金属差温式	适用于早期报警,它以环境温度升高率为动作报警参数,当环境温度达到一定要求时发出报警信号
		热敏电阻差温式	
		半导体差温式	
	差定温式	膜盒差定温式	具有感温探测器的一切优点而又比较稳定
		热敏电阻差定温式	
		半导体差定温式	
感光式探测器	紫外线火焰式		监测微小火焰发生,灵敏度高,对火焰反应快,抗干扰能力强
	红外线火焰式		能在常温下工作。对任何一种含碳物质燃烧时产生的火焰都能反应。对恒定的红外辐射和一般光源(如灯泡发光、太阳光和一般的热辐射,X射线、γ射线)都不起反应
可燃气体探测器			探测空气中可燃气体含量、浓度,超过一定数值时报警
复合式探测器			是全方位火灾探测器,综合各种长处,使用于各种场合,能实现早期火情的全范围报警

2. 探测器的选择

(1) 选择火灾探测器的原理

1) 火灾初期为阻燃阶段,产生大量的烟雾和少量的热,很少或没有火焰辐射,应选用感烟探测器。

2) 火灾发展迅速,产生大量的热、烟和火焰辐射,可选用感温探测器、感烟探测器、火焰探测器或其组合。

3) 火灾发展迅速,有强烈的火焰辐射和少量的烟、热,应选用火焰探测器。

4) 根据火焰形成的特点进行模拟试验,根据试验结果选择探测器。

5) 对使用、生产或聚集可燃气体蒸气的场所或部位,应选用可燃气体探测器。

(2) 火灾探测器的选择

高层民用建筑及其有关部位火灾探测器类型的选择见表5-2。

表5-2 高层民用建筑及其有关部位火灾探测器类型的选择

项目	设置场所	火灾探测器类型									感烟式		
		差温式			差定温式			定温式					
		Ⅰ级	Ⅱ级	Ⅲ级	Ⅰ级	Ⅱ级	Ⅲ级	Ⅰ级	Ⅱ级	Ⅲ级	Ⅰ级	Ⅱ级	Ⅲ级
1	剧场、电影院、礼堂、会场、百货公司、商场、旅馆、饭店、集体宿舍、公寓、住宅、医院、图书馆、博物馆等	△	○	○	○	○	○	○	△	△	×	○	○

(续)

项目	设置场所	火灾探测器类型											
		差温式			差定温式			定温式			感烟式		
		Ⅰ级	Ⅱ级	Ⅲ级	Ⅰ级	Ⅱ级	Ⅲ级	Ⅰ级	Ⅱ级	Ⅲ级	Ⅰ级	Ⅱ级	Ⅲ级
2	厨房、锅炉房、开水间、消毒室等	×	×	×	×	×	×	△	○	○	×	×	×
3	进行干燥、烘干的场所	×	×	×	×	×	×	△	○	○	×	×	×
4	有可能产生大量蒸气的场所	×	×	×	×	×	×	△	○	○	×	×	×
5	发电机市场、立体停车场、飞机库等	×	○	○	×	○	○	×	○	○	×	△	○
6	电视演播室、电影放映室	×	×	△	×	×	△	×	×	○	×	○	○
7	在项目1中差温式及差定温式有可能不预报的场所	×	×	×	×	×	×	○	○	○	×	×	×
8	发生火灾时温度变化缓慢的小间	×	×	×	○	○	○	○	○	○	○	○	○
9	楼梯及倾斜路	×	×	×	×	×	×	×	×	×	○	△	○
10	走廊及通道	×	×	×	×	×	×	×	×	×	○	○	○
11	电梯竖井、管道井	×	×	×	×	×	×	×	×	×	○	○	○
12	电子计算机、通信机房	△	×	×	△	×	×	△	×	×	○	○	○
13	书库、地下仓库	△	○	○	△	○	○	△	○	○	○	○	○
14	吸烟室、小会议室等	×	×	○	○	○	○	○	○	○	×	×	×

注：1. ○表示适于使用。

2. △表示根据安装场所等状况，限于能够有效地探测火灾发生的场所使用。

3. ×表示不适于使用。

3. 探测报警区域的划分

（1）防火和防烟分区

1）高层建筑内应采用防火墙、防火卷帘等划分防火分区，每个防火区允许最大建筑面积不应超过表5-3的规定。

表5-3 防火分区允许最大建筑面积

建筑类别	每个防火分区建筑面积/m²	建筑类别	每个防火分区建筑面积/m²
一类建筑	1000	地下室	500
二类建筑	1500		

注：设有自动喷水灭火系统的防火分区，其允许最大建筑面积可按本表增加1倍；当局部设置灭火系统时，增加面积可按局部面积的1倍计算。

2）对于高层建筑内的商业营业厅、展览厅等，当设有火灾自动报警系统和自动喷水灭火系统，且采用不燃烧材料或难燃烧材料装修时，地上部分防火分区允许最大建筑面积为4000m²，地下部分防火分区允许最大建筑面积为2000m²。

3）当高层建筑与其裙房之间设有防火墙等防火分割措施时，其裙房的防火分区允许最大建筑面积不应大于2500m²；当设有自动喷水灭火系统时，防火分区最大建筑面积可增加1倍。

4）当高层建筑内设有上下层相连通的走廊、敞开楼梯、自动扶梯、传送带等开口部位时，应将上下连通层作为一个防火分区，其允许最大建筑面积之和不应超过表 5-3 的规定。当上下开口部位设有耐火极限大于 3.0h 的防火卷帘或水幕等分割时，其面积可不叠加计算。

5）高层建筑中的防火分区面积应按上下层连通的面积叠加计算，当超过一个防火分区面积时，应符合下列规定：

① 房间与中厅回廊相通的门、窗，应设自行关闭的一级防火门、窗；

② 与中厅相通的过厅、通道等，应设一级防火门或耐火极限大于 3.0h 的防火卷帘分割；

③ 中厅每层回廊应设有自动灭火系统；

④ 中厅每层回廊应设火灾报警系统。

6）设排烟设施的走道，净高不超过 6.0m 的房间，应采用挡烟垂壁、隔墙或从顶棚下突出不小于 0.50m 的梁划分防烟分区。

7）每个防烟分区的建筑面积不应超过 500m^2，且防烟分区不应跨越防火分区。

(2) 报警区域

报警区域，系将火灾自动报警系统所监视的范围按防火分区或楼层布局划分的单元。一个报警区域一般是由一个或相邻几个防火分区组成的。对于高层建筑来说，一个报警区域监视的范围一般不宜超出一个楼层。视具体情况和建筑物的特点，可按防火分区或按楼层划分报警区域。一般保护对象的主楼以楼层划分比较合理，而裙房按防火分区划分为宜。有时将独立于主楼的建筑物单独划分报警区域。

对于总线制或智能型火灾自动报警控制系统，一个报警区域一般可设置一台区域显示器。

(3) 探测区域

探测区域是指将报警区域按部位划分的单元。一个报警区域通常面积比较大，为了快速、准确、可靠地探测出被探测范围的哪个部位发生火灾，有必要将被探测范围划分成若干区域，这就是探测区域。探测区域也是火灾探测器探测部位编号的基本单元。探测区域可是一只或多只火灾探测器所组成的保护区域。

1）通常探测区域是按独立房(套)间划分的，一个探测区域的面积不宜超过 500m^2。在一个面积比较大的房间内，如果从主要入口能看清其内部，且面积不超过 1000m^2，也可划分为一个探测区域。

2）符合下列条件之一的非重点保护建筑，可将整个房间划分成一个探测区域：

① 相邻房间不超过 5 个，总面积不超过 400m^2，并在每个门口设有灯光显示装置；

② 相邻房间不超过 10 个，总面积不超过 1000m^2，在每个房间门口均能看清其内部，并在门口设有灯光显示装置。

3）下列场所应分别单独划分探测区域：

① 敞开和封闭楼梯间；

② 防烟楼梯间前室、消防电梯间前室、消防电梯与防烟楼梯间合用的前室；

③ 走道、坡道、管道井、电缆隧道；

④ 建筑物闷顶、夹层。

4）较好的显示火灾自动报警部位，一般以探测区域作为报警单元，但对非重点建筑当采用非总线制时，也可考虑以分路为报警显示单元。

合理、正确地划分报警区域和探测区域，常能使火灾发生时，有效可靠地发挥防火系统报警装置的作用，在着火初期快速发现火情部位，及早投入消防灭火设施。

二、火灾探测器与区域报警器的连接方式

随着消防业的发展，火灾探测器的接线形式变化很快，即从多线向少线至总线发展，给施工、调试和维护带来了极大的方便。我国采用的线制有四线、三线、两线制及四总线、二总线制等几种。对于不同厂家生产的不同型号的火灾探测器，其接线形式也不一样，从火灾探测器到区域报警器的线数也有很大差别。

1. 火灾自动报警系统的技术特点

火灾自动报警系统包括4部分：火灾探测器、配套设备（中继器、显示器、模块、总线隔离器、报警开关等）、火灾报警控制器及布线。系统的技术特点如下：

1）系统必须保证长期不停的运行，在运行期间不但发生火情能报警到探测点，而且应具备自判断系统设备传输线断路、短路、电源失电等状况的能力，并给出有区别的声光报警，以确保系统的高可靠性。

2）探测部位之间的距离可以从几米至几十米。火灾报警控制器到探测部位之间的距离可以从几十米到几百米、上千米。一台区域报警控制器可带几十或上百只火灾探测器，有的通用控制器做到了带500个探测点，甚至上千个。无论什么情况，都要求将探测点的信号准确无误地传输到控制器去。

3）系统应具有低功耗运行性能。火灾探测器对系统而言是无源的，它只是从控制器上获取正常运行的电源。火灾探测器的有效空间是狭小有限的，要求设计时电子部分必须是简练的。电源失电时，应有备用电源可连续供电8h，并在火警发生后，声光报警能长达50min，这就要求火灾报警控制器也应低功耗运行。

2. 火灾自动报警系统的线制

从上述技术特点看出，线制对系统是相当重要的。这里说的线制是指火灾探测器和火灾报警控制器之间的布线数量。更确切地说，线制是火灾自动报警系统运行机制的体现。按线制分，火灾自动报警系统有多线制和总线制之分。多线制目前基本不用，因此以下主要叙述总线制系统。

总线制系统采用地址编码技术，整个系统只用几根总线，建筑物内布线极其简单，给设计、施工及维护带来了极大的方便，因此被广泛采用。值得注意的是：一旦总线回路中出现短路问题，则整个回路失效，甚至损坏部分火灾报警控制器和火灾探测器，因此为了保证系统正常运行和免受损失，必须采取短路隔离措施，如分段加装短路隔离器。

1）四总线制。如图5-2所示，四条总线为：P线给出探测器的电源、编码、选址信号；T线给出自检信号以判断探测部位或传输线是否有故障；控制器从S线上获得探测部位的信息；G线为公共地线。P、T、S、G线均为并联方式连接，S线上的信号对探测部位而言是分时的，从逻辑实现方式上看是"线或"逻辑。

由图5-2可见，从探测器到控制器

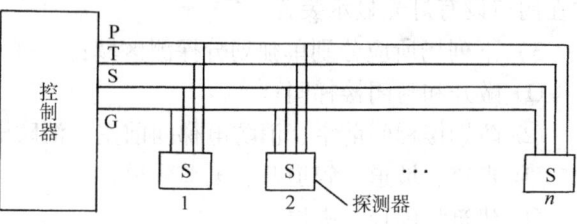

图5-2 四总线制连接方式

只用四根总线(另外一根 V 线为 DC24V,也以总线型式由控制器接出来,其他现场设备也可使用,见后述)。这样探测器与控制器的布线为五线,大大简化了系统,尤其是在大系统中,这种布线优点更为突出。

2) 二总线制。这一种最简单的接线方法,用线量更少,但技术的复杂性和难度也提高了。二总线中的 G 线为公共地线,P 线则完成供电、选址、自检、获取信息等功能。目前,二总线制应用最多,新型智能火灾自动报警系统也建立在二总线的运行机制上。二总线系统有树枝形和环形两种。

① 树枝形接线:图 5-3 所示为树枝形接线方式,这种方式应用广泛,这种接线如果发生断线,可以报出断线故障点,但断点之后的探测器不能工作。

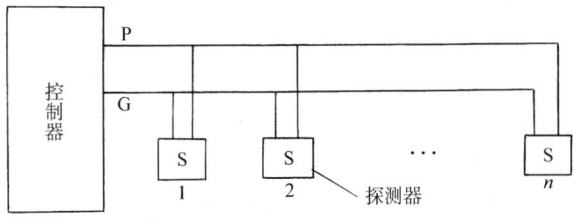

图 5-3 树枝形接线(二总线制)

② 环形接线:图 5-4 所示为环形接线方式。这种系统要求输出的两根总线再返回控制器另两个输出端子,构成环形。这种接线方式如中间发生断线不影响系统正常工作。

③ 链式接线:图 5-5 所示为链式接线方式。这种系统的 P 线对各探测器是串联的,对探测器而言,变成了三根线,而对控制器还是两根线。

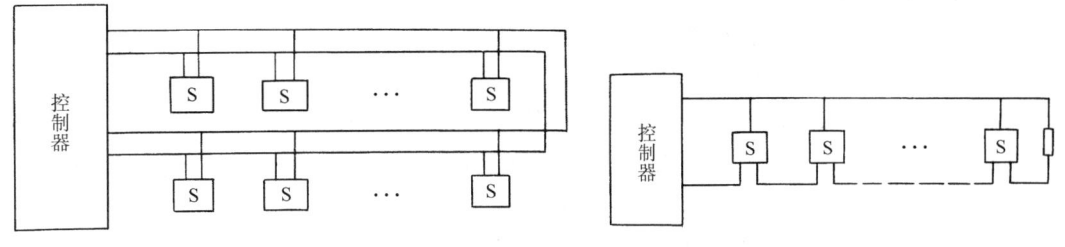

图 5-4 环形接线方式(二总线制)　　　　图 5-5 链式接线方式

第二节　火灾自动报警系统的配套设备

近年来,新技术、新工艺的应用,使消防电子产品更新周期不断缩短。在火灾自动报警系统中,无论是火灾探测器,还是火灾报警控制器,都趋于小型化、微机化。目前,最先进的系统为模拟量无阈值智能化。

在实际应用中,虽然不同厂家、不同系列的产品的配套设备各异,但其基本种类及功能基本相同,下面仅就一些常用的配套设备进行介绍。

一、火灾报警控制器

火灾报警控制器,可通过两总线对在线的所有探测部位进行巡回检测,接收离子感烟探测器、感温探测器、线型空气管探测器、热电偶火灾探测器、线型感温电缆线及手动报警按钮等各类探测部件输入的火灾或故障信号。一旦某个探测器有火灾或故障信号,火灾报警控制器立即响应,发出声光报警,显示时间、地点、报警性质,并打印记录。可将火灾信号输出至楼层报警显示盘,也可通过输出接口将火警信号送到消防联动控制系统及 CRT 显示系统。如作为区域报警器,则通过串行通信接口将收集的火灾或故障信息传输到集中报警控制器。

1. 1501 系列火灾报警控制器

本控制器为二总线通用型火灾报警控制器,采用 80C31 单片机 CMOS 电路组成微机火灾自动报警系统,既可做中央机,也可做区域机使用。整个系统监控电流小,抗干扰能力强,可现场编程,功能齐全,设计、安装、调试、使用、维修均十分方便。

(1) 基本功能

1) 能直接接收来自火灾探测器的火灾报警信号。

① 左 4 位 LED 显示第一报警地址(层房号),右 4 位 LED 显示后续报警地址(房屋号),多点报警时,右 4 位交替显示报警地址;

② 预警灯亮,发预警音(扬声器长音);

③ 打印机自动打印预警地址及时间;

④ 预警 30s 延时时,确认为火警,发出火警音(扬声器变调音),可消音(但消音指示灯不亮);

⑤ 打印机自动打印火警地址及时间;

⑥ 可通过输出回路上的火灾显示盘,重复显示火警发生部位。

2) 能发出探测点的断线故障信号(短路故障时由短路隔离器转化为断线故障)。

① 故障灯亮;

② 右 4 位 LED 显示故障地址(房屋号);

③ 蜂鸣器发出故障音,可消音,同时消音指示灯亮;

④ 打印机自动打印故障发生的地址及时间;

⑤ 故障期间,非故障探测点有火警信号输入时,仍能报警。

3) 有本机自检功能:右 4 位 LED 能显示故障类别和发生部位。键盘操作功能如下:

① 对探测点的编码地址与对应的层房号可现场编程;

② 对探测点的编码地址与对应的火灾显示盘的灯序号可现场编程;

③ 可进行系统复位,重新进入正常监控状态操作;

④ 可调看报警地址(编码地址)和时间,断线故障地址(编码地址),调整日期和时间;

⑤ 可进行打印机自检:查看内部软件时钟,对各回路探测点运行状态进行单步检查和声、光显示自检;

⑥ 可对发生故障的探测点封闭以及被封闭探测点修复后释放的操作。

(2) 电源部件及其他功能

有专用的电源部件,为自身以及所连接的火灾探测器和火灾显示盘供电。主备电装置能自动切换,主备电均有工作状态指示,主电有过电流保护,备电有欠电压保护。电源发生欠电压故障时,有声、光故障指示。

原理接线图如图 5-6 所示。

2. JB—QB—1502/96 型火灾报警控制器

(1) 系统框图

JB—QB—1502/96 型火灾报警控制器系统框图如图 5-7 所示。

(2) 技术数据

1) 供电方式。交流主电:$AC220V^{+10\%}_{-15\%}$,$50Hz \pm 1Hz$;直流备电:$DC24V\ 6.5A \cdot h$,全

密封蓄电池。

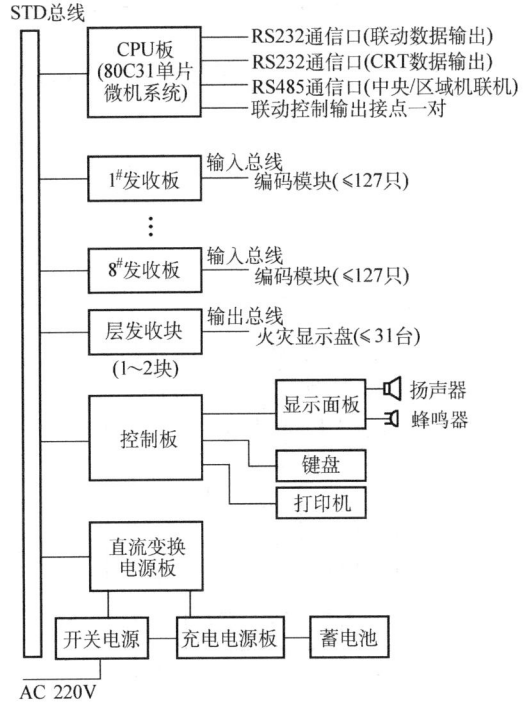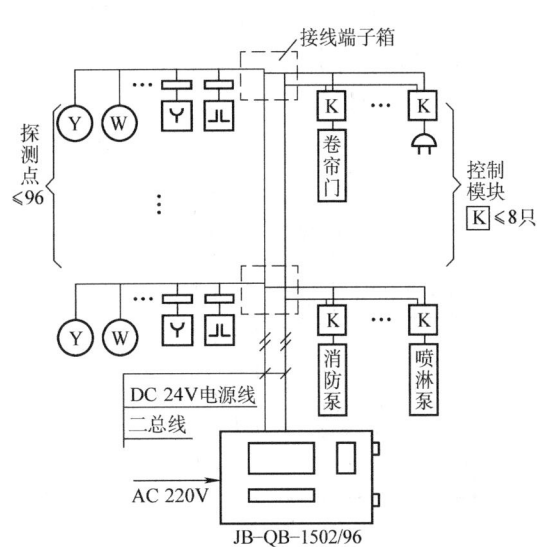

图 5-6　1501 系列火灾报警控制器原理接线图　　图 5-7　JB—QB—1502/96 型火灾报警控制器系统框图

2) 监控功率：<10W；额定功率：<50W。

3) 使用环境。温度：-10~50℃；相对湿度：≤95%（40℃±2℃）。

4) 容量。96 只编码模块，包括编码底座和输入模块；8 只控制模块，内有触点容量 AC250V/3A，DC24V/5A。输出为二常开二常闭转换触点的继电器 1 个。

5) 最大总线线长度：1500m。

6) 外形尺寸：620mm×410mm×130mm（壁挂式）。颜色：乳白色箱体，黑色面膜。重量：12.6kg（不包括备电）。

(3) 接线方式

接线方式如图 5-8 所示。

3. 中央机/区域机火灾报警联动系统

当一台 1501 系列火灾报警控制器的容量不能满足工程需要时，可采用中央机/区域机联机通信的方法，组成中央机/区域机火灾报警系统，报警点容量可达 1016×8 个点。

(1) 技术数据

1) 一台 JB—JG(JT)—DF1501 中央机通过 RS-485 通信接口可连接 8 台 1501 区域机。

2) 中央机功能：

① 中央机只能与区域机通信，但没有

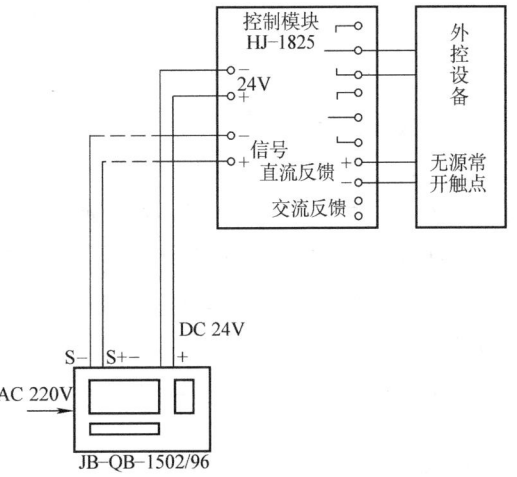

图 5-8　接线方式

输入总线和输出总线,不能直接连接探测器编码模块和火灾显示盘;

② 中央机可通过 RS-232 通信接口(Ⅰ)与联动控制器连接通信,通过 RS-232 通信接口(Ⅱ)与 CRT 微机彩显系统连接;

③ 中央机柜(台)机箱内可配装 HJ—1756 消防电话、HJ—1757 消防广播和 HJ—1811 或 HJ—1810 外控电源(即 HJ—1752 集中供电电源);

④ 区域机柜(台)机箱内自备主机电源。

(2) 系统框图

系统框图如图 5-9 所示。

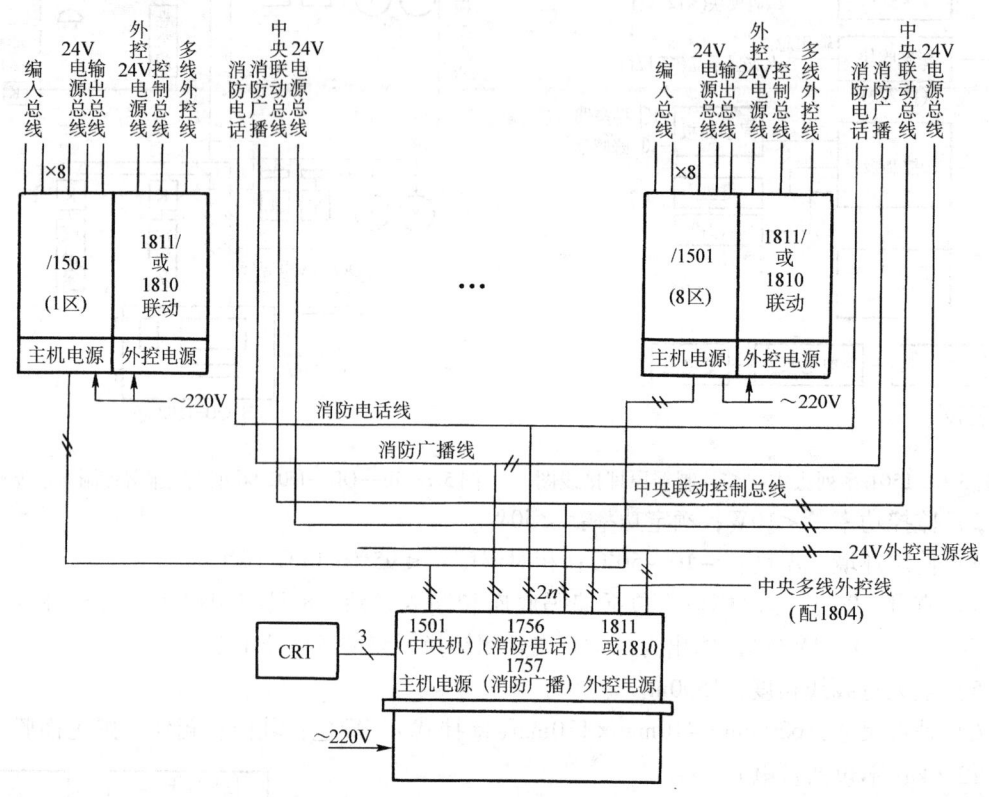

图 5-9 中央机/区域机火灾报警联动系统框图

二、火灾显示盘(屏)

火灾显示盘设置在每个楼层或消防分区内,用以显示本区域内各探测点的报警和故障情况,在火灾发生时,指示人员疏散方向、火灾所处位置、范围等。

下面以 JB—BL—32/64 型火灾显示盘(重复显示屏)为例介绍其功能。

该火灾显示盘是 1501 系列火灾报警控制器的配套产品。JB—BL—32/64 型火灾显示盘设置在整个楼层或消防分区内,用于显示本区域内各探测点的报警和故障情况。盘内配备了两个继电器,用于控制本区域中的外控设备。但是,本产品不能独立构成报警控制器。

1. 基本功能

1) 通过对 1501 系列火灾报警控制器的现场编程,可将整个系统的任意探测点的编码地址与对应火灾显示盘的灯序号设置一一对应。

2）能接收来自1501系列火灾报警控制器发出的探测点编码模块运行状态的数据，如火警、预警、断线故障等数据。

① 对应的显示灯发红光。

② 预警时，预警总灯亮，扬声器发单调音；火警时，火警总灯亮，扬声器发变调音。

③ 故障时，故障总灯亮，蜂鸣器发出单调音，但火警时，所有故障信号让位于火警信号。

④ 声信号能手动消音。

3）有本机自检功能，能对显示灯和故障、预警、火警声信号自检，自检过程中，有火警时，转向处理报警信号。

4）通过复位按钮使火灾显示盘重新处于正常监控状态。

5）配备两个用于自动控制外设备的总报继电器，每只有两对常开闭无源触点，触点容量：AC220V/3A，DC24V/5A。

火警后30s，两个继电器同时吸合，其中第一个3s后释放，第二个为持续吸合。

6）可以将1801联动控制器的配套产品1802远程控制器装入其中，这时，火灾显示盘原配备的两只继电器取消，外控由1801联动控制器通过1802远程控制器来实现，继电器板上配备四个控制用继电器。

2. 基本原理

显示盘原理图如图5-10所示。火灾显示盘机号、点数设置：其中，前5位（$D_0 \sim D_4$）设置机号，后3位决定点数。

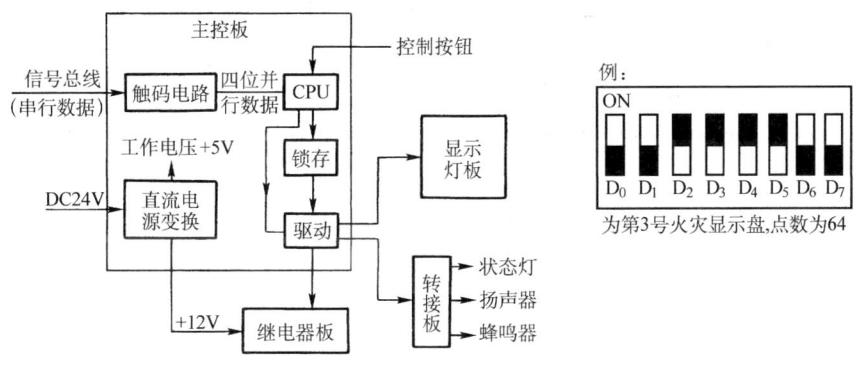

图5-10 显示盘原理图

1）前5位按二进制拨码计数（ON方向为0，反向为2^{n-1}）。机号最大容量$2^5-1=31$，即1501一对输出总线上能识别31台火灾显示盘。

2）后3位的确定见表5-4。

表5-4 后3位的确定

6 位	7 位	8 位	总 数
OFF	OFF	OFF	32
ON	OFF	OFF	64
ON	ON	OFF	96

3. 技术数据

1) 容量：表格式有 32 点、64 点；模拟图式≤96 点。
2) 工作电压：DC24V（由报警控制器主机电源供给）。
3) 监控电流≤10mA；报警（故障）显示状态工作电流≤250mA。
4) 使用环境：温度 $-10 \sim 50℃$；相对湿度≤95%（$40℃ \pm 2℃$）。
5) 总线长度≤1500m。
6) 外形尺寸：32 点：540mm×360mm×80mm；64 点：600mm×400mm×80mm；模拟图式：600mm×400mm×80mm；如图 5-11 所示。颜色：乳白色箱体，黑色面膜。重量：8.0kg（32 点），9.0kg（64 点）。

4. 接线方式

接线方式如图 5-12 所示。

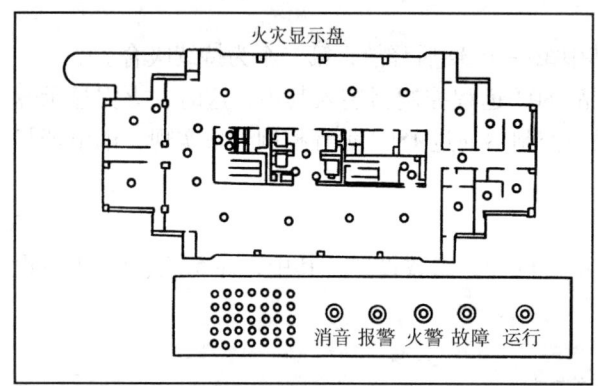
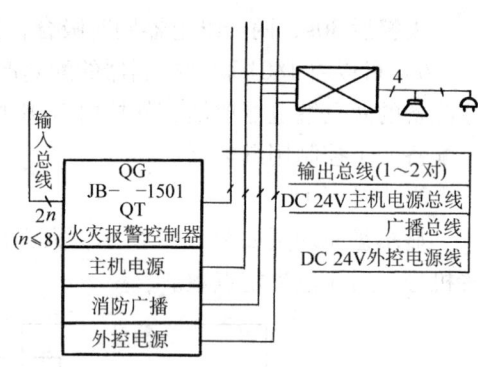

图 5-11　JD—BL—64 火灾显示盘外形及模拟图式　　　图 5-12　接线方式

1) 连接探测器部件每回路 2 根总线，正为电源线及信号线，负为地线，总线长度可达 1500m。
2) 连接楼层火灾报警显示器，有 3 根总线，信号正、信号负和 15V 电源线，总线长度可达 1500m。楼层火灾报警显示器占用一个回路，该回路中不得带探测部件。
3) 连接集中报警器为三总线，总线长度可达 1500m。
4) 总线均需采用截面积不小于 $1.0mm^2$ 的多股双色双绞铜芯绝缘导线，且应穿钢管。

三、联动控制器

这是基于微机的消防联动设备总线控制器。该控制器接收来自火灾报警器的报警信息，经逻辑处理后自动（或经手动，或经确认）通过总线控制联动控制模块发出命令去动作相关的联动设备。联动设备动作后，其回答信号再经总线返回总线联动控制器，显示设备工作状态。

1) 联动控制器可显示相关的联动设备号。
2) 联动控制器设置了声、光报警，收到来自火灾报警器的报警信息立即发出声光报警。
3) 联动控制器对联动设备的控制有三种方式：手动、自动、确认后手动。
4) 对每一个联动设备都设有手动控制和状态指示（简称手动控制盘）。
5) 联动控制器的主要功能是完成对风机、电梯迫降、消防泵、喷淋泵及气体灭火系统的联动控制。

6）在自动控制联动设备时，可按照已编好的逻辑功能进行。

7）每个联动设备动作的回答，直接由联动模块接收，并经总线送回总线联动控制器，不需要中继器（或输入模块）和另外的返回总线。

8）联动控制器有自检功能，并有故障报警功能。

1. HJ—1811型可编程联动控制器

1811型可编程联动控制器与1801系列火灾报警控制器配合，可联动控制各种外控消防设备。其控制点有两类：128只总线制控制模块，用于控制层外控设备；16组多线制输出，用于控制中央外控设备。与1801系列相比，其优点为：以控制模块取代远程控制器，取消返回信号总线，实现真正的总线制（控制、返回集中在一对总线上）；增加16组多线制可编程输出；增加"二次编程逻辑"，把被控制对象的起停状态也作为特殊的报警数据处理。结构形式有柜式（标准功能抽屉）和台式（非标）。

（1）工作原理

HJ—1811型可编程联动控制器工作原理如图5-13所示。

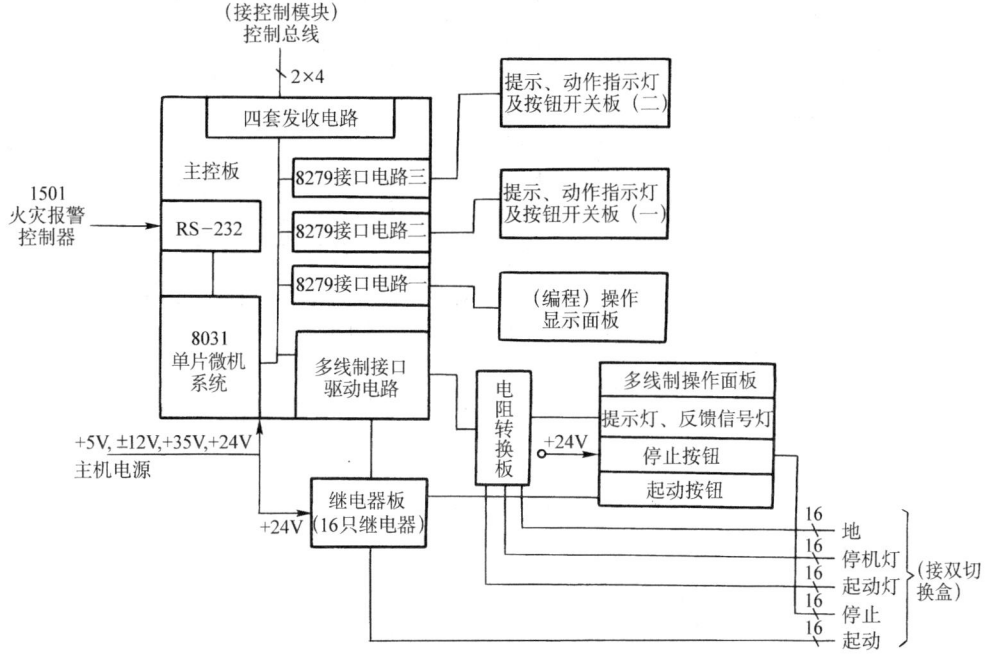

图5-13 HJ—1811型可编程联动控制器工作原理

（2）技术数据

1）容量：1811/64，配接64只控制模块，16只双切换盒；1811/128，配接128只控制模块，16只双切换盒。

2）工作电压：由主机电源供所需工作电压，+5V、±12V、+35V、+24V。

3）主机电源供电方式：交流电源（主机），AC220V$^{+10\%}_{-15\%}$，50Hz±1Hz；直流备电，（全密封蓄电池）DC24V，20A·h。

4）监控功率：≤20W。

5) 使用环境：温度为-10~50℃；相对湿度≤95%(40℃±2℃)。
6) 结构形式：柜式(标准功能抽屉)；台式(非标)。
7) 颜色：乳白色箱体，黑色面膜。

(3) 系统接线图

系统接线图如图5-14所示。

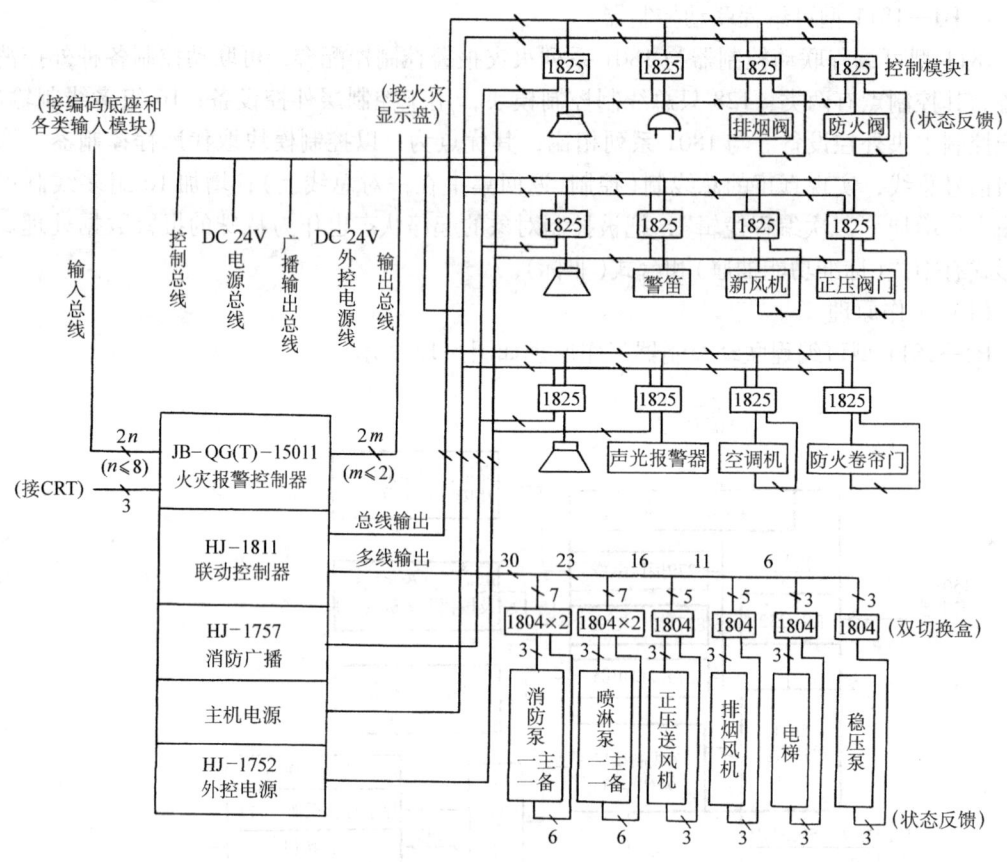

图5-14 系统接线图

(4) 输出接线图

1) 1811总线输出——控制模块(1825)接线图如图5-15所示。
2) 1811多线输出——双切换盒(1804)接线图如图5-16所示。

(5) 基本功能

1) 可通过RS-232通信接口接收来自1501火灾报警控制器的报警点数据，再根据已编入的控制逻辑数据，对报警点数据进行分析，对外控消防设备实施总线输出与多线输出两类控制方式。

① 总线输出控制方式：通过控制总线，可连接128只控制模块，当确认某控制模块动作时，对应的绿色提示灯亮，然后由控制模块中继电器触点的动作来起动或关闭层外控制消防设备。外控设备的工作状态经控制模块，由总线返回反馈信号给主机，对应的红色动作灯亮。

② 多线输出控制方式：在继电器板上(共16个继电器)找出需动作的继电器，对应的

绿色提示灯亮,通过被驱动的继电器触点,输出 DC24V,经双切换盘控制中央外控消防设备动作。外控设备的工作状态经双切换盒返回反馈信号给控制器,对应的红色起动灯亮。

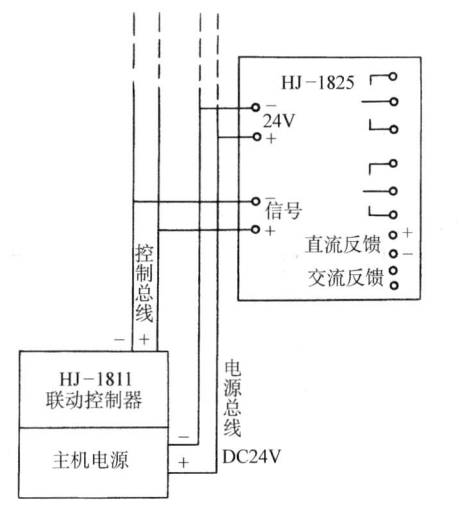

图 5-15　控制模块(1825)接线图　　　　图 5-16　双切换盒(1804)接线图

2) 有"自动/手动"控制转换功能。

① 当"自动/手动"键置于"自动"位置时,数码管显示被确认动作的控制点编码(总线输出控制点 0~127,多线输出控制点 128~143)。

② 当"自动/手动"键置于"手动"位置时,对总线输出控制,按下某控制点手动按钮,数码管显示控制点编码,对应提示灯亮,蜂鸣器发出提示音,延时5s或10s后,该点动作(第一点延时10s,后续点延时5s),延时期间,若按下 ACK 键,立即执行,若按下 NAC 键,取消执行。另外,"起动/释放"键决定了控制模块的动作是起动或释放。

对多线输出控制,通过按下某控制点的起动按钮或停止按钮,立即控制双切换盒的动作,但数码管不显示对应编码。

3) 有现场编程功能。

① 设置设备控制模块的数量。

② 设置探测点与控制点之间的逻辑控制对应关系。逻辑控制有"与"、"或"、"片"、"总报"四类。

③ 封闭某个控制模块(最多可封闭64只)。

④ 对各控制点供电方式,仍可设置为"持续供电"或"脉冲供电"(受控继电器吸合3s后释放)。

⑤ 设置"二次编程逻辑控制",即当某控制模块有反馈信号输入时,可起动其他控制模块或双切换盒。

4) 有系统检查、系统测试和面板测试功能。

① 可检查有故障,或有反馈信号或工作点不正常的控制模块编码。

② 可单步测试或定点测试控制模块的工作状态。

③ 可对面板上的数码管、声、光指示等依次自检测试。

5) 当控制回路有开路、短路或断线时,有声、光故障信号(声信号可消音)数码管显示故障信息。

2. 消防广播（HJ—1757）

消防广播是火灾自动报警及联动系统的配套产品，消防控制中心报警系统应设置火灾事故广播，火灾时，应能指挥消防工作。

(1) 使用须知

1) 消防广播输出功率不应小于火灾事故广播扬声器容量最大三层扬声器的额定功率总和。

2) 消防广播应由联动控制器实施着火层及其上、下层三层联动控制。

3) 当有背景音乐的场所火警时，应由联动控制器通过其执行件（控制模式或继电器盒）实现强制切换到火灾事故广播状态。

4) 消防广播所连接的火灾事故广播扬声器，应满足功率匹配和阻抗匹配。

5) 消防广播线应单独穿管敷设，不能与其他弱电线管共管，线路不宜过长，导线不能过细。

(2) 技术数据

1) 供电方式：$AC220V^{+10\%}_{-15\%}$，$50Hz \pm 2Hz$。

2) 额定输出功率：120W（最大输出功率可达180W）；消耗功率：245～247W。

3) 输出阻抗：100V（85Ω）。

4) 整机频率特性：50～20kHz，±3dB。

5) 失真系数：额定功率时小于1%（测试频率为1kHz）。

6) 传声器输入：−66dB，200～20kHz，不平衡。

7) 结构形式：柜式机（标准功能抽屉）；台式机（非标）。

说明：

① 根据工程要求可提供输出功率为80W（输出阻抗为120Ω）和275W（输出阻抗为240Ω）扩音机，后者只能装配于台式机内；

② 厂家提供3W吸顶式音箱（外形尺寸为215mm×240mm×85mm）。

3. 消防电话（HJ—1756）

消防电话是火灾自动报警及联动控制系统的配套产品，共有4种规格：20门、40门、60门和二线直线电话，型号分别为HJ—1756/20、HJ—1756/40、HJ—1756/60和HJ—1756/2。

(1) 使用须知

1) 二线直线电话一般设置于手动报警按钮（HJ—1705/B），只需将手提式电话机的插头插入电话插孔内即可向总机（消防中心）通话。

2) 多门消防电话，分机可向总机报警，总机也可呼叫分机通话。

3) 电话线应单独管线敷设，不能与其他线共管。

(2) 技术数据

1) 供电方式：$AC220V^{+5\%}_{-10\%}$，$50Hz \pm 2Hz$。

2) 工作频率：300～3400Hz。

3) 功耗：小于30W。

4) 使用环境：温度，0～40℃；相对湿度，45%～95%；环境噪声，≤60dB。

5）结构形式：柜式机（标准功能抽屉）；台式机（非标）。

4. 主机电源

主机电源是配置于柜式（或台式）机内，为火灾自动报警及联动控制系统自身服务的一体化专用电源，它可给1501火灾报警控制器及其连接的火灾显示盘，1810或1811联动控制器及其配套执行件（控制模块、双切换盒、继电器盒）提供所需的工作电压。结构形式为柜（台）式机的一个功能抽屉，但其本身不是一个独立的产品。

1）专为火灾报警控制器、联动控制器及其连接的配套所提供 DC5V、±12V、+24V、+35V 工作电压。

2）能对备电（蓄电池）浮充电，备电有欠电压保护。

3）能实现主、备电自动切换。当主电源（AC220V）断电时，能自动转换到备电，当主电源恢复时，能自动转换到主电，主电有过电流保护。原理框图如图5-17所示。

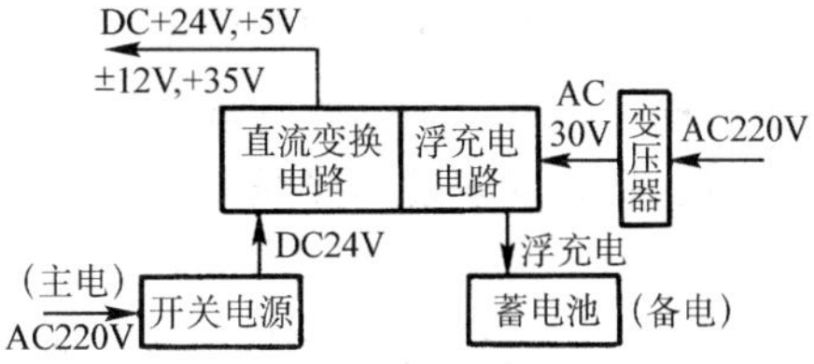

4）供电方式：交流主电源，$AC24V_{-5\%}^{+10\%}$，$50Hz \pm 1Hz$；直流备电，DC24V，$20A \cdot h$，全密封蓄电池。

图5-17 原理框图

5）开关电源容量：DC24V，4.2A。主机电源不允许供外控设备作用，以免影响主机正常工作。

5. 外控电源（HJ—1752）

外控电源是配置于柜式（或台式）机内，专为外控设备供电的专用电源，柜（台）机采用一体化主机电源后，集中供电电源原为联动控制器供电的用途已取消，仅仅提供外控设备用电，可避免外控设备的动作对主机的干扰。

1）供电方式：交流主电源，$AC24V_{-5\%}^{+10\%}$，$50Hz \pm 1Hz$；直流备电，DC24V，$20A \cdot h$，全密封蓄电池。

2）开关电源容量：DC24V，102A。系统框图如图5-18所示。

3）专为外控设备提供DC24V工作电压，例如警铃、警笛、声光报警器、DC24V继电器、各类电磁阀等。

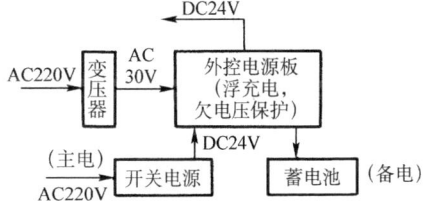

4）能对备电（蓄电池）浮充电；对备电（蓄电池）实施欠电压保护，实现主、备电自动切换，当主机

图5-18 开关电源系统框图

电源（AC220V）断电时，能自动转换到备电，当主电源恢复时，能自动轮换到主电源，主电有过电流保护。

5）应选用截面积在$2.5mm^2$以上的输出导线，减少线路压降。

四、安装注意事项

1）火灾报警控制器在墙上安装时，其底边距地（楼）面高度不应小于1.5m；落地安装时，其底宜高出地坪0.1～0.2m。

2）火灾报警控制器应安装牢固，不得倾斜。安装在轻质墙上时，应采取加固措施。

3）引入火灾报警控制器的电缆或导线，应符合下列要求：

① 配线应整齐，避免交叉，应固定牢靠；

② 电缆芯线和所配导线的端部,均应标明编号,并与图样一致,字迹清晰不易褪色;

③ 端子板的每个接线端,接线不得超过 2 根;

④ 电缆芯和导线应留有不小于 20cm 的裕量;

⑤ 导线应绑扎成束;

⑥ 导线引入线穿线,在进线管处应封堵;

⑦ 火灾报警控制器的主电源引入线,应直接与消防电源连接,严禁使用电源插头;主电源应有明显标志。

4)火灾报警控制器的接地应牢固,并有明显标志。

5)消防控制设备的外接导线,当采用金属软管作套管时,其长度不宜大于 2m,且应采用管卡固定,其固定点间距应不大于 0.5m。金属软管与消防控制设备的接线盒(箱),应采用锁母固定,并应根据配管规定接地。

五、模块的安装与接线

1. 输入模块(HJ—1750)

输入模块的作用类似于编码底座,它可将所配接的触点型探测器装置的开关量信号转换成二总线报警控制器能识别的串行码信号。

其种类有:普通型(HJ—1750)、配定温电缆(HJ—1750A)、配水流指示器(HJ—1750B)、配能美、日探公司探测器(HJ—1750C)。

(1)工作原理

输入模块工作原理如图 5-19 所示。二进制拨码开关设置输入模块的地址码 1~127。稳压电路

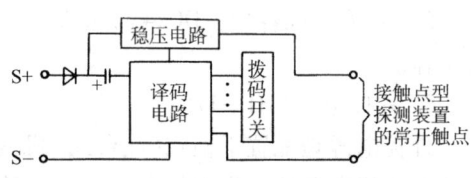

图 5-19 输入模块工作原理

提供译码电路的工作电压。译码电路对来自总线的串行码作译码比较,对来自探测装置的状态信号作判断,而后经总线向火灾报警控制器返回线的串行码作译码比较,对来自探测状态信号作判断,而后经总线向火灾报警控制器返回回答信号。

(2)技术数据

1)工作电压:DC24~27.5V。(由火灾报警控制器经总线提供)。

2)监控电流:100μA。

3)报警电流:7mA。

4)线制:二总线。

5)使用环境:温度为 -10~50℃;相对湿度≤95%(40℃±2℃)。

6)外形尺寸:102mm×102mm×26mm,如图 5-20 所示。颜色:大红色盒体,黑色标牌。重量:0.10kg。

(3)安装与接线

利用模块底座上(4~5)mm×3mm 长腰孔中,某对角线上的两孔(孔距 70mm),用 M4 螺栓将底座紧

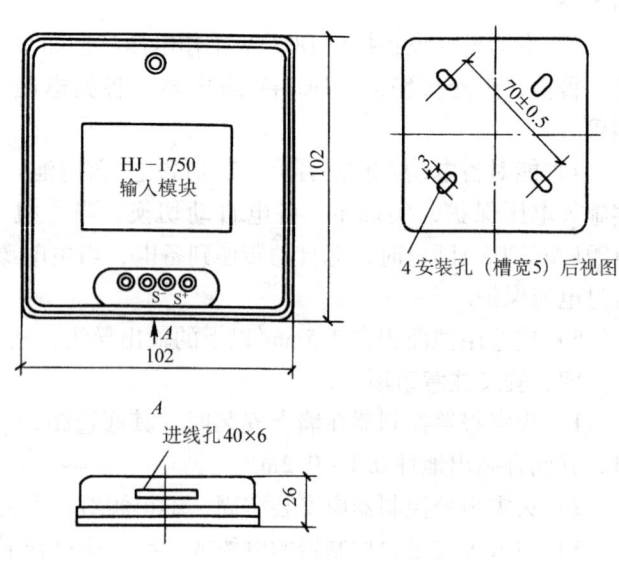

图 5-20 输入模块外形尺寸

固在预埋件(HJ—1704)接线盒上,接好连接线后盖上盒盖。

直接将(4~5)mm×3mm长腰孔作固定孔,把模块底座固定在安装部位,接好连接线后,盖上盒盖。

1)内接式接线。与总线及探测装置的连接线均由接线盒内进出,经模块底座上的长腰孔引入,接至对应的接线端子上。

2)外接式接线。与总线及探测装置的连接线从输入模块盒下侧40mm×6mm的长方孔引入,接在对应的接线盒端子上。

2. 短路隔离器(HJ—1751)

短路隔离器用于二总线火灾报警控制器的输入回路中,安装在每一个分支回路(20~30只探测器)的前端,当回路中发生短路时,隔离器可将该部分回路与总线隔离,保证其余部分正常工作。

(1) 工作原理

当火灾报警控制总线输入回路中某处发生短路故障时,该处前端的短路隔离器动作,自动断开输出端总线回路,保证整个总线输入回路中其他部分能正常工作。受控于该短路隔离器的全部探测点在报警控制器上均呈现断线故障信号。当短路故障排除后,主机复位,短路隔离器自动恢复接通输出端总线回路。短路隔离器工作原理如图 5-21 所示。

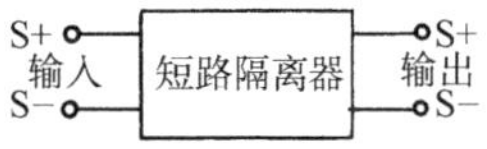

图 5-21 短路隔离器工作原理

(2) 技术数据

1) 工作电压:DC24~27.5V(由火灾报警控制器经总线提供)。

2) 监控电流:1mA。

3) 使用环境:温度为 -10~50℃;相对湿度≤95%(40℃±2℃)。

4) 线制:二总线。

5) 外形尺寸:102mm×102mm×26mm。颜色:大红色盒体,黑色标牌。重量:0.10kg。

(3) 安装与接线

安装在 HJ—1701 接线端子箱内,利用短路隔离器底座上的安装孔(4~5)mm×3mm(长腰孔),用 M4 螺栓将其固定在端子安装底板中间(可安装两只短路隔离器)。

利用短路隔离器底座上的安装孔(4~5)mm×3mm(长腰孔),用 M4 螺栓将其固定在预埋件 1704 线盒上。

与总线连接线从接线端子箱或线盒内进出。接线图如图 5-22 所示。

3. 手动报警按钮(HJ—1705A/B)

手动报警按钮是人工确认火灾后,手动输入报警按钮信号的装置,操作方式有手动按碎(下)、手动击打和手动拉下等。本产品属手动按下方式,内装手动输入模块板,可将手动按钮触点的开关量信号转换成二总线串行码信号,并配线色确认灯一只。

(1) 工作原理

手动输入模块板工作原理基本等同于 HJ—1750

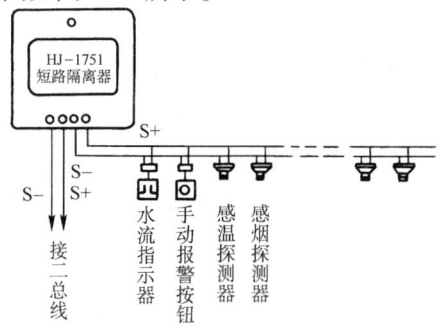

图 5-22 短路隔离器接线图

输入模块,仅增加报警确认线路,手动报警点地址码由模块板上的二进制拨码开关设置（1~127）。手动报警按钮工作原理如图 5-23 所示。

（2）技术数据

1）工作电压：DC24~27.5V（由火灾报警控制器经总线提供）。

2）监控电流：200μA。

3）报警电流：16mA。

4）线制：二总线。

5）使用环境：温度为 -10~50℃；相对湿度≤95%（40℃±2℃）。

6）HJ—1705B 配置二芯电话插孔一只。

7）手动输入模块板上共有四个接线端子,左边第一个端子 S+,第二个 S-,右边两个端子备用。

8）外形尺寸：92mm×92mm×50mm,如图 5-24 所示。颜色为大红色盒体,黑色面膜。重量：0.170kg(1705A)、0.175kg(1705B)。

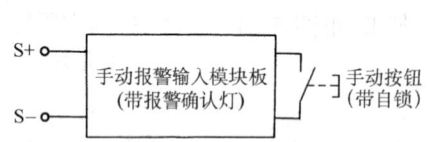

图 5-23　手动报警按钮工作原理

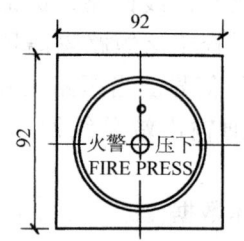

图 5-24　手动报警按钮外形尺寸

（3）安装与接线

手动报警按钮应装在墙上,离地面高度为 1.5m。

利用手动报警按钮后盖上 4×φ4.8mm 的安装孔,用两个 M4 螺栓先将后盖紧固在预埋件 HJ—1704 接线盒上,然后再用四个 ST3.9×19mm 自攻螺钉将安装有手动报警输入模块板手的手动报警安装板固定在后盖上,最后再合上手动报警按钮前盖（面膜上文字应向上）。手动报警按钮应安装牢固,不得倾斜。

连接线均由接线盒内进出,并有 10cm 的裕量,通过手动报警按钮后盖中部的 φ16mm 橡胶穿线环孔,进入盒内,总线连接线对应接线端子,电话连接线接电话插孔引线的接线端子。

4. 返回信号模块（HJ—1802）

返回信号模块是联动控制器的配套产品,其功能是：将联动外控设备的动作状态信号,经返回信号总线反馈给联动控制器。

（1）工作原理

二进制拨码开关设置返回信号模块地址码 0~255。稳压电路提供译码电路的工作电压。译码电路将来自总线的串行码作译码比较,将来自外控设备的动作状态信号作判别,而后由返回信号总线反馈给联动控制器,如图 5-25 所示。

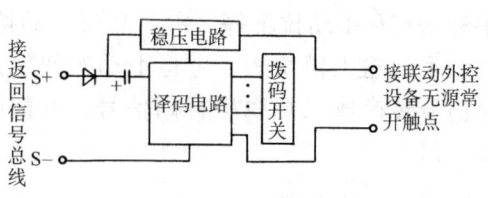

图 5-25　返回信号模块工作原理

(2) 技术数据

1) 工作电压：DC24~27.5V（由火灾报警控制器经总线提供）。
2) 监控电流：100μA。
3) 报警电流：16mA。
4) 线制：总线制（接入联动控制器返回信号总线）。
5) 使用环境：温度为-10~50℃；相对湿度≤95%（40℃±2℃）。
6) 外形尺寸：102mm×102mm×26mm，如图5-26所示。颜色：大红色盒体，黑色面膜。重量：0.10kg。

(3) 安装与接线

利用横块底座上(4~5)mm×3mm长腰孔中某对角线上的两孔（孔距为700mm），用M4螺栓将底座紧固在预埋件HJ—1704接线盒上，接好连接线后盖上盒盖。

直接将(4~5)mm×38mm长腰孔作固定孔，把模块底座固定在安装部位，接好连接线后，盖上盒盖。

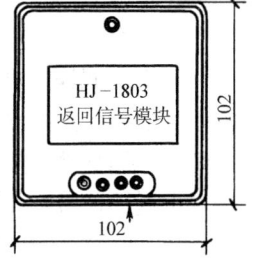

图5-26 返回信号模块外形尺寸

1) 内接式。与总线及常开触点的连接线均由接线盒内进出，经模块底座上的长腰孔引入，接至对应的接线端子上。

2) 外接式接线。与总线及常开触点的连接线从输入模块盒下侧40mm×6mm的长方孔引入，接在对应的接线盒端子上。

5. 控制模块（HJ—1825）

控制模块是总线联动控制的执行件，直接与HJ—1811联动控制器的控制总线或HJ—1502/96火灾报警控制器的总线连接，其基本功能是：

1) 火警时，经逻辑控制关系，由模块内的继电器触点的动作来起动或关闭外控设备。
2) 外控设备动作状态信号，可通过无源常开触点连接HJ—1825的直流反馈端，或通过辅助触点将AC220V加至HJ—1825的交流反馈端，经总线返回反馈信号主机。

(1) 工作原理

二进制拨码开关设置模块编码0~127（不准有重号）。"AC/DC"开关设置反馈信号方式，当置"DC"位置时，接收无源触点的返回信号，当置于"AC"位置时，接收AC220V返回信号。继电器输出提供两对常开常闭转换触点。工作原理如图5-27所示。

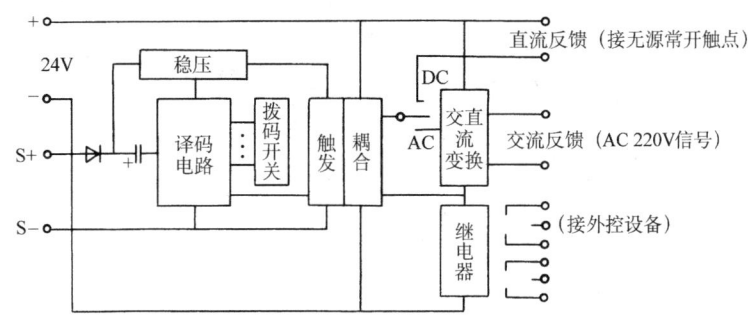

图5-27 控制模块工作原理

(2) 技术数据

1) 工作电压：DC24(由主机电源提供)。
2) 监控电流：<200μA。
3) 报警电流：<40mA。
4) 线制：控制信号与返回信号集成电路在二总线制上。
5) 使用环境：温度为 -10~50℃；相对湿度≤95%(40℃±2℃)。
6) 外形尺寸：122mm × 150mm × 38mm。颜色：乳白色盒体，黑色标牌。重量：0.60kg。

(3) 安装与接线

利用横块底座上孔距为 60mm × 115mm 的 4 × φ7mm 安装孔，固定在外控设备附近或设备的控制柜内。连接线由盒体左、右侧 48mm × 21.80mm × 21mm 长方形开口进出。

说明：图例为起动外设备，且接收外控设备无源常开触点返回信号，接线图如图 5-28 所示。

6. 双切换盒(HJ—1804)

双切换盒是多线制联动控制器的外控器件，适用于 HJ—1810 联动控制器、HJ—1811 联动控制器的多线制输出控制部分，其特点是：

1) 将联动控制器发出的有源触点信号与消防外控设备的强电控制回路隔离。

2) 将外控设备强电回路中的反馈执行信号与联动控制器的弱电返回信号隔离，这样在系统的布线中避免了强电和弱电线分管穿线的麻烦以及避免了强电进入系统发生毁机停机的事故。

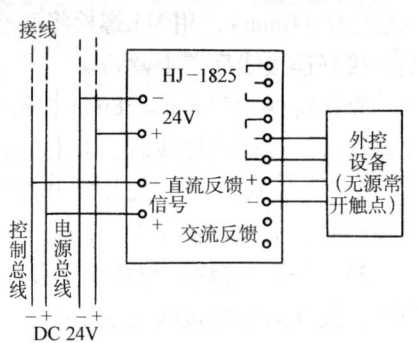

图 5-28 控制模块接线图

(1) 工作原理

双切换盒工作原理如图 5-29 所示。当联动控制器给出 DC24V 起动脉冲信号，KA1-1 闭合，KM 动作，起动消防设备(例如水泵等)。KM 的辅助触点 KM-5 闭合，KA3 动作，KA3 闭合，运行指示灯亮，同时 KM-6 断开，KM4-1 仍处常开位置，停机指示灯灭。当联动控制器给出 DC24V 停止脉冲信号，KA2-1 断开，KA3-1 释放，KA3-1 断开，运行指示灯灭，同时 KM-6 闭合，KA4-1 动作，KA4-1 闭合，停机指示灯亮。

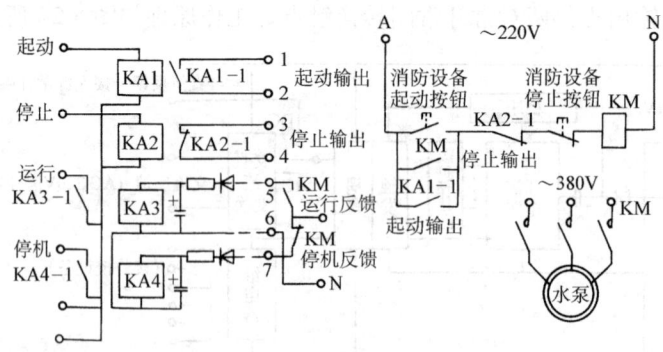

图 5-29 双切换盒工作原理

(2) 技术数据

1) 继电器工作电压：DC24V。

2）继电器触点容量：起动、停机控制继电器为 AC250V/2A，DC24V/4A；运行，停机反馈信号控制继电器。

3）线制：多线制，共有起动控制、停止控制、支持反馈、停机反馈及共用地线（24V）五根线。

4）使用环境：温度为 −10~50℃；相对湿度≤95%（40℃±2℃）。

5）外形尺寸：140mm×180mm×55mm。颜色：乳白色盒体，黑色标牌。重量：0.60kg。

（3）安装与接线

利用盒体底座孔距为 90mm×150mm 的 4×φ6.5mm 安装孔，固定在外控设备附近或设备的控制柜内。接线图如图 5-30 所示。

7. 编码底座（HJ—1707）

编码底座是二总线火灾自动报警及联动控制系统中专配离子感烟、差温、定温火灾探测器用的，其主要功能：一是把总线上的电压转换成 DC24V，提供火灾探测器的工作电压；二是把火灾探测器的开关量信号转换成二总线火灾报警控制器能识别的串行码信号，把故障点、火警点的具体编码地址提供给火灾报警控制器。

（1）工作原理

如图 5-31 所示，二进制拨码开关设置底座的地址码 1~127。稳压电路分别提供探测器和译码电路的工作电压。译码电路对来自总线的串行码作译码比较，对来自探测器的状态信号判别，而后经总线向火灾报警控制器返回回答信号。

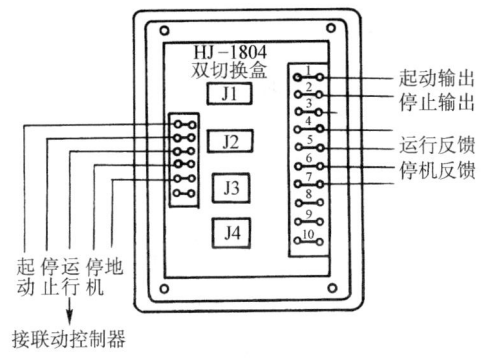

图 5-30　双切换盒接线图　　　　图 5-31　编码底座工作原理

（2）技术数据

1）工作电压：DC24~27.5V。

2）监控电流：200μA。

3）报警电流：100mA。

4）线制：二总线。

5）使用环境温度：−10~50℃。

6）外形尺寸：φ102mm×14.5mm。颜色：乳白色。重量：0.12kg。

7）可配离子感烟、差温、定温火灾探测器。

（3）安装与接线

先将编码底座用两只 M4 螺钉紧固在预埋件 HJ—1704 接线盒上(底座安装孔距为 70mm),与总线的连接线由接线盒内进出。

通常一个编码底座安装一只探测器,设置一个地址码。但在特殊情况下,一个编码底座上还可以并联 1~4 只子底座(HJ—1706),凡并联子底座所安装的探测器报警时,火灾报警控制器上显示的地址均为被并联的编码底座所设置的地址码。

并联子底座(HJ—1706)的安装方法与编码底座(HJ—1707)相同,如图 5-32 所示。

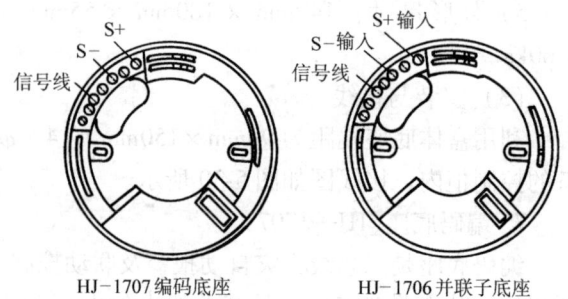

图 5-32 探测器底座

8. 火灾探测器的安装注意事项

1)探测器至墙壁、梁边的水平距离,应不小于 0.5m。探测器周围 0.5m 内,不应有遮挡物。

探测器至空调送风口边的水平距离,应不小于 1.5m;至多孔送风顶棚孔口的水平距离,应不小于 0.5m。

2)在宽度小于 3m 的内走道顶棚上设置探测器时,宜居中布置。感温探测器的安装间距,不应超过 10m;感烟探测器的安装间距不应超过 15m。探测器距端墙的距离应不大于探测器安装间距的一半。

3)探测器宜水平安装,当必须倾斜安装时,倾斜角应不大于 45°。

4)线型火灾探测器和可燃气体探测器等有特殊安装要求的探测器,应符合现行有关国家标准的规定。

5)探测器的底座应固定牢靠,其导线连接必须可靠压接或焊接。当采用焊接时,不得使用带腐蚀性的助焊剂。

6)探测器的"+"线应为红色,"-"线应为蓝色,其余应根据不同用途采用其他颜色区分。但同一工程中相同用途的导线颜色应一致。

7)探测器底座的外接导线,应留有不小于 15cm 裕量,入端处应有明显标志。

8)探测器底座的穿线孔宜封堵,安装完毕后的探测器底座应采取保护措施。

9)探测器的确认灯,应面向便于人员观察的主要入口方向。

9. 二进制地址编码开关编号的设置

二进制地址编码开关应用于编码底座、输入模块、返回信号模块等场合,编码数字均采用二进制 2^{n-1} 拨号,且由低位至高位计数(第 8 位不用)。编码开关如图 5-33 所示。

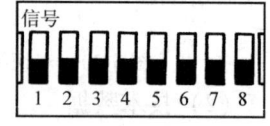

图 5-33 编码开关

图 5-33 中,开关■(表示开关的突出部分)置"ON"时全部表示"0",反之(即非"ON"时)为 2^{n-1},1、2、3、4、5、6、7、8 表示低位至高位。

当开关 1 的■拨向"ON"时为"0",反之为 $2^{n-1} = 2^{1-1} = 2^0 = 1$;

当开关 2 的■拨向"ON"时为"0",反之为 $2^{2-1} = 2^{2-1} = 2^1 = 2$;

当开关 3 的■拨向"ON"时为"0",反之为 $2^{3-1} = 2^{3-1} = 2^2 = 4$;

当开关 4 的■拨向"ON"时为"0",反之为 $2^{4-1} = 2^{4-1} = 2^3 = 8$;

当开关 5 的■拨向"ON"时为"0",反之为 $2^{5-1} = 2^{5-1} = 2^4 = 16$;

当开关 6 的 ■ 拨向 "ON" 时为 "0",反之为 $2^{6-1}=2^{6-1}=2^{5}=32$;

当开关 7 的 ■ 拨向 "ON" 时为 "0",反之为 $2^{7-1}=2^{7-1}=2^{6}=6$;

开关 8 不使用,设置于任何位置都不起编码作用,当开关 ■ 全部处于 "ON" 时,该编码号为 "0";当开关 ■ 全部处于 "非 ON" 时,该编码号为 $1+2+4+8+16+32+64=127$。

例 5-1 编码号为 "96" 时的编码开关设置位置为

$$0+0+0+0+0+2^{6-1}+2^{7-1}=2^{5}+2^{6}=32+64=96$$

例 5-2 编码号为 "85" 时的编码开关设置位置为

$$2^{1-1}+0+2^{3-1}+0+2^{5-1}+0+2^{7-1}=2^{0}+2^{2}+2^{4}+2^{6}=1+4+16+64=85$$

第三节　消防联动设备控制

一、消防联动控制的要求及功能

1. 消防联动控制的要求

消防联动控制的要求及联动控制关系框图如图 5-34 所示。

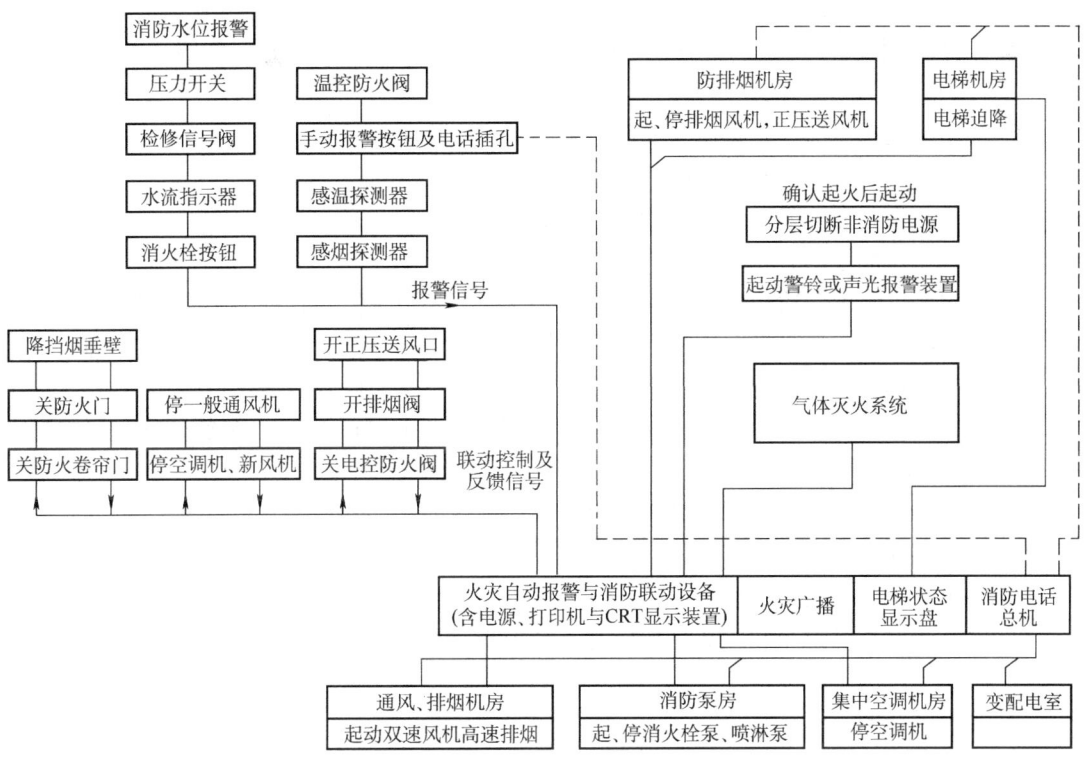

图 5-34　消防联动控制的要求及联动控制关系框图

消防联动控制的要求如下:

1)消防联动控制设备的控制信号和火灾探测器的报警信号在同一总线回路上传输,二者合用时应满足消防控制信号线路的敷设要求。

2)消防水泵、防烟和排烟风机等均属于重要的消防设备,其可靠与否直接关系到消防灭火的成败。这些设备除了接收火灾探测器发送来的报警信号可以自动起动外,还应能独立控制其起、停，即使火灾报警系统失灵也不应影响其起、停。因此，消防控制设备当采用总线编码模块控制时，还应在消防控制室设置手动直接控制装置，以保证系统设备的可靠性。

3）设置在消防控制室以外的消防联动控制设备的动作信号均应在消防控制室内显示。

2. 消防联动控制的功能

根据当前我国经济技术水平和条件，消防控制设备的功能要求如下：

1）消防控制室的控制设备应有下列控制、显示功能：

① 控制消防设备的起、停，并显示其工作状态；

② 能自动及手动控制消防水泵、防烟和排烟风机的起、停；

③ 显示火灾报警、故障报警部件；

④ 显示保护对象的重点部位、疏散通道及消防设备所在位置的平面图或模拟图；

⑤ 显示系统供电电源的工作状态。

2）消防控制室的控制设备对室内消火栓系统应有下列控制、显示功能：

① 控制消防水泵的起、停；

② 显示起泵按钮的工作状态；

③ 显示消防水泵的工作、故障状态。

3）消防控制设备对自动喷水和水喷雾灭火系统应有下列控制、显示功能：

① 控制系统的起、停；

② 显示水流指示器、报警阀及安全信号阀的工作状态；

③ 显示消防水泵的工作、故障状态。

4）消防控制设备对管网气体灭火系统应有下列控制、显示功能：

① 显示系统的手动、自动工作状态；

② 在报警、喷射各阶段，控制室内应有相应的声光报警信号，并能手动切除声响信号；

③ 在延时阶段，应自动关闭防火门窗，停止通风空调系统，关闭有关部位防火阀；

④ 显示气体灭火系统防护区的报警、喷射及防火门、通风空调等设备的状态；

⑤ 由火灾探测器联动的控制设备，应具有30s可调的延时装置；在延时阶段，应自动关闭防火门、窗，停止通风空调系统，关闭有关部位防火阀。

5）消防控制设备对泡沫灭火系统应有下列控制、显示功能：

① 控制泡沫泵及消防水泵的起、停；

② 显示系统的手动、自动工作状态。

6）消防控制设备对干粉灭火系统应有下列控制、显示功能：

① 控制系统的起、停；

② 显示系统的工作状态。

7）火灾报警后，消防控制设备对联动控制对象应有下列功能：

① 停止有关部位的风机，关闭防火阀，并接收其反馈信号；

② 起动有关部位的防烟、排烟风机，正压送风机和排烟阀，并接收其反馈信号。

8）火灾确认后，消防控制设备对联动控制对象应有下列功能：

① 关闭有关部位的防火门、防火卷帘，并接收其反馈信号；

② 发出控制信号，强制电梯全部停于首层，并接收其反馈信号；

③ 接通火灾事故照明灯和疏散指示灯；

④ 切断有关部位的非消防电源。

9）火灾确认后，消防控制设备应按疏散顺序接通火灾警报装置和火灾事故广播。接通顺序如下：

① 二层及以上楼层发生火灾，应首先接通着火层及相邻的上、下层；
② 首层发生火灾，应首先接通本层、二层及地下各层；
③ 地下室发生火灾，应首先接通地下各层及首层。
④ 含有多个防火分区单层建筑，应首先接通着火的防火分区及其相邻的防火分区。

10）消防控制室的消防通信设备，应符合下列要求：

① 消防控制室与值班室、消防水泵房、配电室、主要通风空调机房、排烟机房、消防电梯机房及其他与消防联动控制有关的且经常有人值班的机房，灭火控制系统操作装置处或控制室应设置消防专用电话分机；
② 手动报警按钮、消火栓按钮等处宜设置电话塞孔；
③ 消防控制室内应设置向当地公安消防部门直接报警的外线电话；
④ 特级保护对象的避难层应每隔20m设置一个消防专用电话分机或电话塞孔。

消防联动控制的逻辑关系及各控制设备所在位置见表5-5。

表5-5 消防联动控制的逻辑关系及各控制设备所在位置

控制系统	报警设备种类	受控设备及设备动作后结果	位置及说明
水消防系统	消火栓按钮	起动消火栓泵	泵房
	报警阀压力开关	起动喷淋泵	泵房
	水流指示器	报警，确定起火层	水支管
	检修信号阀	报警，提醒注意	水支管
	消防水池水位或水管压力	起动、停止稳压泵等	
预作用系统	该区域探测器或手动按钮	起动预作用报警阀充水	该区域（闭式喷头）
	压力开关	起动喷淋泵	泵房
水喷雾系统	感温、感烟同时报警或紧急按钮	起动雨淋阀，起动喷淋泵（自动延时30s）	该区域（开式喷头）
空调系统	感烟探测器或手动按钮	关闭有关系统空调机、新风机、送风机	
		关闭本层电控防火阀	
	防火阀70℃温控关闭	关闭该系统空调机或新风机、送风机	
防排烟系统	感烟探测器或手动按钮	打开有关排烟机与正压送风机	地下室，屋面
		打开有关排烟口（阀）	
		打开有关正压送风口	火灾层及上下层
		两用双速风机转入高速排烟状态	
		两用风管中，关正常排风口，开排烟口	
	防火阀280℃温控关闭	关闭有关排烟风机	地下室、屋面
	可燃气体报警	打开有关房间排风机，关闭煤气管道阀门	厨房、煤气表房等
防火卷帘防火门	防火卷帘门旁的感烟探测器	该卷帘或该组卷帘下降一半	
	防火卷帘门旁的感温探测器	该卷帘或该组卷帘归底	
		有水幕保护时，起动水幕电磁阀和雨淋泵	

（续）

控制系统	报警设备种类	受控设备及设备动作后结果	位置及说明
防火卷帘防火门	电控常开防火门旁感烟或感温探测器	释放电磁铁，关闭该防火门	
	电控挡烟垂壁旁感烟或感温探测器	释放电磁铁，该挡烟垂壁或该组挡烟垂壁下垂	
手动为主系统	手动或自动，手动为主	切断火灾层非消防电源	火灾层及上下层
	手动或自动，手动为主	起动火灾层警铃或声光报警装置	火灾层及上下层
	手动或自动，手动为主	使电梯归首，消防电梯投入消防使用	
	手动	对有关区域进行紧急广播	火灾层及上下层
	消防电话	随时报警、联络、指挥灭火	

二、灭火设备的联动控制

1. 各类灭火装置的控制要求

灭火系统的控制视灭火方式而定。灭火方式是由建筑设备专业根据规范要求及建筑物的使用性质等因素确定，大致可分为消火栓灭火、自动喷水灭火（水喷淋灭火）、水幕阻火、气体灭火、干粉灭火等。建筑电气专业按灭火方式等要求对灭火系统的动力设备、管道系统及阀门等设计电气控制装置。消火栓灭火是最常见的灭火方式，为使喷水枪在灭火时具有相当的水压，需要保证一定的管网压力，若市政管网水压不能满足要求，则需要设置消火栓泵。

自动喷水灭火设备属于固定式灭火系统，它可分为湿式灭火系统和干式灭火系统两种，其区别主要在于喷头至喷淋泵出水阀之间的喷水管道内是否处于充水状态。

湿式系统的自动喷水是由玻璃球水喷淋头的动作而完成的。火灾发生时，装有热敏液体的玻璃球（动作温度为57℃、68℃、79℃、93℃等）由于内部压力的增加而炸裂，此时喷头上密封垫脱开，喷出压力水。喷头喷水时由于管网水压的降低，压力开关动作，起动喷淋泵以保持管网水压。同时，水流通过装于主管道分支处的水流指示器，其桨片随着水流而动作，接通报警电路，发出电信号给消防控制室，以辨认发生火灾区域。

干式自动喷水系统采用开式水喷头，当发生火灾时由火灾探测器发出的信号经过消防控制室的联动控制盘发出指令，打开电磁或手动两用阀，使得各开式水喷头同时按预定方向喷洒水幕。与此同时，联动控制盘还发出指令起动喷淋泵以保持管网水压，水流流经水流指示器，发出电信号给消防控制室，表明喷洒水灭火区域。

水幕阻火对阻止火势扩大与蔓延有良好的作用。水幕阻火的电气控制与自动喷水系统相同。

2. 用于联动控制和火灾报警的设备

（1）水流指示器及水力报警器

1）水流指示器。水流指示器一般装在配水干管上，作为分区报警。它靠管内的压力水流动的推力推动水流指示器的桨片，带动操作杆使内部延时电路接通，2~3s后使微型继电器动作，输出电信号供报警及控制用。水流指示器的外部接线图如图5-35所示。也有的水流指示器由桨片直接推动微动开关触点而发出报警信号。水流指示器报警信号一般作为区域报警信号。

水流指示器不能单独作喷淋泵的起动控制用，可和压力开关联合使用。

2）水力报警器。它包括水力警铃及压力开关。水力警铃装在湿式报警阀的延迟器后，当系统侧排水口放水后，利用水力驱动警铃，使之发出报警声。它也可用于干式、干湿两用式、雨淋及预作用自动喷水灭火系统中。

压力开关是装在延迟器上部的水—电转换器，其功能是将管网水压力信号转变成电信号，以实现自动报警及起动消火栓泵的功能。

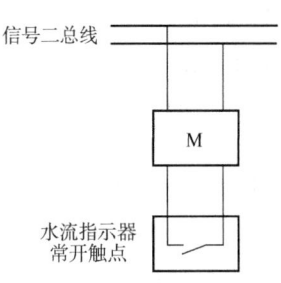

图 5-35　水流指示器的外部接线图

（2）消火栓按钮及手动报警按钮

1）消火栓按钮。消火栓按钮是消火栓灭火系统中的主要报警元件。按钮内部有一组常开触点、一组常闭触点及一只指示灯，按钮表面为薄玻璃或半硬塑料片。火灾时打碎按钮表面玻璃或用力压下塑料面，按钮即可动作。消火栓按钮可用于直接起动消火栓泵，或者向消防控制中心发出申请起动消防水泵的信号。

消火栓按钮在电气控制线路中的连接形式有串联、并联及通过模块与总线相接三种。其接线如图 5-36a～c 所示。图 5-36a 为消火栓按钮串联式电路，图中消火栓按钮的常开触点在正常监控时均为闭合状态。中间继电器 KA1 正常时通电，当任一消火栓按钮动作时，KA1

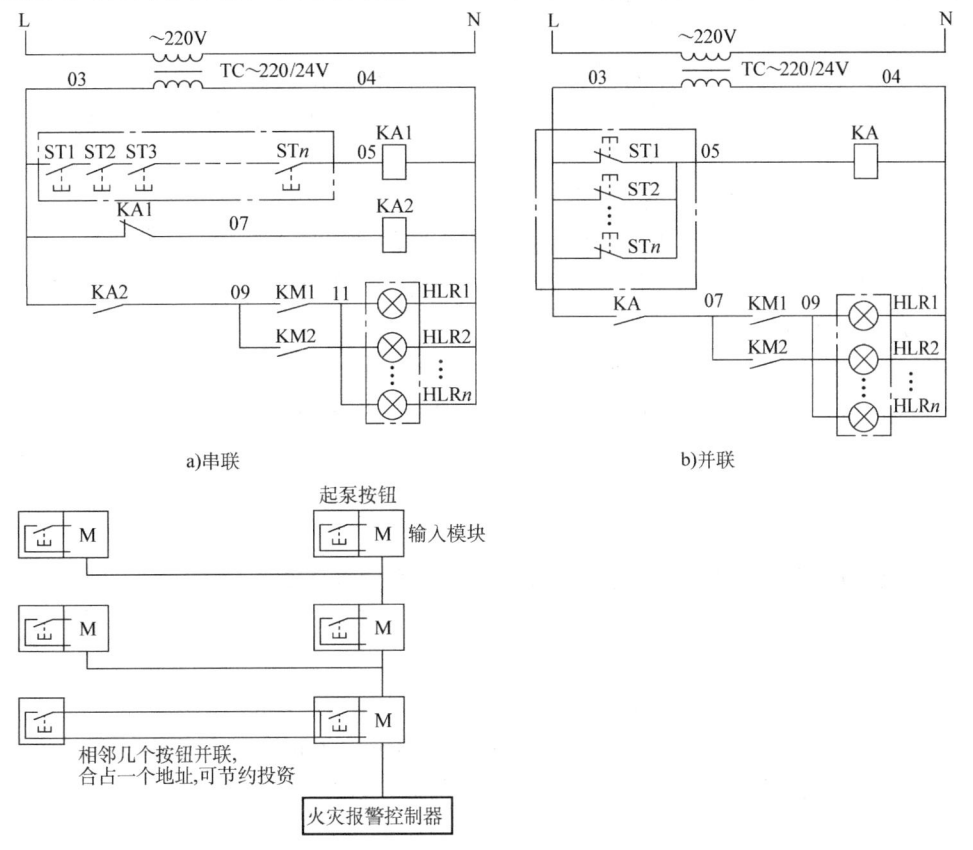

图 5-36　消火栓按钮接线图

线圈失电，中间继电器 KA2 线圈得电，其常开触点闭合，起动消火栓泵，所有消火栓按钮上的指示灯点亮。图 5-36b 为消火栓按钮并联电路，图中消火栓按钮的常闭触点在正常监控时是断开的，中间继电器 KA 不得电，火灾发生时，当任一消火栓按钮动作时，KA 即通电，起动消火栓泵。当消火栓泵运行时，其运行接触器常开触点 KM1（或 KM2A）闭合，即有消火栓按钮上的指示灯点亮，显示消火栓泵已起动。

并联线路比串联线路少用一只中间继电器，线路较为简洁且并联接法的接线较方便。但采用并联连接时，不能在正常时监控消火栓报警按钮回路是否正常，按钮回路断线或接触不良时不易被发现。串联线路虽然多用一只中间继电器，但因 KA1 继电器在正常监控时带电，只要有一处断线或连接处接触不良，KA1 继电器即失电，因此，可利用 KA1 的常闭触点进行报警，达到监视控制线路正常与否的目的，以提高控制线路的可靠性。此外，在发生火灾时，即使将消火栓报警按钮连线烧断也能保证消火栓泵正常起动。其缺点是：串联接法将各按钮首尾串联，当消火栓较多或设置位置不规则时，接线容易出错。消火栓按钮的串联连接方式为传统式接法，适用于中小型工程。

为了避免因消火栓按钮回路断线或接触不良引起消火栓泵误起动，可用一只时间继电器 KT 代替 KA2 的作用。

在大中型工程中常使用图 5-36c 所示的接线方式。这种系统接线简单、灵活（输入模块的确认灯可作为间接的消火栓泵起动反馈信号）。但火灾报警控制器一定要保证常年正常运行且常置于自动联锁状态，否则会影响起泵。

2）手动报警按钮。手动报警按钮的功能是与火灾报警控制器相连，用于手动报警。其结构与消火栓按钮类似。各种型号的手动报警按钮必须和相应的火灾报警控制器配套才能使用。

3. 消防泵、喷淋泵及增压泵的控制

消防泵、喷淋泵分别为消火栓系统及水喷淋系统的主要供水设备。增压泵是为防止充水管网泄漏等原因导致水压下降而设的增压装置。消防泵、喷淋泵在火灾报警后自动或手动起动，增压泵则在管网水压下降到一定位置时由压力继电器自动起动及停止。

现代高层建筑防火工程中，消防泵与喷淋泵有两种系统模式：一种模式是消火栓系统与喷淋系统都各自有专门的水泵和配水管网，这种模式的消防泵和喷淋泵一般为一台工作，一台备用（一用一备）或二用一备；另一种模式是消火栓系统和喷淋系统各自有专门的配水管网，但供水泵是共用的，水泵一般是多台工作，一台备用（多用一备）。

(1) 消火栓用消防泵

1）消火栓用消防泵的控制功能。当城市公共管网的水压或流量不够时，应设置消火栓用消防泵。每个消火栓箱都配有消火栓报警按钮。当人为发现并确认火灾后，手动按下消火栓报警开关，向消防控制室发出报警信号，并起动消防泵。此时，所有消火栓按钮的起泵显示灯全部点亮，显示消防泵已经起动。消防泵应具有三个控制功能：

① 消防控制室自动/手动控制起泵。在消防控制室火灾报警控制柜上接现场报警信号（消火栓开关、手动报警按钮、感烟探测器），通过与总线连接的输入/输出模块自动/手动起、停消防泵，并显示消防泵的工作状态；

② 在消火栓箱处通过手动按钮直接起动消防泵，并接收消防泵起动后所返回的状态信号，同时向火灾报警控制器报警；

③ 硬接线手动直接控制。从消防控制室报警控制柜到泵房的消防泵起动柜用硬接线方式直接起动消防泵，当火灾发生时，可在消防控制室直接手动操作起动消防泵进行灭火，并显示泵的工作状态。

图 5-37 所示为消火栓设备起动流程图。

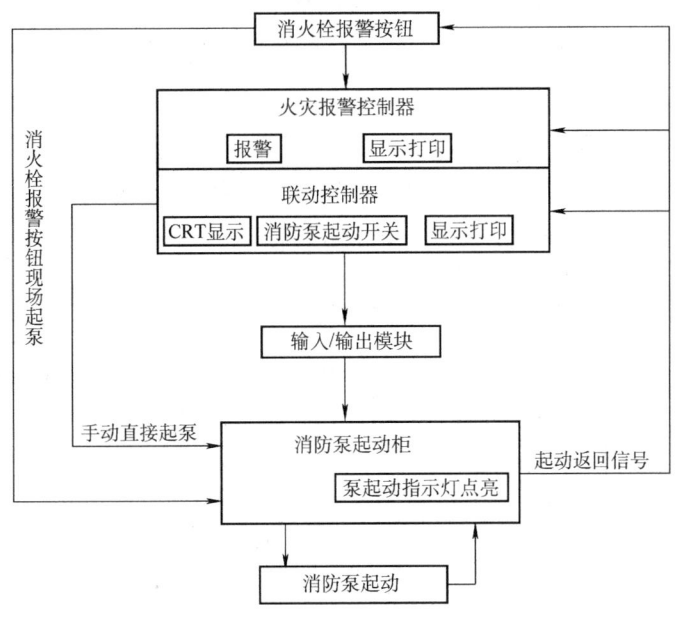

图 5-37 消火栓设备起动流程图

2) 消火栓用消防泵控制原理。消火栓用消防泵多数为两台一组，一用一备，备用自投（当工作泵发生故障时备用泵延时自动投入）。图 5-38 所示为消火栓用消防泵主电路图，消火栓用消防泵控制原理图如图 5-39 所示（当电动机不符合全压起动的条件时，可选择减压起动方式）。

图 5-39 中，SE1、…、SEn 为设在消火栓箱内的消防泵专用控制按钮，按钮上带有水泵运行指示灯。消防专用按钮（SE），平时，SE 常开触点闭合，使中间继电器 KA4 线圈通电，KA4 常闭触点断开，时间继电器 KT3 线圈不通电，水泵不运转。

当发生火灾时，击碎消火栓箱内消防专用按钮的玻璃，使该按钮的常开触点复位到断开位置，中间继电器 KA4 的线圈断电，KA4 常闭触点闭合，中间继电器 KT3 的线圈通电，经延时后，KT3 延时闭合的常开触点闭合，使中间继电器 KA5 的线圈通电吸合，并自保持。此时，当选择开关 SAC 置于 1# 泵工作、2# 泵备用的

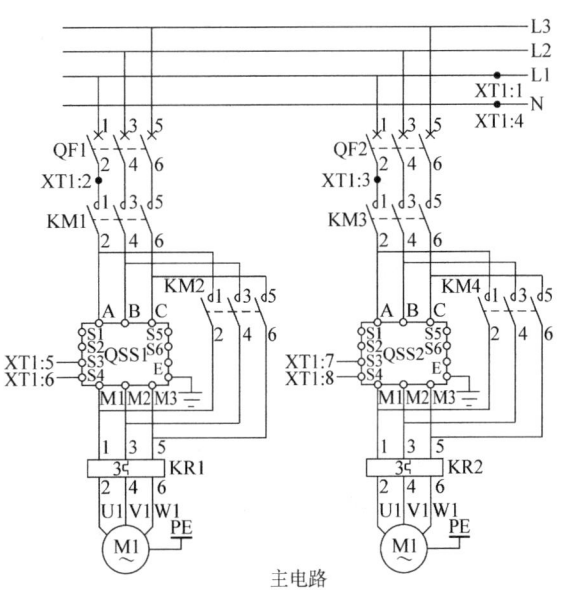

图 5-38 消火栓用消防泵主电路图

位置时，1#泵的接触器 KM1 线圈通电，KM1 常开触点闭合，1#泵经软起动器起动。1#泵起动后，软起动器上的 S3、S4 端点闭合，KM2 线圈通电，旁路常开触点 KM2 闭合，1#泵运行。如果 1#泵发生故障，接触器 KM1、KM2 跳闸，时间继电器 KT2 线圈通电，KT2 常开触点延时闭合，接触器 KM3 线圈通电吸合，作为备用的 2#泵起动。根据强制性条文规定，消防泵不受热继电器控制，热继电器只发出报警信号，不动作于跳闸。当选择开关 SAC 置于 2#泵工作、1#泵备用的位置时，2#泵先工作，1#泵备用，其动作过程与上述过程相类似，在此不再赘述。

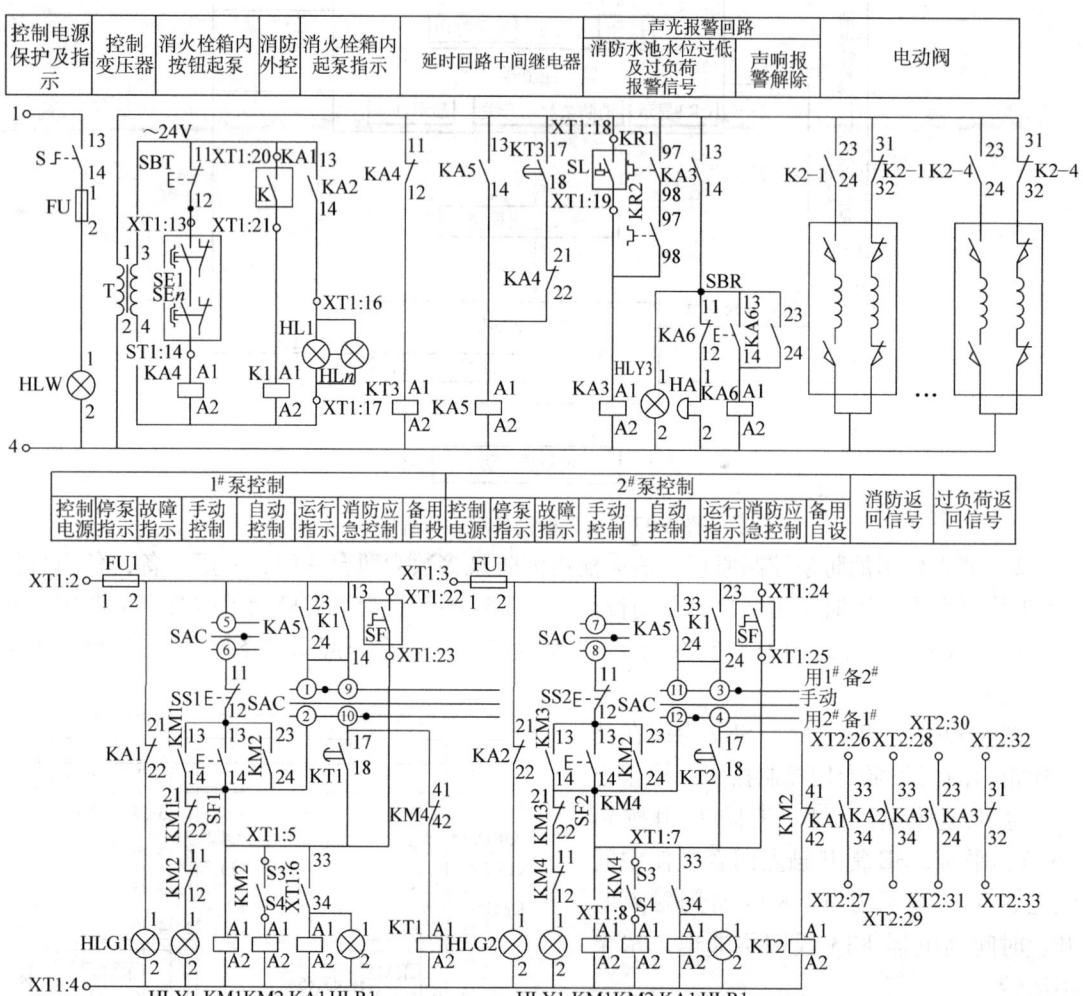

图 5-39 消火栓用消防泵控制原理图

由于消防用水泵过负荷热继电器只报警不动作于跳闸。当 1#泵、2#泵均发生过负荷时，热继电器 KR1、KR2 闭合，中间继电器 KA3 通电，发出声、光报警信号。当消防水池无水时，安装在消防水池内的液位计 SL 接通，使中间继电器 KA3 通电吸合，KA3 常开触点闭合，发出声、光报警信号。可通过复位按钮 SBR 关闭警铃。

在两台泵的自动控制回路中，常开触点 K 的引出线接在消防控制模块上，由消防控制室集中控制水泵的起停。起动按钮 SF 引出线为水泵硬接线，引至消防控制控制室，作为消防应急控制。

(2) 自动喷淋用消防泵

1) 湿式自动喷水灭火系统示意图如图 5-40 所示。当火灾发生时，随着火灾部位温度的升高，自动喷淋系统喷头上的玻璃球破碎（或易熔合金喷头上的易熔合金片脱落），而喷头开启喷水。水管内的水流推动水流指示器的桨片，使其电触点闭合，接通电路，输出电信号至消防控制室。此时，设在主干水管上的水流报警阀被水流冲开，向喷淋头供水，同时经过水流报警阀流入延迟器，经延迟后，再流入压力开关使压力继电器动作接通，喷淋用消防泵启动。而压力继电器动作的同时，起动水力警铃，发出报警信号。

2) 自动喷淋用消防泵的控制功能。自动喷淋用消防泵受水路系统的压力开关或水流指示器直接控制，延时起泵，或者由消防控制室控制起、停泵。

总线控制方式（具有手动/自动控制功能）。当某层或某防火分区发生火灾时，喷淋头表面温度达到动作温度后，喷淋头开启喷水灭火，相应的水流指示器动作，其报警信号通过输入模块传递到火灾报警控制器，发出声光报警并显示报警部位。随着管内水压下降，水流湿式报警阀动作，带动水力警铃报警，同时压力开关动作，输入模块将压力开关的动作报警信号通过总线传递到火灾报警控制器。火灾报警控制器及联动控制器接收到水流指示器和压力开关报警后，向喷淋泵发出起动指令，供水灭火，并显示泵的工作状态，如图 5-41 所示。

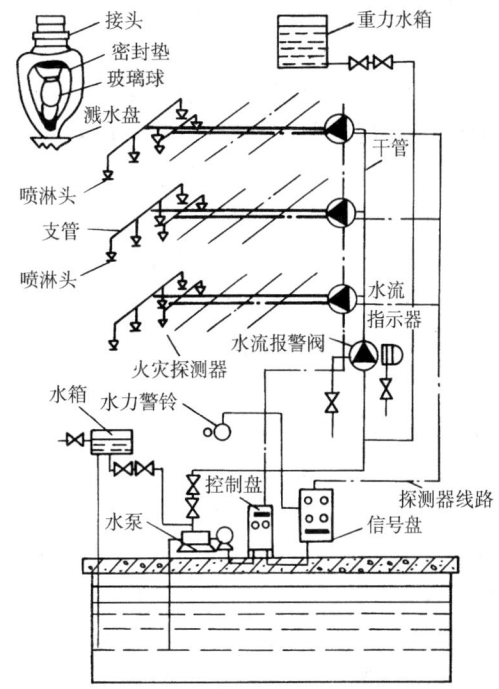

图 5-40 湿式自动喷水灭火系统示意图

硬接线手动直接控制。从消防控制室报警控制柜到泵房的喷淋泵起动柜用硬接线方式直接起动喷淋泵。当火灾发生时，可在消防控制室直接手动操作起动喷淋泵进行灭火，并显示泵的工作状态。其起动流程图如图 5-42 所示。

3) 自动喷淋用消防泵的控制原理。自动喷淋用消防泵一般设计为两台泵，一用一备，互为备用。当工作泵故障时，备用泵自动延时投入运行。图 5-43 所示为带软起动器的自动喷淋用消防泵主电路图，图 5-44 所示为自动喷淋用消防泵控制电路图。在控制电路中设有水泵工作状态选择开关 SAC，可使两台泵分别

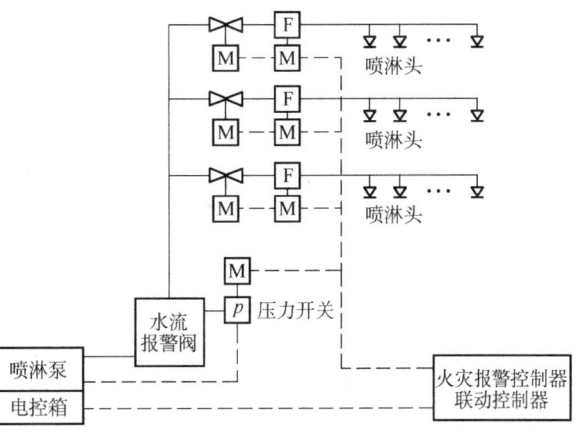

图 5-41 喷淋泵系统电气控制示意图

处于 1#泵用、2#泵备，2#泵用、1#泵备，或两台泵均为手动的工作状态。

当火灾发生时，喷淋系统的喷淋头自动喷水，设在主立管或水平干管的水流指示器 SP 接通，时间继电器 KT3 线圈通电，KT3 延时常开触点经延时后闭合，中间继电器 KA4 通电吸合，同时时间继电器 KT4 通电。此时，如果选开关 SAC 置于 1#泵用、2#泵备的位置，则 1#泵的接触器 KM1 通电吸合，经软起动器，1#泵起动，当 1#泵起动后达到稳定状态，软起动器上的 S3、S4 触点闭合，旁路接触器 KM2 通电，1#泵正常运行，向系统供水。如果此时 1#泵发生故障，接触器 KM2 跳闸，使 2#泵控制回路中的时间继电器 KT2 通电，经延时吸合，使接触器 KM3 通电吸合，2#泵作为备用泵起动向自动喷淋系统供水。根据消防规范的规定，火灾时喷淋泵起动后运转时间为 1h，即 1h 后自动停泵。因此，时间继电器 KT4 延时时间整定为 1h，当 KT4 通电 1h 后吸合，KT4 延时常闭触点打开，中间继电器 KA4 断电释放，使正在运行的喷淋泵控制回路断电，水泵自动停止运行。

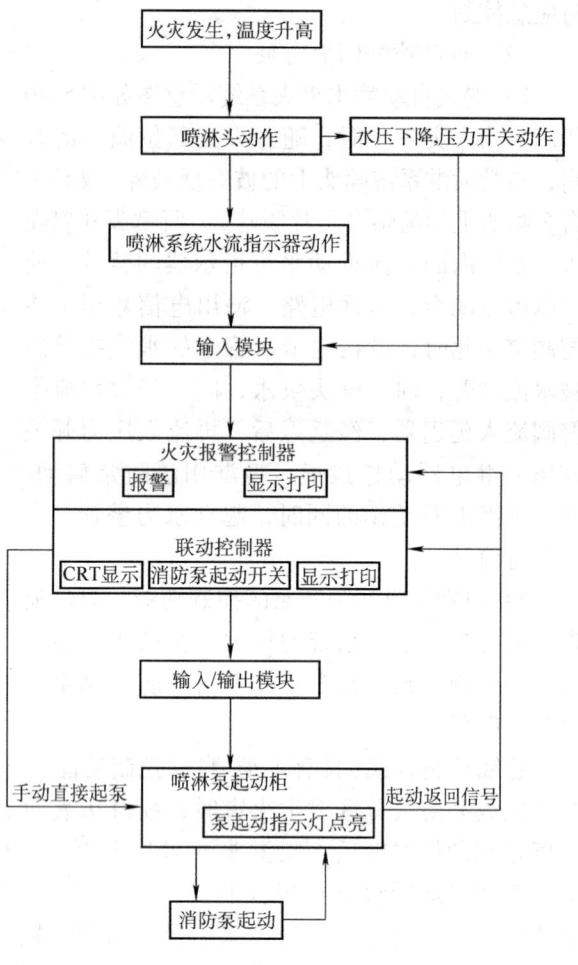

图 5-42　湿式自动喷淋灭火系统设备起动流程图

根据国家强制性条文规定，消防用水泵过负荷热继电器只报警，不动作于跳闸。当 1#泵、2#泵均发生过负荷时，热继电器 KR1、KR2 闭合，中间继电器 KA3 通电，发出声、光报警信号。同理，当消防水池无水时，安装在消防水池内的液位计 SL 接通，使中间继电器 KA3 通电吸合，KA3 常开触点闭合，发出声、光报警信号。可通过复位按钮 SBR 关闭警铃。

在两台泵的自动控制回路中，常开触点 K 的引出线接在消防控制模块上，由消防控制室集中控制水泵的起停。起动按钮 SF 引出线为水泵硬接线，引至消防控制室，作为消防应急控制。

三、防排烟设备的联动控制

高层建筑中，防烟设备的作用是防止烟气侵入疏散通道，而排烟设备的作用是消除烟气大量积累并防止烟气扩散到疏散通道。因此，防排烟设备及其系统的设计是综合性的自动消防系统的必要组成部分。以防烟楼梯间及其前室为例，在无自然防排烟的条件下，走廊作机械排烟，前室作送风、排烟，楼梯间作正压送风；其压力要符合规范的要求。防烟楼梯间及其前室(包括合用前室)排烟送风系统的控制图如图 5-45 所示。由图可见，风机和排烟口的动作信号都应回到消防控制室。

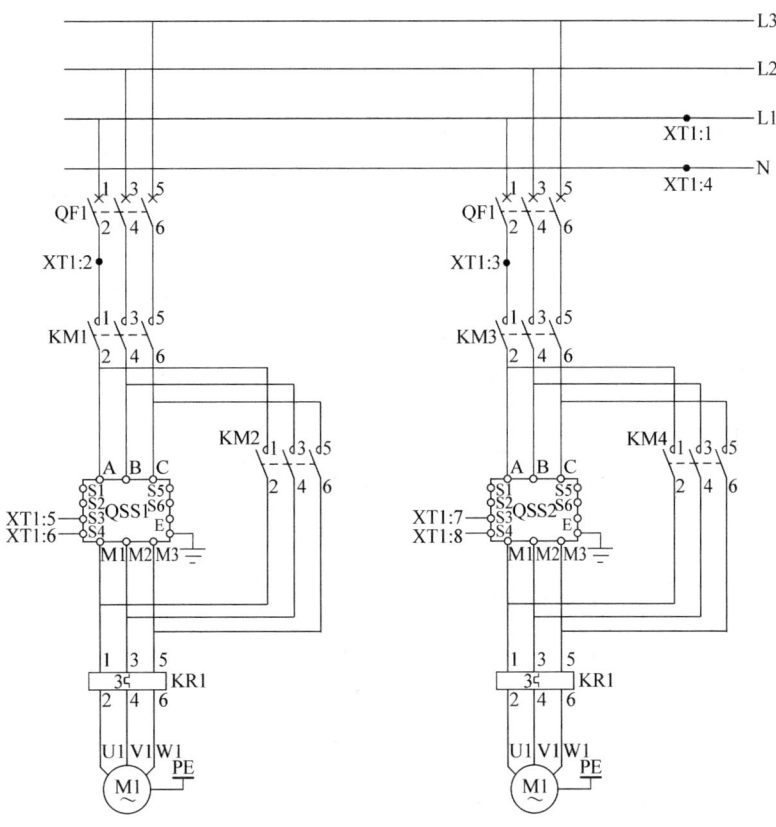

图 5-43 自动喷淋用消防泵主电路图

防排烟设备主要包括正压送风机、排烟风机、送风阀及排烟阀,以及防火卷帘、防火门等。防排烟系统一般在选定自然排烟、机械排烟、自然与机械排烟并用或机械加压送风方式后设计其电气控制。因此,防排烟系统的电气控制所确定的防排烟设备,由以下不同内容与要求组成:消防控制室能显示各种电动防排烟设备的运行情况,并能进行联锁控制和就地手动控制;根据火灾情况打开有关排烟道上的排烟口,起动排烟风机(有正压送风机时同时起动),降下有关防火卷帘及防烟垂壁,打开安全出口的电动门,与此同时关闭有关的防火阀及防火门,停止有关防烟分区内的空调系统;设有正压送风的系统则同时打开送风口、起动送风机等。

1. 防排烟系统控制

图 5-46 所示为防排烟系统控制示意图,在高层建筑中的送风机一般安装在技术层或 2~3 层中,排烟机安装在顶层或上技术层。在排烟系统中,风机的控制应按防排烟系统的组成进行设计,其控制系统通常可由消防控制室、排烟口及就地控制等装置组成。就地控制是将转换开关打到手动位置,通过按钮起动或停止排烟风机,用以检修。排烟风机可由火灾报警控制器及联动控制器控制或就地控制。火灾报警控制器及联动控制器控制时,通过联锁触点起动排烟风机。当排烟风道内温度超过 280℃ 时,防火阀自动关闭,通过联锁触点,使排烟风机自动停止。

当排烟系统设有正压送风机时,送风机由消防控制室或排烟口起动。

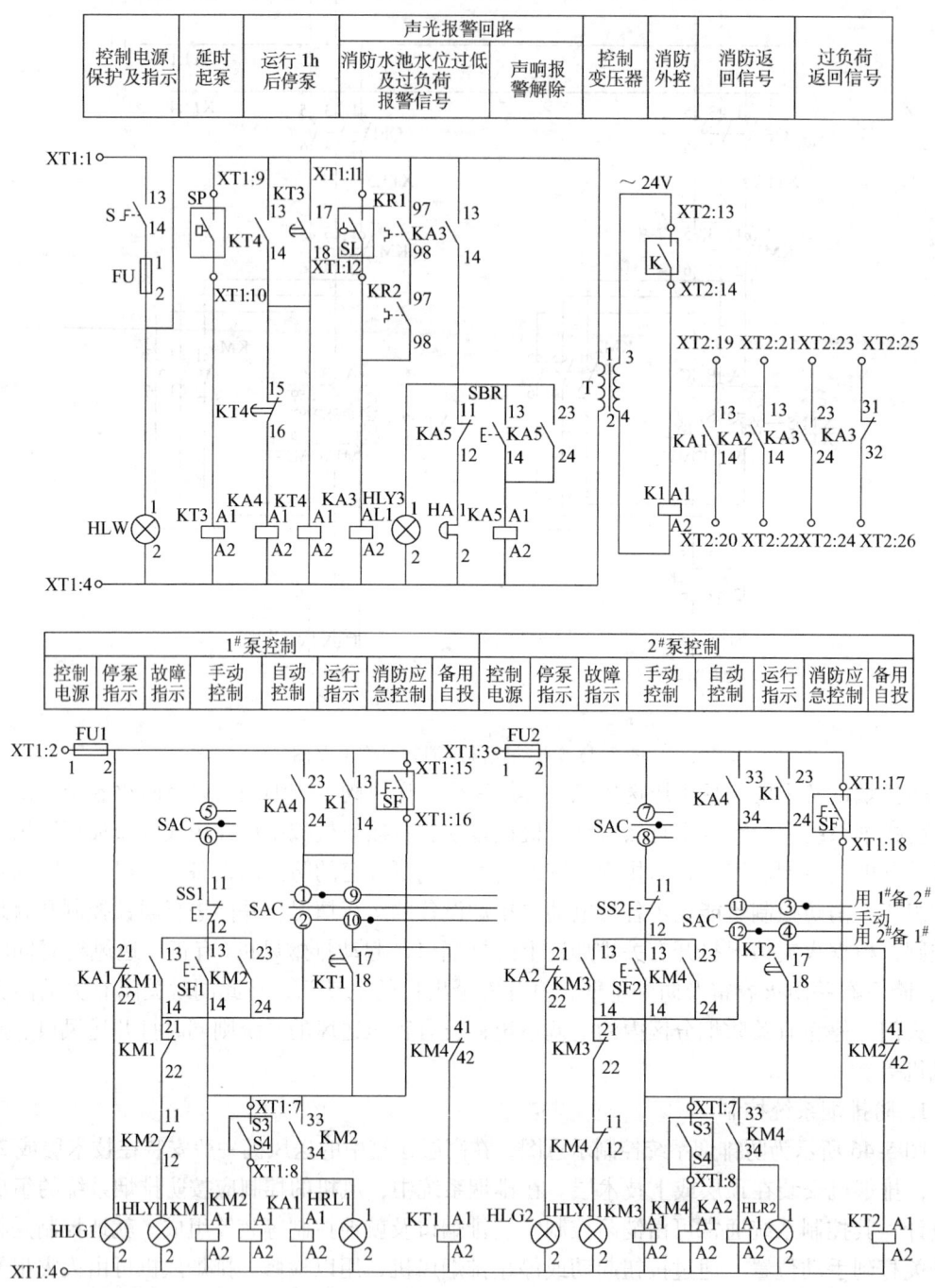

图 5-44 自动喷淋用消防泵控制电路图

送风机及排烟机的电气控制一般采用图5-47所示控制电路。

图5-47所示为排烟(风)机的电气控制原理图。其控制要求是,一台排烟(风)机兼作两用,平时排风,消防时排烟。在本控制电路中,平时排风由手动控制按钮完成起、停控制,而消防时排烟则由火灾报警控制器及联动控制器承担控制任务。

2. 电动送风阀与排烟阀

送风阀或排烟阀装在建筑物的过道、防烟室或无窗房间的防排烟系统中,用作排烟口或正压送风口。平时阀门关闭,当发生火灾时阀门接收信号打开。

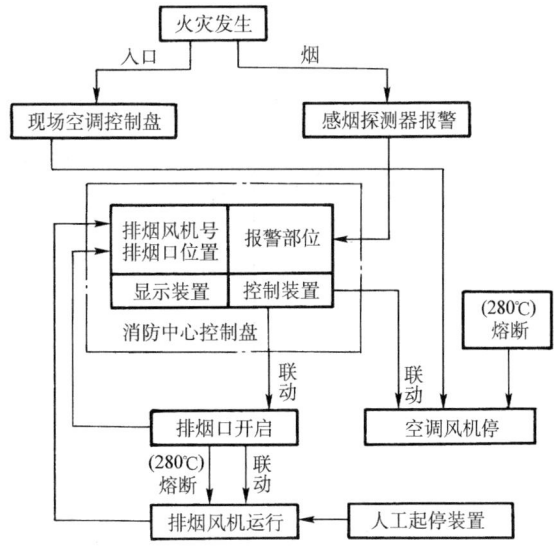

图5-45 防烟楼梯间及其前室
(包括合用前室)排烟送风系统控制图

送风阀或排烟阀的电动操作机构一般用电磁铁操作,当电磁铁通电时即执行开阀操作。电磁铁由消防中心发出命令通电。

多阀门的动作接线有并联(同时动作)及串联(顺序联锁动作)两种。并联接线的可靠性高,但应注意直流电源或联动控制器的容量。当同时动作的阀门数量不多,电源容量或联动控制器容量允许时,可采用并联接线方式。串联动作时如果某一只阀门的微动开关不良则后面的阀门都将不会动作,降低了可靠性,因而不宜采用。

多阀门电气接线原理图如图5-48所示。

图5-49所示为排烟系统建筑安装示意图。从该图中可以进一步清楚地看出排烟阀的安装位置和作用。从图中还可以明白地看到防火阀的安装位置和作用。在由空调控制的送风管道中安装的两个防烟防火阀,在火灾时应该能自动关闭,停止送风。在回风管道回风口处安装的防烟防火阀也应在火灾时能自动关闭。但在由排烟风机控制的排烟管道中安装的排烟防火阀,在火灾时则应打开排烟。在防火分区入口处安装的防火门,在火灾警报发出后应能自动关闭。

3. 防火门及防火卷帘的控制

防火门及防火卷帘都是防火分隔物,有隔火、阻火、防止火势蔓延的作用。在消防工程应用中,防火门及防火卷帘的动作通常都是与火灾监控系统联锁的,其电气控制逻辑较为特殊,是高层建筑中应该认真对待的被控对象。

(1) 防火门的控制

防火门在建筑中的状态是:平时(无火灾时)处于开启状态,火灾时控制使其关闭。防火门的控制可用手动控制或电动控制(即现场感烟、感温火灾探测器控制,或由消防控制中心控制)。当采用电动控制时,需要在防火门上配有相应的闭门器及释放开关。防火门的工作方式按其固定方式和释放开关分为两种:一种是平时通电,火灾时断电关闭方式,即防火门释放开关平时通电吸合,使防火门处于开启状态,火灾时通过联动装置自动控制加手动控制切断电源,由装在防火门上的闭门器使之关闭;另一种是平时不通电,火灾时通电关闭方

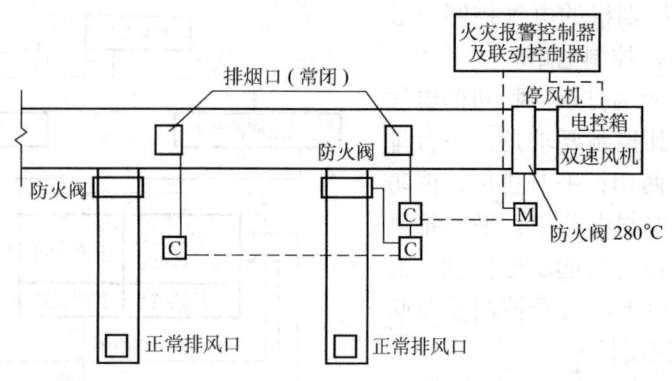

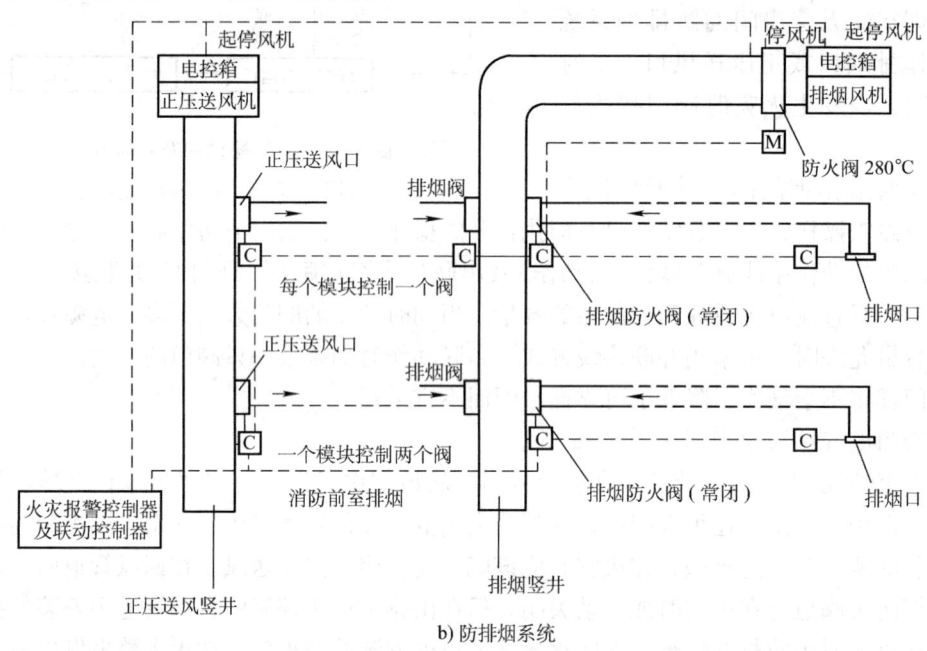

图 5-46 防排烟系统控制示意图

式,即通常将电磁铁、液压泵和弹簧制成一个整体装置,平时不通电,防火门被固定销扣住呈现开启状态,火灾时受联锁信号控制,电磁铁通电将固定销拔出,防火门靠液压泵的压力或弹簧力作用而慢慢关闭。防火门示意图如图 5-50 所示。

(2) 防火卷帘的控制

防火卷帘设置在建筑物中防火分区通道口处,可形成门帘或防火分隔。当发生火灾时,可根据消防控制室、火灾探测器的指令或就地手动操作使卷帘下降至一定点,水幕同步供水(复合型卷帘可不设水幕),接收降落信号后先一步下放,经延时后再二步落地,以达到人员紧急疏散、灾区隔烟、隔火、控制火势蔓延的目的。卷帘电动机的规格一般为三相 380V,0.55~1.5kW,视门体大小而定。控制电路为直流 24V。

1) 电动防火卷帘组成。电动防火卷帘安装示意图如图 5-51 所示,防火卷帘控制程序如图 5-52 所示,防火卷帘电气控制如图 5-53 所示。

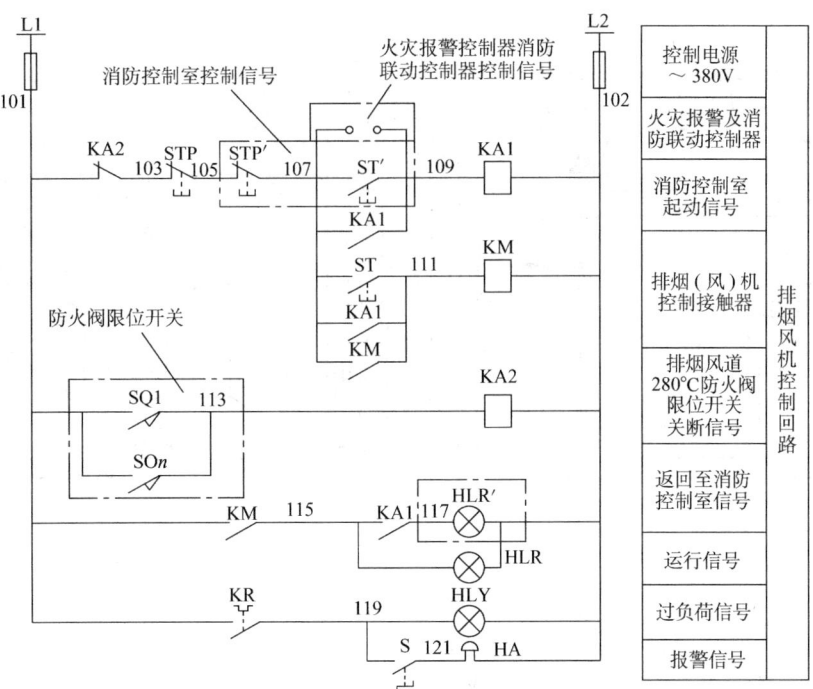

图 5-47 排烟(风)机的电气控制原理图

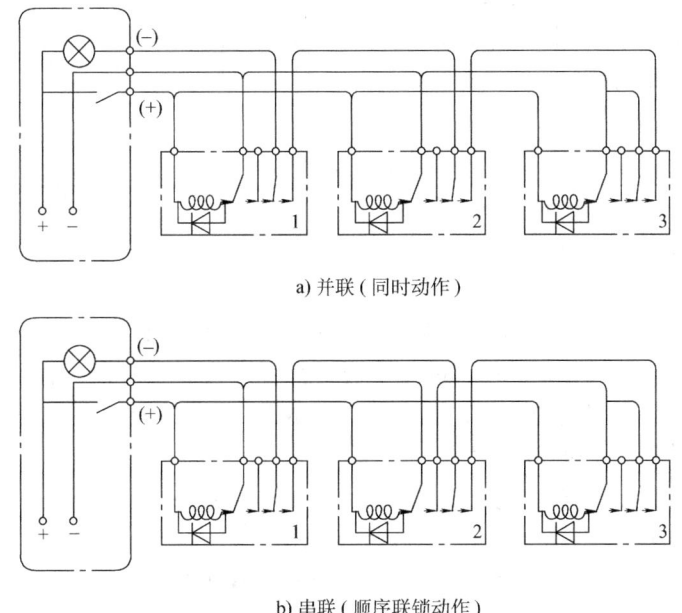

a) 并联 (同时动作)

b) 串联 (顺序联锁动作)

图 5-48 多阀门电气接线原理图

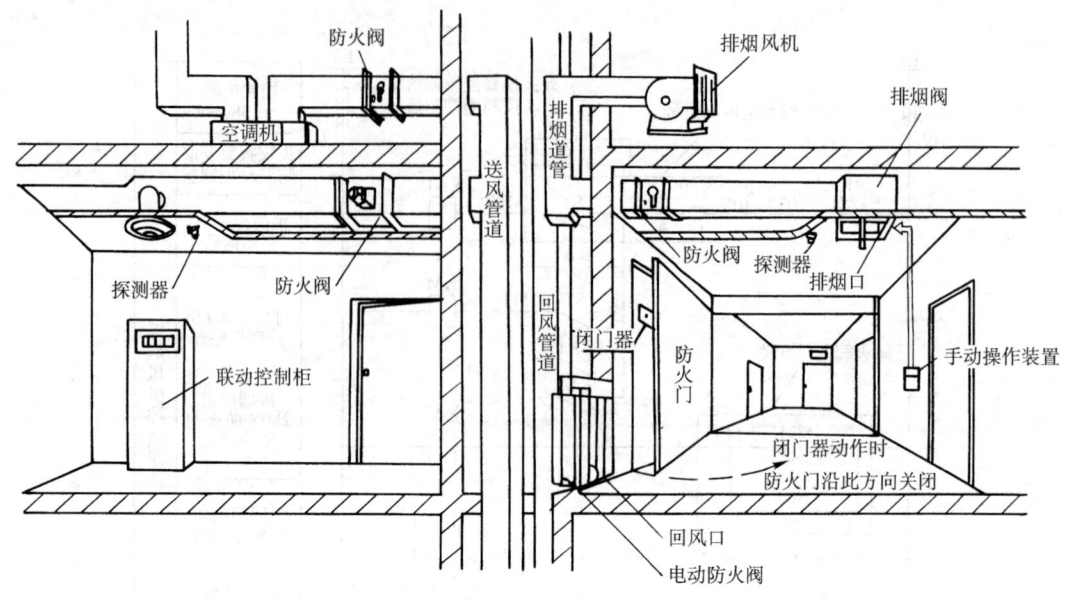

图 5-49 排烟系统建筑安装示意图

2) 防火卷帘电气线路工作原理。正常时卷帘卷起,且用电锁锁住,当发生火灾时,卷帘分两步下放。

第一步下放:当火灾初期产生烟雾时,来自消防中心的联动信号(感烟探测器报警所致)使触点 1KA(在消防中心控制器上的继电器因感烟报警而动作)闭合,中间继电器 KA1 线圈通电动作:①使信号灯 HL 亮,发出报警信号;②电警笛 HA 响,发出声报警信号;③$KA1_{11-12}$ 号触点闭合,给消防中

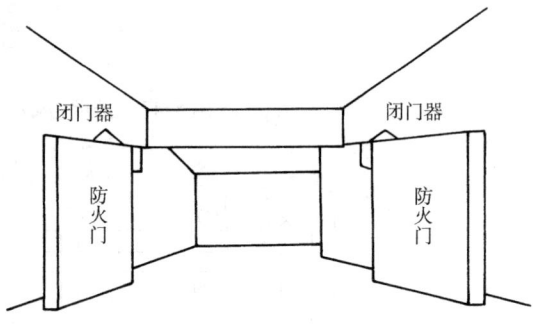

图 5-50 防火门示意图

心一个卷帘起动的信号(即 $KA1_{11-12}$ 号触点与消防中心信号灯相接);④将开关 QS1 的常开触点短接,全部电路通以直流电;⑤电磁铁 YA 线圈通电,打开锁头,为卷帘门下降作准备;⑥中间继电器 KA5 线圈通电,将接触器 KM2 线圈接通,KM2 触头动作,门电动机反转,卷帘下降,当卷帘下降到距地 1.2~1.8m 定点时,位置开关 SQ2 受碰撞而动作,使 KA5 线圈失电,KM2 线圈失电,门电动机停,卷帘停止下放(现场中常称中停),这样既可隔断火灾初期的烟,也有利于灭火和人员逃生。

第二步下放:当火势增大、温度上升时,消防中心的联动信号触点 2KA(安全消防中心控制器上且与感温探测器联动)闭合,使中间继电器 KA2 线圈通电,KA2 触点动作,使时间继电器 KT 线圈通电。经延时(30s)后 KT 触点闭合,使 KA5 线圈通电,KM2 又重新通电,门电动机又反转,卷帘继续下放。当卷帘落地时,碰撞位置开关 SQ3 使其触点动作,中间继电器 KA4 线圈通电,KA4 常闭触点断开,使 KA5 失电释放,又使 KM2 线圈失电,门电动机停止。同时,$KA4_{3-2}$ 号触点和 $KA4_{5-6}$ 号触点将卷帘门完全关闭信号(或称落地信号)反馈给消防中心。

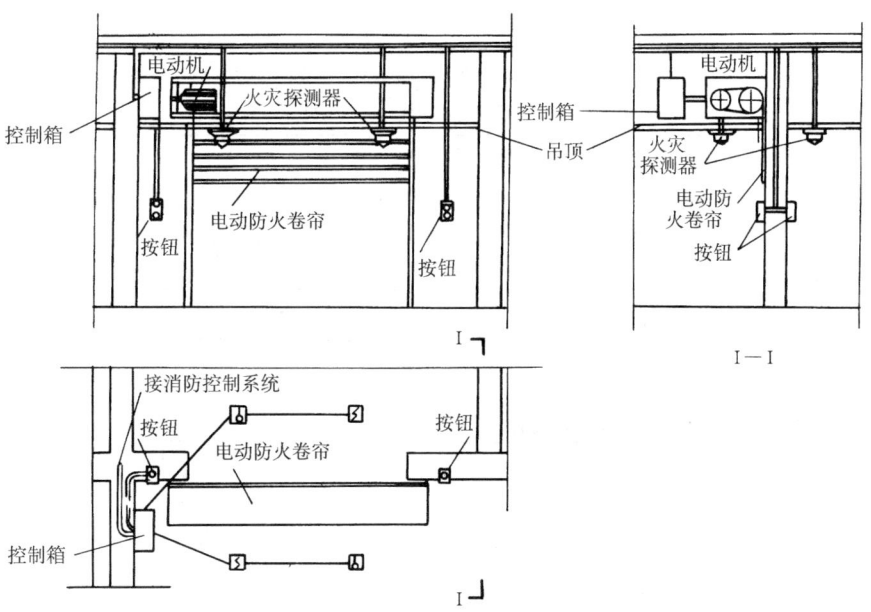

图 5-51 电动防火卷帘安装示意图

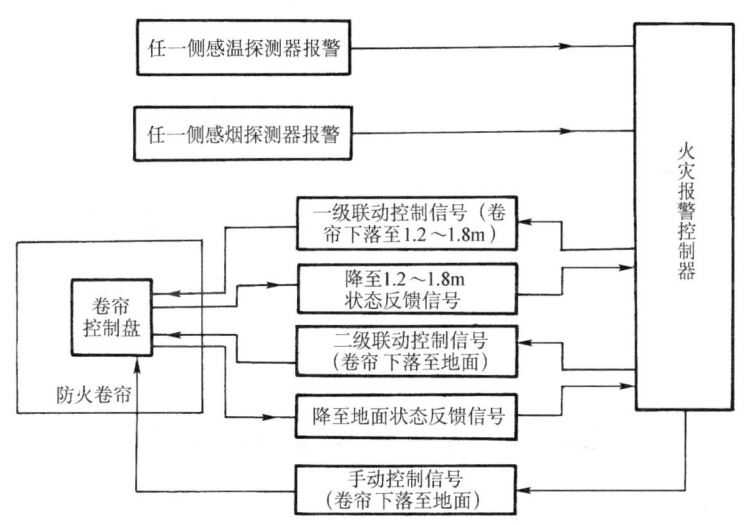

图 5-52 防火卷帘控制程序

卷帘上升控制：当火扑灭后，按下消防中心的帘卷起按钮 SB4 或现场就地卷起按钮 SB5，均可使中间继电器 KA6 线圈通电，使接触器 KM1 线圈通电，门电动机正转，卷帘上升。当上升到顶端时，碰撞位置开关 SQ1 使之动作，使 KA6 失电释放，KM1 失电，门电动机停止，上升结束。

开关 QS1 用于手动开、关门，而按钮 SB6 则用于手动停止卷帘升和降。

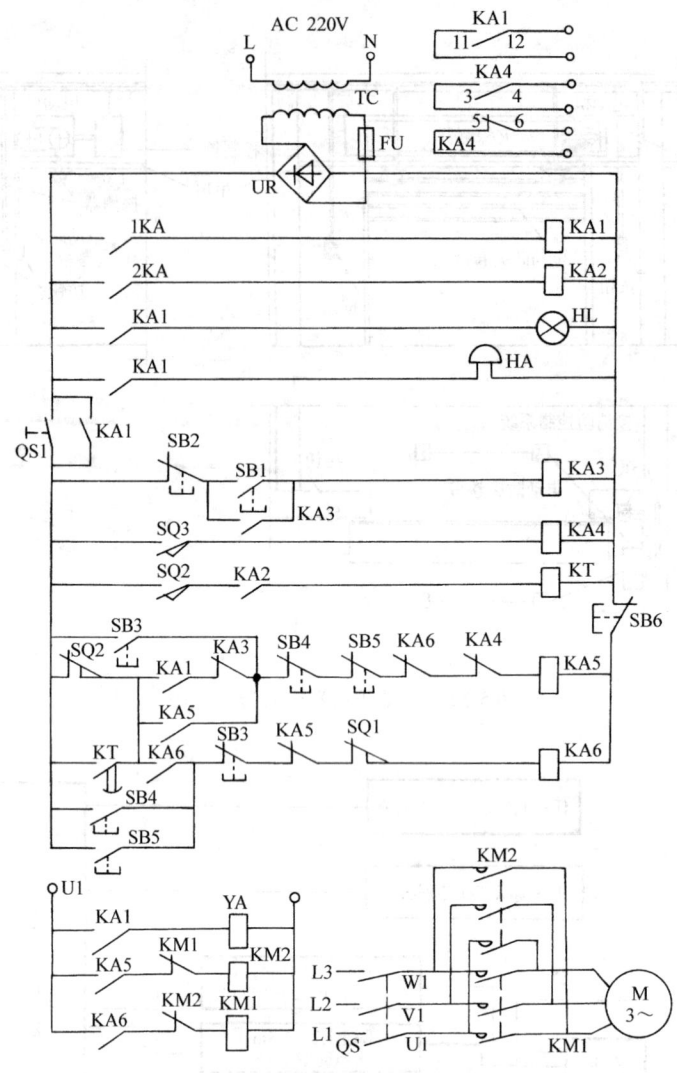

图 5-53 防火卷帘电气控制

第四节 消防系统线路的敷设

火灾实例证明，电源可靠，而火灾自动报警及消防联动控制系统用电设备的配电线路不可靠，仍不能保证火灾时消防用电设备可靠用电。因此，为了提高消防系统的可靠性，除对电源种类、供配电方式采取一定的可靠性措施外，还应考虑火灾高温对配电线路的影响，采取措施防止发生短路、接地故障。从而保护消防系统的安全运行，使安全疏散和扑救火灾的工作顺利进行。

一、火灾自动报警系统配线

火灾自动报警系统利用全总线计算机通信技术，既完成了总线报警，又实现了总线联动控制，彻底避免了控制输出与执行机构之间的长距离穿管布线，大大方便了系统布线设计和现场施工。

1. 系统总线

（1）回路总线

指主机到各编址单元之间的联动总线。导线规格为 RVS—$2\times1.5\text{mm}^2$ 多股双色双绞塑料软线。要求回路电阻小于 40Ω，是指从主机到最远编址单元的环线电阻值（两根导线）。

（2）电源总线

指主机或从机对编址控制模块和显示器提供的 DC24V 电源。电源总线采用多股双色塑料软线，型号为 RVS—$2\times1.5\text{mm}^2$。接模块的电源线型号为 RVS—$2\times1.5\text{mm}^2$。

（3）通信总线

指主机与从机之间的连接总线，或者主机—从机—显示器之间的连接总线。通信总线采用多股双色塑料屏蔽导线，型号为 RVVP—$2\times1.5\text{mm}^2$。

2. 系统配线

（1）布线要求

三种总线应单独穿入金属管中，严禁与动力、照明、交流线、视频线或广播线等穿入同一线管内。

总线在竖井或电缆沟中也应经金属线槽敷设，要求尽量远离动力、照明、强电及视频线，其平行间距应大于 500mm。

当采用 RVVP 型双色双绞屏蔽线时，如遇有断点，屏蔽层必须相互焊接成整体，最终接到机器外壳上。

导线在线管中应尽量避免有接头，如难于避免时，要求接头一定要焊接牢靠，并用套管套紧，防止线间及导线与管壁短路。

（2）配线规格

在各总线回路中，如果需连接楼层显示器、编址控制盒、编址音响时，需要另加两根电源线，即电源总线。

电源总线的要求：选用普通多股铜芯塑料软线，导线的截面积 $\geq 2.5\text{mm}^2$。

其他用线的要求：用普通多股铜芯塑料软线即可，导线截面积 $\geq 1.0\text{mm}^2$。

在具有强电磁干扰的场所，如发电厂、变电站、通信楼等，对于回路总线、通信总线等，建议采用多股铜芯塑料屏蔽线，型号为 RVVP。

所用双股屏蔽线长度距离小于 500m，选用 RVVP—2×1.0 型；如果长度距离小于 750m，而大于 500m 时，需要用型号为 RVVP—2×1.5 的双股屏蔽线。

长度距离指由火灾报警控制器输出端子算起到最远的一个编址单元的布线距离。

（3）导线的选用与接地要求

1）导线选型要求：报警系统需选用 RVS 双色双绞线；总线联动系统控制需选用 RVS 双色双绞线；多线联动（PLC）系统选用 KVV 电缆线；其余选用 BVR 线或 BV 线。

2）导线必须穿管敷设，一般选用镀锌钢管。

3）各火灾探测器布置点与火灾报警控制器之间可采用树枝形布线，也可采用环形布线。

4）在各层楼面总线引出端或防火分区总线引出端应设置接线端子箱。

5）报警系统总线、联动系统总线需单独穿管，不得与其他设备线、电源线同穿一根铁管。

6）消防控制室接地电阻值应符合以下要求：工作接地电阻值小于4Ω；用联合接地时，接地电阻值应小于1Ω。

7）在安装设备的现场（或中控室），建筑物一定要做专供该系统使用的"大地"，该"大地"的技术要求同一般计算机房的"大地"一样。

8）该系统的走线金属管路或槽架要求有良好的接地。

二、消防设备系统配线

消防设备系统配线的防火安全的关键，是按具体消防设备或自动消防系统确定其耐火耐热配线。在建筑消防电气设计中，原则上从建筑变电所主电源低压母线或应急母线到具体消防设备最末级配电箱的所有配电线路都是耐火耐热配线的考虑范围。

1. 火灾监控系统配线保护

火灾监控系统的传输线路应采用穿金属管、阻燃型硬质塑料管或封闭式线槽保护。消防控制、通信和警报线路在暗敷时，最好采用阻燃型电线，穿保护管，敷设在不燃结构层内（保护层厚度不小于30mm）。总线制系统的干线，需考虑更高的防火要求，例如采用耐火电缆敷设在耐火电缆桥架内，有条件的可选用铜皮防火型电缆。

2. 消火栓泵、喷淋泵等配电线路

消火栓系统加压泵、水喷淋系统加压泵、水幕系统加压泵等消防水泵的配电线路包括消防电源干线和各水泵电动机配电支线两部分。一般水泵电动机配电线路可采用穿管暗敷，如选用阻燃型电线穿金属管并埋设在非燃烧体结构内；或采用电缆桥架架空敷设，如选用耐火电缆并最好配以耐火型电缆桥架或选用铜皮防火型电缆，以提高线路耐火耐热性能。水泵房供电电源一般由建筑变电所低压总配电室直接提供；当变电所与水泵房贴邻或距离较近并属于同一防火分区时，供电电源干线可采用耐火电缆或耐火母线沿防火型电缆桥架明敷；当变电所与水泵房距离较远并穿越不同防火分区时，应尽可能采用铜皮防火型电缆。

3. 防排烟装置配电线路

防排烟装置包括送风机、排烟机、防火阀等，一般布置较分散，其配电线路防火既要考虑供电主回路线路，也要考虑联动控制线路。由于阻燃型电缆遇明火时，其电气绝缘性能会迅速降低，所以，防排烟装置配电线路，明敷时应采用耐火型交联电缆或铜皮防火型电缆，暗敷时可采用一般耐火电缆；联动和控制线路应采用耐火电缆。此外，防排烟装置配电线路和相关控制电路在敷设时应尽量缩短线路长度，避免穿越不同的防火分区。

4. 防火卷帘配电线路

防火卷帘隔离火势的作用是建立在配电线路可靠供电使防火卷帘有效动作基础上的。一般防火卷帘电源引自建筑各楼层带双电源切换的配电箱，经防火卷帘专用配电箱向控制箱供电。供电方式多采用放射式或环式。当防火卷帘水平配电线路较长时，应采用耐火电缆并在吊顶内使用耐火电缆桥架明敷，以确保火灾时仍能可靠供电并使防火卷帘有效动作，阻断火势蔓延。

5. 消防电梯配电线路

消防电梯一般由高层建筑底层的变电所敷设两路专线配电至位于顶层的电梯机房，线路较长且路由复杂。为提高供电可靠性，消防电梯配电线路应尽可能采用耐火电缆；当有供电可靠性特殊要求时，两路配电专线中一路可选用铜皮防火型电缆；垂直敷设的配电线路应尽量设在电气竖井内。

6. 火灾应急照明线路

火灾应急照明包括疏散指示照明、火灾事故照明和备用照明。一般疏散指示照明采用长明普通灯具，火灾事故照明采用带镍镉电池的应急照明灯或可强行启点的普通照明灯具，备用照明则利用双电源切换来实现。所以，火灾应急照明电路一般采用阻燃型电线穿金属管保护暗敷于不燃结构内，且保护层厚度不小于30mm。在装饰装修工程中，可能遇到土建结构工程已经完工，应急照明线路不能暗敷而只能明敷于吊顶内，这时应采用耐热型或耐火型电线。

7. 消防广播通信等配电线路

火灾事故广播、消防电话、火灾警铃等设备的电气配线，在条件允许时可优先采用阻燃型电线穿保护管单独暗敷，当必须采用明敷线路时，应对线路做耐火处理。

消防设备系统配线直接关系到建筑的防火安全性，必须结合工程实际考虑耐火耐热配线原则并选择合适的电气配线，以确保消防设备供电的可靠性和耐火性。当前，建筑消防设备系统配线应具有一定的超前性并向国际标准靠拢，如配线时可较多地采用耐火型或阻燃型电线电缆、铜皮防火型电缆等产品，以提高工程设计质量和消防设备系统配线的防火性能。

第五节　火灾自动报警及联动控制工程实例

一、工程概况

1. 工程说明

某综合楼，建筑总面积为7000m²，总高度为30m，其中主体檐口至地面高度为23.90m，各层基本数据见表5-6。工程图如图5-54～图5-58所示。

表5-6　某综合楼基本数据

层　　数	面积/m²	层高/m	主　要　功　能
B	915	3.40	汽车库、泵房、水池、配电室
1	935	3.80	大堂、服务、接待
2	1040	4.00	餐饮
3～5	750	3.20	客房
6	725	3.20	客房、会议室
7	700	3.20	客房、会议室
8	170	4.60	机房

1) 保护等级。本建筑火灾自动报警及消防联动控制系统保护对象为二级。
2) 消防控制室与广播音响控制室合用，位于1层，并有直通室外的门。
3) 设备选择设置。地下层的汽车库、泵房和顶楼冷冻机房选用感温火灾探测器，其他场所选感烟火灾探测器。
4) 联动控制要求。消防泵、喷淋泵和消防电梯为多线联动，其余设备为总线联动。
5) 火灾应急广播与消防电话火灾应急广播与背景音乐系统共用，火灾时强迫切换至消防广播状态，平面图中竖井内1825模块即为扬声器切换模块。

消防控制室设消防专用电话，消防泵房、配电室、电梯机房设固定消防对讲电话，手动报警按钮带电话塞孔。

6）设备安装。火灾报警控制器为柜式结构。火灾显示盘底边距地1.5m挂墙安装，火灾探测器吸顶安装，消防电话和手动报警按钮中心距地1.4m暗装，消火栓按钮设置在消火栓内，控制模块安装在被控设备控制柜内或其上边平行的近旁。火灾应急扬声器与背景音乐系统共用，火灾时强切。

7）线路选择与敷设。消防用电设备的供电线路采用阻燃电线电缆沿阻燃桥架敷设，火灾自动报警系统与电路、联动控制电路、通信电路和应急照明电路为BV线穿钢管沿墙、地和楼板暗敷。

2. 火灾自动报警控制器总线制

现代的火灾自动报警控制器已经是计算机技术、通信技术、数字控制技术的综合应用，集报警与控制为一体。其报警部分接线形式多为二总线制（也有三总线或四总线）。所谓总线制，即每条回路只有两条报警总线（控制信号线和被控制设备的电源线不包括在内），应用了地址编码技术的火灾探测器、火灾报警按钮及其他需要向火灾报警中心传递信号的设备（一般是通过控制模块转换）等，都直接并接在总线上。

总线制的火灾自动报警控制器采用了先进的单片机技术，CPU主机将不断地向各编址单元发出数字脉冲信号（称发码）。当编址单元接收到CPU主机发来的信号时，加以判断，如果编址单元的码与主机的发码相同，该编址单元响应。主机接收到编址单元返回来的地址及状态信号，进行判断和处理。如果编址单元正常，主机将继续向下巡检；经判断如果是故障信号，报警器将发出部位故障声光报警。发生火灾时，经主机确认后，火警信号被记忆，同时发出部位的火灾声光报警信号。

为了提高系统的可靠性，火灾自动报警控制器主机和各编址单元在地址和状态信号的传播中，采用了多次应答、判断的方式。各种数据经过反复判断后，才给出报警信号。火灾报警、故障报警、火警记忆、声响、火警优先于故障报警等功能由计算机自动完成。

3. 火灾报警设备的布线方式

火灾报警设备的布线方式可以分为树枝形（串形）接线和环形接线。

树枝形接线像一棵大树，在大树上有分支，但分支不宜过多，在同一点的分支也不宜超过三个。大多数产品用树枝形接线。总线的传输质量最佳，传输距离最长。

环形接线是一条回路的报警点组成一个闭合的环路，但这个环路必须是在火灾报警设备内形成的一个闭合环路，这就要求火灾报警设备的出口每条回路最少为四条报警总线（二总线制）。环形接线的优点是环路中某一处发生断线，可以形成两条独立的回路，仍可继续工作。

4. 编码开关

各信息点（火灾探测器、火灾报警按钮或控制模块等）的安装底座上都设置有编码电路和编码开关。编码开关通常为七位，采用二进制方式编码（也有其他的编码方式），每个位置的开关代表的数字为2^{n-1}，即1、2、3、4、5、6、7这七位开关分别对应的数字为1、2、4、8、16、32、64。分别合上不同位置的开关，再将其代表的数字累加起来，就代表其地址编码位置号，七位编码开关可以编到127号。因此，在设计和安装时，只要将该条回路的编址单元（信息点）编成不同的地址码，与总线制的火灾自动报警控制器组合，就能实现火灾自动报警与消防联动的控制功能了。

当发生火灾时，某个火灾探测器电路导通，报警总线就有较大的电流通过（毫安级），火灾自动报警控制器接到信息，再用数字脉冲巡检，对应的火灾探测器能将其数字脉冲接收，火灾自动报警控制器就可以知道是哪个火灾探测器报警。没有发生火灾时，火灾自动报警控制器也在发出数字脉冲进行巡检，通过不同的反馈信息，就可以得出某个火灾探测器是否有故障及丢失等。

5. 编址型与非编址型混用连接

一般编址型火灾探测器价格高于非编址型，为了节省投资，采用编址型与非编址型混合应用的情况在开关量火灾报警系统中常见。再者，为了使每条回路的保护面积增大，或者有的房间探测区域虽然比较大，但只需要报一个地址号，则可数个探测器共用一个地址号并联使用，形成混用连接。混用连接一般是采用母底座带子底座方式，只有母底座安装有编码开关，也就是子底座的信息是通过母底座传递的，几个火灾探测器共用一个地址号，一个母底座所带的子底座一般不超过四个。

二、系统图分析

1. 工程图的基本情况

工程图包括火灾自动报警及消防联动控制系统图和各楼层火灾自动报警与消防联动控制平面图。

2. 系统图分析

图 5-54 所示为火灾自动报警及消防联动控制系统图。

从图 5-54 所示系统图中可以知道，火灾自动报警及消防联动设备是安装在 1 层（见图 5-56），安装在消防及广播值班室。火灾自动报警及消防联动控制设备的型号为 JB1501A/G508—64，JB 为国家标准中的火灾报警控制器，其他多为产品开发商的系列产品编号；消防电话设备的型号为 HJ—1756/2；消防广播设备型号为 HJ—1757（120W×2）；外控电源设备型号为 HJ—1752。这些设备一般都是产品开发商配套的。JB 共有四条回路总线，可设 JN1～JN4。JN1 用于地下层，JN2 用于 1 层～3 层，JN3 用于 4 层～6 层，J4 用于 7 层、8 层。

（1）配线标注情况

报警总线 PS 标注为 RVS-2×1.0 SC15 SCE/WC。

对应的含义如下：软导线（多股）、塑料绝缘、双绞线，2 根，截面积为 1mm^2；保护管为水煤气钢管、直径为 15mm；沿顶棚、暗敷设及有一段沿墙、暗敷设的线路。

其消防电话线 FF 标注为 BVR-2×0.5 SC15 FC/WC。BVR 为布线和塑料绝缘软导线，其他与报警总线总类似。

火灾报警控制器的右手面也有五个回路标注，依次为 C、FP、FC1、FC2、S。对应图的下面依次说明如下：

C：RS-485 通信总线，RVS—2×1.0 SC15 WC/FC/SCE；

FP：DC24V 主机电源总线，BV—2×4 SC15 WC/FC/SCE；

FC1：联动控制总线，BV—2×1.0 SC15WC/FC/SCE；

FC2：多线联动控制线，BV—1.5 SC20WC/FC/SCE；

S：消防广播线，BV—2×1.5 SC15WC/SCE。

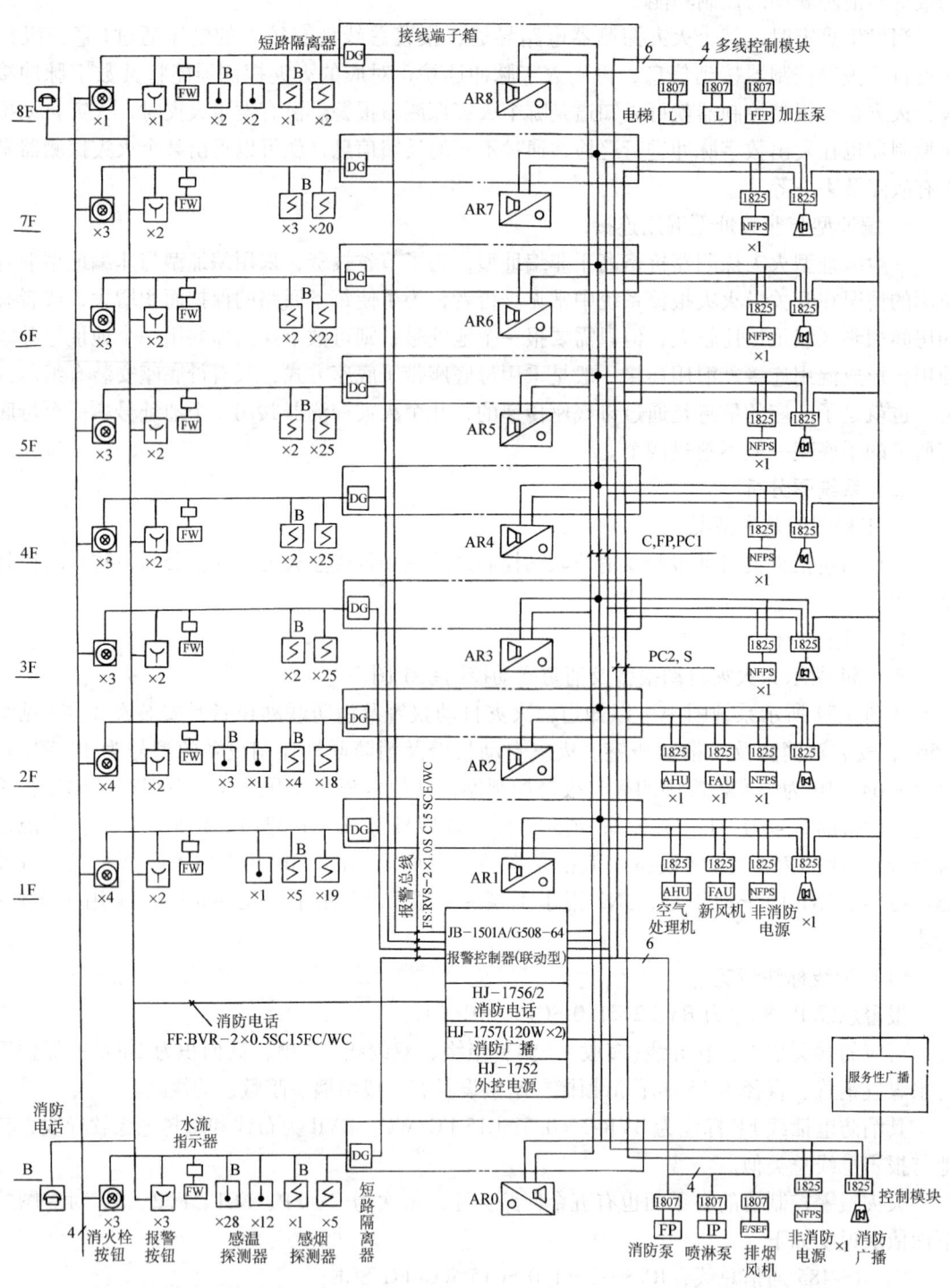

图 5-54 火灾自动报警及消防联动控制系统图

这些标注应该说是比较详细了，大多数是好理解的。

在火灾自动报警及消防联动控制系统中，最难懂的是多线联动控制线。所谓消防联动主要指这部分，而这部分的设备是跨专业的，比如消防水泵、喷淋泵的起动，防烟设备的关闭、排烟设备的打开，工作电梯轿厢下降到底层后停止运行，消防电梯投入运行等，究竟有多少需要联动的设备，在火灾报警及消防联动的平面图上是不进行表示的，只有在动力平面图中才能表示出来。

在图5-54所示系统图中，多线联动控制线的标注为BV-1.5 SC20WC/FC/SCE，多线，即不是一根线，究竟为几根线就要看被控制设备的点数了。从系统图中可以看出，多线联动控制线主要是控制在1层的消防泵、喷淋泵、排烟风机(消防泵、喷淋泵、排烟风机实际是安装在地下层)等，其标注为6根线；在8层有两台电梯和加压泵，其标注也是6根线[应该标注的是$2(6 \times 1.5)$]，但实际长度究竟为多长，只有在动力平面图中才能找到各个设备的位置。

（2）接线端子箱

从图5-54所示系统图中可以知道，每层楼安装一个接线端子箱。端子箱中安装有短路隔离器DG，其作用是当某一层的报警总线发生短路故障时，将发生短路故障的楼层报警总线断开，就不会影响其他楼层的报警设备正常工作了。

（3）火灾显示盘

每层楼安装一个火灾显示盘AR，可以显示各个楼层。显示盘接有RS-485通信总线，火灾报警与消防联动设备可以将信息传送到火灾显示盘AR上进行显示。显示盘因为有灯光显示，所以还要接主机电源总线FP。

（4）消火栓箱报警按钮

消火栓箱报警按钮也是消防泵的起动按钮。消火栓箱是人工用喷水枪灭火最常用的方式，当人工用喷水枪灭火时，如果给水管网压力低，就必须起动消防泵。消火栓箱报警按钮是击碎玻璃式(或有机玻璃)，将玻璃击碎，按钮将自动动作，接通消防泵的控制电路，使消防泵启动；同时也通过报警总线向消防报警中心传递信息。因此，每个消火栓箱报警按钮也占一个地址码。

在图5-54所示系统图中，纵向第2排图形符号为消火栓箱报警按钮，×3代表地下层有3个消火栓箱(见图5-55)。消火栓箱报警按钮的编号为SF01、SF02、SF03。消火栓箱报警按钮的连接线为4根线。为什么是4根线？这是因为消火栓箱的位置不同，而形成了两个回路，每个回路仍然是2根线。线的标注是WDC；去直接起动泵。同时，每个消火栓箱报警按钮也与报警总线相接。

（5）火灾报警按钮

火灾报警按钮是人工向消防报警中心传递信息的一种方式，一般要求在防火区的任何地方至火灾报警按钮的距离不超过30m。纵向第3排图形符号是火灾报警按钮。火灾报警按钮也是击碎玻璃式，发生火灾而需要向消防报警中心报警时，击碎火灾报警按钮玻璃就可以通过报警总线向消防报警中心传递信息。每一个火灾报警按钮也占一个地址码。×3代表地下层有3个火灾报警按钮(见图5-55)。火灾报警按钮的编号为SB01、SB02、SB03。同时，火灾报警按钮也与消防电话线FF连接，每个火灾报警按钮板上都设置有电话插孔，插上消防电话就可以用。8层纵向第1个图形符号就是电话符号。

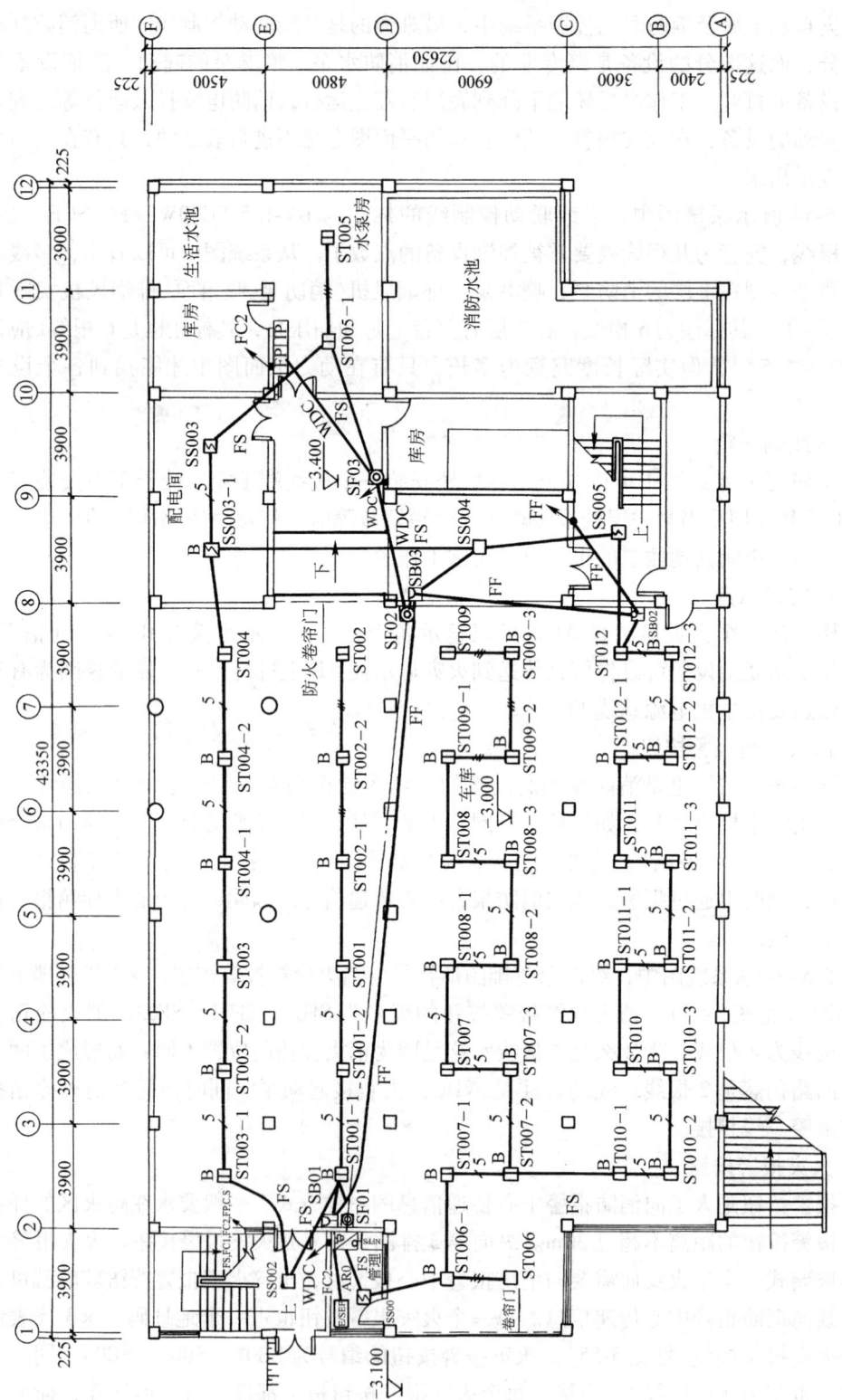

图 5-55 地下层火灾自动报警及消防联动控制平面图

(6) 水流指示器

纵向第 4 排图形符号是水流指示器 FW,每层楼一个。由此可以推断出,该建筑每层楼都安装有自动喷淋灭火系统。火灾发生超过一定温度时,自动喷淋灭火的闭式喷头感温元件熔化或炸裂,系统将自动喷水灭火,此时需要起动喷淋泵加压。水流指示器安装在喷淋灭火给水的支干管上,当支干管有水流动时,其水流指示器的电触点闭合,接通喷淋泵的控制电路,使喷淋泵电动机起动加压。同时,水流指示器的电触点也通过控制模块接入报警总线,向消防报警中心传递信息。每一个水流指示器也占一个地址码。

(7) 感温火灾探测器

在地下层、1 层、2 层、8 层安装有感温火灾探测器。感温火灾探测器主要应用在火灾发生时很少产生烟或平时可能有烟的场所,例如车库、餐厅等地方。纵向第 5 排图形符号上标注 B 的为子座,6 排没有标注 B 的为母座。例如编码为 ST012 的母座带动三个子座(见图 5-55),分别编码为 ST012-1、ST012-2、ST012-3,此 4 个探测器只有一个地址码。子座接到母座是另外接的 3 根线。ST 是感温火灾探测器的文字符号。

(8) 感烟火灾探测器

该建筑应用的感烟火灾探测器数量比较多,7 排图形符号上标注 B 的为子座,8 排没有标注 B 的为母座。SS 是感烟火灾探测器的文字符号。

(9) 其他消防设备

图 5-54 所示系统图的右面基本上是联动设备。其中,1807、1825 是控制模块,该控制模块是将火灾报警控制器送出的控制信号放大,再控制需要动作的消防设备。空气处理机 AHU 是将电梯前厅的楼梯空气进行处理的。新风机 PAU 共有两台,在 1 层是安装在右侧楼梯走廊处,在 2 层是安装在左侧楼梯前厅,是送新风的,发生火灾时都要求其开起而换空气。非消防电源(正常用电)配电箱安装在电梯井道的后面电气井中,火灾发生时需要切换消防电源。广播有服务性广播和消防广播,两者的扬声器合用,发生火灾时要切换成消防广播。

三、平面图分析

图 5-55 所示为地下层火灾自动报警及消防联动控制平面图,图 5-56 所示为 1 层火灾自动报警及消防联动控制平面图,图 5-57 所示为 2 层火灾自动报警及消防联动控制平面图,图 5-58 所示为 3 层火灾自动报警及消防联动控制平面图。4 层、5 层与 3 层相同。

1. 配线基本情况

在图 5-54 所示系统图中已经了解了该建筑火灾报警及消防联动系统的报警设备的种类、数量和连接导线的功能、数量、规格及敷设方式。但系统图中只反映了某层有哪些设备,没有反映设备的具体位置,其连接导线的走向也没有反映,这些情况,需要结合系统图,通过阅读平面图分析得到。

阅读平面图时,要从消防报警中心开始。消防报警中心设在 1 层,将其与本层及上、下层之间的连接导线走向关系搞清楚,就容易理解工程情况了。在系统图中,已经知道连接导线按功能分共有 8 种,即 FS、FF、FC1、FC2、FP、C、S 和 WDC。分别说明如下:

来自消防报警中心的报警总线 FS:必须先进各楼层的接线端子箱(火灾显示盘 AR)后,再向其编址单元配线;

消防电话 FF:只与火灾报警按钮有连接关系;

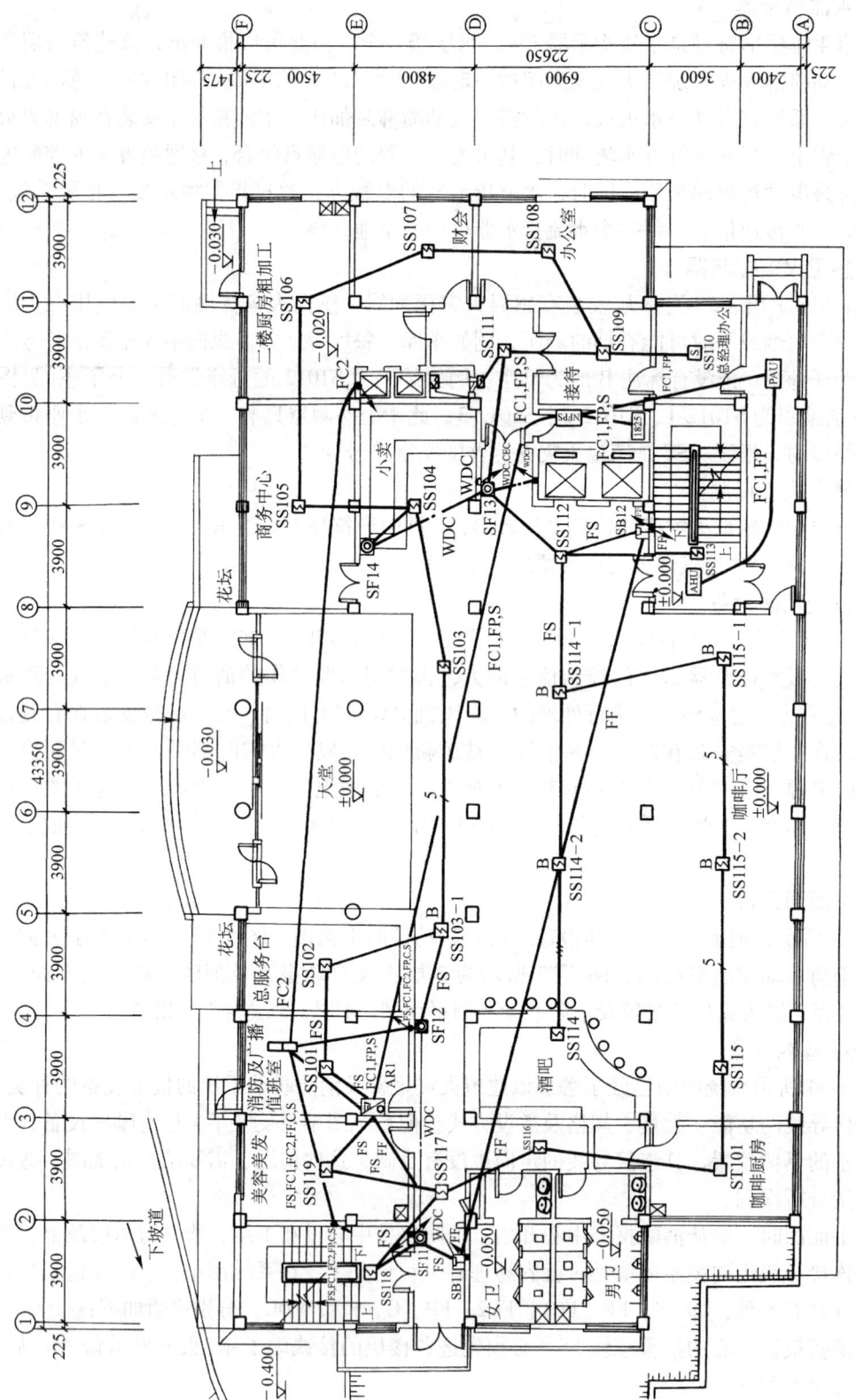

图 5-56 1层火灾自动报警及消防联动控制平面图

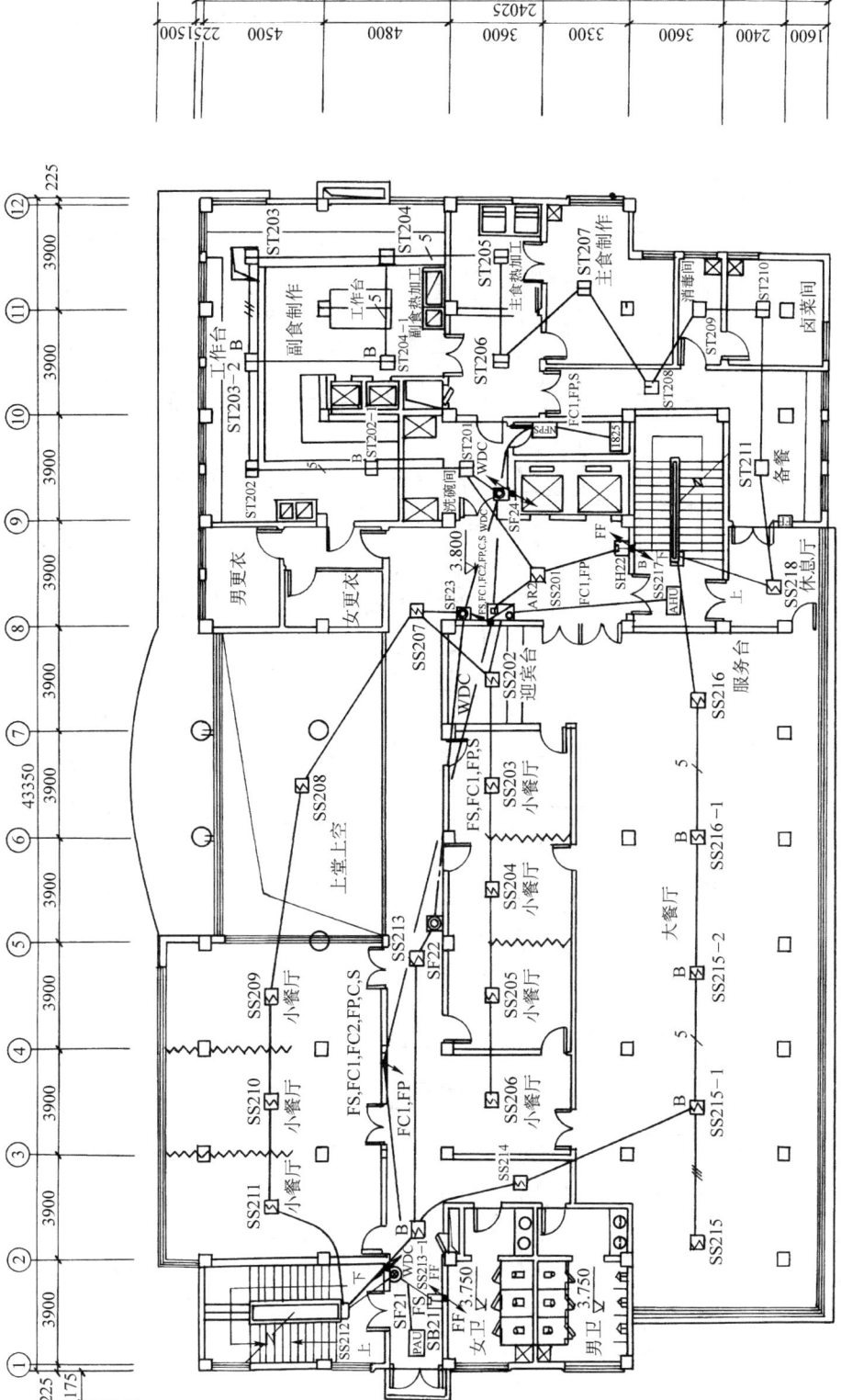

图 5-57 2层火灾自动报警及消防联动控制平面图

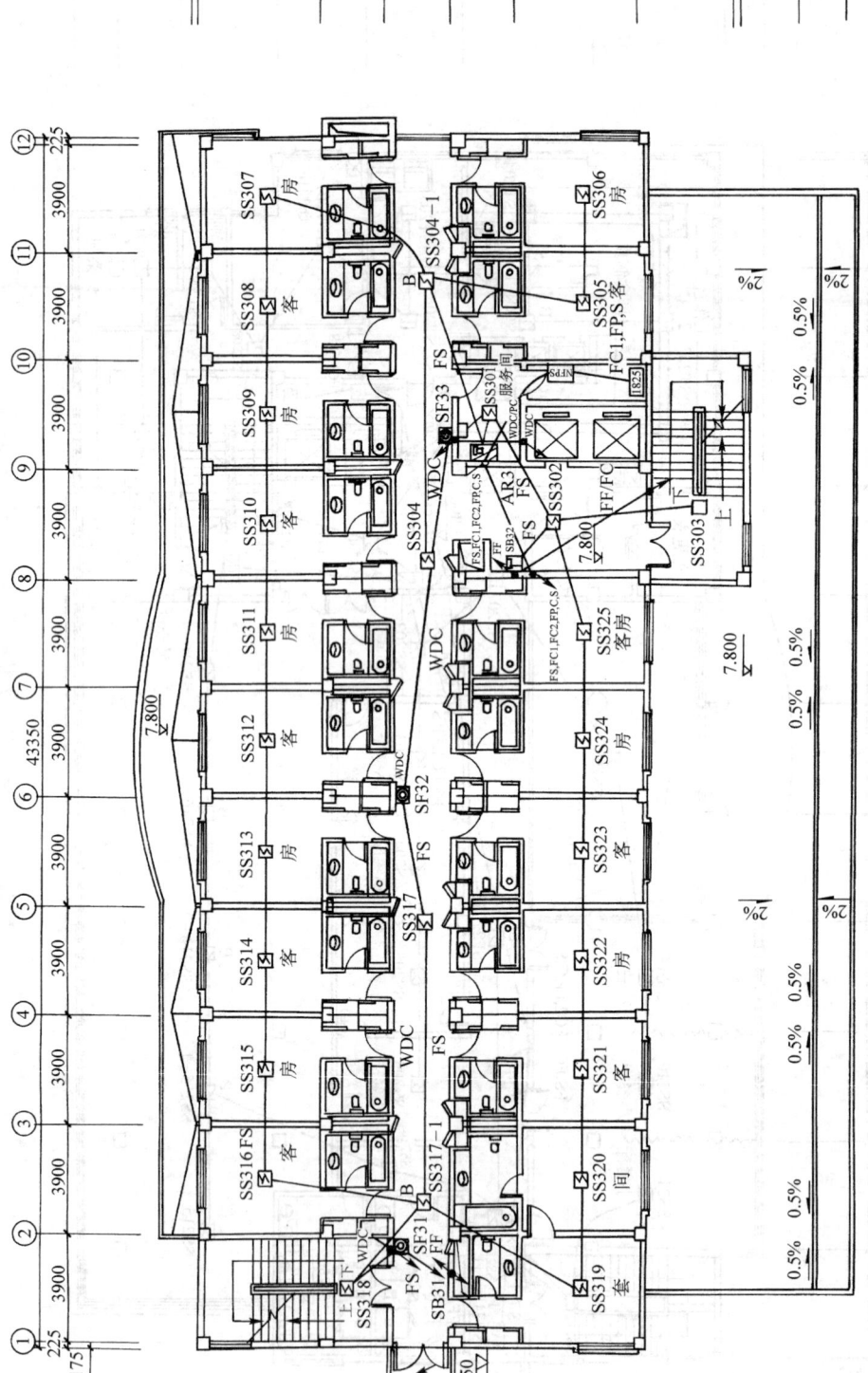

图 5-58 3层火灾自动报警及消防联动控制平面图

联动控制总线 FC1：只与控制模块 1825 所控制的设备有连接关系；

联动控制线 FC2：只与控制模块 1807 所控制的设备有连接关系；

通信总线 C：只与火灾显示盘 AR 有连接关系；

主机电源总线 FP：与火灾显示盘 AR 和控制模块 1825 所控制的设备有连接关系；

消防广播线 S：只与控制模块 1825 中的扬声器有连接关系；

控制线 WDC：只与消火栓箱报警按钮有连接关系，再配到消防泵，与消防报警中心无关系。

从图 5-56 所示的消防报警中心可以知道，在控制柜的图形符号中，共有 4 条线路向外配线，为了分析方便，编成 N1、N2、N3、N4。其中，N1 配向②轴（为了文字分析简单，只说明在较近的横向轴线，不考虑纵向轴线，读者可以在对应的横轴线附近找），有 FS、FC1、FC2、FP、C、S 6 种功能的导线，再向地下层配线；N2 配向③轴，本层接线端子箱（火灾显示盘 AR1），再向外配线，没有标注有哪几种功能线，通过全面分析可以知道有 FS、FC1、FP、S、FF、C 6 种；N3 配向④轴，再向 2 层配线，有 FS、FC1、FC2、FP、S、C 等 6 种；N4 配向⑩轴，再向地下层配线，只有 FC2 一种功能的导线（4 根线）。这 4 条线路都可以沿地面暗敷设。

2. N2 线路分析

（1）基本情况

③轴的接线端子箱（火灾显示盘）共有 4 条出线，即：配向②轴 SB11 处的 FF 线；配向⑩轴的电源配电间的 NFPS 处，有 FC1、FP、S 功能线；配向 SS101 的 FS 线；配向 SS115 的 FS 线。另一条为进线。

该建筑设置的文字符号标注：感烟火灾探测器为 SS，感温火灾探测器为 ST，火灾报警按钮为 SB，消火栓箱报警按钮为 SF，其数字排序按种类各自排。例如，SS115 为 1 层第 15 号地址码的感烟火灾探测器，ST101 为 1 层第 1 号地址码的感温火灾探测器。有母座带子座的，子座又编为 SS115-1、SS115-2 等。

（2）N2 线路的总线配线

先分析配向 SS101 的 FS 线，用钢管沿墙暗配到顶棚，进入 SS101 接线底座进行接线，再配到 SS102，依此类推，直到 SS119 而回到火灾显示盘，形成了一个环路。如果该系统的火灾显示盘具有环形接线报警器的功能，这个环路就是环形接线，否则仍然是树枝形接线。在这个环路中也有分支，例如 SS110、SB12、SF14 等，其目的是减少配线路径。

在 SS115-1、SS115-2、SS115 之间配 5 根线的原因是母座与子座之间的连接线又增加了 3 根线（有的火灾报警设备的母座与子座之间连接线为 2 根线）。在 SS114-14、SS114-2、SS114 之间配 3 根线的原因也是一样的，说明该火灾报警设备中作为母底座的并联底座一定要安装在并联的末端。

有的火灾报警设备中作为母底座的并联底座不要求安装在末端，其报警总线只与母底座连接，母底座与子底座之间不需要连接报警总线。因此 SS115-1、SS115-2、SS115 的编号就要换位了，它们之间的连接线也就可以减少了。

（3）N2 线路的其他配线

火灾显示盘配向②轴 SB11 处的消防电话线 FF，FF 与 SB11 连接后，在此处又分别到 2 层的 SB21（实际中也可以在此处再向下引到 SB01 处，就可以去掉 SB03 处到 SB01 处的保护管及配线了)和本层的⑨轴 SB12 处，在 SB12 处又向上到 SB22 和向下再引到⑧轴 SB02 处。

SF11 的连接线 WDC(2 根)来至地下层 SF01 处，SF11 与 SF12 之间有 WDC 连接线，SF11 的连接线 WDC 又配到 2 层的 SF21 处。SF13 处的连接线 WDC(2 线)来至地下层 SF03 处，又配到 2 层的 SF24 处(不在同一垂直轴线)。在系统图中标注的 WDC 为 4 根线就是这两处的线相加。

火灾显示盘配向⑩轴电源配电的 NFPS 处，有 FC1、FP、S 功能线。NFPS 接 FC1、FP 线。电源配电间有 1825 控制模块，是扬声器的切换控制接口，接 FC1、FP、S 线。NFPS 又接到 PAU(新风机控制接口)和 AHU(空气处理机控制接口)，接 FC1、FP 线。

(4) 其他说明

报警总线 FS 在 SS111 与 SS112 之间连接 SF13 是不合理的，因为 SF13 是安装在消火栓箱里，距地一般是 1.5m 左右，而火灾探测器 SS 是安装在顶棚上，将 SF13 放在中间，安装时，报警总线就会出现上、下返的配线。其一是不经济，其二是使用报警总线的环路变长，信号损失大。应该将 SF13 放在支路，即 SS111 直接连到 SS112 与 SF13 连接，此时的 SF13 就是支线了。

在电气工程图中，上述例子的问题是比较多的，设计者或绘图者可能是随意的(因为电气配线的原则是：在条件允许的情况下，线路尽量的短)，这虽然不是什么原则问题，但施工者必须想到这类问题。在本工程图中就有很多这样的问题，读者可以自己去思考，去寻找，如果考虑到这类问题，起码工程造价中的经济效益是非常显著的。

3. N1 线路分析(地下层平面图)

地下层的接线端子箱(火灾显示盘)是布置在车库管理室②轴，在②轴与 E 轴交汇处有引上线符号，再配至 D 轴。其中，FC2(2 线)是配到 E/SEF 排烟风机控制柜；在车库管理室布置有 NFPS 非消防电源切换装置，FC1 就是其信号控制线，还需要连接 FP；在车库管理室还应布置有 1825 控制模块，是扬声器的切换控制接口，接 FP、S 线。

FS 也同样是形成一个环路，也有不在环路之内的分支配线，如 ST002、ST008、ST009 等。另外，如果 SB01 的 FF 线从 1 层 SB11 处配来，就不需要 SB01 与 SB03 之间的 FF 线了，两者的距离相差近 24m，不仅节约配管和导线，而且节约工程量，经济效益是非常显著的。

SF01、SF02、SF03，它们各自都要与报警总线 FS 连接，而且它们之间还要连接 WDC 线；在 SF01 处还要配到一层 SF11 处；在 SF03 处也要配到一层 SF13 处；两条线路(共 4 根线)在 SF03 处合并为 2 根线，再到水泵房的 FP(消防泵)控制柜中。

在 FP 控制柜处，有来自一层的 FC2，也就是 N4 线路。FC2 为 4 根线，2 根线直接进入 FP 控制柜，另 2 根线配到 IP(喷淋泵)控制柜。FC2 是来自火灾自动报警与消防联动控制的控制线，而 WDC 是来自消火栓箱按钮的控制线，按钮是人工操作，而 FC2 是自动的，但两者的作用是相同的，都是发出起动消防泵的控制信号。

4. N3 线路分析(2 层平面图)

N3 由消防报警中心在 1 层配向④轴，再向 2 层配线，有 FS、FC1、FC2、FP、S、C 等六种功能线。其中，FS 应该是三条回路的报警总线，因为 4 层~6 层为一条总线、7 层、8 层为一条总线、1 层~3 层为一条总线，都要经过这里；而 FC2 联动控制线(6 根线)也要经过这里，再配8层的。可以在2层的墙上0.3m处(或吊顶内)安装一个接线端子箱，在接线端子箱中分线，其中FC1、FP分成两路，一路配到①轴的PAU(新风机)处，另一路与FS、FC2、S、C一起配到⑧轴的火灾显示盘AR2处。

火灾显示盘AR2有5条线路配出：两条是报警总线的环形配线；一条有FC1、FP线，配到AHU(空气处理机)；一条有FC1、FP、S线，配到电源配电箱间的NFPS处，其中，FC1、FP与NFPS连接，而FC1、FP、S线再配到1825控制模块，是扬声器的切换控制接口；还有一条是向3层配线的，有PS、FC1、FC2、FP、C、S。由此可以知道，FC2是在这里向上配线的，其好处是每经过一层楼，都有接线箱，可以使FC2的拉线距离不会太长。而FS还是三条回路的总线。

在2层的SF24处有WDC的上、下配线，还有SF24、SF23、SF22之间的WDC连接线，它们都应该是沿墙和顶棚配线，而SF21处也有WDC的上、下配线。在这层SF21与SF22等是没有连接关系的。它们各自都要与报警总线FS连接，都有独立的地址码。

SB21处有FF的上、下配线，SB21的报警总线FS来自SF21处；SB22处也有FF的上、下配线。

5. 3层平面图分析

3层的火灾显示盘AR3在⑨轴，虽然与2层的火灾显示盘AR2不在同一轴线，但因为有吊顶，是比较好配线的，但配管要有两个弯。火灾显示盘AR3进线来自2层，有FS、FC1、FC2、FP、S、C等六种功能线。再向4层配线时，还是这六种功能线，但报警总线FS只有两条回路了。

3层的报警总线也是环形配线。在SF32与SF33之间有WDC连接线，在SF32处也向上配，说明4层以上的消火栓箱都在这个位置了。在SF32处，因为2层的消火栓箱与其不在同一个轴线，所以有跨服务间的情况。SB32、SB31都分别接有FF线及上、下配线的标注等，其他分析与2层基本相同。

本 章 小 结

本章从火灾自动报警及消防联动系统的组成入手，对常用火灾探测器的选用、布置及安装连接，对火灾自动报警系统中的控制元件、控制模块的作用和功能进行了分析；对消防联动设备中的自动喷淋灭火、防火卷帘、防排烟等功能作了介绍。

火灾探测器：讲述了火灾探测器类型、原理及选用的一般原则，火灾探测器的数量及布置。

火灾报警控制器：介绍了火灾报警控制器的分类、主要功能、结构、布线形式以及各种控制模块的作用、功能及接线方式。火灾报警控制器是火灾自动报警及消防联动控制系统中的核心部件。

消防联动控制器：讲述了火灾自动报警及消防联动控制系统对消防联动控制的对象，灭火设施、火灾事故广播、消防通信、防排烟设施、防火卷帘、防火门等设施的联动控制。

本章通过一个消防工程实例来说明消防系统图、平面图的识读和分析方法。

习 题 五

一、判断题(对的画"√",错的画"×")

1. 火灾探测器是能将烟、火光、高温等火灾参数转变为电信号,传输到火灾报警控制器的执行元件。(   )
2. 建筑火灾自动报警系统由探测器、区域报警器、集中报警器等设备组成。(   )
3. 火灾事故照明和疏散照明若用蓄电池作备用电源时,其连续供电时间不应小于15min。(   )
4. 报警区域是根据防火分区或楼层布局划分的。(   )
5. 火灾自动报警系统只有自动触发控制装置。(   )
6. 设置了火灾应急广播的火灾自动报警系统,可取消火灾警报装置。(   )
7. 区域报警系统,宜用于特级、一级保护对象。(   )
8. 用作防火分隔的防火卷帘,火灾探测器动作后,卷帘应降到底。(   )
9. 感温探测器的安装间距不应超过15m。(   )
10. 每个防火分区应至少设置一个手动火灾报警按钮。(   )
11. 消防电梯不可与客梯和工作电梯兼用。(   )
12. 消防控制室宜设在首层或地下各层。(   )
13. 建筑物内防火分区不应超越防烟分区。(   )
14. 一类高层建筑自备发电设备,应设有自动起动装置,并能在2min内供电。(   )
15. 消防控制室应设直通室外的安全出口。(   )

二、单项选择题

1. 火灾探测器至空调送风口边的水平距离,不应小于(   )。
   A. 0.5m   B. 1m   C. 1.5m   D. 0.8m
2. 下列哪个电源作为应急电源是错误的(   )?
   A. 蓄电池   B. 干电池
   C. 独立于正常电源的发电机组   D. 从正常电源中引出一路专用的馈电线路
3. 下列哪项不属于应急照明(   )。
   A. 备用照明   B. 疏散照明   C. 障碍标志灯   D. 安全照明
4. 高层建筑中的一类建筑属于哪类建筑物防火等级(   )。
   A. 特级   B. 一级   C. 二级   D. 三级
5. 下列场所,哪个不适宜选用感温探测器(   )?
   A. 厨房、发电机房   B. 汽车库   C. 客房、书库   D. 烘干房
6. 消防用电设备的配电线路,当采用穿金属管保护、暗敷在非燃烧体结构内时,其保护层厚度应不小于(   )。
   A. 20mm   B. 15mm   C. 30mm   D. 35mm
7. 火灾探测器周围(   )以内,不应有遮挡物。
   A. 1.0m   B. 0.5mm   C. 1.2m   D. 2m
8. 从一个防火分区的任何位置至最邻近的一个手动火灾报警按钮的距离,应不大于(   )。
   A. 30m   B. 25m   C. 20m   D. 35m
9. 消防联动控制装置的控制电源应采用(   )电源。
   A. 380V   B. 220V   C. 12V   D. 24V
10. 高层建筑内的变配所的消防灭火系统,一般选(   )系统。
    A. 干式喷水   B. 水幕   C. 预作用喷水   D. 卤代烷
11. 一类高层建筑自备发电设备,应设有自动起动装置,并能在(   )内供电。

A. 15s B. 20s C. 25s D. 30s
12. 消防控制室、消防水泵房、( )的照明支线,应接在消防配电线路上。
A. 自备发电机房 B. 消防电梯 C. 可燃物品库房 D. 人员密集场所
13. 走道上疏散指示标志间距不宜大于( )。
A. 15m B. 20m C. 25m D. 30m
14. 消防车道距高层建筑外墙宜大于( )。
A. 2m B. 4m C. 5m D. 7m
15. 消防电梯的动力与控制电缆、电线应采取( )。
A. 地下敷设方式 B. 穿软管保护措施 C. 防水措施 D. 漏电保护措施
16. 消防用电设备的配电线路应( )。
A. 穿金属管 B. 穿塑料管
C. 涂防火涂料 D. 穿管并进行防火保护
17. 高层建筑的消防控制室、消防水泵、消防电梯、防烟排烟风机等供电,应在最末一级配电箱处设置( )装置。
A. 手动切换 B. 自动切换 C. 自动或手动切换 D. 自动和手动切换
18. 探测器通常宜水平安装,施工中当必须倾斜时,其倾斜角度不应大于( )。
A. 30° B. 45° C. 60° D. 15°
19. 探测器投入运行2年后,应每隔( )年清洗一次,不合格者严禁重新使用。
A. 1年 B. 2年 C. 3年 D. 5年
20. 在设有消防控制室的建筑工程中,消防用电设备的两个独立电源(或两回路线路),在( )处不用自动切换。
A. 各楼层普通配电箱 B. 火灾应急照明配电箱
C. 消防控制室配电箱 D. 消防电梯机房配电箱
21. 自动喷淋系统可由下列哪种方式起动( ):a. 水流指示器;b. 报警阀压力开关;c. 气压罐压力开关;d. 消火栓按钮;e. 探测器组合。
A. a,b,c,e B. a,b C. b,c,d D. b,c

三、简答题

1. 火灾自动报警系统由哪几部分组成,各部分的作用是什么?
2. 选择探测器主要应考虑哪些方面?
3. 布置探测器时应考虑哪些方面的问题?
4. 已知某计算机房,房间高度为8m,地面面积为15m×20m,房顶坡以为14°,属于非重点保护建筑。试:(1)确定探测器种类;(2)确定探测器的数量;(3)布置探测器。
5. 已知某综合楼为15层,每层为一个探测区域,每层有45只探测器,手动报警开关有20个,系统中设有一台集中报警控制器,试问该系统中还应有什么其他设备?为什么?
6. 手动报警按钮与消火栓报警按钮的区别是什么?
7. 输入模块、输出模块、总线驱动器、总线隔离器的作用是什么?
8. 模块、总线隔离器、手动报警开关应安装在什么部位?
9. 湿式自动喷水灭火系统主要由哪几部分组成?各起什么作用?
10. 防火卷帘为什么分为两步下放?自动下放的一、二步指令由谁发出,一、二步下放的停止指令由谁发出?
11. 7位编码开关可编的最大码是多少?地址码为98,哪些位置的开关合上?8位编码开关可编的最大码是多少?

12. 在图 5-54 所示系统图中,火灾自动报警与消防联动设备有几种功能线向外配线?报警总线需要几根?型号及规格是多少?

13. 在图 5-56 所示平面图中,SB12 要接哪几种功能线?各有几根?型号及规格是多少?

14. 在图 5-56 所示平面图中,SF14 要接哪几种功能线?各有几根?型号及规格是多少?

15. 在图 5-56 所示平面图中,SS111 与 SS112 之间连接有什么缺点?如照图施工,SF13 垂直配线应为几根?如果将 SS111 与 SS112 直接连接,SF13 垂直配线应为几根?统计两者的长度差值。

第六章 通信网络与停车场管理系统

有线电视系统、电话系统、广播音响系统和综合布线系统,以及停车场(库)管理系统是现代建筑中应用比较多的弱电系统。本章对上述系统的工作原理、安装部件作介绍,并通过工程图的方式对这几个系统进行分析。

第一节 有线电视系统

一、卫星电视接收系统

卫星电视接收系统一般由天线、室外单元(高频头)和室内终端装置等组成。室外单元和室内单元之间用同轴电缆连接,用以传输电视信号和供电。

卫星电视接收系统可单独工作,也可作为共用天线接收站。天线系统一般都安置在建筑物顶部,根据接收卫星电视节目的多少,可同时架设多面天线。接收到的电视信号要调制到射频载波上。当接收非 PAL 制式的电视节目时,在接收机和调制器之间要插入制式转换器,将电视信号转换成 PAL 制式,然后通过混合器进入 CATV 系统。卫星电视接收系统原理框图如图 6-1 所示。

接收天线分为以下两种:

1) 抛物面天线。卫星电视直播系统的接收天线主要由抛物面反射器组成,辐射器相位

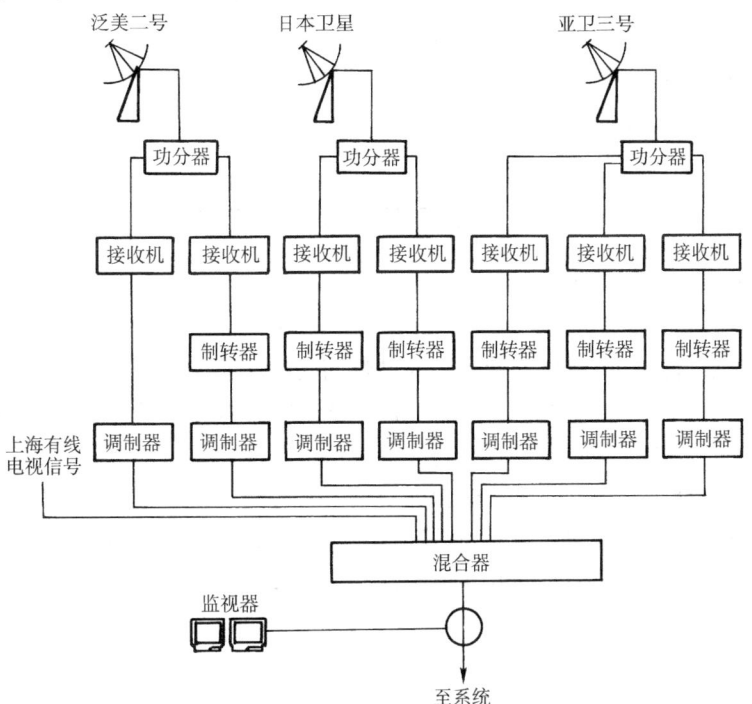

图 6-1 卫星电视接收系统原理框图

中心位于抛物面反射器的焦点上，反射器将接收的(卫星发来)平面电磁波聚焦、校正为球面波送给辐射器，再通过波导送给室外单元(高频头)。

2）卡塞格伦天线。主反射面为抛物面，副反射面为一旋转双曲面，使副反射面虚焦点和主反射面的焦点相重合；馈源和两个焦点共轴。天线结构一般分天线本体结构、俯仰调整、方位调整等部分。其中天线本体由反射面、背架及馈源支架等组成，反射面有板状和网状两种形式。对于要求较高的天线系统，为了便于天线的自动跟踪，还应有其他相应的机构设施，如方位和俯仰角数据、传递装置以及电动控制设施等。

常用的抛物面卫星天线有 6m、4.5m、3m 等口径，用于接收泛美四号、日本百合三星、亚洲一号、亚太 2R 等卫星电视节目。卫星天线和座架结构示意图如图 6-2 所示。

三支脚卫星天线应按设计要求所接收卫星的方向进行摆放，其中两前地撑杆设在卫星接收方向，因为这个位置受到最大的风力。

若卫星天线在屋顶安装，在屋顶结构施工时，应将天线基座配合预埋。预埋时调整好尺寸和水平度，并预埋三根电缆引下钢管(一根为信号线引下，另两根为调整天线水平及垂直方向或电动机用电源线引下)。7.5m 卫星天线重量在 2t 左右，通常在现场组装，在塔吊拆除之前应将天线完装就位。卫星天线要做防雷接地连接。

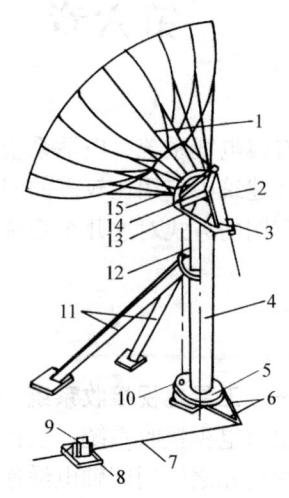

图 6-2 卫星天线和座架结构示意图
1—天线　2—俯仰传动 3、9—电动机
4—中间圆筒　5—方位圆盘　6—拉杆
7—方位传动　8—导套　10—方位下轴头
11—前支撑杆　12—方位上轴头
13—下三角架　14—俯仰销轴
15—上三角架

二、有线电视系统的构成

有线电视系统一般包括前端装置、传输分配网络、用户终端等几个部分，框图如图 6-3 所示。

1. 信号源接收部分

信号源接收部分的主要任务是向前端提供系统欲传输的各种信

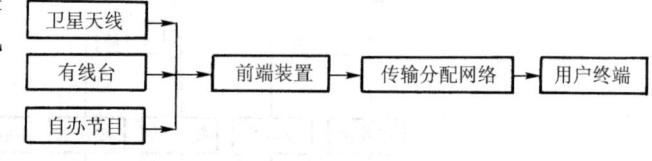

图 6-3 有线电视系统框图

号、有线电视台节目信号，通过各种口径的抛物面天线，再经过高频头(LNB)向前端提供频率在 970～1470MHz 的卫星电视信号。抛物面天线还用来接收微波中继信号(MMDS)所发的微波电视信号，经过变频器向前端提供高频电视信号。除此之外，向前端提供信号的还有演播室内的摄像机、录像机、影碟机、电影电视转换机等自办节目电视信号。

接收各种空间电视信号的场地，通常选择对信号阻挡小、反射较少、信号场强较高的和电磁干扰较少的有利于信号接收的开阔地带，同时也要考虑尽可能靠近系统的前端所在地，减少向前端输送过程中信号的衰减。

2. 前端装置

系统的前端部分的主要任务是对送入前端的各种信号进行技术处理，将它们变成符合系统传输要求的高频电视信号，最后各种电视信号混合成一路，馈送给系统的干线传输部分。

根据前端的任务性质,其使用的主要设备和部件有:放大微弱高频电视信号的天线放大器(有时该放大器装在天线杆上);衰减强信号用的衰减器;滤除带外成分的滤波器;将信号放大的频道放大器和宽带功率放大器;将视、音频信号变成高频电视信号的调制器;对卫星处理器以及将多路高频电视信号混合成一路的混合器。前端部分是系统使用设备品种最多的一个部分。

3. 传输分配网络

传输分配网络可采用 860MHz 双向传输方式,具有双向传输能力,上行通道为 30~40MHz,下行通道为 40~860MHz;40~450MHz 为有线电视信号传输,450~550MHz、750~860MHz 频段内传输卫星电视信号,550~750MHz 留给今后数字电视传输用。

(1) 系统的干线传输部分

系统的干线传输部分主要任务是将系统前端部分所提供的高频电视信号通过传输媒体不失真地传送到系统所属的分配网络输入端口,且其信号电平需满足系统分配网络所要求。目前大量有线电视系统均采用同轴电缆作为系统干线传输部分的传输媒体,由于高频电视信号在同轴电缆中传输时会产生衰减,其衰减量除了决定于同轴电缆的结构和材料外,还与信号本身的频率有关,频率越高的信号在同样条件下,衰减量也越大。这样,当信号被传输一段距离后,信号电平将会有所下降,距离越长,下降值越大,而且使不同频率信号的电平产生差值,传输距离越远,差值就越大。这就给系统分配正常工作带来困难。除此之外,信号的衰减量还和温度有关,温度升高时其衰减量约增加 0.2dB/℃。

为了克服信号在电缆中传输产生的衰减和不同频率信号的衰减差异,除了选用衰减量小的同轴电缆外,还要采用带有自动增益控制和自动斜率控制功能的干线放大器和均衡器等设备和部件。但是放大器的使用,必然会导致噪声的增大、频率响应特性变差和非线性失真的产生,而且随着传输距离的增大,串接放大器个数就增多,就目前的技术水平来讲,即使采用具有自动电平控制功能的干线放大器,其理论值也不能超过 25 级。这样,系统干线传输的最长距离也就被限制在 10km 左右。而目前的有线电视系统正在朝着区域性联网发展,10km 远不能满足系统联网的需要。有线电视系统中采用光缆来替代同轴电缆作为系统干线传输媒体,形成"光缆+电缆"的有线电视传输方式,它不仅解决了有线电视系统宽带长距离传输的难题,而且使有线电视系统达到了较高的技术水平。

所谓有线电视系统的光纤传输,实际上是把有线电视系统前端部分输出的高频电视信号(RF)调制成波长为 1310nm 的激光信号,这个任务由光发送机完成。经过光纤传送后,由光接收机接收并还原成原来的高频电视信号(RF)后馈送给系统的分配网络。图 6-4 所示为上述转换过程的示意图。从经济角度考虑,当干线长度超过 3km 时,采用光缆的综合成本就会接近采用同轴电缆的综合成本。

(2) 系统的分配网络

系统分配网络的主要任务是将由前端提供的、经系统干线传输过来的全部高频电视信号通过电缆分配到每个用户终端,

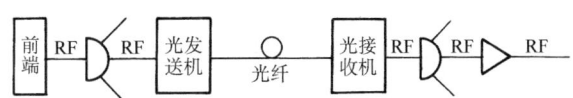

图 6-4 光纤传输有线电视示意图

而且要保证每个用户终端得到电平值符合系统的要求,使用户终端的电视机处于最佳状态。

为了实现上述要求，系统的分配网络要使用大量各种规格的分配器、分支器、分支串接单元、用户终端等无源部件。在分配过程中，信号的电平会下降，因此，还需要采用各种规格和型号的放大器，对信号电平再次进行放大，以满足继续分配信号的需要。

（3）传输分配网络的形式

分配网络的形式应根据系统用户终端的分布情况和总数确定，形式也是多种多样的。在系统的工程设计中，分配网络的设计最灵活多变，在保证用户终端能获得规定电平值的前提下，使用的元器件应越少越好。分配网络的组成形式有很多，有的已成熟到可以不需再逐点计算就能直接应用于工程中。分配网络的基本组成形式有下列几种：

1）分配—分配形式。网络中采用分配器，主要适用于以前端为中心向四周扩散的、用户端数不多的小系统。主要用于干线、分支干线、楼幢之间的分配。在使用这种形式的网络时，分配器的任一端口不能空载。图6-5所示是其基本组成。

2）分支—分支形式。该网络采用的都是分支器，适用于用户端离前端较远且分散的小型有线电视系统。使用该系统时，最后一个分支器的输出端必须接上75Ω负载电阻，以保持整个系统的匹配。图6-6所示是其基本组成。

3）分配—分支形式。这个形式的分配网络是应用得最广泛的一种。通常是先经分配器将信号分配给若干根分支电缆，然后再通过具有不同分支衰减的分支器向用户终端提供符合"规范"所要求的信号。图6-7所示是其基本组成。

4）分支—分配形式。进入分配网络的信号先经过分支器，将信号中的一部分能量分给分配器，再通过分配器分给用户终端。图6-8所示是其基本组成。

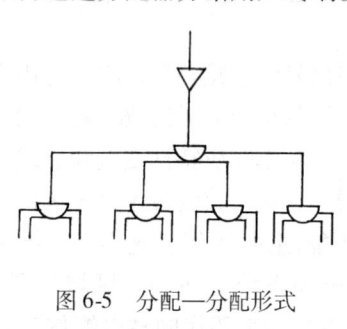

图6-5 分配—分配形式

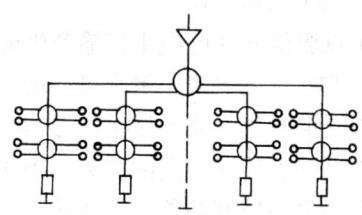

图6-6 分支—分支形式

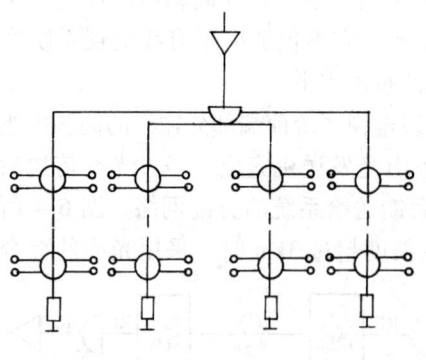

图6-7 分配—分支形式

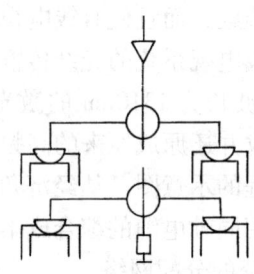

图6-8 分支—分配形式

除此之外，网络的组成形式还有很多，例如分配—分支—分配形式、不平衡分配形式等。

4. 用户终端

有线电视系统为用户终端提供(68+6)dBμV 的电视信号。

三、有线电视系统的设备和部件

1. 前端设备

前端设备主要由天线放大器、制式转换器、频道调制器、频道放大器和混合器等组成，是有线电视系统的心脏。

(1) 天线放大器

天线放大器主要在前端部分使用，用来放大天线接收下来的微弱信号，以改善整个系统的载噪比。天线放大器分为宽带型和频道型两种。

(2) 制式转换器

制式转换器能将 3.58MHz 的 NTSC 制式的彩色电视信号转换成彩色副载波 4.43MHz 的 PAL 制式的彩色电视信号，以符合我国电视制式的需求。

(3) 频道调制器

频道调制器将卫星接收机送出的视频、音频信号调制为射频电视信号。

(4) 频道放大器

频道放大器即单频道放大器，它用在有线电视系统的前端。它后面一般是混合器，因为各频道的信号电平是参差不齐的，需经过频道放大器的增益调整，使各频道的输出电平大致相同。

(5) 混合器

混合器的作用是把所接收到的多路电视信号混合在一起，合成一路信号输送出去，而且不相互干扰。混合器的高通、低通滤波器还具有滤除干扰波的作用，能消除电视的重影现象。混合器可分为频道混合器和频段混合器两种。

2. 传输分配网络

传输分配网络分有源网络和无源网络，无源分配网络只有分配器、分支器和视频电缆等；有源网络同样包括这几个部分，还增加了干线放大器和分配放大器。

(1) 干线放大器

该放大器专门用在系统的干线传输部分，以弥补信号在同轴电缆中传输产生的衰减。其特点是增益不高，输出电平也不高，但考虑到电缆衰减的频率特性和温度特性，一般均具有自动增益控制(AGC)或自动斜率控制(ASC)的功能。高质量的干线放大器则同时具有上述两种功能，称之为具有自动电平控制功能的干线放大器(ALC)。

干线放大器带宽的上限根据在系统干线中所传输信号的最高频率来决定，一般为 40~860MHz。

干线放大器一般只有一个输出端口，但有时为了满足系统整体的需要，有些干线放大器除了一个主输出端口外，还有若干个输出端口，这些端口的输出信号的电平要略高于主输出端口的信号电平，以满足通过不太长的分支线直接供用户端分配的要求。这种干线放大器称之为干线分支放大器。另一些干线放大器的输出端口的输出信号的电平略低于主输出端口输出的信号电平，以满足干线其他支路的传输，这种干线放大器称之为干线分配放大器。

(2) 分配放大器

通常置于干线传输的末端，用来提高干线放大器输出端口的信号电平，满足分配网络信号的要求，它和在系统前端部分使用的宽带放大器属于同一类型。

分配放大器(线路放大器)用于传输过程中因用户增多、线路延长后，信号损失的补偿，一般采用全频道放大器。全频道放大器在频带内的增益偏差不能太大，这样当多个频道信号传输中，高端和低端信号增益偏差不会太大。

(3) 分配器

分配器将一路信号均等地分成几路信号输出，常用的有二分配器、三分配器、四分配器和六分配器等。

分配网络的设计是根据用户终端分布情况来确定网络的组成形式，然后按每个用户终端的信号电平为 $(68\pm6)\mathrm{dB}\mu\mathrm{V}$ 的要求确定所用器件的规格、数量。在设计过程中应考虑到分配器的分配损耗、分支器的插入损耗及电缆的损耗等因素。工程上，分配器的分配损耗通常采用下列数据：

二分配器为4dB；三分配器为6dB；四分配器为8dB。

(4) 分支器

分支器是从干线上取出一部分信号送到支线上去。分支器一般由变压器型定向耦合器和分配器组成。定向耦合器的功能是以较小的插入损失从干线取出部分信号功率，经衰减后由分配器输出，当输出端有反向干扰信号时，对主电路输出无影响。分支器与分配器组合使用可组成各种传输分配网络。在一分支器的支路输出端接上二分配器，就成为二分支器，接上四分配器就成为四分支器。

分支器的插入损耗：对于 VHF 频段的信号，在电缆上每串接一个分支器，信号损耗可按 1~1.5dB 计算；对于 UHF 频段，则可按 2.5~3dB 计算。

(5) 视频电缆

在传输分配网络中各元器件之间的连接线一般选用同轴电缆。

同轴电缆由一根导线作芯线，周围充填聚乙烯绝缘物，外层为屏蔽铜网，保护层为聚乙烯护套。同轴电缆的阻抗特性为 75Ω ，在有线电视系统中广泛使用。同轴电缆常用的型号有 SYWV、RG6 等。在前端与传输部分分配网络之间的主干线一般用 SYWV—75—9 型，传输网络中的干线可用 SYWV—75—7 型，从分配网络到用户终端的分支线可用 SYWV—75—5 型。同轴电缆应单独配管敷设，不能靠近强电流线路平行敷设。

电缆的损耗：可按所选用的电缆的型号及长度计算。

3. 用户终端

用户终端为供给电视机信号的接线盒，称为电视插座板，有单孔和双孔板之分，单孔插座板仅输出电视信号，双孔插座既有电视信号，又有调频广播信号。

4. 光缆

有线电视系统的光纤(缆)传输就是通过光发送机将有线电视系统内的全部全频电视信号调制成波长为1310nm的激光信号，经光纤(缆)传输后，由光接收机再还原成高频电视信号。从光发送机到光接收机之间的通道称为光链路，其两端的光发送机和光接收机称为光端机。光链路的技术指标取决于光端机，其中信号的载噪比取决于光接收机，而复合二次互调比和合成三次差拍比则取决于光发送机。

图 6-9 所示为利用光纤(缆)组成有线电视干线传输部分的模式。前端内，光发送机将高频电视信号转换为激光信号，根据各路传输路线的长短(图中为三路)将光分路

器设计成不等功率分配的分路器,把激光信号分别馈入各根光纤。经光链路的传输,在光节点,由光接收机把激光信号还原成高频电视信号,再通过电缆传输给各分配网络。这样,就组成了"光纤(缆)+电缆"的有线电视传输模式。随着光纤(缆)和光端机技术的日趋成熟,成本呈降低趋势,目前,当干线传输距离大于3km时,采用光纤(缆)传输的造价并不高于电缆传输。而且距离越远越能显示出光纤(缆)传输的优越性,性能价格比越高。

四、有线电视系统工程图

有线电视系统工程图主要包括有线电视系统图和有线电视平面图,两者用于描述有线电视系统的连接关系和系统施工方法。系统中部件的参数和安装位置在图中都已标注清楚。

某小区 1#住宅楼有线电视前端系统如图 6-10 所示。该住宅为民用智能建筑,层高为 12 层,电视接收天线和两副卫星电视接收天线设置在楼顶,有线电视系统前端设置在 1#楼顶层水

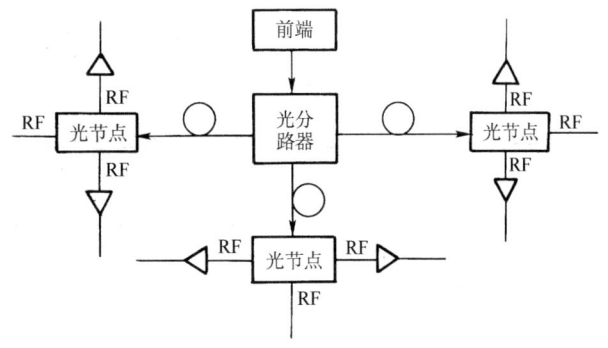

图 6-9 光纤干线传输模式

箱间内。系统干线使用 SSYI—75—9—1 型同轴电缆,穿直径 32mm 的镀锌钢管保护,沿地面、墙壁暗敷设;分支线使用 2 SSYI—75—5—1 型同轴电缆,穿直径 20mm 的薄壁双面镀锌钢管保护,沿墙内、现浇板内暗敷设。

系统接收 2 频道、10 频道、12 频道、15 频道、21 频道、27 频道和 33 频道共计 7 个频道(ch)的开路电视节目。其中,15 频道和 21 频道共用一副天线、27 频道和 33 频道共用一副天线,经分配器分路,并用滤波器分离出各自的信号。所有开路电视频道的电视信号都用频道变换器进行了频道转换,以避免接收图像上出现重影干扰。

系统还接收东经 105.5°和东经 100.5°两颗卫星的电视节目,其中接收的 105.5°卫星电视节目为 NTSC 制式,与我国标准彩色电视制式 PAL 不同,因此,在卫星电视接收机后加入了电视制式转换器,以便使有线电视系统中传送的电视信号统一为我国标准彩色电视制式。

前端输出的电平为 104dB。

某小区 1#住宅楼有线电视干线分配系统图如图 6-11 所示。来自前端的信号送至 12 层楼的分配箱的干线放大器,将信号放大 25dB 后,再由二分配器分配经 SSYK—75—8—1 型同轴电缆送至 1#住宅楼和其他住宅楼。

1#住宅楼的电视信号用三分配器分成三路分别向三个单元输送。单元每层楼的墙上暗装有器件箱,器件箱内设有分支器等器件。器件箱距离顶棚 0.3m。为使各层楼的信号电平基本一致,故每四层楼分为一组,每层楼装有一个四分支器和一个二分支器。分支器主路输入端和主路输出端串联使用,由支路输出端经 2SSYK—75—5—1 型同轴电缆将信号送至用户端。

图 6-12 所示为一个单元标准楼层的有线电视系统平面图,从图中可看出用户端的平面安装位置。

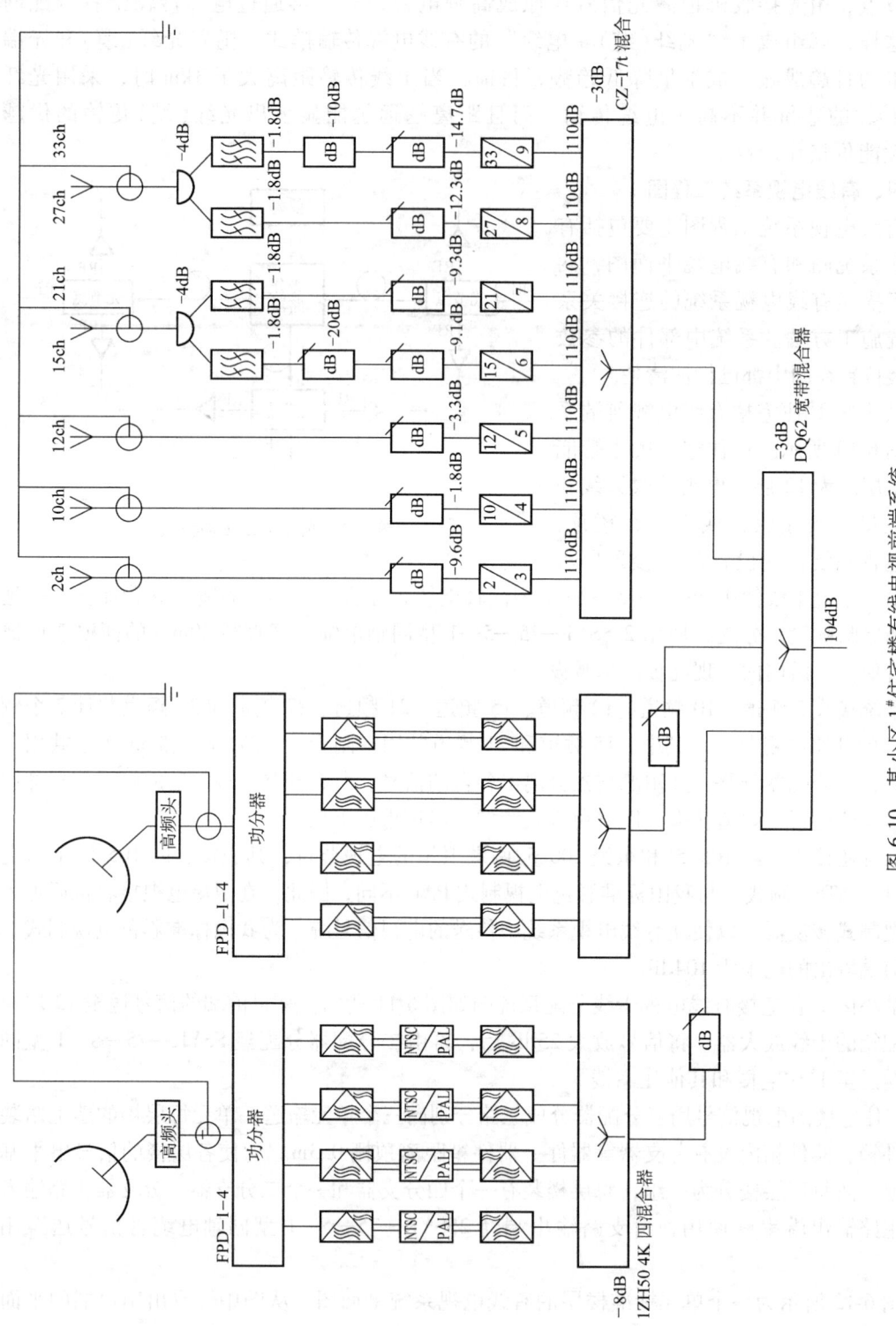

图 6-10 某小区 1#住宅楼有线电视前端系统

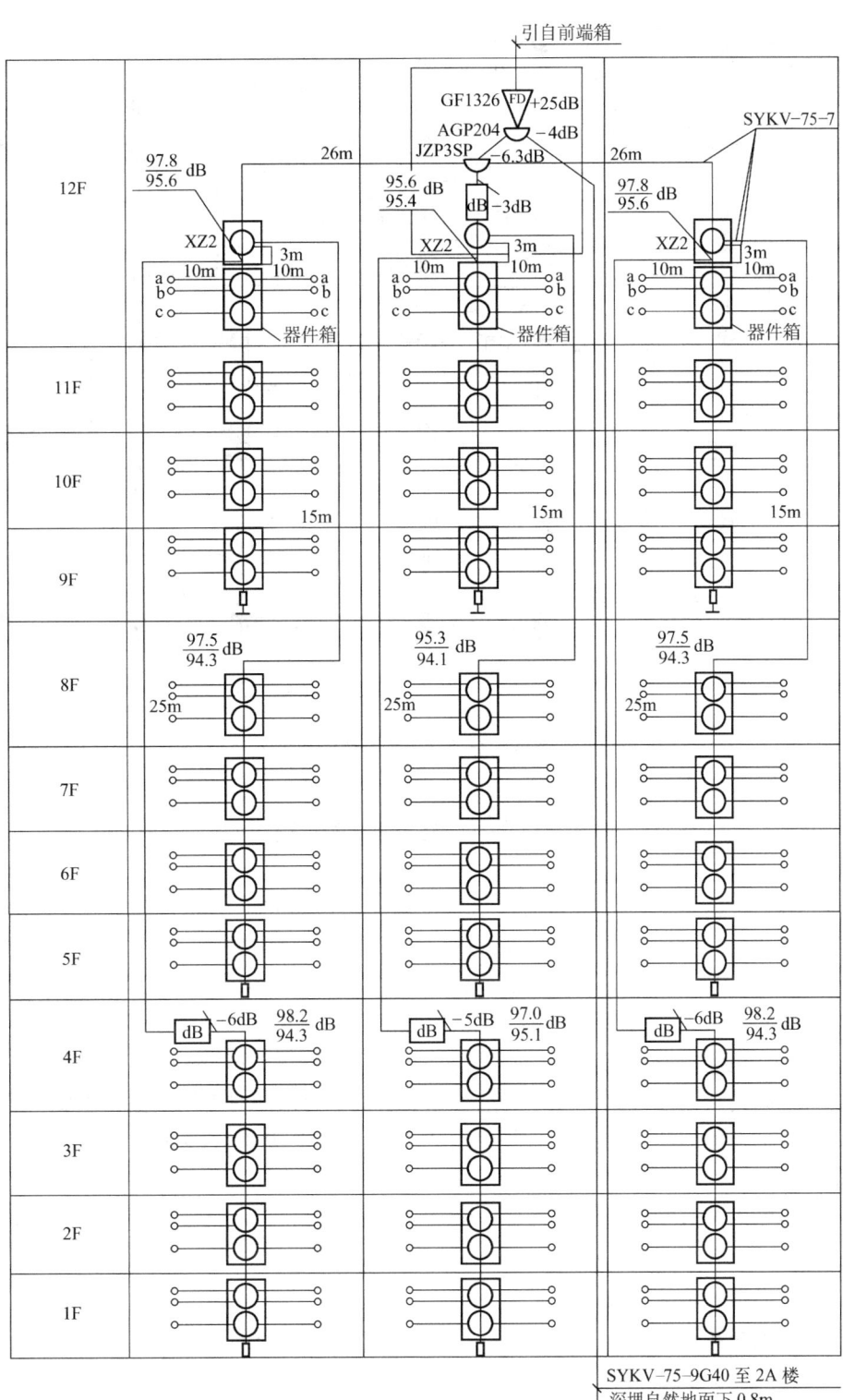

图 6-11 某小区 1#住宅楼有线电视干线分配系统图

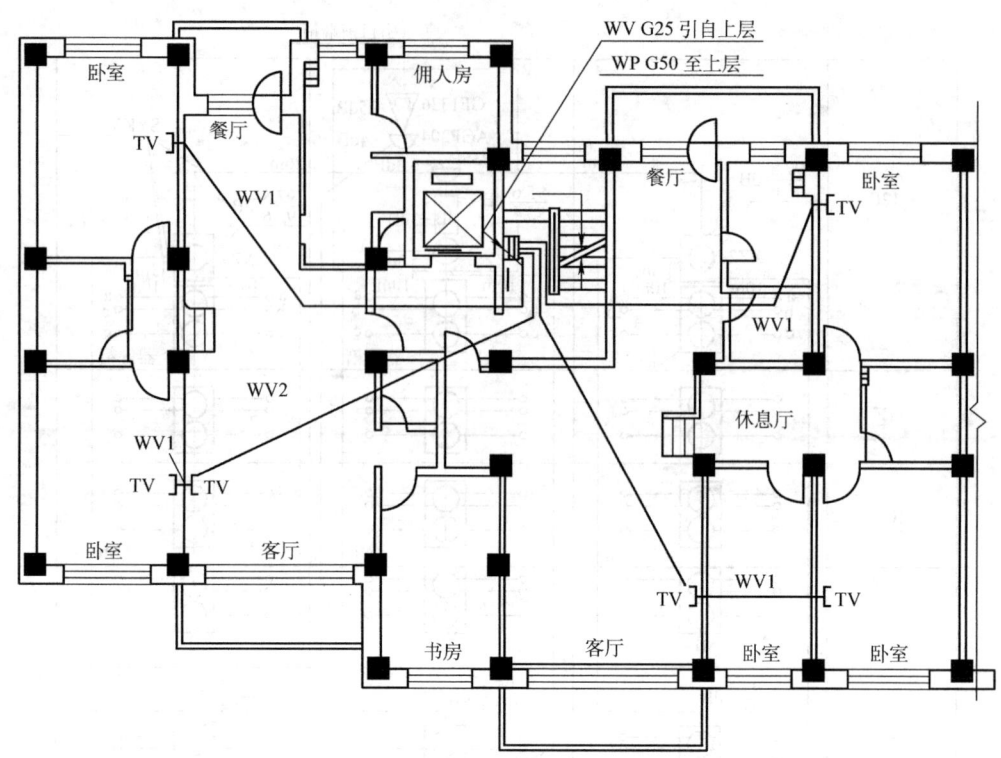

图 6-12 一个单元标准楼层的有线电视系统平面图

第二节 电 话 系 统

电话信号的传输与电力传输和电视信号传输不同，电力传输和电视信号传输是共用系统，一个电源或一个信号可以分配给多个用户，而电话信号是独立信号，两部电话之间必须有两根导线直接连接。因此有一部电话机就要有两根（一对）电话线。从各用户到电话交换机的电话线路数量很大，这不像供电线路，只要几根导线就可以连接许多用电户。一台交换机可以接入电话机的数量用门计算，如 200 门交换机、800 门交换机。

交换机之间的线路是共用线路，由于各部电话机不会都同时使用线路，因此，共用线路的数量要比电话机的门数少得多，一般只需要 10% 左右。由于这些线路是共用的，就会出现没有空闲线路的情况，就是占线。

如果建筑物内没有交换机，那么进入建筑物的就是接各部电话机的线路，楼内有多少部电话机，就需要有多少对线路引入。

一、电话通信线路的组成

电话通信线路从进户管线一直到用户出线盒，一般由以下几部分组成：

1）引入（进户）电缆管路。它又分为地下进户和外墙进户两种方式。

2）交接设备或总配线设备。它是引入电缆进屋后的终端设备，有设置与不设置用户交换机两种情况。如设置用户交换机，采用总配线箱或总配线架；如不设用户交换机，常用交接箱或交接间，交接设备宜装在建筑的一、二层，如有地下室，且较干燥、通风，才可考虑设置在地下室。

3) 上升电缆管路。它有上升管路、上升房和竖井三种建筑类型。

4) 楼层电缆管路。

5) 配线设备。它是通信线路分支、中间检查、终端用设备，如电缆接头箱、过路箱、分线盒、出线盒。

图 6-13 所示为住宅楼电话系统框图。

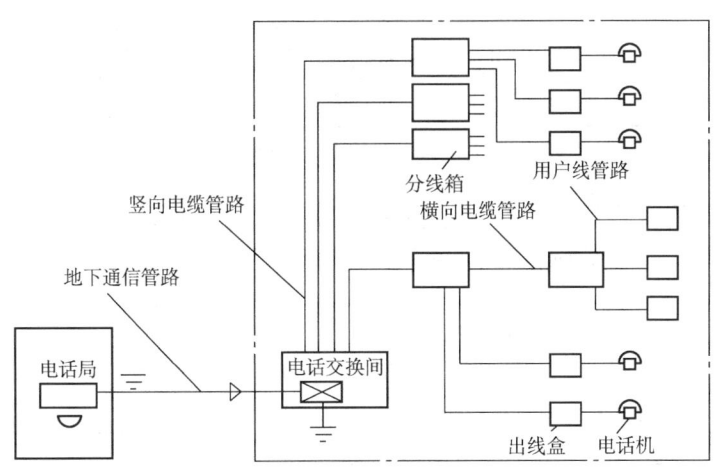

图 6-13 住宅楼电话系统框图

二、配线方式

建筑物的电话线路包括主干电缆（或干线电缆）、分支电缆（或配线电缆）和用户线路等三部分，其配线方式应根据建筑物的结构及用户的需要，选用技术上先进、经济上合理的方案，做到便于施工和维护管理、安全可靠。

干线电缆的配线方式有单独式、复接式、递减式、交接式和合用式，如图 6-14 所示。

1. 单独式

采用这种配线方式时，各个楼层的电缆采取分别独立的直接供线，因此各个楼层的电话电缆线对之间无连接关系。各个楼层所需的电缆对数根据需要来定，可以相同或不相同。

1) 优点：①各楼层的电缆线路互不影响，如发生障碍涉及范围较小，只是一个楼层；②由于各层都是单独供线，发生故障容易判断和检修；③扩建或改建较为简单，不影响其他楼层。

2) 缺点：①单独供线，电缆长度增加，工程造价较高；②电缆线路网的灵活性差，各层的线对无法充分利用，线路利用率不高。

3) 适用范围：适用于各层楼需要的电缆线对较多且较为固定不变的场合，如高级宾馆的标准层或办公大楼的办公室等。

2. 复接式

采用这种配线方式时，各个楼层之间的电缆线对部分复接或全部复接，复接的线对根据各层需要来决定。每对线的复接次数一般不得超过两次。各个楼层的电话电缆由同一条上升电缆接出，不是单独供线。

1) 优点：①电缆线路网的灵活性较高，各层的线对因有复接关系，可以适当调度；

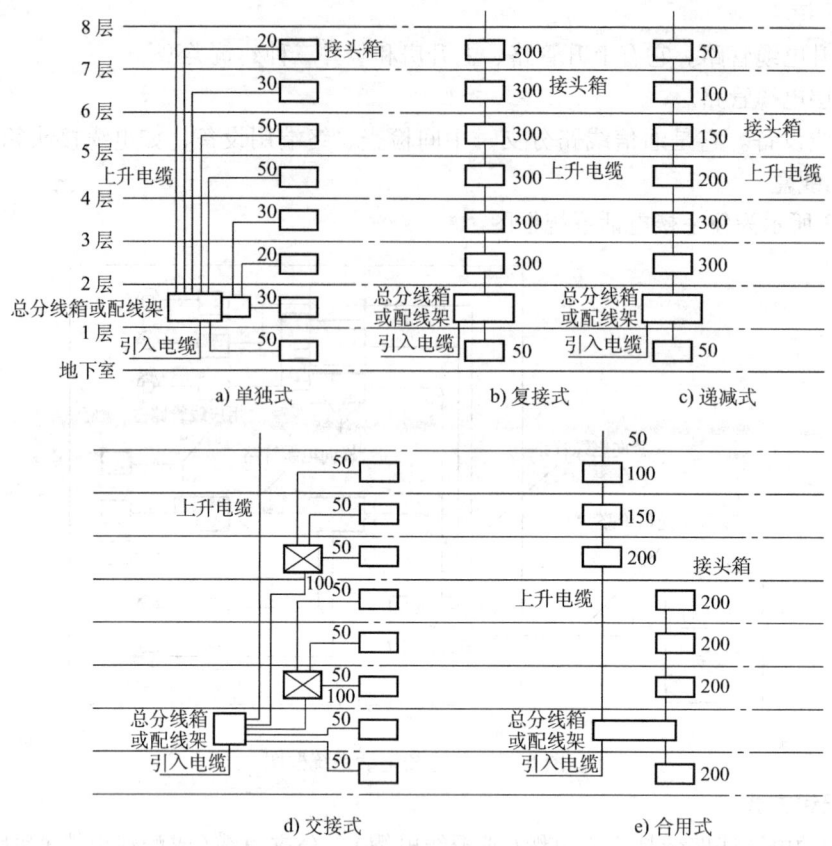

图 6-14 高层建筑电话电缆的配线方式

②电缆长度较短,且对数集中,工程造价较低。

2) 缺点:①各个楼层电缆线对复接后会互相影响,如发生故障,涉及范围较广,对各个楼层都有影响;②各个楼层不是单独供线,如发生障碍不易判断和检修;③扩建或改建时,对其他楼层有所影响。

3) 适用范围:适用于各层需要的电缆线对数量不均匀,变化比较频繁的场合,如大规模的大楼、科技贸易中心或业务变化较多的办公大楼等。

3. 递减式

这种配线方式各个楼层线对互相不复接,各个楼层之间的电缆线对引出使用后,上升电缆逐段递减。

1) 优点:①各个楼层虽由同一上升电缆引出,但因线对互不复接,故发生故障时容易判断和检修;②电缆长度较短,且对数集中,工程造价较低。

2) 缺点:①电缆线路网的灵活性较差,各层的线对无法高度使用,线路利用率不高;②扩建或改建较为复杂,要影响其他楼层。

3) 适用范围:适用于各层所需的电缆线对数量不均匀且无变化的场合,如规模较小的宾馆、办公楼及高级公寓等。

4. 交接式

这种配线方式将整个高层建筑的电缆线路网分为几个交接配线区域,除离总分线箱或配线架较近的楼层采用单独式供线外,其他各层电缆均分别经过有关分线箱与总分线箱(或配线架)连接。

1) 优点:①各个楼层电缆线路互不影响,如发生障碍,则涉及范围较少,只是相邻楼层;②提高了主干电缆芯线使用率,灵活性较高,线对可调度使用;③发生障碍容易判断、测试和检修。

2) 缺点:①增加了交接箱和电缆长度,工程造价较高;②对施工和维护管理等要求较高。

3) 适用范围:适用于各层需要线对数量不同且变化较多的场合,如规模较大、变化较多的办公楼、高级宾馆、科技贸易中心等。

5. 合用式

这种方式是将上述几种不同配线方式混合应用,因而适用场合较多,尤其适用于规模较大的公共建筑等。

三、电话系统所使用的材料

1. 电缆

电话系统的干线使用电话电缆。室外埋地敷设时使用铠装电缆,架空敷设时使用钢丝绳悬挂普通电缆,或使用带自承钢丝绳的电缆,室内使用普通电缆。常用电缆有 HYA 型综合护层塑料绝缘电缆和 HPVV 型铜芯全聚氯乙烯电缆。例如,电缆规格标注为 HYA10×2×0.5,其中,HYA 为型号,10 表示缆内 10 对电话线,2×0.5 表示每对线为 2 根直径 0.5mm 的导线。电缆的对数从 5 对到 2400 对,线芯有直径 0.5mm 和 0.4mm 两种规格。

在选择电缆时,电缆对数要比实际设计用户数多 20% 左右,作为线路增容和维护使用。

2. 光缆

光导纤维通信是一种崭新的信号传输手段。光缆利用激光通过超纯石英(或特种玻璃)拉制成的光导纤维进行通信。光缆由多芯光纤、铜导线、护套等组成。光缆既可用于长途干线通信,传输近万路电话以及高速数据,又可用于中小容量的短距离市内通信,还可用于市局同交换机之间以及闭路电视、计算机终端网络的线路中。光缆通信容量大、中继距离长、性能稳定、通信可靠;缆芯小,重量轻,曲挠性好,便于运输和施工。可根据用户需要插入不同信号线或其他线组,组成综合光缆。光缆的标准长度为 1000m±100m。

3. 电话线

管内暗敷设使用的电话线,常用的是 RVB 型塑料并行软导线或 RVS 型双绞线,规格为 $2\times0.2\text{mm}^2 \sim 2\times0.5\text{mm}^2$,要求较高的系统使用 HPW 型并行线,规格为 $2\times0.5\text{mm}^2$,也可以使用 HBV 型绞线,规格为 $2\times0.6\text{mm}^2$。

4. 分线箱

电话系统干线电缆与进户连接要使用电话分线箱,也叫电话组线箱或电话交接箱。电话分线箱按要求安装在需要分线的位置,建筑物内的分线箱为暗装在楼道中,高层建筑安装在电缆竖井中。分线箱的规格为 10 对、20 对、30 对等,可按需要分线的数量选择适当规格的分线箱。

5. 用户出线盒

室内用户要安装暗装用户出线盒。出线盒面板规格与前面的开关插座面板规格相同,如 86 型、75 型等。面板分为无插座型和有插座型。

无插座型出线盒面板只是一个塑料面板,中央留直径1cm的圆孔,线路电话线与用户电话机线在盒内直接连接,适用于电话机位置较远的用户,用户可以用RVB导线做室内线,连接电话机接线盒。

有插座型出线盒面板分为单插座和双插座,面板上为通信设备专用插座,要使用专用插头与之连接,现在电话机都使用这种插头进行线路连接,比如送话器、受话器(话筒、听筒)与机座的连接。使用插座型面板时,线路导线直接接在面板背面的接线螺钉上。

四、电话系统工程图分析

1. 住宅楼电话系统工程图

其住宅楼电话系统工程图如图6-15所示。

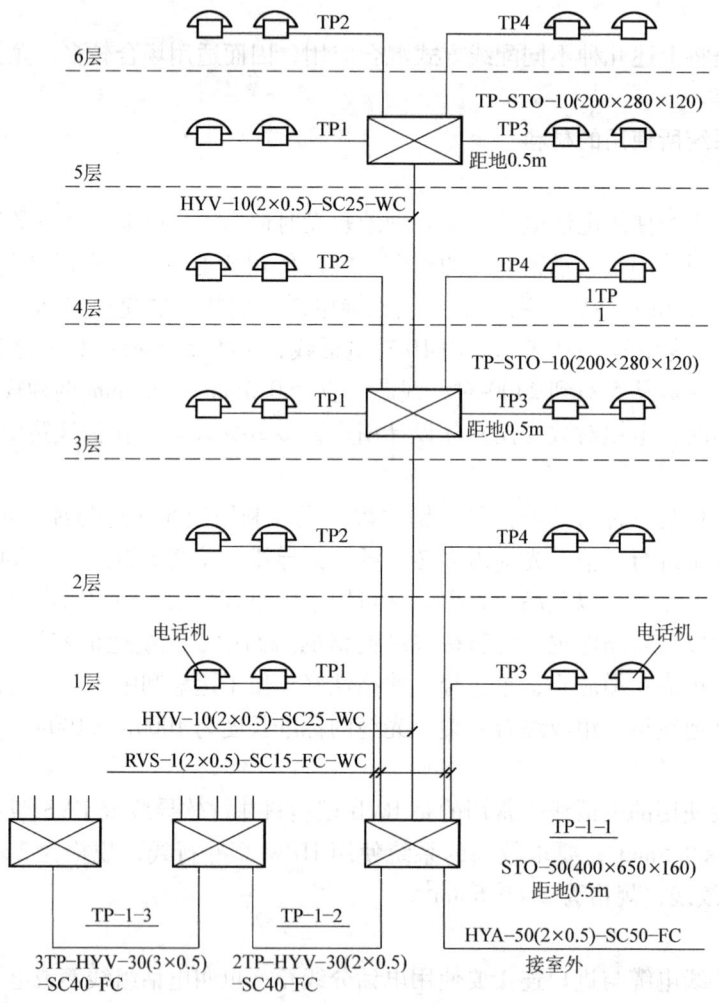

图6-15 某住宅楼电话系统工程图

在系统工程图中可以看到,进户使用HYA—50(2×0.5)型电话电缆,电缆为50对线,每根线芯的直径为0.5mm,穿直径为50mm的焊接钢管埋地敷设。电话分线箱TP—1—1为一只50对线电话分线箱,型号为STO—50。箱体外形尺寸为400mm×650mm×160mm,安装高度距地为0.5m。进线电缆在箱内与本单元分户线和分户电缆及到下一单元的干线电缆连接。下一单元的干线电缆为 HYV—30(2×0.5)型电话电缆,电缆为 30 对线,每根线的直径为 0.5mm,穿直径为 40mm 的焊接钢管埋地敷设。

1、2 层用户线从电话分线箱 TP—1—1 引出,各用户线使用 RVS 型双绞线,每条的直径为 0.5mm,穿直径 15mm 焊接钢管埋地、沿墙暗敷设(SC15-FC,WC)。从 TP-1-1 到 3 层电话分线箱用一根 10 对线电缆,电缆线型号为 HYV—10(2×0.5),穿直径为 25mm 的焊接钢管沿墙暗敷设。在 3 层和 5 层各设一只电话分线箱,型号为 STO—10,箱体外形尺寸为 200mm×280mm×120mm,均为 10 对线电话分线箱。安装高度距地为 0.5m。3 层~5 层也使用一根 10 对线电缆。3 层和 5 层电话分线箱分别连接上下层四户的用户电话出线口,均使用 RVS 型双绞线,每条直径为 0.5mm。每户内有两个电话出线口。

电话电缆从室外埋地敷设引处,穿直径为 50mm 的焊接钢管引入建筑物(SC50),钢管连接至 1 层 PT—1—1 箱。到另外两个单元分线箱的钢管,横向埋地敷设。

单元干线电缆 TP 从 TP—1—1 箱向左下到楼梯对面墙,干线电缆沿墙从 1 层向上到 5 层,3 层和 5 层装有电话分线箱,从各层的电话分线箱引出本层和上一层的用户电话线。

2. 综合楼电话系统工程图

某综合楼电话系统工程图如图 6-16 所示。

本楼电话系统工程图中没有画出电缆进线,首层为 30 对线电话分线箱(型号为 STO—30)F-1,箱体外形尺寸为 400mm×650mm×160mm。首层有三个电话出线口,箱左边线管内穿一对电话线,而箱右边线管内穿两对电话线,到第一个电话出线口分出一对线,再向右边线管内穿剩下的一对电话线。

2、3 层各为 10 对线电话分线箱(型号为 STO—10)F-2、F-3,箱体外形尺寸为 200mm×280mm×120mm。每层有两个电话出线口。电话分线箱之间使用 10 对线电话电缆,电缆线型号为 HYV—10(2×0.5),穿直径为 25mm 的焊接钢管埋地、沿墙暗敷设

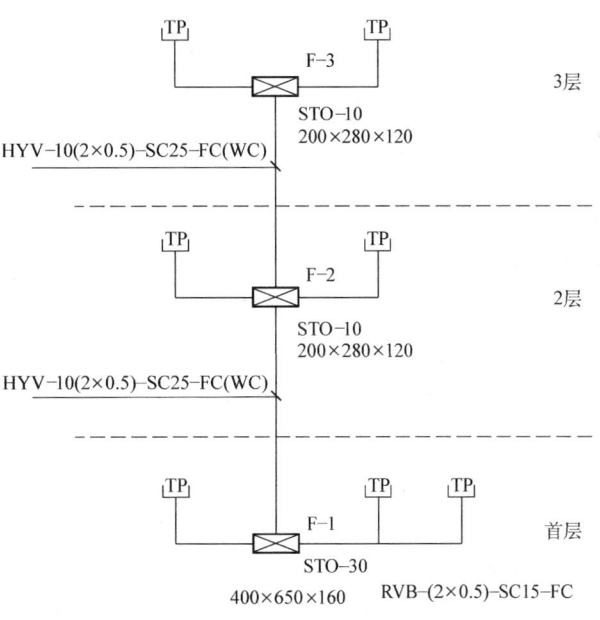

图 6-16 某综合楼电话系统工程图

(SC25-FC,WC)。到电话出线口的电话线均为 RVB 型并行线[RVB-(2×0.5)-SC15-FC],穿直径为 15mm 的焊接钢管埋地敷设。

第三节 广播音响系统

广播音响系统又称电声系统,在各种建筑中的应用范围极为广泛,是剧场、影院、宾馆、舞厅、俱乐部、艺术广场、体育广场、工矿企业、机关学校等各种场合所必备的设备。

一、广播音响系统的分类

在建筑工程中广播音响系统大致可以归纳为三种类型。

1. 公共广播系统

公共广播系统包括背景音乐和紧急广播功能,平时播放背景音乐和其他节目,当出现紧急情况时,强制转换为报警广播。这种系统中的广播用的传声器(话筒)与向公共广播的扬声器一般不处在同一个房间内,故无声反馈的问题,且以定压式传输方式为其典型系统。

1)面向公众的公共广播系统。面向公众区的公共广播系统主要用于语言广播,这种系统往往平时进行背景音乐广播,在出现灾害或紧急情况时,可切换成紧急广播。公共广播系统的特点是服务区域面积大、空间宽阔空旷,声音传播以直达声为主。如果扬声器的布局不合理,因声波多次反射而形成超过50ms以上的延时,会引起双重声或多重声,甚至会出现回声,影响声音的清晰度和声像的定位。

2)面向宾馆客房的广播音响系统。这种系统由客房音响广播和紧急广播组成,正常情况时向客房提供音乐广播,包含收音机的调幅(AM)、调频(FM)广播波段和宾馆自播的背景音乐等多个可供自由选择的波段,每个广播均由床头柜扬声器播放。在紧急广播时,客房广播被强行中断,只有紧急广播的内容强行切换到床头扬声器,使所有客人均能听到紧急广播。

2. 厅堂扩声系统

厅堂扩声系统使用专业音响设备,并要求有大功率的扬声器系统。由于演讲或演出用的传声器与扩声用的扬声器同处于一个厅堂内,故存在声反馈的问题,所以厅堂扩声系统一般采用低阻抗式直接传输方式。因面向的对象不同,厅堂扩声系统可分为两类:

1)面向体育馆、剧场、礼堂为代表的厅堂扩声系统。这种扩声系统是应用最广泛的系统,它是一种专业性较强的厅堂扩声系统。室内扩声系统往往有综合性多用途的要求,不仅可供会场语言扩声使用,还可作文艺演出用,对音质的要求很高,受建筑声学条件的影响较大。对于大型现场演出的音响系统,要用大功率的场声器系统和功率放大器,在系统的配置和器材选用方面有一定的要求。

2)面向歌舞厅、宴会厅、卡拉OK厅的音响系统。这种系统应用于综合性的多用途群众娱乐场所,由于人流多、杂声或噪声较大,故要求音响设备要有足够的功率,较高档次的还要求有很好的重放效果,故也应配置专业影响器材。在设计时,要注意供电线路与各种灯具的调光器分开,对于歌舞厅、卡拉OK厅,还要配置相应的视频图像系统。

3. 会议系统

会议系统包括会议讨论系统、表决系统和同声传译系统。这类系统一般也设置由公共广播提供的背景音乐和紧急广播两用的系统。因有其特殊性,常在会议室和报告厅单独设置会议广播系统。对要求较高的国际会议厅,还需另行设计同声传译系统、会议表决系统以及大屏蔽投影电视。会议系统广泛用于会议中心、宾馆、集团公司、大学学术报告厅等场所。

二、广播音响系统的组成

广播音响系统由节目源设备、信号的放大和处理设备、传输线路和扬声器系统4部分组成。

1. 节目源设备

相应的节目源设备有FM/AM调谐器、电唱机、激光唱机和录音机等。还包括传声器(话筒)、电视伴音(包括影碟机、录像机和卫星电视的伴音)、电子乐器等。

2. 信号放大和处理设备

信号的放大就是指电压放大和功率放大,其次是信号的选择处理,即通过选择开关选择所需要的节目源信号。

3. 传输线路

对于厅堂扩声系统,由于功率放大器与扬声器的距离不远,采用低阻抗式大电流的直接馈送方式。对于公共广播系统,由于服务区域广、距离长,为了减少传输线路引起的损耗,往往采用高压传输方式。

4. 扬声器系统

扬声器是能将电信号转换成声信号并辐射到空气中去的电声换能器,一般称之为喇叭。扬声器在弱电工程的广播系统中有着广泛的应用。

三、广播音响系统的设备布置

1. 设备布置

(1) 扬声器的选择与布置

扬声器的选择主要是满足播放效果的要求,在考虑灵敏度、频率响应和指向性等性能的前提下,应考虑功率大小。在办公室、生活间和宾馆客房等场所,可选用 1~2W 的扬声器箱;走廊、门厅及公共活动场所的背影音乐、业务广播,宜选用 3~5W 的扬声器箱。在选用声柱时,应注意广播的服务范围、建筑的室内装修情况及安装的条件,如果建筑装饰和室内净空允许,对大空间的场所宜选用声柱(或组合音箱);对于地下室、设备机房或噪声高、潮湿的场所,应选用号筒式扬声器,且声压级应比环境噪声大 10~15dB;室外使用的扬声器应选用防潮保护型。

高级宾馆内的背景音乐扬声器(或箱)的输出,宜根据公共活动场所的噪声情况就地设置音量调节装置。

对于扬声器布置的数量,在房间内(如会议厅、餐厅、多功能厅)可按 $0.025 \sim 0.05 W/m^2$ 的电功率密度确定,也可按下式估算:

$$D = (H - 1.3) \sim 2.4(H - 1.3)$$

式中 D——扬声器安装间距(m);

H——扬声器安装高度(m)。

另外一种估算方法,按从任何部位到最近一个扬声器的步行距离不超过 15m,末端最后一个扬声器距离不大于 8m 的标准布置。

在门厅、电梯厅、休息厅顶棚安装的扬声器间距为安装高度的 2~2.5 倍。

在走廊顶棚安装的扬声器间距为安装高度的 3~3.5 倍。

走廊、大厅等处的扬声器一般嵌入顶棚安装。室内扬声器箱可明装,但安装高度(扬声器箱的底边距地面)不宜低于 2.2m。

(2) 广播用户分路

有线广播的用户分路应根据用户类别、播音控制、火灾事故广播控制和广播线路等因素确定。特别要注意火灾事故广播的分路,当与其他广播系统(如服务性广播)共用时,用户分路应该满足火灾事故广播的分路要求。

为适应各个分路对广播信号有近似相等声级的要求,在系统设计及设备选择时可采取以下几种方法:

1）每一用户分路配置一台独立的功率放大器，且该功率放大器具有音量控制功能。

2）在满足扬声器与功率放大器匹配的条件下，可以几个用户分路共用一台功率放大器，但需设置扬声器分路选择器，以便选择和控制分路扬声器。

3）当一个用户分路所需广播功率很大时，可以采用两台或更多的功率放大器，多台功率放大器的输入端可以并联接至同一节目信号，但输出端不能直接并联，应按扬声器与功率放大器匹配的原则将扬声器分组，再分别接到各功率放大器的输出端。

4）在某些分路的部分扬声器上加装音量控制器来调节音量大小，采用带衰减器的扬声器可调整声级的大小。

（3）功率放大设备的容量

功率放大器设备的容量可按下式计算：

$$p = K_1 K_2 \sum P_i$$

式中　p——功率放大器设备输出总电功率(W)；

　　　K_1——线路衰耗补偿系数，1dB 时取 1.26，2dB 时取 1.58；

　　　K_2——老化系数，一般取 1.2~1.4；

　　　P_i——第 i 分路同时广播时最大电功率(W)。

$$P_i = K_i P_{Ni}$$

式中　P_{Ni}——第 i 分路的用户设备额定容量；

　　　K_i——第 i 分路的同时需要系数，宾馆客房取 0.2~0.4，背景音乐取 0.5~0.6，业务性广播取 0.7~0.8，火灾事故广播取 1。

（4）有线广播控制室

有线广播控制室应根据建筑物的类别、用途的不同而设置，例如，宜靠近主管业务部门（如办公楼），或宜与电视监控室合并设置（如宾馆）。有线广播控制室也可和消防控制室合用，此时应满足消防控制室的有关要求。

控制室内功率放大设备的布置应满足以下要求：柜前净距离应不小于 1.5m；柜侧与墙以及柜背与墙的净距离应不小于 0.8m；在柜侧需要维修时，柜间距离应不小于 1m。

（5）线路选择与敷设

有线广播系统的传输线路应根据系统形式和线路的传输功率损耗来选择。一般地，对于宾馆的服务性广播，由于节目套数较多，多选用线对绞合的电缆；而对其他场所，宜选用铜芯塑料绞合线。通常传输线路上的音频功率损耗应控制在 5% 以内。

广播线路一般采用穿管或线槽的敷设方式，在走廊里可以和电话线路共槽走吊顶内敷设。

2. 扩声系统

扩声系统按使用功能分为三类：语言扩声系统、音乐扩声系统、音乐兼语言扩声系统。多功能厅为音乐兼语言扩声系统。

（1）扬声器的选择、布置与安装

扬声器的选择应根据声场及扬声器的布置方式合理确定其技术参数。多功能厅扩声系统中，多采用前期电子分频组合式扬声器系统，可以是 2、3 或 4 分频系统，中、高音单元多采用号筒式扬声器。各种组合音箱也可作为广播应用。组合音箱大多是由两个或三个单元扬声器组成（中、高音单元多采用号筒），更多采用无源电子分频，有时为扩大使用范围另配超低频音箱。

扬声器的布置应满足：在任何情况下所有的听众都能接收到均匀的声能；扩声应得到自然的印象；扬声器的位置在建筑上应当是合理的。

扬声器的布置方式有集中式、分散式、分布式及混合式等4种。

1）集中式布置方式。多用于多功能厅、2000人以下的会场、体育场的比赛场地。扬声器设置在舞台或主席台的周围，并尽可能集中，大多数情况下扬声器装在自然声源的上方、两侧(台边或耳机相辅助)。这种布置可以使视听效果一致，避免声反馈的影响。扬声器(或扬声器系统)至最远听众的距离不应大于临界距离的3倍。

2）分散式布置方式。用于净空较低、纵向距离长或者可能被分隔成几部分使用及厅内混响时间长的多功能厅，以及2000人以上的会场。这种布置应控制最近的扬声器的功率，尽量减少声反馈，还应防止听众区产生重声现象，必要时加装延时器。

3）分布式布置方式。用于体育馆、体育场观众席，扬声器组在顶棚上呈环形布置。例如，两组环形扬声器系统，其中一组供声区为观众席，另一组为运动场地。再如，三组环形扬声器系统，其中一组供声区为上半部观众席，一组为下半部观众席，一组为运动场地。

4）混合式布置方式。上述方式的组合。

为满足声场均匀度的要求，应根据要求的直达声供声范围、扬声器(或扬声器系统)的指向特性，合理确定扬声器(或扬声器系统)的声辐射范围的适当重叠。检查高、中音是否达到所在座位的简便实用的方法是：凡在座位上能看到主要负担覆盖本区的扬声器中轴，则高、中音的直达声将较强。

对于扬声器的安装高度和倾斜角度，应根据工程的实际情况，考虑声轴线投射距离、投射点距地面的高度和水平及竖直向上需要的供声范围，用几何作图的方法来确定。

(2) 传声器的布置

传声器的布置应能够满足减少声反馈、提高传声增益和防止干扰的要求。传声器的位置与扬声器(或扬声器系统)的间距尽量大于临界距离，并且位于扬声器的辐射范围角以外。当室内声场不均匀时，传声器应尽量避免设在声级高的部位。传声器应远离晶闸管干扰源及其辐射范围。

(3) 前端与放大设备

前级增音机、调音控制台、扩声控制台等前端控制设备的选择应根据不同的使用要求来确定。通常前级增音机至少应有低阻及高阻传声器输入各一路、拾音器输入一路、线路输入和录音重放各一组、录音输出一组。立体声调音台具有多种功能，可根据具体要求选择，一般选用带有4~8个编组的产品较为适合。应该指出，虽然调音台的设计可以增加多种功能，但其主通道的性能总是第一位的。主通道的性能主要应考虑等效输入噪声电平和输入动态裕量，而这两者一般来说是相互矛盾的，应根据具体要求有所侧重、合理兼顾。

功率放大设备的单元划分应根据负载分组的要求来选择。为了使扩声系统具有良好的扩声效果，功率放大器应有一定的功率储备量，其大小与节目源的性质和扩声的动态范围有关。平均声压级所对应的功率储备量，在语言扩声时一般为5倍以上，在音乐扩声时一般为10倍以上。

(4) 扩声控制室

扩声控制室的位置应能通过观察窗直接观察到舞台活动区、主席台和大部分观众席。一一般,剧场类建筑设在观众厅后部,体育场馆类建筑设在主席台侧,多功能厅设在后部(即靠近会议主持者一侧)。

为减少强电系统对扩声系统的干扰,扩声控制室不应与电气设备机房(包括灯光控制室,尤其是晶闸管调光设备)毗邻或上、下层重叠设置。控制台(或调音台等)与观察窗垂直放置,以便操作人员能尽量靠近观察窗。

(5) 线路选择与敷设

调音台(或前级控制台)的进出线路均应采用屏蔽电缆。馈电线宜采用聚氯乙烯绝缘双芯绞合的多股铜芯导线穿管敷设。为保证传输质量,自功率放大设备输出端至最远扬声器(或扬声器系统)的导线衰耗不应大于 0.5dB(1000Hz 时)。对于前期分频控制的扩声系统,其分频功率输出馈送线路应分别单独分路配线。同一供声范围的不同分路扬声器(或扬声器系统)不应接至同一功率单元,以避免功率放大设备故障时造成大范围失真。在采用晶闸管调光设备的场所,为防干扰,传声器线路宜采用四芯金属屏蔽绞线,对角线对并接,穿钢管敷设。

四、广播音响系统工程图分析

1. 公共广播系统图

公共广播系统通常用于服务性广播(如背景音乐、拾物广播等),发生火灾时切换为火灾事故广播,以满足发生火灾及紧急情况时引导疏散的要求。公共广播系统常用于宾馆、旅馆性质建筑物的广播系统,办公楼、商业楼及工厂性质建筑物的广播系统,带客房、办公、商业等综合性质建筑物的广播系统,铁路客运站性质建筑物的广播系统,银行性质建筑物的广播系统,学校性质建筑物的广播系统,公园性质的广播系统等。

(1) 公共广播系统的组成

公共广播系统主要由节目源、功率放大设备、监听设备、分路广播控制设备、用户设备及广播线路等组成,如图 6-17 所示。

节目源包括:激光唱机、录放音机、调幅/调频(AM/FM)收音机、传声器等设备;功率放大设备包括:前级增音器、功率放大器等设备;用户设备包括:音箱、声柱、客房床头控制柜、控制开关、音量控制器等设备。

(2) 公共广播系统的传输线路

旅馆客房的服务性广播线路选择铜芯多芯电缆或铜芯塑料绞合线;其他广播线路采用铜芯塑料绞合线;各种节目信号线采用屏蔽线,火灾事故广播线路采用阻燃型铜芯电线和电缆或耐火型铜芯电线和电缆。

公共广播系统的传输电压通常为 120V 以下。线路采用穿金属管及线槽敷设,不得将线缆与强电同槽或同管敷设,应在土建主体施工时留出预埋管及接线盒。

火灾事故广播线路应采取金属管保护,并暗敷在非燃烧体结构内,其保护层厚度不应小于 30mm。不同系统、不同电压、不同电流类别的线路不应穿于同一根管内。各种节目信号线应采用穿钢敷设,管外壁应接保护地线。

(3) 公共广播系统设备安装

公共广播系统设置调幅/调频天线,调频天线与有线电视系统同杆安装。天线安装要配合结构施工完成天线基座和屋顶穿楼板的配管等工作。天线竖杆、屋顶配管要做防雷接地连接。

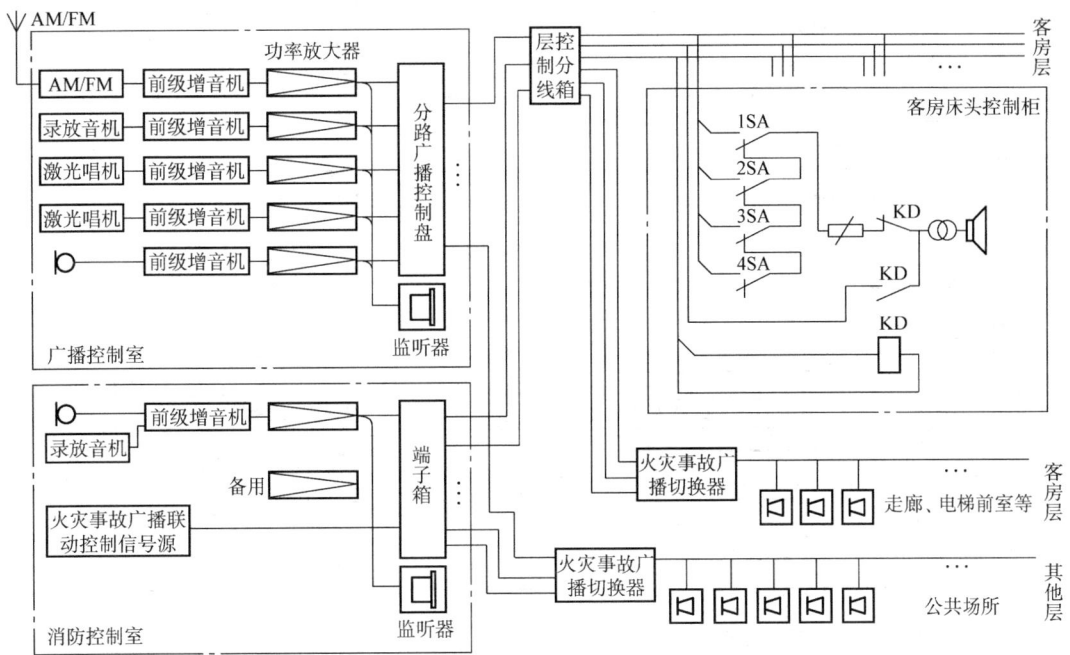

图 6-17 公共广播系统图

在办公室、生活间、更衣室等处一般装设 3W 音箱；楼层走廊一般采用吊顶式扬声器箱，选用 3~5W 的扬声器箱，间距按层高(吊顶高度)的 2.5 倍左右考虑；门厅、一般会议室、餐厅、商场等处一般装设 3~6W 的扬声器箱；客房床头控制柜选用 1~2W 扬声器。大空间的场所采用声柱或组合音箱，在噪声高、潮湿的场所设置扬声器时，应采用号筒式扬声器。

室内扬声器安装高度应在距地 2.2m 以上或距吊顶板下 0.2m 处，扬声器在吊顶上嵌入安装时，配管使用 φ20mm 电线管及接线盒，并用金属软管与扬声器连接，用于电线保护；车间内根据具体情况而定，一般距地面约为 3~5m；室外扬声器安装高度一般为 3~10m。音量控制器、控制开关距地面为 1.3m。

弱电竖井(房)内安装的广播设备有分线箱、音量控制器和控制开关。控制开关安装在分线箱内，明装分线箱安装高度为底边距地 1.4m，电线通过线槽、配管引入箱内。

广播机房单独设置，通常将广播设备安装在弱电控制中心。广播设备主要是由节目源设备、功率放大设备、监听设备、分路广播控制设备等组成，这些设备安装在广播机柜。

广播机柜需要制作角钢基础柜架，机柜的底座应与地面固定。机柜内设备应在机柜固定后进行安装，广播机柜采用下进下出进线方式。

2. 宾馆广播音响系统图

某高级宾馆广播音响系统图如图 6-18 所示。

整个系统设计体现了高级宾馆音响和紧急广播的总体方案。图 6-18 中，A、F、TR—1、TR—2、TR—3 分别为五路音响的信号源，其中有两路为广播段的调幅/调频收音机，另有三路为播放音乐的录音机，各自经音量调节后把信号源送至前置放大器的输入端。经前置放大器输出的音频信号由紧急广播的继电器 WX-121 的常闭触点送至功率放大器的输入端。经

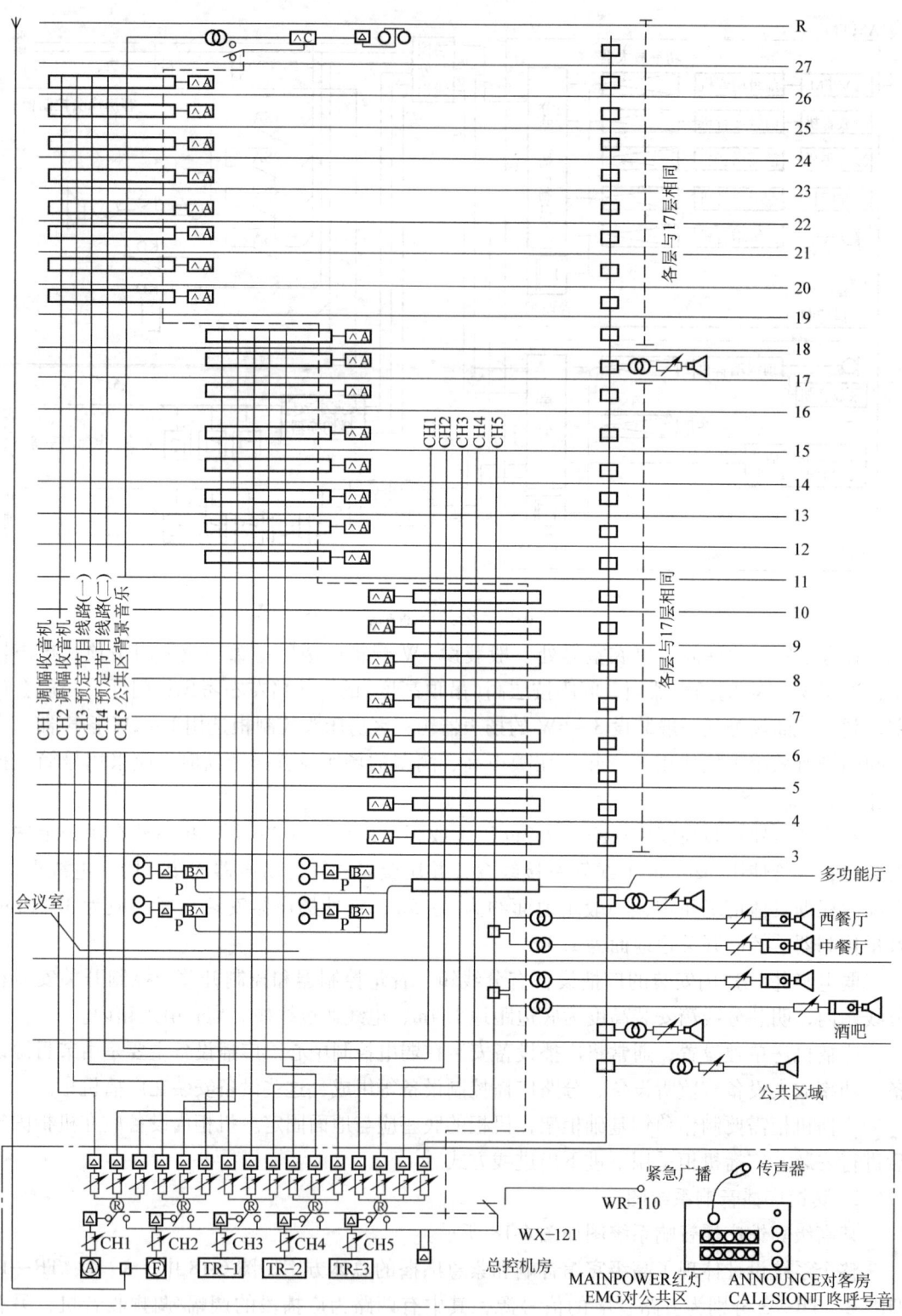

图 6-18 某高级宾馆广播音响系统图

过功率放大器放大后，音频信号以电压输送的形式由主干线送至弱电管井中的接线板，作为上、下两层之间的垂直连接及本楼层各客房之间的横向连接。所有公共区域的背景音乐由单独一路功率放大器专门提供，每层均设有供音量调节的控制器。客房采用 A 型控制器供五路音响调节和音量调节，会议室和多功能厅采用 B 型控制器，不但有音乐选择、音量控制，而且留有本身注入点供扩大器的扬声器输入、功率输出以完成本地的会议扩音用。同样，茶座则采用 C 型控制器，除了播放背景音乐外，本身设有一个注入点，以供本地广播用。音响和紧急广播示意图如图 6-19 所示，所有扬声器都由线间变压器与输出线路相连接，以达到阻抗匹配的目的。

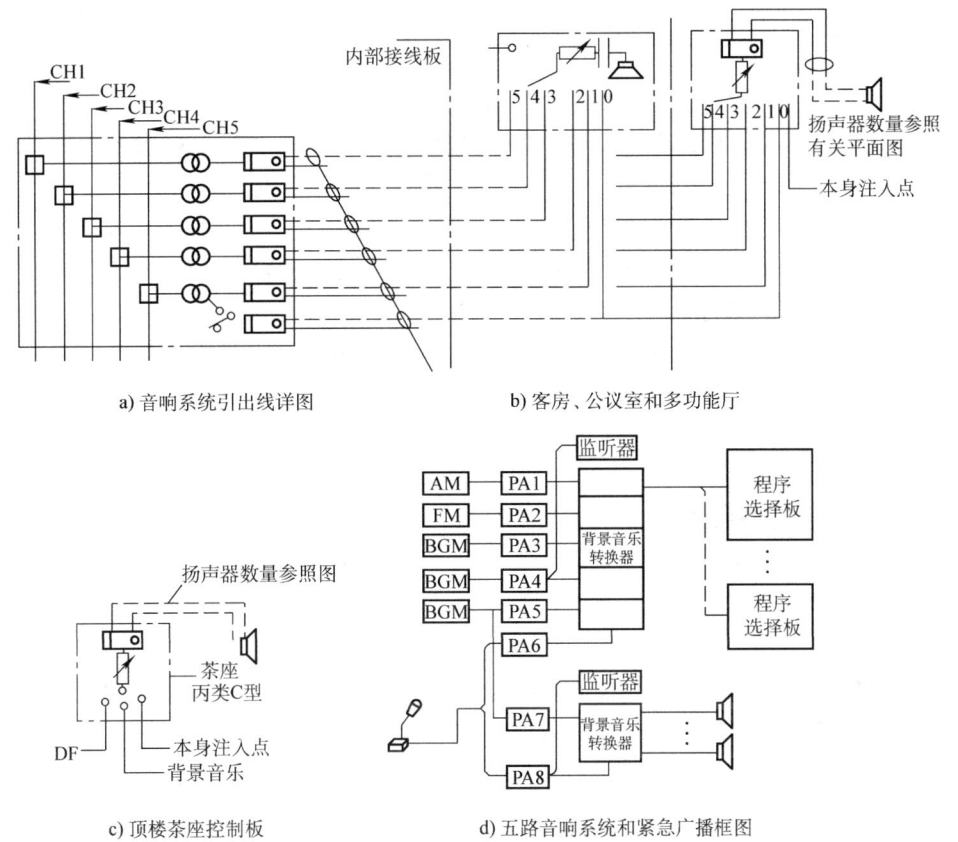

图 6-19 某高级宾馆音响和紧急广播示意图

该广播音响系统的设计中，采用分段分区输送的方法，2~10 层为第一组，11~18 层为第二组，19~27 层为第三组，另外，1~27 层公共走道上的背景音乐为第四组，按层次划分区域并分别由各组的功率放大器分别负载，既减轻对放大器的输出功率要求，也不会因为某个放大器的故障而影响全局，这种设计方案特别适用于客房较多的高层宾馆或用户较多的公共广播系统。图 6-18 中 WX-121 为紧急广播控制继电器，它的工作原理是通过 24V 直流电压去控制相关的继电器动作，强迫切断原有音乐广播而把紧急广播信号传送到客房或公共走廊等区域，与其配合的是 WR-110 紧急广播控制中的传声器和相关按钮。紧急广播动作过程如图 6-20 所示。平时通过设在床头面板上的音乐选择和音量控制以获得所需的频道及适当的音量，一旦需要紧急广播时，通过按下机房内 WR-110 的对应客房的紧急广播（AN-

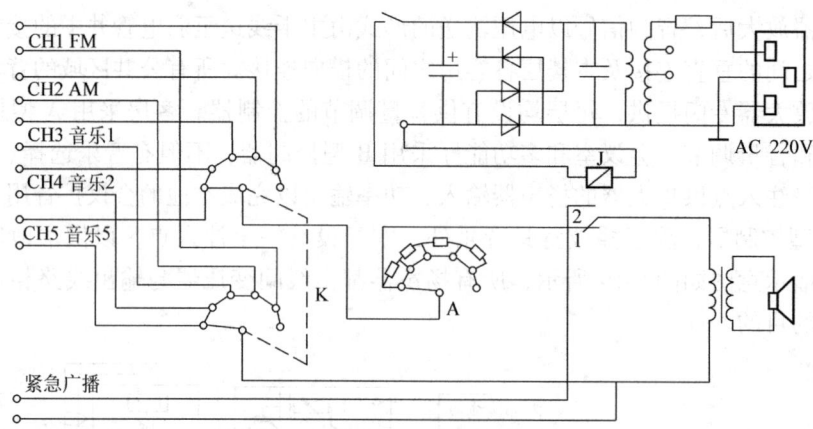

图6-20 套房音响和紧急广播电路图

NOUNCE)按钮,并按下呼号按钮(CALLSION)提醒客人,再通过紧急广播传声器把信息传送到客房。这里,关键是把交流电压 AC220V 经过变压器、整流、滤波后变为 DC24V 直流电压,该直流电压加到床头控制柜的继电器 K,使其动作,显然,这时扬声器所发出的声音即为紧急广播内容。同样,如果在 WR-110 上按下对公共区的紧急广播(EMG)按钮促使相应的继电器动作,切断原背景音乐,被取而代之的是紧急广播。

会议室、多功能厅音响选用乙类 B 型控制器,如图 6-19a、b 所示,配有流动扩大器可以实现本地广播。顶楼茶座音响选用丙类 C 型控制器,它不仅可以控制背景音乐的音量大小,而且本身有一注入点用以自办音乐广播节目,如图 6-19c 所示。五路音响系统和紧急广播方框图如图 6-19d 所示。

五、有线电视与广播音响系统工程实例分析

有线电视与广播音响系统工程实例如图 6-21 ~ 图 6-25 所示。该建筑物为综合楼(相关资料见第五章第五节)。

1. 设计说明

1)有线电视信号直接来自区域网,如果电视信号电平不足,可以在进楼时增加线路放大器来提高信号电平。有线电视系统图如图 6-21 所示。

2)广播音响系统有三套节目源,楼道、大堂及咖啡厅设背景音乐。客房节目功率为 400W,背景音乐功率放大为 100W。地下车库用 15W 的号筒式扬声器,其余公共场所用 3W 嵌顶音箱或壁挂音箱(无吊顶处)。广播音响系统图如图 6-22 所示。

3)广播控制室与消防控制室合用,设备选型由用户定。大餐厅独立设置扩声系统,功率放大设备置于迎宾台。

4)地下车库的 15W 号筒式扬声器距顶 0.4m 挂墙或柱安装,其余公共场所扬声器嵌顶安装,客房扬声器置于床头柜内。楼层广播接线箱竖井内距地 1.5m 挂墙安装,广播音量控制开关距地为 1.4m。

5)广播线路用线型号为 ZR—RVS—2×1.5,竖向干线在竖井内用金属线槽敷设,水平线路在吊顶内用金属线槽敷设,引向客房段的 WS1 ~ WS3 共穿 SC20 暗敷。

2. 有线电视系统分析

(1) 系统图分析

1 层电视与广播平面图如图 6-23 所示、2 层电视与广播平面图如图 6-24 所示、3 层电视

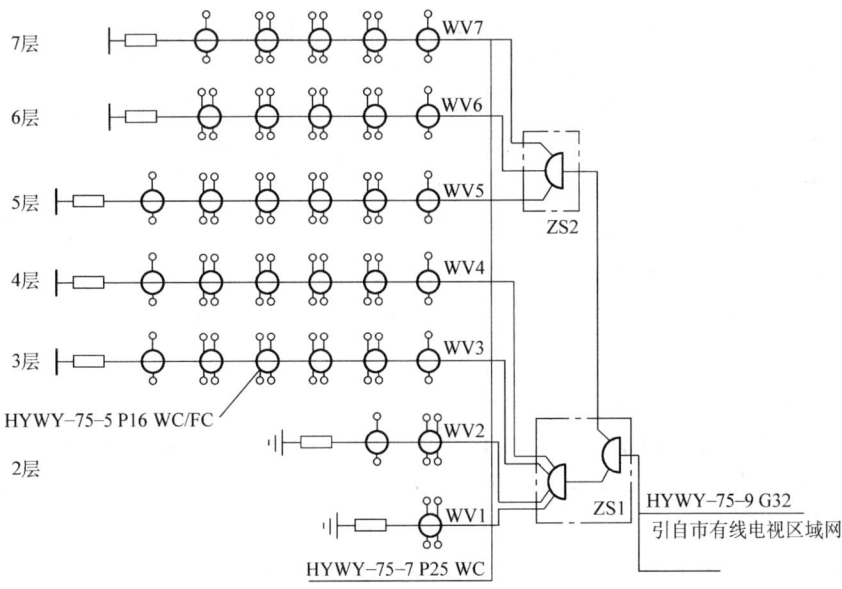

图 6-21 有线电视系统图

与广播平面图如图 6-25 所示。通过对图 6-21~图 6-25 的分析可以知道，该建筑物的有线电视信号引自市有线电视区域网，是用 HYWY—75—9 型号的同轴电缆穿直径为 32mm 的钢管引来，先进入 2 层编号为 ZS1 接线箱中的二分配器（如果电视信号电平不足，可在二分配器前加线路放大器），再分配至 ZS1 接线箱中的四分配器和安装在 5 层编号为 ZS2 接线箱中的三分配器。ZS1 接线箱中的四分配器又分成四路，编号为 WV1、WV2、WV3、WV4，采用 HYWY—75—7 型号的同轴电缆穿直径为 25mm 的塑料管向 2 层~4 层配线。ZS2 接线箱中的三分配器也分成三路，编号为 WV5、WV6、WV7，向 5 层~7 层配线。

在 WV3 分配回路接有 4 个四分支器和两个二分支器，分支线采用 HYWY—75—5 型号的同轴电缆穿直径为 16mm 的塑料管沿

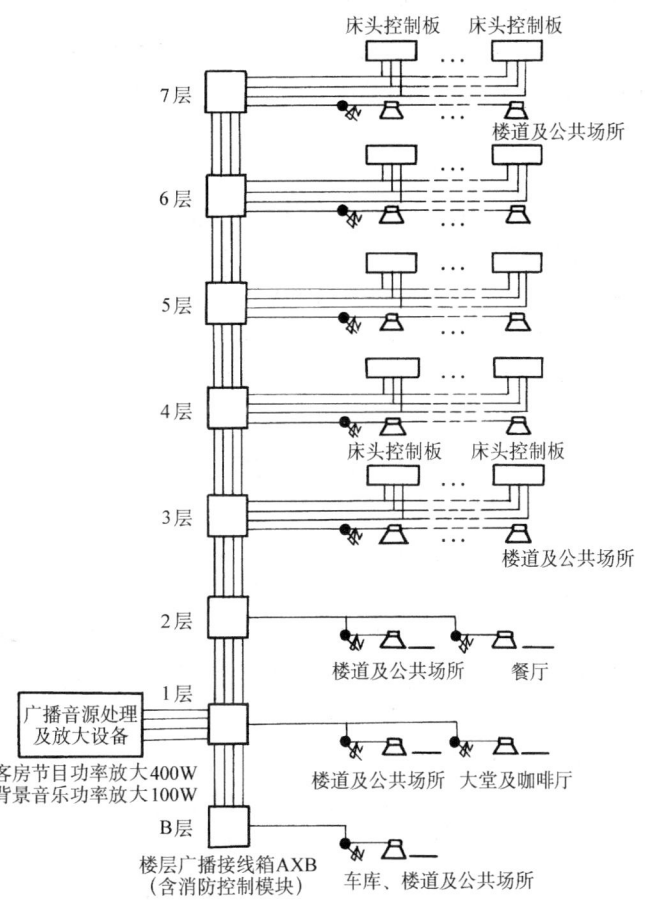

图 6-22 广播音响系统图

墙或地面暗配,分别配至电视信号终端(电视插座)。其他分配回路道理相同,每个分配回路信号终端都通过一个 75Ω 的电阻接地,因为分配回路是不允许空载的。

在有线电视系统图中,一般应标出导线的型号、长度及分支器的型号。因为各电视插座所处的位置不同,其导线的长度也不同,电视信号电平衰减的程度也就不同,而对于电视机,一般要求信号电平在 $(65\pm5)\,\text{dB}\mu\text{V}$ 范围内,太高和太低都会影响收视效果,所以系统设计时,就必须知道导线的长度,并计算出导线电视信号电平衰减量,再选择不同型的分支器,尽量使各个电视插座输出端电平信号平衡使信号电平符合 $(65\pm5)\,\text{dB}\mu\text{V}$ 的要求。由于有线电视系统图已对导线的型号、长度等有详细标注,因此应用系统图,可以计算出工程量,可不进行估算。

(2) 2 层电视平面图分析

在 1 层没有安装电视插座,在 2 层平面图中,WV1 分配回路是配向大餐厅的,先配至⑧轴墙面 0.3m 的 4 分支器接线盒,再分别配至 4 个电视插座盒。一般电视插座盒安装高度为 0.3m。

WV2 分配回路是配向小餐厅的,接有一个 4 分支器和一个二分支器,两个分支器的接线盒可以分别安装在就近的电视插座盒旁,再分别配至 6 个电视插座盒内。虽然分支线的长短不同,但线路损耗相差不大。

WV1 和 WV2 分配回路可以在 1 层的顶棚内配线,其分支器就安装在顶棚内相对应位置再沿墙内暗配至对应的电视插座盒内,是比较方便的配线方式,其他楼层只要有吊顶,道理也是相同的。

(3) 3 层电视平面图分析

在 3 层配电间标注有 WV3 引上,还应该标注有 WV4 分配回路。因为 3 层~5 层结构相同,5 层平面图不用给出,所以在 3 层也标注有 ZS2,意指 5 层,在 5 层有 WV6、WV7 向上配至 6 层、7 层。也意味着与 WV3 一起引上的还有 ZS1 箱中二分配器的一个分配回路,同轴电缆型号一般是用 HYWY—75—9,经 3 层再配至 5 层 ZS2 箱中。

在 3 层,各分支器是布置在走廊金属配线槽的接线端子箱中(广播音响线路也是通过金属配线槽配线的,在接线端子箱中也有分支)。在 2 层有吊顶,金属配线槽配在吊顶内,可以将各分支器布置在 2 层走廊金属配线槽对应的接线端子箱中,各分支线再分别配至电视插座盒下方进入墙内引上。

另外,在 3 层的①~③轴的南北向客房不对称,用一个二分支器向三个电视插座盒配线是不太合理的方案,最好用一个四分支器(很少有三分支器),分支器的分支接口可以空着,不影响信号质量。⑦~⑨轴等处道理也是相同的,也是空着一个分支接口,如果从⑧轴的四分支器推移过去,会使各电视插座盒配线长短不同,从经济上意义也不大。

3. 有线广播音响系统分析

(1) 系统图分析

通过对图 6-22 所示广播音响系统图、图 6-23 所示 1 层电视与广播平面图、图 6-24 所示 2 层电视与广播平面图、图 6-25 所示 3 层电视与广播平面图的分析和设计说明可以知道,该建筑物的客房控制柜有三套节目源,在平面图中分别编为 WS1、WS2、WS3。楼道及公共场所设背景音乐,为独立节目源,编号为 WS4。

每层楼的楼道及公共场所分路配置一个独立的广播音量控制开关,可以对各自的分路进

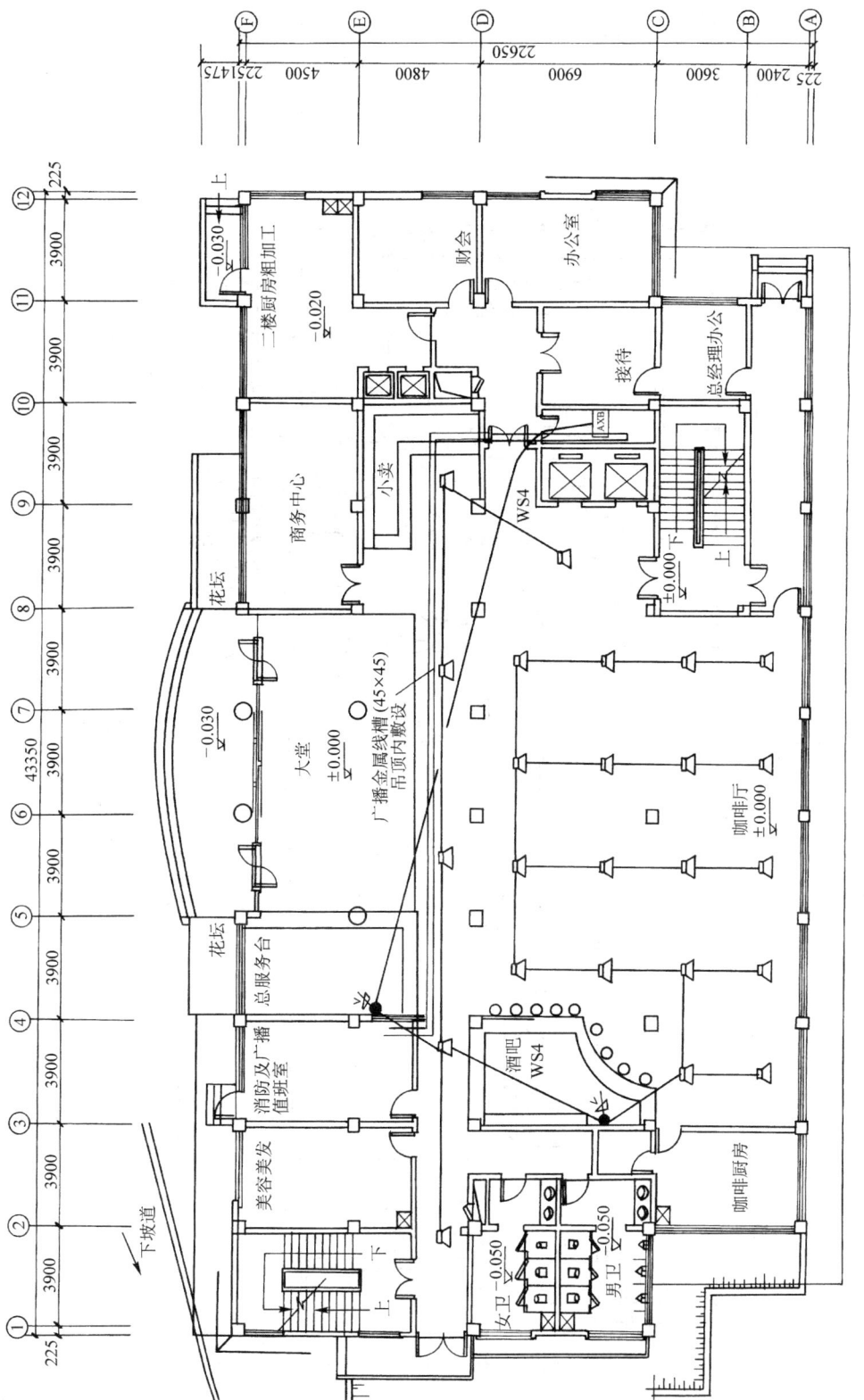

图 6-23 1 层电视与广播平面图 (1:250)

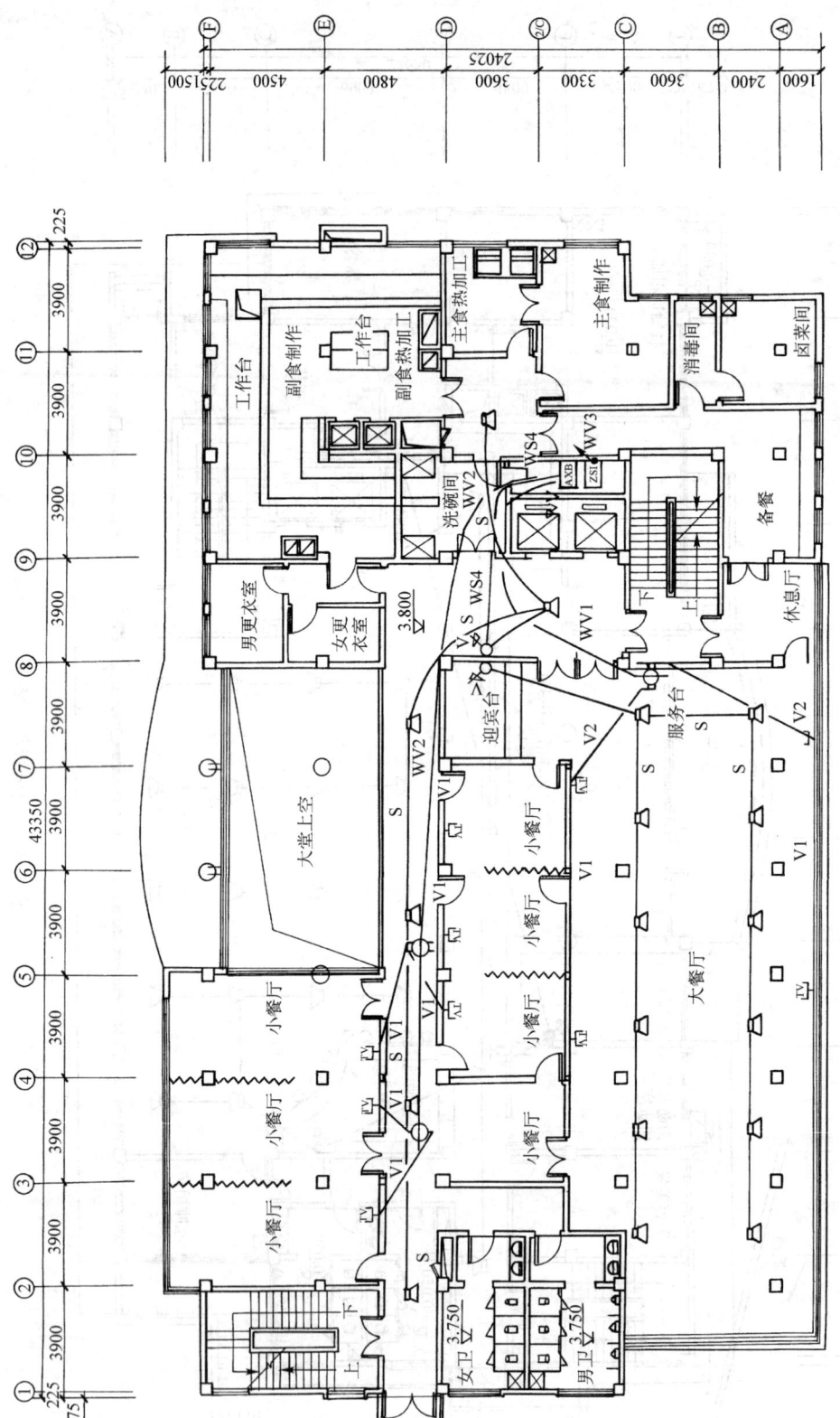

图 6-24 2层电视与广播平面图（1:250）

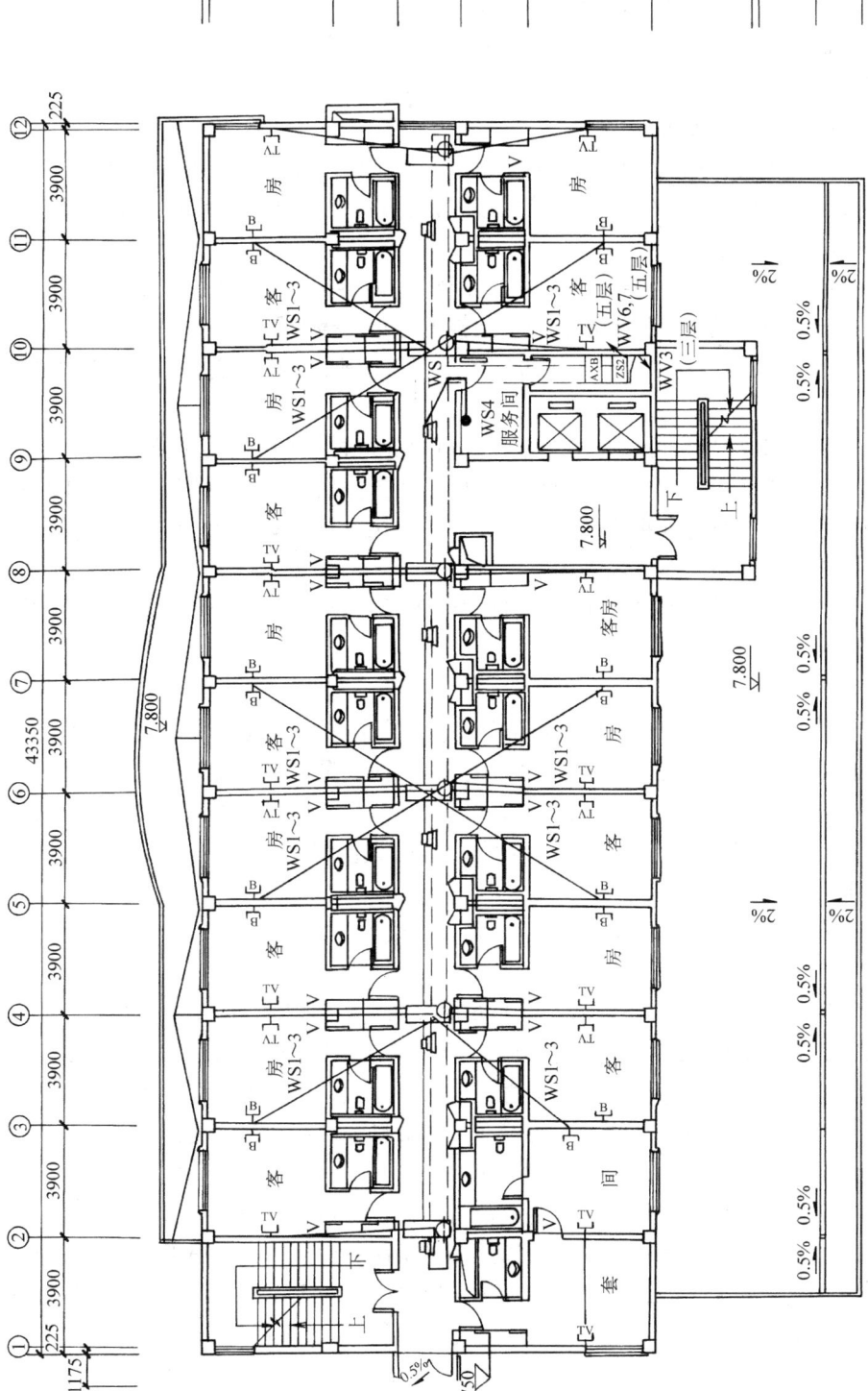

图 6-25 3 层电视与广播平面图 (1:250)

行音量调节与开关控制，咖啡厅分路也配置一个独立的广播音量控制开关。大餐厅还设置有扩声系统，功率放大设置于迎宾台房间内。

广播线路为 ZR—RVS—2×1.5 型阻燃型多股铜芯塑料绝缘软线，干线用金属线槽配线，引入客房段用 20mm 钢管暗敷。每个楼层设置一个楼层广播接线箱 AXB，因为有线广播与火灾报警消防广播合用，所以在 AXB 中也安装有消防控制模块，发生火灾时，可以切换成消防报警广播。

（2）1 层广播平面图分析

广播控制室与消防控制室合用，在第五章第五节中已经介绍，广播线路通过一层吊顶内的金属线槽配至配电间的 AXB 中，再通过竖井内金属线槽配向各楼层的 AXB。金属线槽的规格是 45mm×45mm（宽×高）。

1 层的广播线路 WS4 有两条分路，一条是配向在咖啡厅酒吧间的广播音量控制开关，再配向吊顶内与其分路的扬声器连接；另一条楼道分路广播音量控制开关安装在总服务台房间。因为 WS4 分路的扬声器还用于火灾报警消防广播，所以需要经过一层 AXB 中的消防控制模块。

两条分路从 AXB 中出来可以合用一条线，可以先配向总服务台房间的广播音量控制开关盒内进行分支，然后再配向咖啡厅酒吧间的广播音量控制开关。此段线可通过 1 层吊顶内的金属线槽配线，在④轴处如果安装一个接线盒，在接线盒中就可以分成两条分路，再穿钢管保护分别配至广播音量控制开关盒内。

广播线路的每条分路中扬声器连接全是并联关系，所以 WS4 分路的广播线也是 ZR—RVS—2×1.5 型。

（3）2 层广播平面图分析

2 层的广播线路仍然是 WS4，也是两条分路。一条是配向迎宾台房间的扩声系统，再配向大餐厅吊顶内的扬声器，另一条是配向楼道分路广播音量控制开关，再配向楼道吊顶内的扬声器。两条分路从楼层的 ABX 引出时可以合用，可以沿 1 层吊顶内配至⑧轴，再沿墙内配至 2 层 1.4m 高的楼道分路广播音量控制开关盒内，进行分路。

（4）3 层广播平面图分析

3 层以上楼道 WS4 回路的广播音量控制开关安装在服务间，扬声器安装在吊顶内，配线方式与 2 层楼道 WS4 相同。

3 层客房内的广播线路是 WS1～WS3（共 6 根线），扬声器安装在床头控制柜中，其出线盒一般在 0.3m 处，所以可以在 2 层的顶棚内沿金属线槽配线，在顶棚内分支接线箱处接线，通过保护钢管配向客房床头控制柜下方，再沿墙内配向床头控制柜进线口处。

通过床头控制柜的节目选择开关，可以在三套节目中进行选择。其他楼层的配线道理也是相同的。

通过以上实例分析可以了解到，有线电视与广播音响系统的配线工程并不复杂，因为其信号点和控制点并不多，只要在系统图中标注和说明比较详细，再对照平面图分析是比较容易识读的。对于大多数人来说，弱电工程都感觉比较陌生，主要是不经常接触。比如住宅照明工程，人们日常生活中经常接触，耳濡目染，所以比较好理解。另外，弱电工程中的设备，高、新技术产品发展比较快，更新换代也比较快，对于新设备的功能不了解，所以系统的概念就比较陌生。其他的弱电工程道理也是相同的，只要接触多了，也就容易理解了。

第四节 综合布线系统

综合布线技术是智能建筑弱电技术中的重要技术之一。它将建筑物内所有的电话、数据、图文、图像及多媒体设备的布线综合(或组合)在一套标准的布线系统上,实现了多种信息系统的兼容、共用和互换互调性能。它是一种开放式的布线系统,是一种在建筑物和建筑群中综合数据传输的网络系统,是目前智能建筑中应用最成熟、最普及的系统之一。

一、综合布线系统的产生及其定义

1. 综合布线系统的产生

通常情况下,建筑物内的各个弱电系统一般都是由不同的设计单位设计、不同的施工单位安装的,各个系统相互独立。例如,电话通信系统、闭路电视系统、计算机网络系统等。这些系统使用的线缆、配线接口以及输出线盒插座等设备和器材都不一样,如电话系统中的线缆一般采用普通双绞线、计算机网络系统中的线缆一般采用非屏蔽(UTP)双绞线、闭路电视系统一般采用同轴电缆等。各个不同的系统网络分别采用的是各自不同类型、不同型号的布线材料,而且连接这些不同布线材料的插座、接口、接线板、配线架也各不相同。由于它们彼此之间互不兼容,当建筑物内的用户需要搬迁或改变设备布置时,就必须重新布置线缆,装配各种设备所需要的不同型号的插座、接头,同时还要中断各个系统的正常运行。可见,在这样一种传统布线网络方式下,要重新布置或增加各种终端设备,必将耗费大量的人力物力。同时,随着社会信息化进程的飞速发展,建筑物内的各种弱电系统越来越多,功能越来越复杂,这样,各自独立的布线系统将会给建筑物弱电系统的施工、管理和维护增加很多的困难和麻烦。所以,人们迫切希望建立一种能够支持多种弱电信号传输的布线网络,并能满足用户长期使用的需要。于是在1985年,美国电话电报公司贝尔实验室率先推出世界第一个综合布线系统。1988年国际电子工业协会(EIA)中的通信工业协会(TLA)制订了建筑物综合布线系统的标准,这些标准被简称为 EIA/TLA 标准,EIA/TLA 标准诞生后一直在不断地发展和完善。

2. 综合布线系统的定义

综合布线系统的定义是:综合布线系统是建筑物内部以及建筑群内部之间的信号传输网络,它能使建筑物内部以及建筑群内部的语音、数据通信设备、信息交换设备、建筑物物业管理设备和建筑物自动化管理设备等与各自系统之间相连,也能使建筑物内的信息传输设备与外部的信息传输网络相连。

二、综合布线系统的特点

综合布线系统是专门的一套布线系统,它采用了一系列高质量的标准材料,以模块化的组合方式,把语音、数据、图像系统和部分控制信号系统用统一的传输媒介进行综合,方便地在建筑物中组成一套标准、灵活、开放的传输系统。因此,它一产生,就得到了大力推广和广泛应用。综合布线系统具有以下特点:

1. 开放性

综合布线系统采用开放式体系结构,符合多种国际上的现行标准,系统中除了敷设在建筑物内的铜缆或光缆外,其余接插件均为积木式的标准件。因此,它几乎对所有正规化厂商的产品,如计算机设备、交换机设备等都是开放的,同时也支持所有的通信协议和应用系统，给使用和维护带来极大的便利。

2. 灵活性

传统的布线方式是封闭的，其体系结构是固定的，若迁移或增加设备会非常困难。综合布线系统运用模块化设计技术，采用标准的传输线缆和连接器件，所有信息通常都是通用的，在每一个信息插座上都能连接不同类型的终端设备，如个人计算机、可视电话机、双音频电话机、可视图文终端、传真机等。并且所有设备的增加及更改均不需改变布线，只需在配线架上进行相应的跳线管理即可。

3. 可扩充性

因为建筑物内各种设备的数量会越来越多，综合布线系统有足够的裕量为日益增多的设备提供通信路由。更主要的是，综合布线系统还具有扩充本身规模的能力，这样就可以在一个相当长的时期内满足所有信息传输的要求。

4. 可靠性

综合布线系统采用高品质的材料和组合压接的方式，构成一套高标准信息传输通道，而且每条通道都要采用仪器进行综合测试，以保证其电气性能。系统布线全部采用点到点端接，各应用系统采用相同传输介质，完全避免了各种传输信号的相互干扰，能充分保证各应用系统正常准确的运行。

5. 经济性

因为综合布线系统是将原来相互独立、互不兼容的若干种布线系统集中成为一套完整的布线系统，所以初期投资比较高。但这换来的却是布线系统可以进行统一设计、统一安装，而且一个施工单位就能完成几乎全部弱电线缆的布线敷设。这样就可以省去大量的重复劳动和设备占用，使布线周期大大缩短，从而节约了大量宝贵的时间。另外，和传统布线相比，还可以大大减少因设备改变布局或搬迁而需要重新布线的大笔费用，以及日常维护所需的开支。因此，从长远经济效益考虑，综合布线系统的性能价格比高于传统布线方式。

三、综合布线系统的结构

综合布线系统采用模块化结构，所以又称为结构化综合布线系统，它消除了传统信息传输系统在物理结构上的差别。它不但能传输语音、数据、视频信号，还可以支持传输其他的弱电信号，如空调自控、给排水设备的传感器、子母钟、电梯运行、监控电视、防盗报警、消防报警、公共广播、传呼对讲等信号，成为建筑物的综合弱电平台。它选择了安全性和互换性最佳的星形结构作为基本结构，将整个弱电布线平台划分为 6 个基本组成部分，如图 6-26 所示，通过多层次的管理和跳接线，实现各种弱电通信系统对传输线路结构的要求。其中，每个基本组成部分均可视为相对独立的一个子系统，一旦需要更改任一子系统时，将不会影响到其他子系统。这 6 个子系统是：

1）工作区子系统。由终端设备到信息插座的连线组成，包括信息插座、连线、适配器等。

2）水平干线子系统。由信息插座到楼层配线架之间的布线等组成。

3）管理区子系统。由交接间的配线架及跳线等组成。

4）垂直干线子系统。由设备间子系统与管理区子系统的引入口之间的布线组成。是建筑物主干布线系统。

5）设备间子系统。由建筑物进线设备、各种主机配线设备及配线保护设备组成。

6)建筑群间子系统。由建筑群配线架到各建筑物配线架之间的主干布线系统。
智能大厦综合布线系统结构如图 6-27 所示。

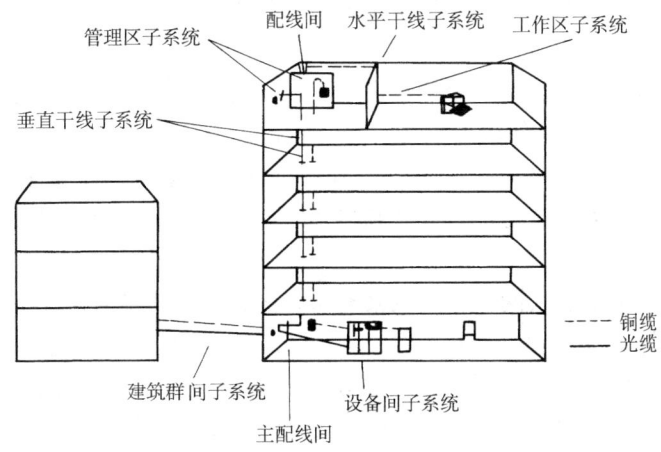

图 6-26 综合布线系统的结构示意图

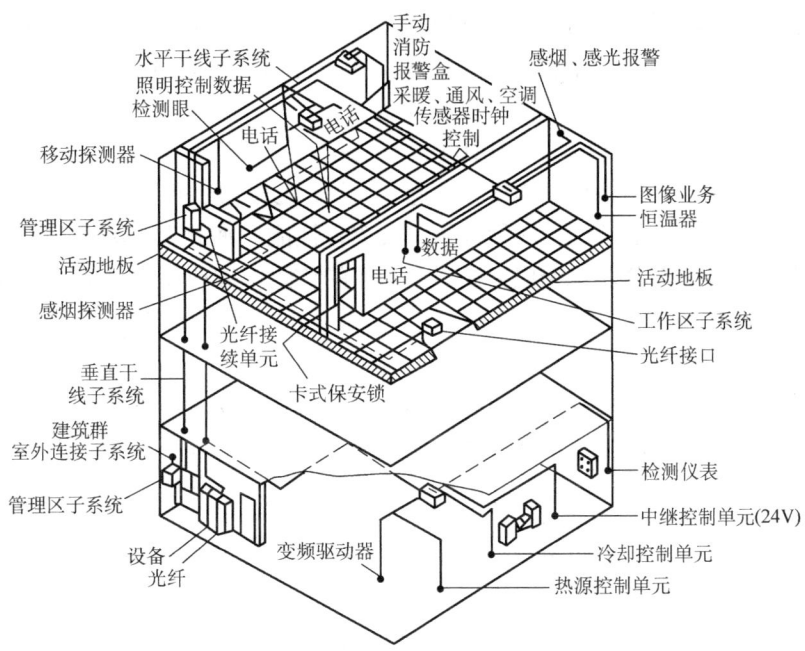

图 6-27 智能大厦综合布线系统结构

四、综合布线系统的部件

综合布线系统的部件主要有信息插座、配线架、集线器及光缆、同轴电缆和双绞线电缆等。

1. 信息插座

综合布线用户端使用 RJ45 型信息插座，这类信息插座和带有插头的接插软线相互兼容。例如在工作区，用带有八个插头的接插软线一端插入工作区水平子系统信息插座，另一端插入工作区设备接口。

2. 配线架

综合布线工程使用的配线架，与电话工程用配线架相同，是用来完成干线与用户线分接的。双绞线电缆使用110型配线架，光缆使用光缆配线架。

3. 集线器(HUB)

集线器是计算机网络中连接多个计算机或其他设备的，是对网络进行集中管理的最小单元。"HUB"是中心的意思，像树的主干一样，它是各个分支的汇集点。许多种类型的网络都依靠集线器来连接各种设备并把数据分发到各个网段。集线器基本上是一个资源共享设备，其实质是一个中继器，具有信号放大和中转的功能。它把一个端口接收的全部信号向所有端口分发出去。

集线器主要用于星形以太网。它是从服务器直接到工作站桌面最经济的连接方案。使用集线器组网形式比较灵活，它处于网络的一个星形节点，对节点相连的工作站进行集中管理，不让出问题的工作影响整个网络的正常运行，并且用户的加入退出也很自由。

集线器有多种类型，每一种都具有特定的功能，提供不同等级的服务。依据总线带宽的不同，集线器分为10MHz、100MHz和10MHz/100MHz自适应三种；按配置形式的不同，集线器可分为独立式、模块式和堆叠式三种；根据端口数目的不同，集线器主要有8口、16口和24口几种；根据工作方式的不同，集线器可分为智能型和非智能型两种，其中，智能型又可以划分为一般智能集线器和交换集线器；非智能型又可划分为被动(无源)集线器和主动(有源)集线器。

(1) 被动(无源)集线器(Passive HUB)

被动集线器只把多段网络介质连接在一起，允许信号通过，但不对信号做任何处理。它不能提高网络性能，也不能帮助检测硬件错误或改善性能"瓶颈"，只是简单地从一个端口接收数据并通过所有端口分发，完成集线器最基本的功能。被动集线器是星形拓扑以太网的入口级设备。

(2) 主动(有源)集线器(Active HUB)

主动集线器除拥有被动集线器的所有功能外，还能监视数据。在以太网实现存储转发功能中，主动集线器转发之前检查数据，纠正损坏的分组并调整时序，但不区分优先次序。

如果信号比较弱但仍然可读，主动集线器在转发前将其恢复到较强的状态。这使得一些性能不是特别理想的设备也可正常使用。此外，主动集线器可以报告哪些设备失效，从而提供了一定的诊断能力。

(3) 智能集线器(Intelligent HUB)

智能集线器除了具有主动集线器的功能外，还提供了集中管理功能，可以使用户更有效地共享资源。如果连接到智能集线器上的设备出了问题，可以很容易地识别、诊断和修补。

智能集线器的另一个出色特性是可以为不同设备提供灵活的传输速率。除了上连到高速主干的端口外，智能集线器还支持到桌面的10/16/100Mbit/s的速率，即支持以太网、令牌环网和FDDI。

(4) 交换集线器(Switching HUB)

交换集线器是在一般智能集线器功能的基础上又提供了线路交换功能和网络分段功能的一种智能集线器。

集线器正面的面板上有多个端口，用于连接来自计算机等网络设备的网线。端口使

RJ45型插座，连接时只需要把网线上做好的RJ45型插头插进去就可以了。面板上还设有各个端口的状态指示灯，通过这些指示灯可以知道哪些端口连接了网络设备，哪些端口在传输数据信息。面板上还设有集线器通电和工作状况指示灯。

在集线器背面有用于连接电源的插座，堆叠式集线器还有上下两个堆叠端口用于堆叠。

4. 光缆

光缆是光导纤维电缆的简称。城市有线电视系统现在普遍采用光缆、电缆混合网，干线传输使用光缆，用户分配使用电缆。与电缆相比，光缆的频带宽、容量大、损耗小、没有电磁辐射，不会干扰邻近电器，也不会受电磁干扰。

光缆的芯线是光导纤维，光导纤维简称为光纤。芯线里可以是一根光纤，也可以是多根光纤捆在一起，电视系统使用的是多根光纤的光缆。光缆的结构如图6-28所示。

光纤由纤芯、包层、一次涂覆层和二次涂覆层组成，如图6-29所示。纤芯和包层由超高纯度的二氧化硅制成。光纤分为多模型和单模型两种，多模型光纤的传输效果不如单模型光纤。电视光缆使用单模型光纤。

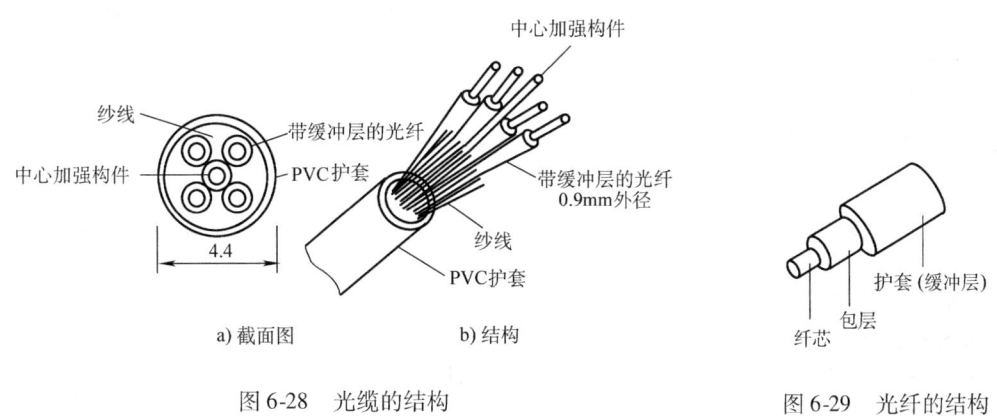

图6-28 光缆的结构　　　　　图6-29 光纤的结构

5. 同轴电缆

通信用的同轴电缆与电视用的同轴电缆结构相同。不同的是：电视用的同轴电缆为宽带同轴电缆，特性阻抗为75Ω；通信用的同轴电缆为基带同轴电缆，特性阻抗为50Ω。

通信用的同轴电缆分为粗缆和细缆两种。粗缆线径粗，型号为RG11。粗缆传输距离长、可靠性高，安装时中途不需要切断电缆，与计算机连接时要使用专门的收发器，收发器与计算机网卡连接。

细缆在通信系统中用得较多，型号为RG58。

6. 双绞线电缆

由于输入信号和输出信号各使用一根数据双绞线，因此综合布线工程使用的双绞线都是多对双绞线构成的双绞线电缆。连接用户插座的是4对双绞线构成的8芯电缆，干线使用多对双绞线构成的大对数电缆，如25对电缆、100对电缆。双绞线电缆是专门用于通信的，其特性阻抗为100Ω。按导线与信号频率的高低，双绞线电缆分为3类、4类、5类、超5类等多种。按电缆是否屏蔽，分为非屏蔽双绞线电缆（UTP）和屏蔽层为铜网线或铜网线加铝塑复合箔的是S-UTP型屏蔽层电缆，每对双绞线都包一层铝塑复合箔屏蔽层的是STP型电缆等。

双绞线电缆的表示方法如下：

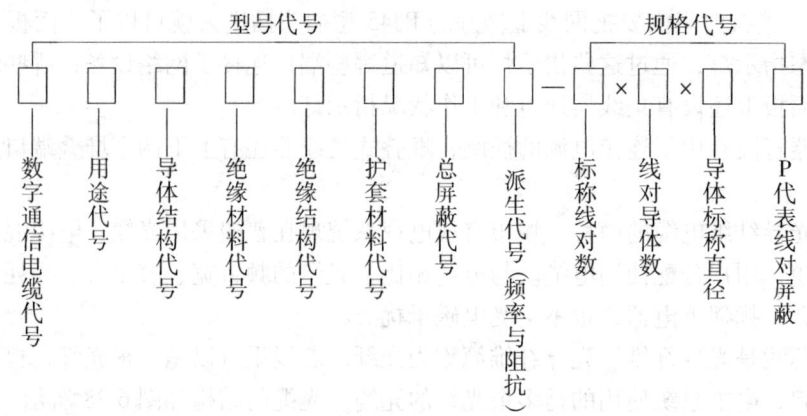

电缆的对数从 4 对到 2400 对，线芯直径一般有 0.5mm 和 0.4mm 两种规格。

五、综合布线工程实例

1. 工程概况

某商场（购物中心）建筑总面积约为 1.3 万 m^2，大楼层高为 6 层，楼面最大长度为 82m，宽度为 26m，建筑物在楼梯两端分别设有电气竖井。1~5 层为商业用房，6 层为管理人员办公室和商品库房。

2. 综合布线工程图分析

（1）工程图基本情况

图 6-30 所示为综合布线工程系统图，图 6-31 所示为 1 层综合布线平面图，图 6-32 所示

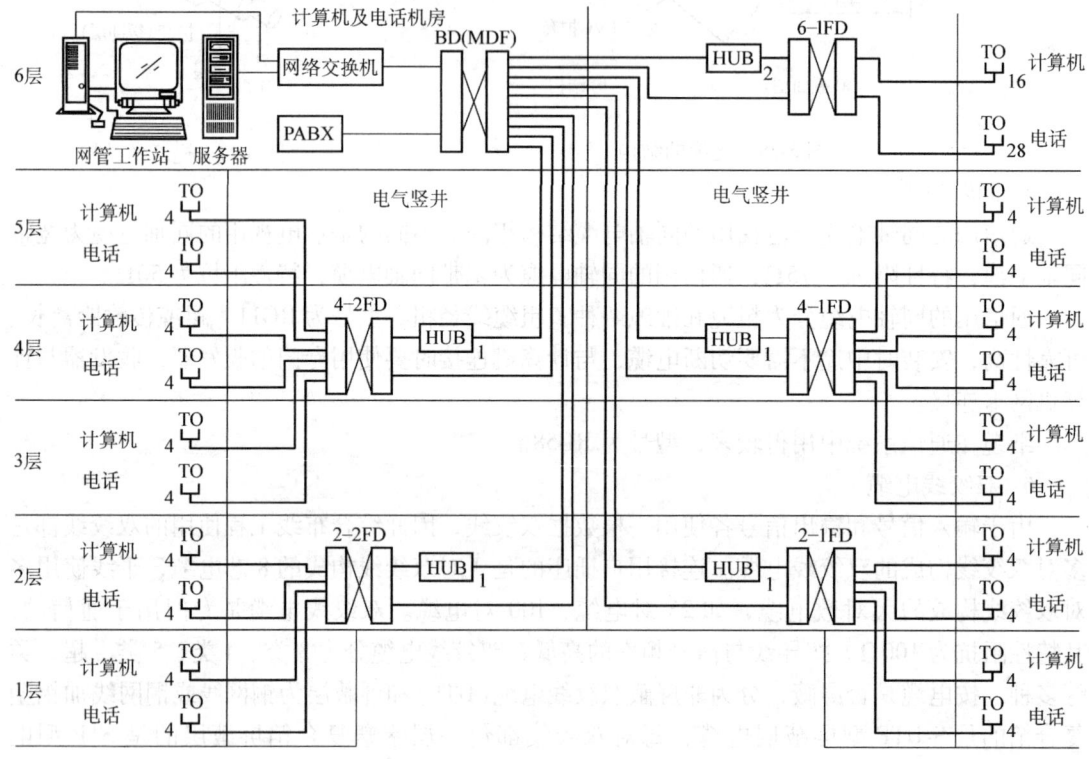

图 6-30　综合布线工程系统图

为 2~5 层综合布线平面图，图 6-33 所示为 6 层综合布线平面图。从系统图分析可看出，该大楼设计的信息点为 124 个。

(2) 工程图分析

1) 设备间子系统。从图 6-30 所示系统图中可以看出，设备间是设在第 6 层的计算机及电话机房内，主要设备包括计算机网络系统的服务器、网络交换机、用户交换机(PABX)和计算机管理服务器等组成的网管工作站。设备间的总配线架 BD(MDF)采用一台 900 线的配线架(500 对)和一台 120 芯光纤总配线架，分别用来支持语音和数据的配线交换。网络交换机的总端口数为 750(各楼层即管理子系统所连接的集线器(HUB)的数量，不包括冗余)。

其次，设备间的地板采用防静电高架地板；设置感烟、感温自动报警装置，使用气体灭火系统，安装应急照明设备和不间断电源，使用防火防盗门；按标准单独安装接地系统，确保布线系统和计算机网络系统接地电阻小于 1Ω，接地电压小于 1V。

2) 干线(垂直)子系统。由于主干线(设在电气竖井)中的距离不长(共 6 层楼高)，系统布线又从两个电气井中上下，另外用户终端信息接口数量不多，共 124 个，因此，在工程设计施工选用大对数双绞电缆作为主干线的连接方式。从图 6-30 所示系统图看出，从机房设备间的 BD(MDF)分别列出 1 根 25 对的大对数电缆到电气竖井里，分别接到 2 层的 2-1FD、2-2FD 配线箱内，作为语音(电话)的连接线缆。从 BD(MDF)分别引 1 根 4 对双绞电缆接入 1-2FD、2-2FD 前端的集线器(HUB)中，该集线器经过信号转换后可支持 24 个计算机通信接口。同理，也可分析出设在 4 层电气竖井内的 4-1FD、4-2FD 的设备。而设在 6 层内电气竖井内的 6-1FD，从机房 BD(MDF)引出的是 1 根 4 对双绞电缆，接入集线器(HUB)中，可输出 24 个计算机接口。引出两根 25 对大对数双绞电缆、支持语音信号。

考虑用户购物刷卡消费的习惯以及监控设备的需要，该主干系统应选用 5 类 UTP 以上标准。在设计施工时，不光是主干线选用 5 类 UTP 线缆，还应包括连接硬件、配线架中的跳线连接线等器件，都应选用 5 类标准，这样才能保证该系统的完整性。语音、数据线缆分别用阻燃型的 PVC 管明敷在电气竖井中。

3) 管理区子系统。从系统图分析，本工程共设有五个管理区子系统，分别设在 2 层、4 层、6 层的电气竖井的配线间内，通过管理区子系统实现对配线子系统和干线子系统中的语音线和数据线的终接收容和管理。它是连接上述两个系统的中枢，也是各楼层信息点的管理中心。配线架 DF 管理采用表格对应方式，根据大楼各信息点的楼层单元，例如 2-1FD、2-2FD 分别管理 1~2 层的信息点。记录下连接线路，线缆线路的位置，并做好标记，以方便维护人员的管理和识别。尽量采用标准配置的配线箱(柜)，一般来讲 IDC 配线架支持语音(电话)配线，RJ45 型的配线架支持数据配线。管理区子系统的配线间由 UPS 供电，每个管理区为一组电源线并加装断路器。

4) 配线(水平)子系统。从图 6-31 和图 6-32 所示平面图可以看出，配线子系统从 2 层或 4 层的配线间引至信息插座的语音和数据配线电缆和工作区用的信息插座所组成。按照收款台能实现 100Mbit/s 的要求，配线子系统中统一采用 5 类 UTP，线缆长度应满足设计规范要求，长度小于 90m 范围内。从图 6-32 中看出，在 F 轴和⑬轴电气竖井中设有配线箱，它采用星形网络拓扑结构，即放射式配线方式，引出四条回路，每条回路为两根 4 对对绞电缆穿 SC20 钢管暗敷在墙内或楼板内。为每个收款台提供一个电话插座，一个计算机插座。在 F 轴和㉑轴处的配线箱向左引出四条回路，每条回路也是两根 4 对对绞电缆穿 SC20 钢管暗

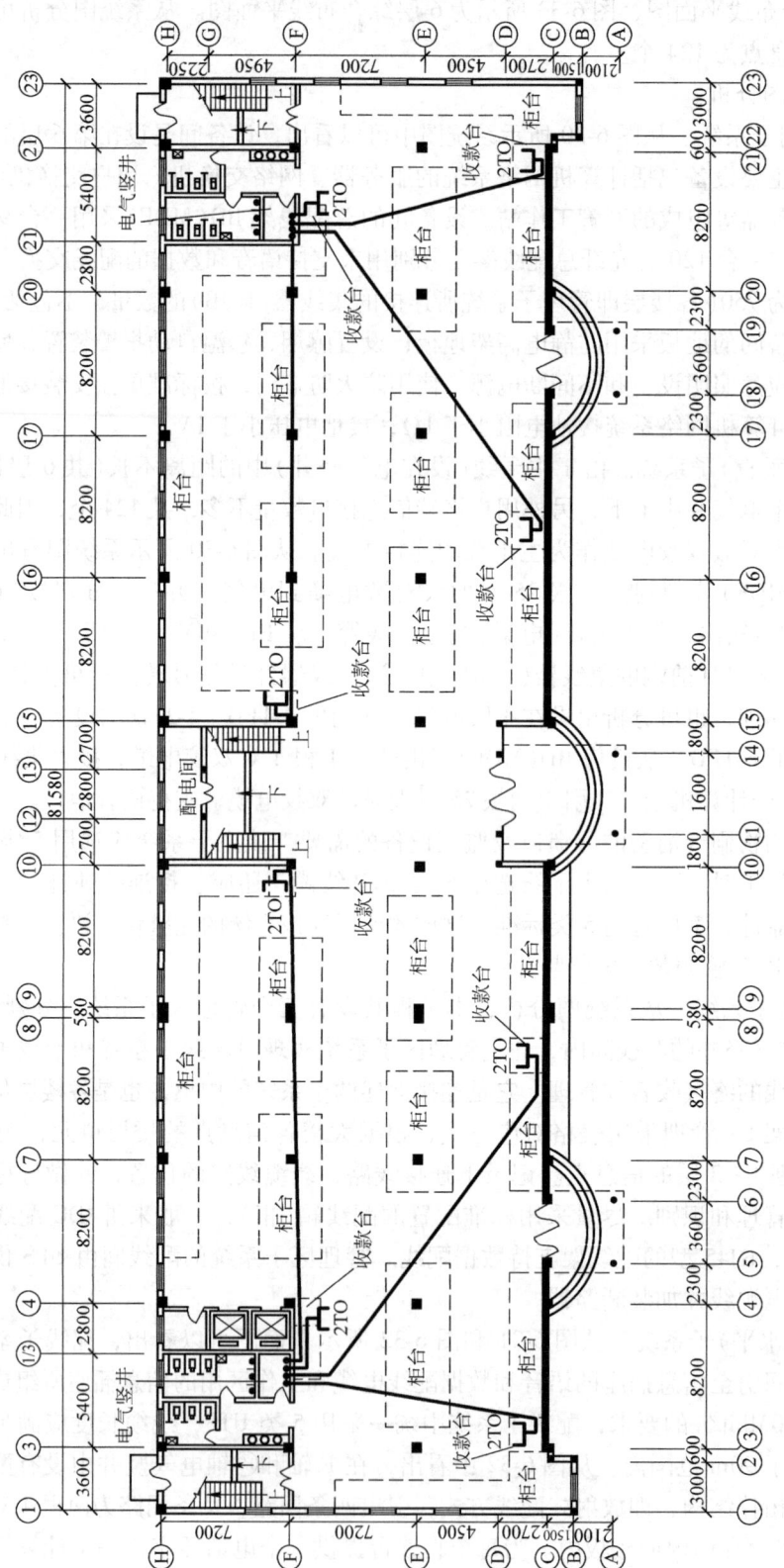

图6-31 1层综合布线平面图

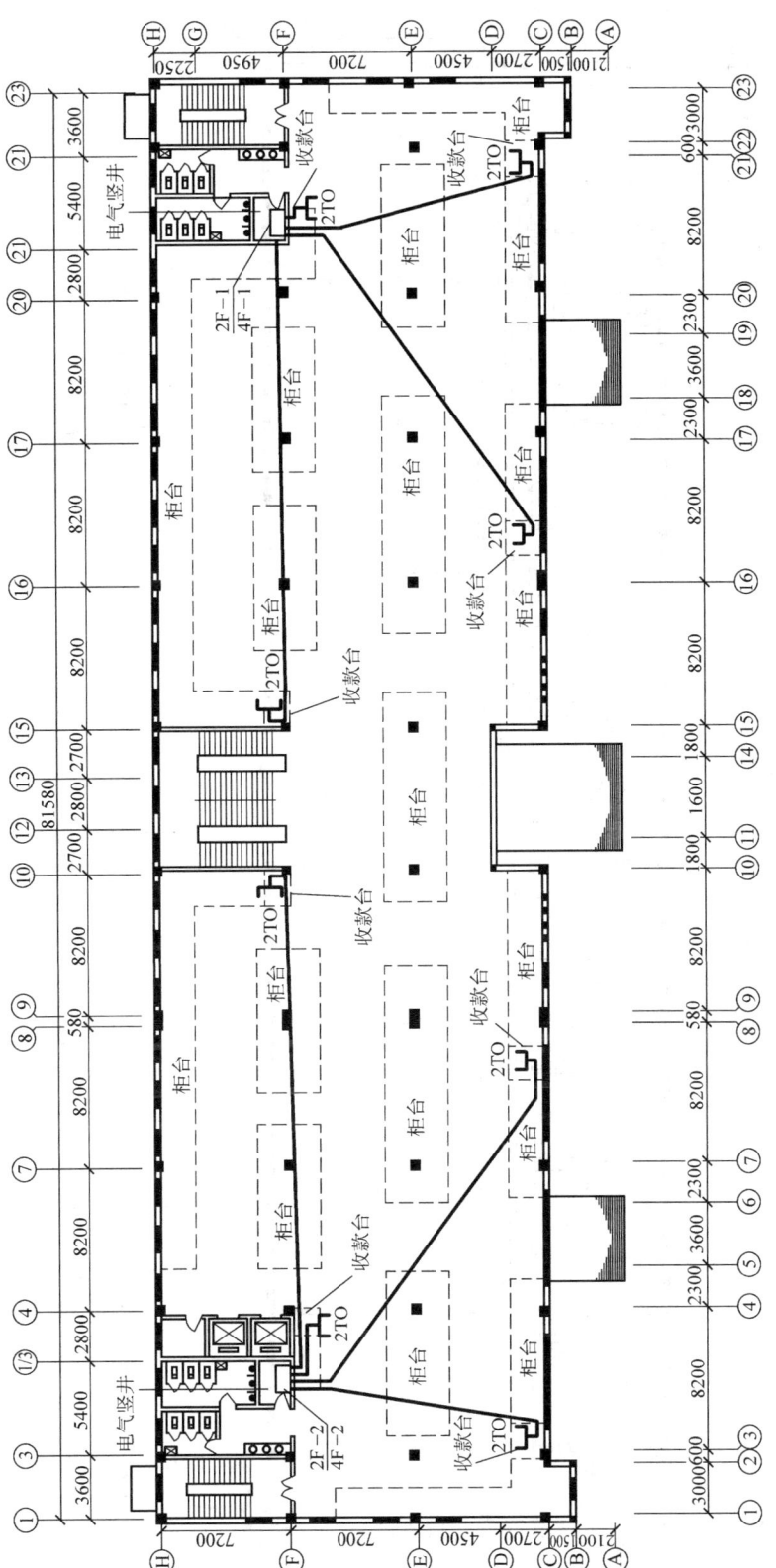

图 6-32 2～5 层综合布线平面图

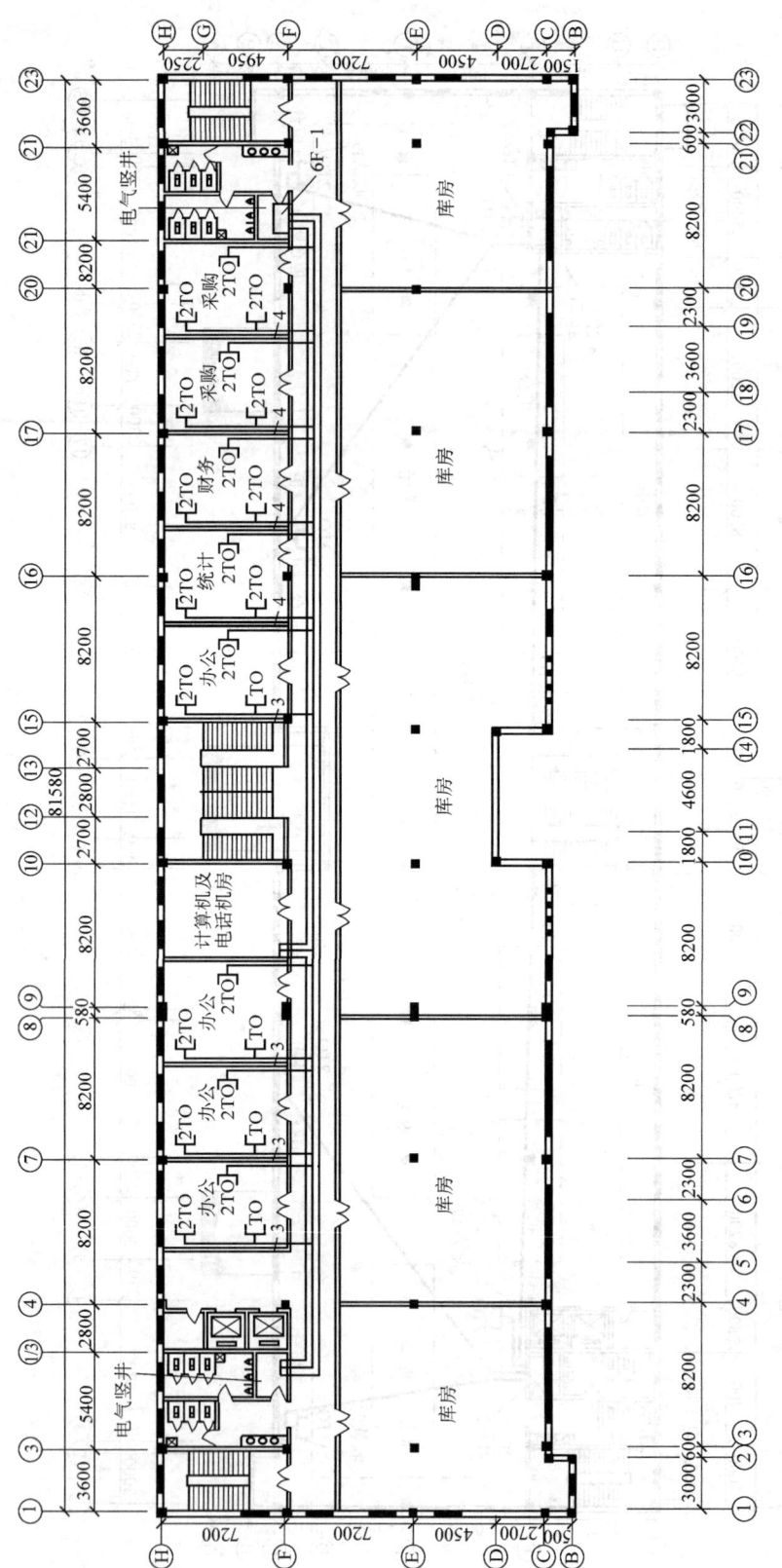

图 6-33 6 层综合布线平面图

敷。从图6-31中可看出，1层电气竖井内未设置的线箱，它是从所设在2层楼配线箱(FD)引下来的，采用放射式配线，每条回路也是两根4对对绞电缆，穿SC20钢管在楼板内或墙内暗敷。从1~5层平面图分析，由于每层商场的收款台数量不多，所以线路分析也较简单。而在图6-33中的办公区就显得复杂一些，因为它的信息点较多。以财务室为例：左面墙上设计了两组信息插座，所以它用了4对对绞电缆，每组插座用2对对绞电缆，1对为电话，1对为计算机插座接口。右墙只设计一组信息插座，所以它只用了2对对绞电缆。在办公室的左面墙上虽然也是两组插座，但它少了一个接口，所以只向它提供了3对对绞电缆。房间内的电话和计算机接口可进行自由组合，但总数不能超过五个。由于办公区信息点多，而且所有线路都是放射式配线，所以线缆宜穿钢管沿墙沿吊顶内暗敷。

5）工作区子系统。工作区子系统由终端设备(计算机、电话机)连接到信息插座的连线组成。在图6-31中，它的布线方案中一个工作区按180m左右划分即设置一个收款台，配置信息插座两个。每个信息插座通过适配器连接可支持电话机、数据终端、计算机设备等。所有信息插座都使用统一的插座和插头，信息插座I/O引针(脚)接线按TIA/EIA568A标准，如图6-34所示。所有工作区内信息插座按照TIA/EIA568标准嵌入和表面安装来固定在墙或地上，此处模块选用带防尘和防潮弹簧门的模块，如图6-35所示。

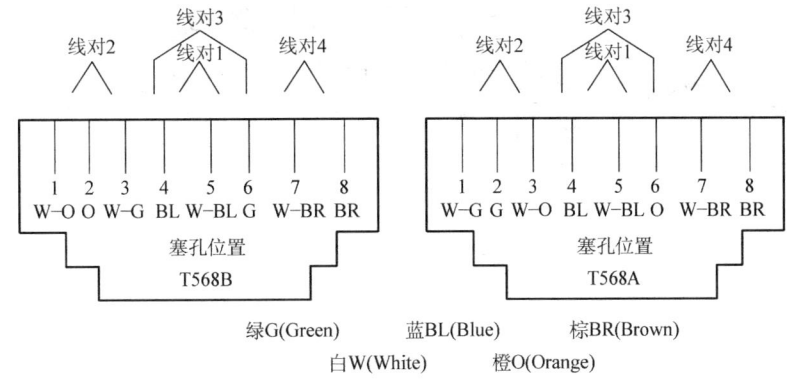

图6-34　信息插座接线图

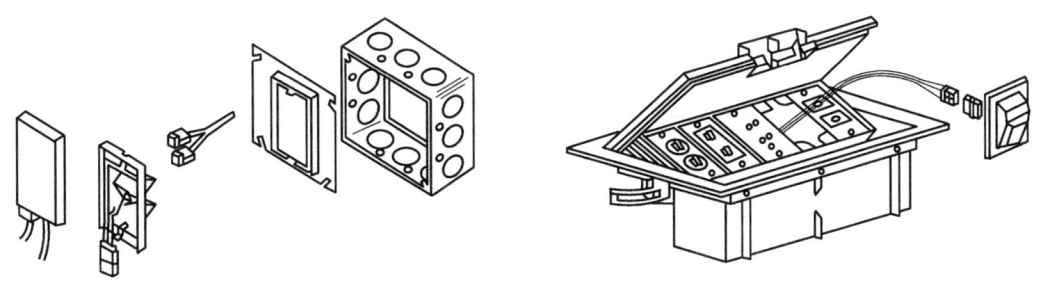

图6-35　信息插座在墙体上、地面上安装示意图

第五节　停车场(库)管理系统

在现代城市中，为了满足车辆管理的需要，通常在各类较大型建筑物或住宅小区中都设

有停车场(库)。为了科学有效的对停车场(库)进行管理，需设置停车场管理系统。

停车场(库)管理应满足交通组织的需要，保障车辆安全，方便公众使用，同时降低管理成本，防止收费票款的流失。因此，现代化的停车场管理设备已得到广泛的应用。在欧美等发达国家，停车场的自动化管理设备已有30多年的历史，经历了从最早的模拟电路控制技术到数字逻辑电路控制技术，直到现在的计算机控制技术。随着中国经济的高速发展与综合国力的增强，汽车产业与城市化进程同步地出现了兴旺，成了新的经济增长点。但是，庞大的机动车数量给城市道路带来了沉重的压力，同时出现了"停车难"，更是加大了城市交通的负担。因此，停车场(库)作为城市基础设施受到了高度重视。

一、停车场管理系统的基本组成

基本的停车场管理有入口系统、出口系统和管理系统。系统基本构成如图6-36所示。

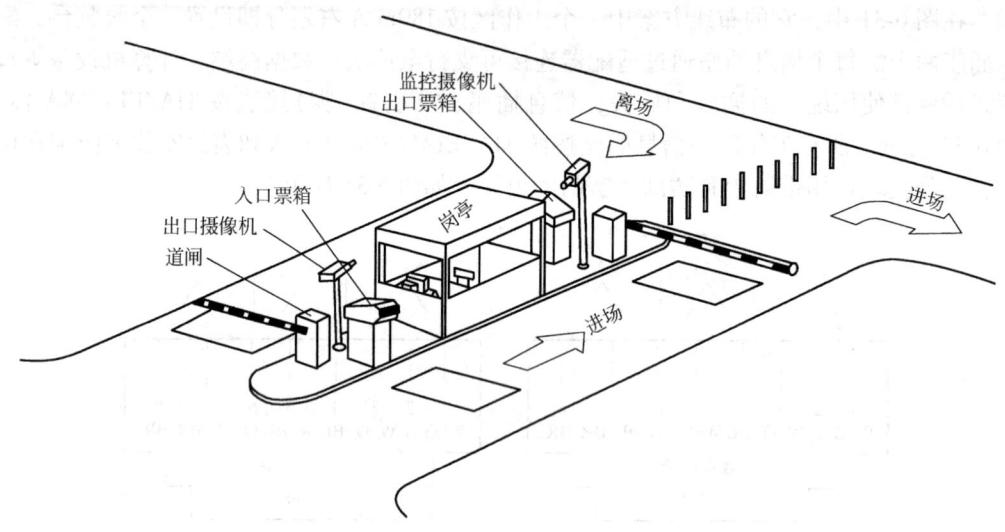

图6-36 停车场管理系统基本构成

1．停车场管理系统结构

（1）功能

1）安全泊车。提供泊车位置的同时，从入场直到离场时间段内要防盗、防损、防破坏。

2）高效管理。显示车位状况，安排恰当车位，引导迅速泊车，离场路径指导，进行泊车相关记载。

3）分类收费。针对内部/外部、租位/临时、不同车型、停时长短等各种不同情况刷卡或收费。

（2）构成

停车场管理系统结构如图6-37所示。

1）停车场管理中心。中央控制计算机是管理、控制的中心。负责整个系统的协调与管理，包括软、硬件参数设定，信息分析与处理，控制命令发布，与其他计算机联网通信，将保安管理、商业统计及计费集于一体，安装于图中的收费亭内。

2）停车场入口引导控制。入口控制还包括入口引导屏和车位空额屏等，其置于停车入口的前端，主要用于：一是表示泊位状况（无空位、显示满位、拒入）；二是引入停车步骤。

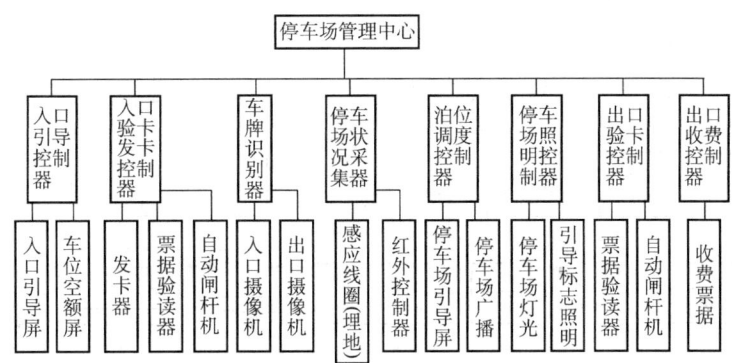

图 6-37 停车场管理系统结构

3）出入口的收费控制。包括出入口验卡、发卡控制器和出口收费控制器等。出入停车场车辆以接触卡/非接触卡/收费卡等方式进行付费起始和终止，以及与计费相关的卡、票验证后，起动自动闸杆机栏杆放行通过。这部分置于停车场入口、出口位置。

4）车辆辨识与确认。包括车牌识别器和出入口摄像机等。目前对车辆形状及车辆牌号最有效的辨识、确认方式是进行摄像及核对，均在出、入口时附近自动闸杆机前进行。

5）泊车状况采集。包括停车场状况采集器和泊位调度控制器等。以入口、出口处的红外探测及埋地感应线圈的感应作用反映泊车的进入和驶出。

6）照明控制。包括停车场照明控制器等，对停车场常态照明及引导、标志照明的启/闭进行远控（进入口附近的中心控制车库内）。

（3）分类

1）按规模划分

① 一般停车场：由中央收费系统、入口管理、出口管理、自动闸杆机、车辆感应检测、车况摄像 6 部分组成，应用较多。

② 大型停车场：分为出入口控制、监视、中央数据采集三大系统，并对车辆自动识别、防盗、防损及车位引导应用高新技术，相比之下更为完善。

2）按使用对象划分

① 内部停车：单位、居民楼区自用。使用者固定、长期、出入时段集中。可靠性高，但要求处理迅捷。宜采用非接触式 RF 感应卡、短距射频识别卡以提高识别速度，自动闸杆机授权断路器，提高进出速度。

② 公用收费停车：泊车多为临时，一次使用量大、时间短，要求安全及满足低成本商业运营收费的需要。宜采用磁卡、打印条码式收费，降低成本。

3）按收费系统划分

① 临时卡（票）。有两种：

人工收费——泊车离场至出口停车亭，收费员以停车卡计时收费，停车数自动减一；

自动缴费——驾驶员将停车卡插入自动收费机，收费机扣除卡上金额、计数并放行。

② 固定卡（票）。月票/储值卡：

购卡/充值——输入个人代码及金额后，购卡点将信息传入管理数据库即可使用；

自动计费——泊车验卡时自动扣除金额，但扣完为无效卡，充值后方能再用。

2. 停车场管理系统工作流程

（1）停车场入口系统

车辆进入停车场流程如图6-38所示。停车场入口设备布置及车辆入场方法如图6-39所示。

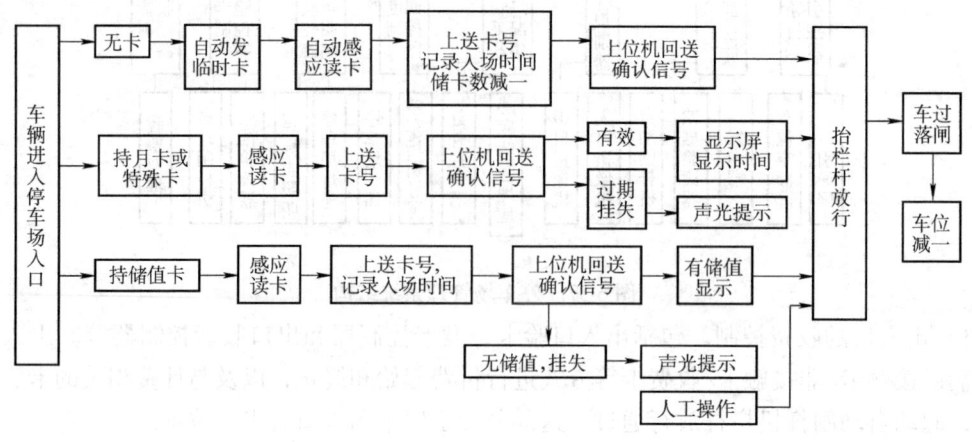

图6-38　车辆进入停车场流程

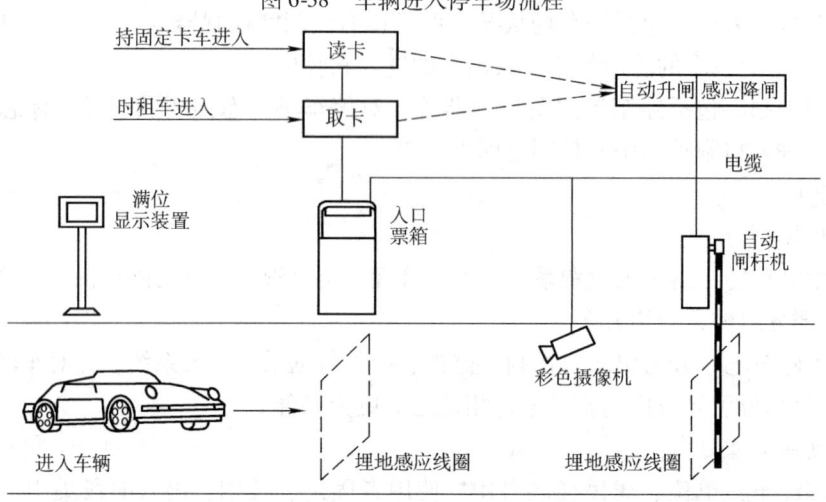

图6-39　停车场入口设备布置及车辆入场方法

入口系统主要由入口票箱(内含感应卡(IC卡)读卡器、出卡机、车辆检测器、入口控制板、对讲分机)、自动闸杆机、埋地感应线圈、满位显示装置、彩色摄像机等组成。

系统在感应卡停车场收费系统的基础上配置了图像捕捉对比系统，以完成对进出场车辆图像的捕捉对比，包括车型、颜色、车牌号等。

1）时租车辆进入：时租车辆进入停车场时，设在车道下的埋地感应线圈检测车到，入口机发出有关语音提示，指导司机操作；同时起动读卡机操作。司机按取卡键后，出票机即发出一张感应卡。司机在读卡区读卡，自动闸杆机栏杆抬，起放行车辆，同时现场控制器记录本车入场日期、时间、卡片编号、进场序号等并将有关信息上传至管理主机。车辆通过后自动闸杆机栏杆放下，埋地感应线圈能够感应到车辆是否通过并具有防砸车及防无卡车跟随入内的功能。

2) 固定卡车辆进入：固定卡车辆进入停车场时，设在车道下的埋地感应线圈检测车到，起动读卡器工作。司机持固定卡读卡，感应卡读卡器读取该卡的特征和有关信息，判断其有效性。若有效，自动闸杆机栏杆抬起，放行车辆。车辆通过后栏杆自动放下；若无效，发出语音提示，不允许车辆进入。固定卡停车户可以使用系统提供的不同类型的卡（普通卡、贵宾卡、免费卡、月租卡、季租卡、年租卡、打折卡等）。埋地感应线圈能够感应到车辆是否通过并具有防砸车及防无卡车跟随入内的功能。

(2) 停车场出口系统

车辆离开停车场流程如图6-40所示，车辆出场设备(布置)及车辆出场方法如图6-41所示。

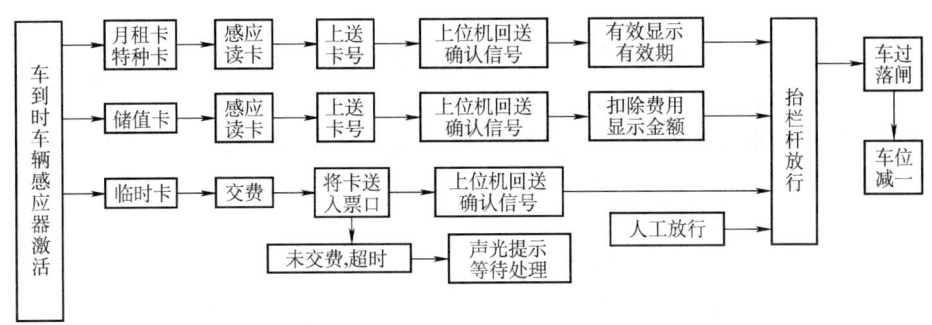

图 6-40　车辆离开停车场流程

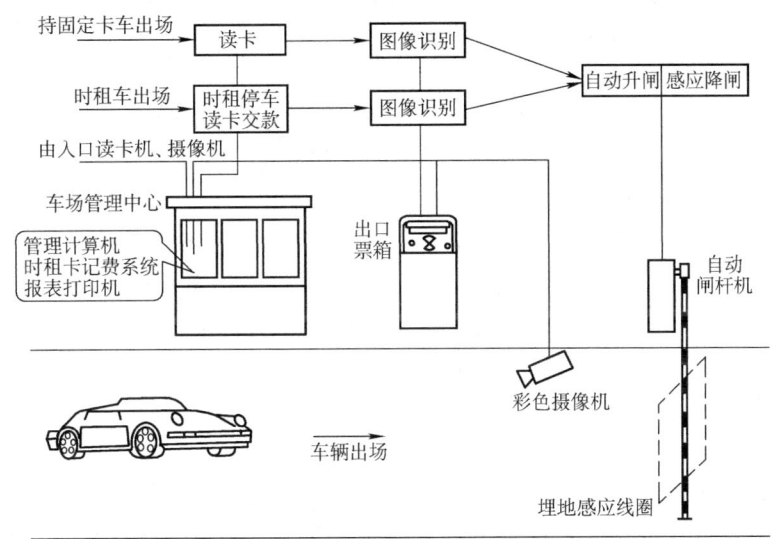

图 6-41　车辆出场设备(布置)及车辆出场方法

出口部分主要由出口票箱(包括感应卡读卡器、车辆检测器等)、自动闸杆机、埋地感应线圈、彩色摄像机等组成。

1) 出口部分车辆驶出停车场时，在出口处，司机将感应卡交给收费员，收费计算机根据感应卡记录信息自动计算出应交费，并通过收费显示牌显示，提示司机交费。收费员收费，确认无误后，按确认键，自动闸杆机栏杆升起，车辆出场。车辆通过埋在车道下的埋地感应线圈后，自动闸杆机栏杆落下，同时收费计算机将该车信息记录到交费数据库内。

2) 固定卡车辆驶出停车场时，设在车道下的埋地感应线圈检测车到，司机把固定卡在出口票箱感应器 15cm 距离内掠过，出口票箱内感应卡读卡器读取该卡的特征和有关感应卡信息，判别其有效性。若有效，自动闸杆机抬起栏杆放行车辆，车辆检测器检测车辆通过后，栏杆自动落下；若无效，则报警，不允许放行。

(3) 停车场管理系统

停车场管理系统采用稳定成熟的数据平台，适用于 Windows2000/WindowsXP/SQL Server2000 数据库等操作系统。系统软件具有功能强大的数据处理功能，采用人性化应用设计和友好的中文管理界面。可将数据处理从客户端转移到应用服务器和数据服务器上，适应大规模和复杂的应用需求，具有广泛的数据库访问和复制能力，能有效提高系统自发处理能力及安全性。

1) 停车收费系统。停车收费系统由收费管理计算机、感应卡控制器、报表打印机、收费显示屏、操作台组成。收费管理计算机除负责与出入口票箱读卡器、发卡器通信外，还负责对报表打印机和收费显示屏发出相应控制信号，同时完成车场数据采集下载、读用户感应卡、系统维护等管理功能。系统收费软件可以完成处理票卡付款、财务报表、停车费设置等收费管理功能。

2) 管理中心系统。管理中心系统计算机除负责与收费管理处理计算机通信外，还负责对报表打印机和收费计算机发出相应控制信号，同时完成车场数据采集下载、读用户感应卡、查询打印报表、统计分析、系统维护和月租卡发售功能。管理中心系统的基本功能有：在线监控整个停车场系统，现金收支记账与数据库报表，当前状况及历史记录查询，系统设备、票卡数据库管理等。系统可预留系统集成接口，并可以网上远程登录查看信息。

(4) 进出管理安全机制

进出管理安全机制主要实现身份认证、各种事件的记录、停车计费和车辆的安全防范等方面的功能。其中，车辆安全防范是整个系统的非常重要的组成部分，它可以理解为车辆通行安全，目前通常是通过车辆防砸和防冲撞等机制来实现；对于车辆防盗等方面的安全，可通过进出整车图像对比、双卡认证、防跟车机制和车牌识别技术等多种手段来实现。

1) 防砸车保护系统。如果车辆读卡进入停车场时，由于车身比较长，车头部分已位于埋地感应线圈上方，车尾部分仍未驶离自动闸杆机，此时红外线防砸车装置能有效防止自动闸杆机栏杆落下砸坏车辆，起到保护车辆的作用。防砸车保护系统共采用三层保护：

地感防砸车装置：当车离开自动闸杆机时，穿过埋地感应线圈，自动闸杆机栏杆才能落下；

红外对射防砸车装置：当车停在栏杆下，挡住红外线，此时栏杆绝对不会落下来。

自动闸杆机自带缓冲功能：栏杆下带有感受装置，只要有物体接触就立即自动反向运行，且栏杆上带有安全防护措施，即红色软橡胶，绝对不会刮伤车。

2) 图像对比系统。停车管理软件带有图像对比功能，通过图像捕捉卡、通信卡与计算机连接。在停车场入口、出口各设一个彩色摄像机，当车辆出入时，自动抓拍生成两幅照片，通过智能对比防止开错车或盗车，避免内部失窃。系统具备车辆自动识别功能，即出入时自动捕捉车牌号，并自动比较，发现同一张卡不同车牌则报警提示。

3) 车位引导系统。可以让司机清楚地看到什么地方有适合的车位，将进入停车场的车辆以最佳路径自动引导至空车位，并在车辆未能按引导停放时报警。车位分配不受错误停放的影响。整个车场的车位情况可实时动态以表格或图形方式显示。停放车辆可提供软件锁定功能,在未开软件锁之前任何驶离的企图都会产生报警,有效防止车辆被盗。系统可采用地感检测、红外检测、超声波检测三种方式。

4)辅助设备及功能。

① 内部对讲系统:设于出入口和收费入口的内部对讲系统。管理中心可及时向出入口传达信息;出入口也可及时交换信息,供客户询问停车情况。

② 消防联动系统:当消防系统切断电源时,自动闸杆机转为手动,紧急钥匙可迅速打开自动闸杆机。或者将自动闸杆机加上蓄电池,当电源切断时,转为蓄电池工作,可迅速将栏杆升起。

③ 尾气检测系统:停车场内配备多台排风机,用以排放汽车尾气。安装设置 CO 探测器,设定 CO 深度报警值,夜间用电低谷时,设置风机起停日程,使风机可智能地动作,有效地降低能耗。

二、停车场管理系统主要设备

1. 自动闸杆机

(1) 自动闸杆机的控制操作

自动闸杆机也称为挡车器、道闸等,是停车场的关键设备,一般控制的方式有三个途径:

值班员通过设置在值班室的"升"、"降"、"停"按钮操作。

值班员通过遥控器操作实现控制。

通过控制器实现刷卡认证通过后,控制自动闸杆机的栏杆升降。

(2) 自动闸杆机的机械特性

由于要长期的频繁动作,自动闸杆机的机械特性显得特别重要。一般自动闸杆机采用精密的四连杆机构使栏杆作缓起、渐停、无冲击的快速平稳动作,并使栏杆只能在限定的 90°范围内运行。另外,采用精密的全自动跟踪平衡机构使任意位置静态力矩为零,从而最大限度地减小驱动功率和延长机体寿命。箱体采用防水结构及抗老化的室外型喷塑处理,保证坚固耐用,外壳不容易退色。

(3) 自动闸杆机的主要功能

手动按钮可作"升闸"、"降闸"及"停止"操作。

无线遥控可作"升闸"、"降闸"及"停止"或对手动按钮的"加锁"操作。

停电自动解锁、停电后可手动抬杆。

具有便于维护与调试的"自栓模式"。

可选配自动闸杆机及通道两对红绿灯。

可选配光隔离长线驱动器,到计算机的 RS232-C 串行通信接口,具备丰富的底层控制及状态返回指令。

可通过计算机对自动闸杆机作最完备的控制。

(4) 自动闸杆机的电气特性

采用磁感应霍尔元件进行行程控制,非接触工作,永无磨损偏移;采用光电耦合、无触点、过零导通技术,主控板无火花干扰,可靠工作。

采用升降超时与电动机过热保护,防止自动闸杆机非正常损坏。

采用双重机械行程开关,进行切电总保护。

光隔离串行通信接口,隔离电压大于 1500V,确保上位机安全,实现抗汽车电火花等强电磁干扰的高可靠通信。

2. 车辆检测器和埋地感应线圈

为了能够自动探测到车辆的位置和到达情况，需要在路面下安装埋地感应线圈感应正上方的车辆。当汽车经过埋地感应线圈的上方时，埋地感应线圈产生感应电流传送给车辆检测器，车辆检测器输出控制信号给自动闸杆机或主控制器。

一般情况下，在停车场入口设置两套车辆检测器和埋地感应线圈。在入口票箱旁边设置一套检测器，当检测到车辆驶入信号收到出卡按钮被按动信号时，票箱内置出卡机自动发卡。另外在入口处自动闸杆机栏杆的正下方设置一个埋地感应线圈，直接和自动闸杆机的控制机构联锁，防止在栏杆下有车辆时，由于各种意外造成的栏杆下落，将车辆砸伤。

在出口处的栏杆下，设置一个防砸车的埋地感应线圈便可以了。

埋地感应线圈的施工要求比较严格，具体要求如下：

（1）线圈电缆及接头处理

线圈电缆最好采用多股铜芯线，导线截面积不小于 $1.5mm^2$。最好采用双层防水线。

（2）线圈形状及匝数要求

埋地感应线圈形状应该是矩形。两条长边与车辆运动方向垂直，边宽推荐为 1.2 ~ 1.8m。边长取决于道路的宽度，通常两端比道路间距窄 1 ~ 1.8m。

线圈周长在 6m 以内，要绕 4 匝；周长如果在 10m 以内，需要绕 3 匝；周长如果超过 10m，需要绕 2 匝。安装的一个好方法是把相邻的线圈交替绕 3 匝和 4 匝。

（3）线圈安装要领

线圈埋设首先要用切割机在路面上切出槽，在 4 个角上进行 45°倒角，防止尖角破坏线圈电缆。切槽宽度一般为 7 ~ 8mm，深度为 13 ~ 15mm。槽底要平整。防止刮破线圈。同时还要为线圈引线切割出一条通到自动闸杆机的导入槽。

埋设电缆时，要留出足够的长度以便连接到自动闸杆机车辆检测器，又能保证中间没有接头。绕好线圈后，将电缆通过引出线槽引出。线圈总长度应在 18 ~ 20m 之间，埋地感应线圈应用截面积大于等于 $0.25mm^2$ 的耐高温绝缘线。在放入线圈时注意不要把线的绝缘层破坏，以免造成漏电或短路。引出线要双绞在一起并行接入地感线圈两个 LOOP 端，长度不能超过 4m，每米中双绞数不能少于 20 个。埋地感应线圈安装图如图 6-42 所示。

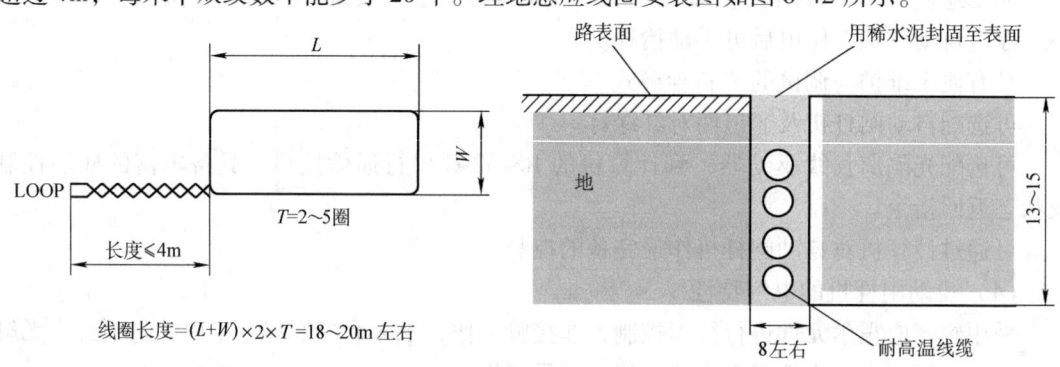

图 6-42　埋地感应线圈安装图

有的厂家将车辆检测器称为地感控制器，表 6-1 是一个典型的地感控制器的特性参数，可以看出车辆检测器感应到车辆后，给出两个继电器触点控制信号，可以很方便地和其他设备联动。

表 6-1 典型的地感控制器特性参数

接线端子说明	
接 线 端 子	说　明
LOOP	埋地感应线圈的两个端子
GND/+12V	POWER-/POWER+
4A+/4A-	RS-485 通信接口

	接线端子	说 明
A	NC	A 继电器常闭触点
A	NO	A 继电器常开触点
A	COM	A 继电器公共端
B	NC	B 继电器常闭触点
B	NO	B 继电器常开触点
B	COM	B 继电器公共端

指示灯定义			
红灯	绿灯	说明	次数
闪烁	闪烁	系统自检，LOOP 初始化	3
	常亮	正常	
亮	常亮	检测与车辆	
	闪烁	检测不到埋地感应线圈	一直闪烁

灵敏度定义								
功能开关				灵敏度调节				
DIP1	DIP2	DIP3	说　明	DIP4	DIP5	DIP6	说　明	
ON			A 继电器延时 3s 断开	OFF	OFF	OFF	1 挡	
	ON		B 继电器输出 320ms	OFF	OFF	ON	2 挡	
		ON	B 继电器在出车时输出 320ms	OFF	ON	OFF	3 挡	
		ON	B 继电器在出车时输出 320ms	OFF	ON	ON	4 挡	
		OFF	B 继电器在进出时输出 320ms	ON	OFF	OFF	5 挡	
		OFF	B 继电器在进出时输出 320ms	ON	OFF	ON	6 挡	

线圈长度和线圈圈数			
型　号	长度/m	宽度/m	圈　数
大型	4.00	1.0	2
中型	2.00	1.0	3
小型	1.50	0.5	5
备注：	线圈长度范围最好为 18~20m 线圈圈数要根据要埋地感应线圈的大小适当调整，线圈越小，圈数应适当地加多；线圈越大，圈数应适当减少		

电气指标		
工作电压		DC12V，±10%
工作电流	待机工作电流	<40mA
工作电流	检测到车电流	<40mA

3. 感应卡读卡器

停车场的感应卡读卡器根据所用的感应卡感应距离的不同，分为短距离、中长距离和远距离感应卡读卡器。

短距离感应卡读卡器一般采用通用的 ID 卡或者 IC 卡，通用性好，一般感应距离为 5~10cm，对于中长距离的感应卡读卡器，采用加大感应卡读卡器的感应天线和发射功率，卡片采用常规的 ID 卡和 IC 卡，距离可以达到 1m 左右，但这种感应卡读卡器的价格比较高。如果还需要更远距离的感应卡读卡器，一般卡片必须采用电池供电，即采用有源卡。

下面列出三种常用停车场感应卡读卡器的参数以便参考。

（1）短距离感应卡读卡器

传输频率：125kHz。

感应距离：10~15cm；感应卡：标准感应卡。

读卡所需时间：0.1s。

操作温度：-35~70℃。

工作电源：DC5~15V。

（2）中长距离感应卡读卡器

传输频率：915MHz。

感应距离：300~500cm；感应卡：专用卡，兼容 AWID 等系列感应卡。

读卡所需时间：0.1s。

操作温度：-35~70℃。

工作电源：DC5~15V/3A。

（3）远距离感应卡读卡器

传输频率：433.92MHz。

感应距离：500~1000cm；感应卡：专用卡。

读卡所需时间：0.1s。

操作温度：-35~70℃。

工作电源：DC12V/500mA。

4. 彩色摄像机

车辆进入停车场时，自动起动彩色摄像机，记录车辆外形、色彩、车辆号等信息，存入计算机，供识别之用。同时配备相应的辅助设备，如照明灯等。

5. 管理计算机

管理计算机配备相应的停车场管理软件，实现日常运营管理，如计时、计费管理，收费显示，车位统计，图像存储、显示、对比等，以及设备运行状态监控显示等；实现系统信息管理，如报表统计、存储、打印，财务管理，费率调整，年卡、月卡发放管理，系统操作权限管理等。系统具有通信接口，通过网络与其他系统通信和联动。

三、停车场管理系统工程实例

一个实际的停车场管理系统如图 6-43 所示。

图像型停车场标准配置见表 6-2。

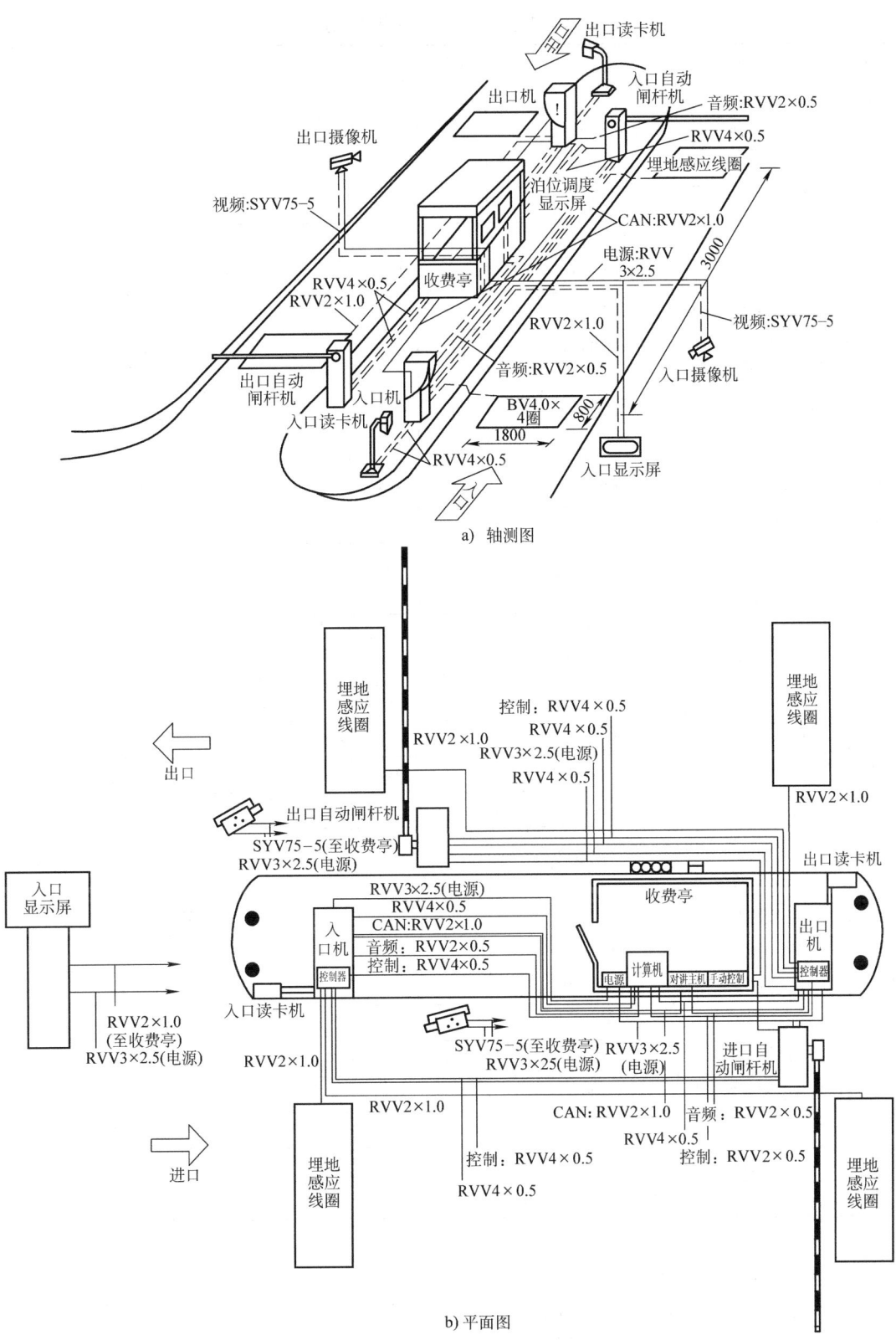

图 6-43 停车场管理系统组成

表 6-2　图像型停车场标准配置

序号	设备名称	设备型号	数量	单位	备注
A	入口设备				
1	自动闸杆机	CA5800Z—IT	1	台	
2	感应线圈	CA5800XQ	2	套	每个入口2套
3	车辆检测器	CA5800JCQ	2	台	每个入口2台
4	票箱	CA5800PX1	1	台	
5	显示屏	CA5800XSP	1	台	
6	语音系统	CA5800YY	1	台	
7	彩色摄像机	CA5800SXJ1	1	台	含防护罩、支架、立杆
8	自动光圈镜头	6mm	1	套	自动光圈
9	感应卡读卡器	CA5800DKQ1	1	台	短距离感应卡读卡器(5~15cm)
10	出卡机	CA5800TKJ	1	台	只有入口处
11	对讲主机	CA5800DJJ	1	台	只有入口处
B	出口设备				
1	自动闸杆机	CA5800Z—IT	1	台	
2	感应线圈	CA5800XQ	1	套	每个入口1套
3	车辆检测器	CA5800JCP	1	台	每个入口1台
4	票箱	CA5800PX1	1	台	
5	显示屏	CA5800XSP	1	台	
6	语音系统	CA5800YY	1	台	
7	彩色摄像机	CA5800SXJ1	1	台	含防护罩、支架、立杆
8	自动光圈镜头	6mm	1	套	
9	感应卡读卡器	CA5800DKQ1	1	台	短距离感应卡读卡器
C	管理处设备				
1	通信转换器	CA5800TX	1	台	光电隔离防雷击
2	主控制器	CA5800ZKQ	1	台	
3	视频捕捉卡	CA5800SPK	1	台	
4	台式读卡器	CA5800DKQ9	1	台	
5	ID卡	EM	100	张	普通ID卡
6	图像管理软件	CA5800PC2	1	台	带图像对比
7	出入口电源	CA5800DY	2	台	3A/DC24V/DC12V
8	不间断电源	UPS	1	台	UPS不间断电源
9	台式计算机	PIV2.0GB/256MB/50GB	1	台	

1. 停车场安装施工方法

停车场出入口分离施工布线图如图 6-44 所示(穿线管用铁管)。标准型收费管理系统出入口分离布线管号线号见表 6-3。设备安装位置图如图 6-45 所示。

表6-3 标准型收费管理系统出入口分离布线管号线号

管号	管径/mm	穿线线号	线缆型号	用途	备注
0号管	φ20	0号线	RVV—3×2.5mm²	系统总电源	
1号管	φ16	1号线	RVV—3×1mm²	入口设备总电源	
2号管	φ25	2号线	RVVP—2×0.5mm²	入口控制机通信	
		3号线	SYV—75—5	入口抓拍摄像机信号	无图像对比可不用
		4号线	电话线	对讲信号线	无对讲可不用
3号管	φ16	5号线	RVV—3×1mm²	入口栏杆电源	
4号管	φ20	6号线	RVV—4×0.5mm²	入口栏杆控制	
		7号线	RVVP—2×0.5mm²	车辆检测器信号	
5号管	φ20	8号线	RVV—2×0.5mm²	入口抓拍摄像机电源	无扩展图像对比可不用
		9号线	SYV—75—5	入口抓拍摄像机信号	
6号管	φ20	10号线	RVV—3×1mm²	车位显示屏电源	无扩展车位显示屏可不用
		11号线	RVVP—2×0.5mm²	车位显示屏通信	
7号管	φ16	12号线	RVVP—2×0.5mm²	入口控制机地感线圈连接线	
8号管	φ16	13号线	RVVP—2×0.5mm²	入口栏杆地感线圈连接线	
9号管	φ16	14号线	RVV—3×1mm²	出口控制机电源	
10号管	φ20	15号线	RVV—4×0.5mm²	出口栏杆控制	
		16号线	RVVP—2×0.5mm²	出口控制机通信	
11号管	φ20	17号线	RVV—4×0.5mm²	出口栏杆控制	
		18号线	RVVP—2×0.5mm²	车辆检测器信号	
12号管	φ16	19号线	RVV—3×1mm²	出口栏杆电源	
13号管	φ20	20号线	RVV—2×0.5mm²	出口抓拍摄像机电源	无扩展图像对比可不用
		21号线	SYV—75—5	出口抓拍摄像机信号	
14号管	φ16	22号线	RVVP—2×0.5mm²	出口控制机地感线圈连接线	
15号管	φ16	23号线	RVVP—2×0.5mm²	出口控制机地感线圈连接线	

2. 停车场设备安装及调试内容

(1) 埋地感应线圈及安全岛施工

一般停车场管理系统应先进行埋地感应线圈及安全岛的施工。埋地感应线圈应放在水泥地面上，可用开槽机将水泥地面开槽，线圈的埋设深度距地表面不小于0.2m，长度不小于1.6m，宽度不小于0.9m，埋地感应线圈至机箱处的线缆应采用金属管保护，并固定牢固；应埋设在车道居中位置，并与读卡机、自动闸杆机的中心距保持在0.9m左右，要保证距环形线圈0.5m以内不应有电气线路或其他金属物，线圈回路下0.1m深处应无金属物体。严防碰触周围金属。线圈安装完成后，在线圈上浇注与路面材料相同的混凝土或沥青。

如设计有楼宇自控管理，需预埋穿线管至弱电控制中心。

管路、线缆敷设应符合设计图样的要求及有关标准规范的规定。

(2) 自动闸杆机和读卡机(IC卡机，磁卡机，出票读卡机，验卡票机)的安装规定

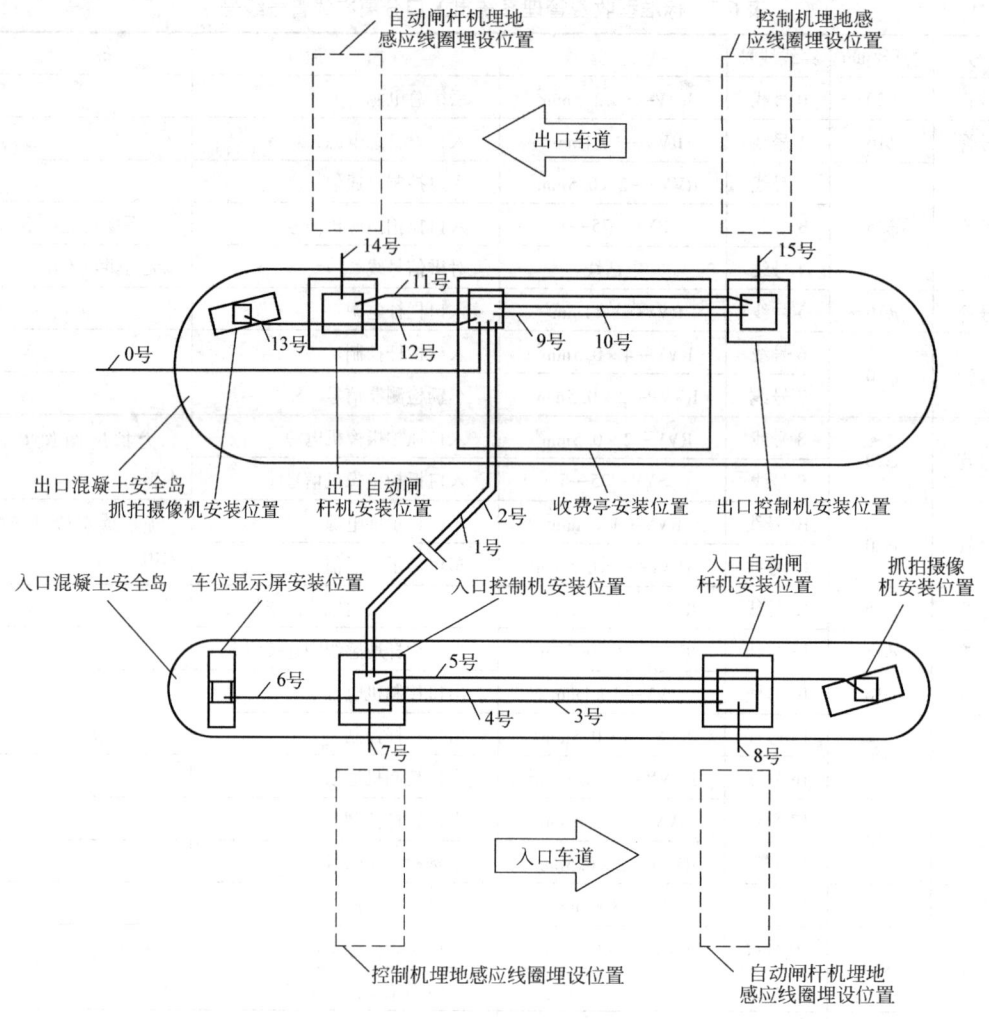

图 6-44 停车场出入口分离施工布线图

1) 应安装在平整、坚固的水泥基墩上,保持水平,不能倾斜。
2) 一般安装在室内,安装在室外时,应考虑防水措施及防撞装置。
3) 自动闸杆机与读卡机安装的中心间距一般为 2.4~2.8m。
(3) 信号指示器的安装规定
1) 车位状况信号指示器应安装在车道出入口的明显位置,其底部离地面高度保持 2.0~2.4m。
2) 车位状况信号指示器一般安装在室内,安装在室外时,应考虑防水措施。
3) 车位引导显示器应安装在车道中央上方,便于识别引导信号;其离地面高度保持 2.0~2.4m;显示器的规格一般长不小于 1.0m,宽不小于 0.3m。
(4) 停车场管理系统的调试与检测
1) 检查埋地感应线圈的位置和响应速度。
2) 检查停车场管理系统的车辆进入、分类收费、收费指示牌,应正确,导向指示应正确。

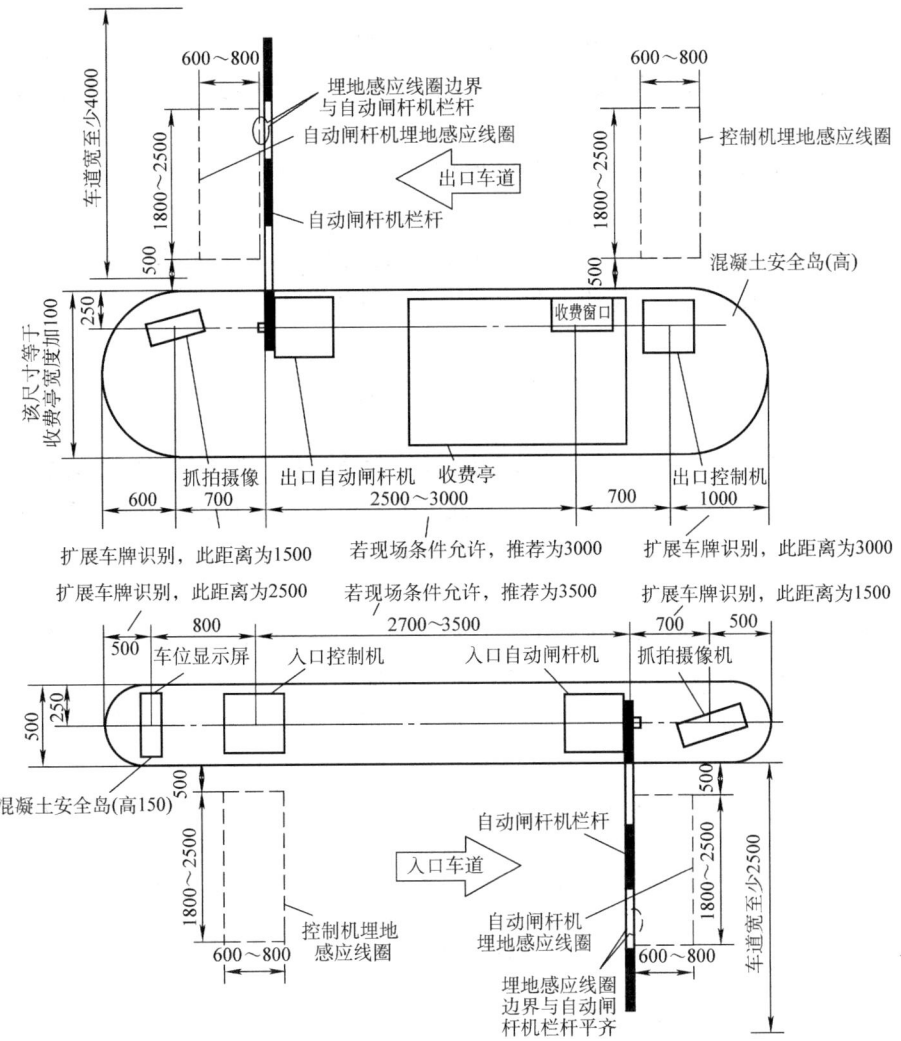

图 6-45 设备安装位置图

3）检查自动闸杆机工作正常，进/出口车牌号复核等功能应达到设计要求。

4）检查读卡器正确刷卡后的响应速度达到设计或产品技术标准要求。

5）检查自动闸杆机的开放和关闭的动作时间应符合设计和产品技术标准要求。

6）检查按不同建筑物要求而设置的不同的管理方式的停车场管理系统是否能正常工作，通过计算机网络和视频监控及识别技术，是否能实现对车辆的进出行车信号指示、计费、保安等方面的综合管理，且符合设计要求。

7）检查入口车道上各个设备（自动发卡机，验卡机，自动闸杆机，车辆检测器，入口摄像机等）完成 IC 卡的读/写、显示、自动闸杆机栏杆起落控制、入口图像信息采集以及与收费主机的实时通信等功能均应符合设计和产品技术性能标准的要求。

8）检查出口车道上各个设备（读卡机、验卡机、自动闸杆机、车辆检测器等）完成 IC 卡的读/写、显示、自动闸杆机栏杆起落控制以及与收费主机的实时通信等功能应符合设计和产品技术标准。

9）检查收费管理处的设备（收费管理主机、收费显示屏、打印机、发/读卡机、通信设备等）完成车道设备实时通信、车道设备的监视与控制、收费管理系统的参数设置、IC卡发售、IC卡挂失处理，以及数据收集、统计汇总、报表打印等功能应符合设计与产品技术标准。

10）检查系统与计算机集成系统的联网接口以及该系统对停车场管理系统的集中管理和控制能力。①调试硬件与软件至正常状态，符合设计要求；②各子系统的输入/输出能在集成控制系统中实现输入/输出，其显示和记录能反映各子系统的相关关系；③对具有集成功能的公共安全防范系统，应按照批准的设计方案和有关标准进行检查。

本章小结

本章主要介绍了有线电视、电话、广播音响、综合布线、停车场（库）管理系统。

有线电视系统是多台电视机共用一套天线、前端装置、传输分配网络系统，该系统一般用同轴电缆作为信号传输线。该系统在安装连接时，要注意阻抗匹配，以及分配器或分支器的使用。

电话网络是传递通信信息的重要工具，本章主要介绍了电话系统图、平面布置图。

广播音响系统分有线广播、消防广播、背景音乐等。

综合布线系统是将所有的电话、数据、图文、图像及多媒体设备的布线综合（或组合）在一套标准的布线系统上，实现了多种信息系统的兼容、共用和互换互调性能。

停车场（库）管理系统有入口系统、出口系统，管理系统的主要设备有自动闸杆机、车辆检测器、读卡器、彩色摄像机以及管理计算机等。

本章对上述几个系统以工程平面图、系统图为例进行了详细的分析。

习 题 六

一、判断题（对的画"√"，错的画"×"）

1. 双绞线只可用于传输模拟信号，不可用于传输数字信号。（　）
2. 同轴电缆传输方式主要适应规模较大、传输距离远的系统。（　）
3. 卫星电视接收天线的跟踪方式有手动、电动和自动三种。（　）
4. 在工程设计中，可根据需要将业务性广播、服务性广播、火灾广播合并为一套系统。（　）
5. 在高层建筑的广播系统中，消防事故紧急广播系统具有最高级优先权，在紧急状态时可以中断其他广播取而代之。（　）
6. 广播音响系统的信号只能通过有线传输。（　）
7. 综合布线系统应根据语音、数据以及图像等弱电信号的传输速率和传输标准要求超前地进行综合考虑，并以语音、数据信号传输主为。（　）
8. 分配器的空余端和最后一个分支器的主输出上，必须终接75Ω的负载。（　）
9. 综合布线的工作区，是指在每一栋大楼的适当地点设置的电信设备和计算机网络设备，并进行网络管理的场所。（　）
10. 综合布线系统中对导线的颜色有专门的规定。（　）
11. 工作区的任何一个信息插座都应该支持语音、数据终端、计算机等终端设备的设置和安装。（　）

12. 综合布线系统缆线不应布置在电梯、供水、供气、供暖、强电等竖井中。（ ）
13. 信息插座应采用8位模块式通用插座或光缆插座。（ ）
14. 传声器的电缆线路超过5m时，应选用平衡、低阻抗型的传声器。（ ）
15. 车辆检测器一般设在出入口处，对进出车库的每辆车进行检测和统计。（ ）
16. 停车场管理系统的收费系统能自动核标收费，有效解决了管理中费用流失或乱收费现象。（ ）

二、单项选择题

1. 应用在电视传输网络中的同轴电缆阻抗是（ ）。
   A. 70Ω   B. 50Ω   C. 75Ω   D. 60Ω
2. 当使用对绞电缆作为干线电缆时，敷设长度不应超过（ ）。
   A. 90mm   B. 100m   C. 60m   D. 120m
3. 广播音响系统中对输入信号进行处理，以获得理想的信号输出设备是（ ）。
   A. 音源处理设备   B. 功率放大设备
   C. 扬声器   D. 前级处理设备
4. 一般天线的输出电平低于（ ）dB时，就需考虑采用天线放大器。
   A. 75   B. 68   C. 65   D. 60
5. 在办公室、生活间、客房等，一般可采用（ ）扬声器。
   A. 8~10W   B. 3~5W   C. 1~2W   D. 10W以上
6. 电话站用房位置，下列哪条选择是错误的（ ）？
   A. 与其他建筑合建时，宜放在4层以下首层以上房间   B. 不宜选在汽车库附近
   C. 应选在位于用户负荷中心配出线方便的地方   D. 宜在配电室附近
7. 综合布线配线子系统主要采用（ ）。
   A. 光纤   B. 4对8芯对绞线   C. 双绞线   D. 铜芯线
8. 综合布线系统中的水平布线长度一般应在（ ）以内。
   A. 50m   B. 500m   C. 90m   D. 100m
9. 能支持快速以太网100Mbit/s数据传输速率的非屏蔽双绞线类型是（ ）。
   A. 3类UTP   B. 4类UTP   C. 2类UTP   D. 5类UTP
10. 有线电视系统的载噪比（C/N）应不小于（ ）dB。
    A. 38   B. 40   C. 44   D. 47
11. 采用非邻频传输的有线电视系统的输出电平宜取（ ）dBμV。
    A. 75±5   B. 70±5   C. 65±5   D. 60±5
12. 扩声系统的基本功能是将声源的信号（ ）。
    A. 传播   B. 放大   C. 混合   D. 录制
13. 公共广播音响系统实行分区控制、分区的划分应与消防分区一致，根据消防事故报警的要求，楼房某区某层发生火灾时则（ ）均应同时报警。
    A. 该层及上一层、下层   B. 该层及全楼
    C. 该层   D. 该层及上二层、下一层
14. 每栋楼都必须设置一个电话专用交换间，高层建筑其面积不宜小于（ ）m²。
    A. 6   B. 8   C. 3   D. 2
15. 综合布线子系统对数据应用采用（ ）对对绞电缆。
    A. 1   B. 2   C. 3   D. 5
16. 综合布线子系统对电话应用采用（ ）对对绞电缆。
    A. 1   B. 2   C. 3   D. 5
17. 停车库自动管理的核心技术设备是（ ）。

A. 影像识别设备 B. 入口管理站
C. 自动闸杆机 D. 车辆检测器

18. Ⅰ类汽车库停放车辆数目大于(　　)。
A. 150　　　　B. 200　　　　C. 250　　　　D. 300

19. 一卡通系统一般选用非接触式IC卡。目前，非接触式IC卡的感应读写距离通常为多少？用在停车场管理系统中时，通常又是多少(　　)。
A. 10~30cm，40~60cm B. 10~30mm，40~60mm
C. 10~30cm，4~6m D. 3~5m，4~6m

20. 停车场管理系统中，车辆从进到出一般经过哪几道程序(　　)？
A. 驶入、开闸机栏杆、读卡(取票)、进入停车、付费(划卡)、开验卡(票)、驶出
B. 驶入、开闸机栏杆、付费(划卡)、读卡(取票)、进入停车、验卡(票)、开闸机栏杆、驶出
C. 驶入、读卡(取票)、开闸机栏杆、进入停车、付费(划卡)、验卡(票)、开闸机栏杆、驶出
D. 驶入、读卡(取票)、开闸机栏杆、进入停车、付费(划卡)、开闸机栏杆、验卡(票)、驶出

三、简答题

1. 有线电视系统是如何构成的？
2. 简述电视前端设备的安装调试方法。
3. 简述有线电视系统的统调方法和要求。
4. 分配器、分支器的主要作用是什么？分配器的输入/输出电平与分配器损耗的关系如何？
5. 简述电话通信系统的组成。
6. 何谓程控交换？
7. 简述综合布线系统的结构和特点。
8. 综合布线系统使用哪几种线缆？
9. 综合布线系统能传输哪些弱电信号？
10. 综合布线系统工程中对缆线的敷设有哪些要求？
11. 综合布线系统工程竣工检验时系统测试包括哪些内容？
12. 停车场管理系统，入口处主要设备包括哪些？出口处主要设备又包括哪些？
13. 停车场管理系统中监控管理中心硬件包括哪些设备？
14. 车辆检测器的调试包括哪些内容？

部分习题答案

习 题 一

一、判断题

1× 2× 3√ 4× 5× 6√ 7× 8× 9× 10√ 11√ 12× 13× 14× 15√ 16× 17× 18√ 19√ 20√

二、单项选择题

1B 2C 3A 4B 5C 6A 7D 8A 9C 10A 11C 12A 13B 14D 15A

习 题 二

一、判断题

1√ 2√ 3× 4× 5√ 6× 7× 8√ 9√ 10× 11× 12× 13× 14× 15√

二、单项选择题

1A 2C 3A 4B 5D 6C 7A 8B 9A 10C 11D 12D 13B 14A 15A 16B 17A 18A 19D 20C 21C 22B 23C 24A 25C 26C 27A 28A 29C

习 题 三

一、判断题

1√ 2× 3√ 4× 5× 6√ 7√ 8× 9× 10× 11√ 12√ 13× 14√ 15√

二、单项选择题

1A 2D 3B 4C 5A 6B 7D 8B 9C 10B 11B 12A 13A 14B 15C 16C 17C 18B 19B 20C 21C 22A 23A 24A 25C 26B 27C

习 题 四

一、判断题

1√ 2√ 3× 4√ 5√ 6√ 7√ 8× 9× 10√ 11× 12× 13√ 14× 15× 16× 17√ 18×

二、单项选择题

1D 2B 3C 4B 5A 6C 7A 8C 9A 10C 11C 12B 13A 14B 15A 16C 17D 18C 19B 20D

习 题 五

一、判断题

1× 2√ 3× 4√ 5× 6× 7× 8√ 9× 10√ 11× 12× 13× 14× 15√

二、单项选择题

1C 2D 3C 4B 5C 6C 7B 8A 9D 10D 11D 12A 13B 14C 15C 16D 17B 18B 19C 20A 21D

习 题 六

一、判断题

1× 2× 3√ 4√ 5√ 6× 7√ 8√ 9× 10√ 11√ 12√ 13√ 14× 15√ 16√

二、单项选择题

1C 2B 3D 4A 5C 6D 7B 8C 9D 10C 11B 12B 13A 14A 15D 16C 17A 18D 19A 20C

参 考 文 献

[1] 金久炘. 智能建筑设计与施工系列图集[M]. 北京：中国建筑工业出版社，2002.
[2] 侯志伟. 建筑电气工程识图与施工[M]. 北京：机械工业出版社，2004.
[3] 李道本. 建筑电气工程设计技术文件编制与应用手册[M]. 北京：中国电力出版社，2006.
[4] 马志溪. 建筑电气工程[M]. 北京：化学工业出版社，2006.
[5] 黎连业. 智能小区弱电工程设备与实施[M]. 北京：中国电力出版社，2006.
[6] 侯志伟. 建筑电气识图与工程实例[M]. 北京：中国电力出版社，2007.
[7] 翁双安. 供配电工程设计指导[M]. 北京：机械工业出版社，2009.